贾 瑛 许国根 吕晓猛 著

微纳米功能材料在液体推进剂污染治理中的应用

Application of Micro/Nano Functional Materials to Liquid Propellant Pollution Control

国防工業出版社

·北京·

图书在版编目(CIP)数据

微纳米功能材料在液体推进剂污染治理中的应用/贾瑛,许国根,吕晓猛著.—北京:国防工业出版社,2022.9

ISBN 978-7-118-12633-4

Ⅰ.①微… Ⅱ.①贾… ②许… ③吕… Ⅲ.①纳米材料—功能材料—应用—液体推进剂—污染防治—研究 Ⅳ.①TB383②X789

中国版本图书馆 CIP 数据核字(2022)第 156081 号

※

国防工业出版社出版发行

(北京市海淀区紫竹院南路 23 号 邮政编码 100048)

北京龙世杰印刷有限公司印刷

新华书店经售

*

开本 710×1000 1/16 **印张** 24 **彩插** 4 **字数** 430 千字

2022 年 9 月第 1 版第 1 次印刷 **印数** 1—1200 册 **定价** 168.00 元

国防书店:(010)88540777 书店传真:(010)88540776

发行业务:(010)88540717 发行传真:(010)88540762

致 读 者

本书由中央军委装备发展部**国防科技图书出版基金**资助出版。

为了促进国防科技和武器装备发展,加强社会主义物质文明和精神文明建设,培养优秀科技人才,确保国防科技优秀图书的出版,原国防科工委于1988年初决定每年拨出专款,设立国防科技图书出版基金,成立评审委员会,扶持、审定出版国防科技优秀图书。这是一项具有深远意义的创举。

国防科技图书出版基金资助的对象是:

1. 在国防科学技术领域中,学术水平高,内容有创见,在学科上居领先地位的基础科学理论图书;在工程技术理论方面有突破的应用科学专著。

2. 学术思想新颖,内容具体、实用,对国防科技和武器装备发展具有较大推动作用的专著;密切结合国防现代化和武器装备现代化需要的高新技术内容的专著。

3. 有重要发展前景和有重大开拓使用价值,密切结合国防现代化和武器装备现代化需要的新工艺、新材料内容的专著。

4. 填补目前我国科技领域空白并具有军事应用前景的薄弱学科和边缘学科的科技图书。

国防科技图书出版基金评审委员会在中央军委装备发展部的领导下开展工作,负责掌握出版基金的使用方向,评审受理的图书选题,决定资助的图书选题和资助金额,以及决定中断或取消资助等。经评审给予资助的图书,由国防工业出版社出版发行。

国防科技和武器装备发展已经取得了举世瞩目的成就,国防科技图书承担着记载和弘扬这些成就,积累和传播科技知识的使命。开展好评审工作,使有限的基金发挥出巨大的效能,需要不断摸索、认真总结和及时改进,更需要国防科技和武器装备建设战线广大科技工作者、专家、教授,以及社会各界朋友的热情支持。

让我们携起手来,为祖国昌盛、科技腾飞、出版繁荣而共同奋斗!

国防科技图书出版基金

评审委员会

国防科技图书出版基金
2018年度评审委员会组成人员

前言

随着环境保护理念越来越深入人心,可持续发展已成为我国经济发展的共识,如何在经济持续发展的同时,使我国广袤的大地呈现“青山绿水”,既是我国发展的目标及方向,也是面临的严峻挑战。

液体推进剂是现阶段火箭(导弹)常用的化学燃料,具有易燃、易爆特性并有较高的毒性,在研制、生产、加工、运输和贮存使用的过程中,均存在环境污染带来的安全风险。做好液体推进剂的污染治理工作对于保护环境、保障国家安全及人员健康具有十分重要的意义。

经过科研工作者数十年的努力,液体推进剂污染治理已取得了较大的成绩,但也存在一些难题,特别是以偏二甲肼为代表的肼类燃料废水,由于其化学性质特性及其他因素的影响,对它们的处理有相当的难度。

作者通过长期的研究发现,能较好地处理液体推进剂特别是肼类燃料污染的方法当属高级氧化技术与吸附技术,而要使这两类技术取得较好的效果就必须有较好性能的氧化剂及高效的吸附剂。由于微纳米材料具有传统材料所不具备的许多特殊基本性质,如表面效应、体积效应等,因此微纳米级的催化剂及吸附材料必将大大提高这些材料的性能。围绕这个问题,近些年我们开展了一系列用于高级氧化技术和吸附技术的微纳米功能材料的制备与性能研究,通过材料的改性、复合等技术获得了对液体推进剂污染较好的处理效果,取得了一些研究成果和经验。为了更好地推广这些微纳米功能材料在液体推进剂以及其他污染物处理中的应用,我们不惮浅陋,对微纳米功能材料在液体推进剂污染治理中的应用资料以及我们的研究成果进行了收集、整理和总结,尝试完成了本书。

本书共分5章,第1章是微纳米功能材料应用概述,第2章是光催化材料的应用,第3章是吸附材料的应用,第4章是非均相催化剂在高级氧化法的应用,第5章是液体推进剂泄漏应急处置功能材料。本书参阅了大量的国内外有关的文献资料,总结了我们在液体推进剂污染的光催化处理、吸附处理和应急处置等方面的一些研究成果,对这些处理方法所涉及的微纳米功能材料的原理、结构、制备、性能及复合改性等基础性知识作了较全面系统的论述,并详细介绍了它们在液体推进剂污染治理中的应用情况。希望通过本书将国内外光催化、吸附和应急处置领域的功能材料的主要发展动向和作者多年的研究成果与读者交流,以促进各种环境保护功能材料在我国环境保护方面得到更大的推广和应用。

由于功能材料的理论和技术涉及多学科,新成果、新应用不断涌现,再加上作者水平有限,书中难免有错误和不妥之处,敬请读者批评指正。

本书的出版得到了火箭军工程大学各级领导与机关的大力支持,也得到了火箭军推进剂分析中心同仁的热情支持和技术帮助;研究生曾宝平、冯锐、王爽、王坤、马静、戴津星、季玉晓与商鹏溟等完成了一部分实验工作及章节的撰写,北京航天试验技术研究所方涛、索志勇、程永禧等同志也参与了部分实验工作,在此一并表示诚挚的感谢。

感谢国家自然科学基金项目(21875281)的支持。

作　者

2021年11月

目录

Contents

第1章

微纳米功能材料应用概述

功能材料[1]是指通过光、电、磁、热、化学、生物等作用后具有特定功能的材料。功能材料涉及面较广,具体包括光、电功能、磁功能、分离功能、形状记忆功能等。这类材料相对于通常的结构材料而言,一般除了具有机械特性外,还具有其他的功能特性。材料的特定功能与其特定结构是密切相关的。

1.1 微纳米功能材料概述

微纳米功能材料是指基于微纳米尺寸而具有某种优良的化学(催化、吸附、抗润湿等)、物理性能(力、电、磁、光、声、热)的材料[2-3],其结构至少在一维方向处于微纳米级别的粒子、薄膜或纤维,而这些微纳米级别的粒子、薄膜或纤维与大尺寸材料相比,具有显著不同的性质及功能,如化学功能、热学功能、光学功能、声学功能等[4]。一般为金属或金属氧化物及其复合物。

微纳米功能材料因拥有独特的物理、化学性质,如大比表面积、易于功能化修饰和良好导电性等,已成为信息技术、能源技术、生物技术等高技术领域和国防建设的重要基础材料,同时也对改造一些传统产业如化工、建材等起着重要作用。

微纳米功能的种类很多,在此主要介绍环境保护应用最广的光催化剂和吸附剂。

1.1.1 光催化剂光电特性与光催化反应

光催化剂[5]是一种以微纳米级二氧化钛(TiO_2)为代表的具有光催化功能的半导体材料的总称。在光照条件下,半导体中价带上的电子吸收光子能量受到激发跃迁至导带,从而在半导体表面产生电子-空穴对,电子-空穴对与催化

剂表面的 O_2 和 H_2O/OH^- 反应生成具有高氧化活性的自由基,最终将有机物逐步降解为 CO_2 和 H_2O 等小分子物质的过程。自半导体光催化氧化技术研究以来,已经发现许多半导体催化剂在紫外线或可见光条件下展示出催化活性,如 TiO_2[6]、ZnO[7]、SnO_2[8]、Fe_2O_3[9]、$BiVO_4$[10]、Cu_2O[11]、CdS[12]、C_3N_4[13]等。

用于光催化反应的固体材料主要是 N 型半导体化合物,其半导体能带结构的特点是价带和导带不连续,一般由填满电子的低能价带和含有空穴的高能导带构成,价带上缘(E_{VB})与导带下缘(E_{CB})之间存在空的能量区,称为禁带,禁带宽度用 E_{BG} 表示。处于基态的半导体材料内部没有自由的载流子,价电子束缚于价带,导带为空带;当受到合适能量(光或热)的激发时,价电子发生跃迁,跨越禁带进入导带,从而产生了两种载流子:导带电子(e^-)和价带空穴(h^+),因半导体能带结构的不连续性,载流子的寿命较长(ns 级),它们分别作为具有还原和氧化性的活性物种,可迁移至材料表面,并与其他表面物种发生一系列的反应,如图 1.1 所示。

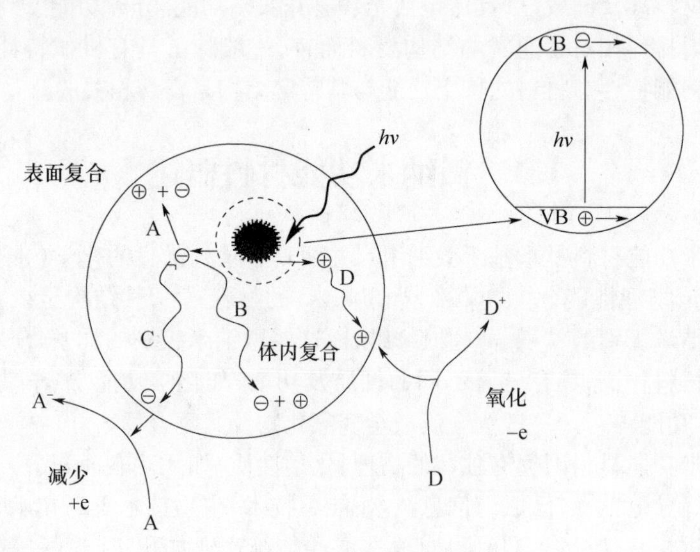

图 1.1 半导体光催化反应示意图[14-15]

半导体光催化反应的发生有两个基本要求:

(1) 辐照光频率的要求。光催化反应所吸收光子的能量,必须能使价带电子跨越禁带能隙(E_{BG})到达导带,才能完成激发过程,也即半导体催化剂光吸收的波长阈值 λ_g 与其禁带能隙 E_{BG} 有关:

$$\lambda_g(\text{nm}) = 1240/E_{BG} \quad (\text{eV})$$

如对于锐钛矿型 TiO_2,其 $E_{BG}=3.2\text{eV}$,对其进行激发所需入射光波长应不大于 387nm。

(2) 半导体能带缘(E_{VB} 与 E_{CB})的位置。其位置决定着光生电子和空穴的氧化还原电势,半导体材料将光致电荷传递给其表面上吸附物种的能力由半导体能带缘的位置和吸附物种的氧化还原电势所决定。以热力学的观点来看,半导体导带的下缘(E_{CB})应比表面电子受体相应的电势要高(更负),光生电子才能传递给电子受体;而半导体价带的上缘(E_{VB})应比表面电子给体的电势要低(更正),从而使电子由表面给体传递给空穴。图 1.2 为常见半导体材料的能带缘位置。

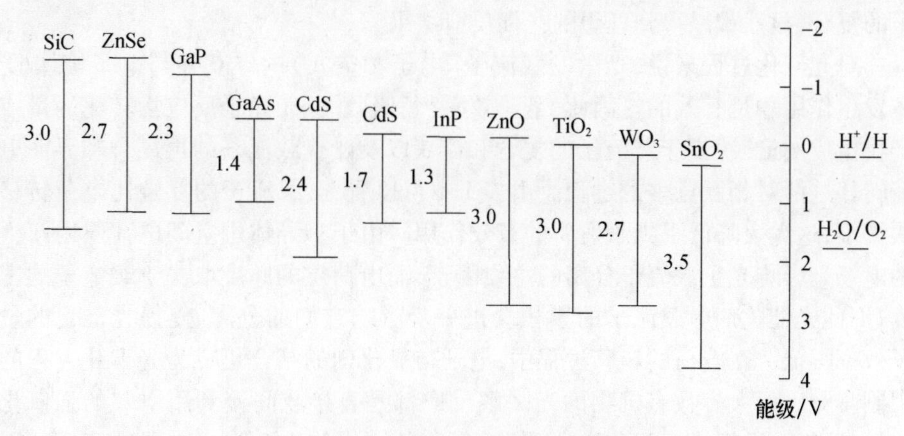

图 1.2　常见半导体材料的能带缘位置[14-16]

宽禁带半导体材料(E_{BG} 约大于 2.5eV)的激发波长一般对应于紫外波段,激发后所产生的光生电子和空穴寿命较长,且分别处于较强的还原和氧化能级,因而活性很强,人们已先后对 TiO_2、ZnO、WO_3[17]、SnO_2、CdS 等材料进行了研究,在反应理论上普遍认同自由基反应机理。以溶氧状态下锐钛型 TiO_2 半导体材料为例,在波长小于 387nm 光线照射下发生如下反应:

$$TiO_2+h\nu\rightarrow e^-+h^+ \tag{1.1}$$

$$h^++H_2O\rightarrow H^++\cdot OH \tag{1.2}$$

$$H^++e^-\rightarrow \cdot H \tag{1.3}$$

$$e^-+O_2\rightarrow \cdot O_2^- \tag{1.4}$$

$$\cdot O_2^-+H^+\rightarrow HO_2\cdot \tag{1.5}$$

$$2\cdot O_2^-+H_2O\rightarrow O_2+HO_2^-+OH^- \tag{1.6}$$

$$HO_2^-+h^+\rightarrow HO_2\cdot \tag{1.7}$$

$$2HO_2\cdot\rightarrow O_2+H_2O_2 \tag{1.8}$$

$$HO_2\cdot+e^-+H^+\rightarrow H_2O_2 \tag{1.9}$$

$$H_2O_2+e^-\rightarrow OH^-+\cdot OH \tag{1.10}$$

$$H_2O_2 + \cdot O_2^- \rightarrow O_2 + OH^- + \cdot OH \tag{1.11}$$

$$e^- + h^+ \rightarrow \Phi \tag{1.12}$$

由以上机理可发现,除光生载流子外,反应中出现了很多高活性的表面自由基,它们能够进一步与其他物种发生氧化-还原反应,正是在此基础上,光催化获得了多种反应应用;另外,光催化体系中同时还存在着与之相竞争的反应过程:两种载流子的复合(式(1.12)),它会大幅度消耗光生电子和空穴,将体系所吸收的光能转化为热或声等其他形式的能量。如不能有效控制光生载流子的复合,显然难以得到理想的光促反应结果。

对光催化过程来说,光激发载流子(电子和空穴)的俘获并与电子给体/受体发生作用才是有效的。因此,量子效率(每吸收1mol光子反应物转化的量或产物生成的量)决定于载流子的复合和俘获以及俘获载流子的再复合和界面电荷转移这两对相互竞争的过程。由表1.1可以看出,载流子的复合比电荷转移快得多,这大大降低了光激发后的有效作用。由于半导体中空间电荷层内产生的电场是影响光生载流子分离的主要因素,而电荷层的厚度取决于载流子的密度,因此光催化剂中载流子的累积会进一步影响它们的分离,使得光催化的量子效率很低。在电荷的转移过程中,电子与氧化剂的结合更成为光催化过程的限制步骤。而大多数有机物的光降解反应都是直接或间接利用空穴的强氧化能力,这就要求提供适当的电子受体,以降低半导体表面光生电子的密度。因此,如何有效地进行光生电子的转移、降低载流子的复合率以提高量子效率,已成为光催化剂改性技术中的一个主要研究方向。

表1.1 TiO_2 光催化反应过程中的特征时间[14]

主要过程	反应方程	特征时间
激发	$TiO_2 + h\nu \rightarrow h_{vb}^+ + e_{cb}^-$	(fs)
载流子俘获	$h_{vb}^+ + Ti^{IV}OH \rightarrow \{>Ti^{IV}OH \cdot\}^+$	快(10ns)
	$e_{cb}^- + >Ti^{IV}OH \leftrightarrow \{Ti^{III}OH\}$	浅层俘获(100ps)
	$e_{cb}^- + >Ti^{IV} \rightarrow >Ti^{III}$	深层俘获(10ns)
载流子复合	$e_{cb}^- + \{>Ti^{IV}OH \cdot\}^+ \rightarrow >Ti^{IV}OH$	慢(100ns)
	$h_{vb}^+ + \{>Ti^{III}OH\} \rightarrow >Ti^{IV}OH$	快(10ns)
界面电荷转移	$\{>Ti^{IV}OH \cdot\}^+ + Red \rightarrow >Ti^{IV}OH + Red \cdot^+$	慢(100ns)
	$e_{tr}^- + OX \rightarrow >Ti^{IV}OH + OX \cdot^-$	很慢(ms)

1.1.2 光催化活性的影响因素及增强途径

半导体光催化技术是表面光活化和热活化的结合,这两种活化的控制因素都影响着半导体材料的光催化活性:光催化剂的能带结构特性,如禁带宽度、能带缘位置等,决定着催化剂的光响应性能,以及光生载流子的氧化还原电势;光生载流子只能与表面物种发生反应,因而反应物必须预先吸附于表面上,另外化学吸附可视为光催化反应的预活化,所以催化剂对反应物的化学吸附能力也是重要的影响因素。

晶体结构的不同对半导体催化剂的质量密度、能带结构、化学吸附能力等均有影响,因而导致光催化活性的不同。如 TiO_2 的锐钛矿和金红石两种晶型[18]中,前者的光催化活性一般较高。金红石型 TiO_2 中 Ti—Ti 键距比锐钛型小,Ti—O 键距比锐钛型大,其每个八面体与周围 10 个八面体相联,而锐钛型的每个八面体只与周围 8 个八面体相联,最终导致锐钛矿型的质量密度略小于金红石型,带隙略大,加之金红石型 TiO_2 对 O_2 等电子捕获剂的吸附能力较差,比表面积小,因而光生电子和空穴容易复合,光催化性能弱于锐钛矿型 TiO_2。即使在同种晶体的不同晶面上,光催化活性也会有所不同,如金红石型 TiO_2 单晶的(110)与(100)表面相比,后者对 CO_2 的活化能力较强,这是因为 TiO_2(100)外表面的 Ti 和 O 原子之比较大,表面电子密度和几何空间都较大,使之能与 CO_2 直接接触,因而具有更强的还原能力。除晶型、晶面以外,晶体缺陷也是催化活性的重要影响因素,缺陷的引入能够增加活性位,增大催化剂对反应物的吸附量和吸附强度,但过多的晶体缺陷会在催化剂内部和表面造成众多电子-空穴复合中心,从而降低光能利用率和光催化活性。

表面积的大小对光催化活性有着重要的影响,光催化反应中,是由光生电子或空穴引起氧化和还原反应,可以说催化剂表面不存在固定的光活化中心,在晶格缺陷等其他因素确定时,表面积大则往往吸附量大,活性就高,但在实际所得催化剂中,由于热处理不充分等原因,具备大比表面的催化剂往往也存在着更多的表面复合中心,当载流子复合过程起主要作用时,光催化活性就会降低。

人们为获得高的光催化活性,进行了多方面的研究,力图在催化剂设计阶段就融入相关思想,即围绕上述热活化和光活化两个控制因素,提出催化剂的改性方案。具体措施包括离子掺杂[19]、半导体复合[20-21]、发挥量子效应和小尺寸效应(主要是制备纳米级光催化剂)[22-23]、光催化组分与强吸附性材料复合[24]等。

当一个材料的尺寸达到纳米级,其性质会发生巨大的变化,主要是产生体积效应、表面效应等量子尺寸效应。它反映了粒子从宏观到微观过渡过程中,粒子的尺寸对材料物理性质的影响。一般而言,从微米到纳米的转变过程中,粒子性能的变化都可以归结为尺寸效应。从表 1.2 可以看出尺寸效应是体积效应、表面效应、量子效应等物理效应转变的综合表现。当体系的尺度进入纳米尺寸,宏观体系中的主导效应——体积效应逐渐被表面效应所取代,而当尺寸进一步减少到几纳米时,则量子效应呈现。例如 TiO_2 作为光催化剂广泛应用于环境治理,比传统的生物法处理工艺优越,主要表现在:

(1) 反应条件温和,能耗低,在阳光下或在紫外线辐射下即可发挥作用;

(2) 反应速度快,从几分钟到数小时有机物的降解即可完成;

(3) 降解没有选择性,能降解任何有机物,特别是多环芳烃和多氯联苯类化合物也能被正常降解;

(4) 消除二次污染,把有机物彻底降解为 CO_2 和 H_2O。

表 1.2 不同尺度粒子下的主要物理效应[25]

粒子的直径/nm	粒子中包含的原子数	表面原子的占有率/%	呈现粒子特征的主要效应
>1000	$>10^{11}$	<0.01	体积效应
1000~100	$10^{11}\sim10^{7}$	0.01~0.1	表面效应开始呈现
100~10	$10^{7}\sim10^{4}$	0.1~0.2	表面效应逐渐超越体积效应
10	3×10^{4}	20	表面效应为主体效应,体积效应弱,量子效应逐渐呈现
4	4×10^{3}	40	
2	3×10^{2}	80	体积效应不再作用,表面效应逐渐转化为量子效应
1	30	99	
<1	<30	>99	原子簇、分子的量子效应

半导体 TiO_2 的禁带宽度为 3.2eV。普通 TiO_2 的光催化能力较弱,但纳米级锐钛矿 TiO_2 晶体具有很强的光催化能力,这与颗粒的粒径有直接关系。当颗粒的粒径在 10~100nm 时,费米能级附近的电子由连续能级变为分立能级,吸收光波阈值向短波方向移动,这种现象就是量子尺寸效应。量子尺寸效应会使禁带变宽、能带蓝移,其荧光光谱也随颗粒半径减小而蓝移。由量子尺寸效应引起的禁带变化十分显著,譬如当硫化镉颗粒粒径减小到 26nm 时,其禁带宽度由 2.6eV 增加到 3.6eV。当用能量大于催化剂吸收阈值的光照射催化剂时,其价带电子发生带间跃迁,从而产生光生电子对和空穴。空穴将吸附在周围的分子氧化成自由基,并进一步氧化为其他的化合物。例如当以 $\lambda<400$nm 的光照射 TiO_2 时,价带电子被激发到导带,在价带形成相应的空穴(h^+)。这是由于随着颗粒粒径的减小,分立能级增大,其吸收光的波长变短,光生电子比宏观晶体具有更负的电位,表现出更强的还原性。光生空穴具有更正的电位,表现出更强的氧化性。在点撑的作用下空穴和电子(e^-)迁移到粒子表面,光生空穴的电子能力很强,具有很强的氧化性,在水溶液中容易把吸附在表面的

OH^-和 H_2O 氧化为羟基自由基(OH·),水体中存在的氧化剂中 OH·氧化能力最强,其反应能力为 402.8MJ/mol,可破坏有机物中的碳碳键、碳氢键、碳氧键和碳氮键,所以能够氧化水体和空气中的大多数有机物和部分无机物,把它们最终氧化为二氧化碳和水。OH·对反应物几乎没有选择性,在光催化反应中起决定性作用。

经研究表明,TiO_2颗粒粒径从 30nm 减小到 10nm 时,其光催化降解苯酚的能力上升了 45%。

1.1.3 微纳米吸附材料

同样对于吸附材料而言,随着尺寸的减小,吸附剂微粒的比表面积迅速增加,当达到纳米级时,比表面积大,表面能高。大的比表面积和高表面能使纳米微粒具有极强的化学活性与吸附作用,提高了材料的吸附性能、表面催化性能及其他性能。例如现在广为人知的新型材料石墨烯便是其中的一种,它由碳原子以 sp^2 杂化轨道组成六角形呈蜂巢晶格的二维碳纳米材料,它具有优异的光学、电学、力学特性,在材料学、微纳加工、能源、生物医学和药物传递等方面具有重要的作用。

减少污染物的一个主要措施是使用过滤技术,然而现在普通的过滤材料的性能较差,如一般的空气过滤材料只能去除空气中的颗粒物,而不能去除空气中的细菌、病毒、霉菌和花粉等生物气溶胶,不能去除挥发性有机物、SO_2、NO_x 等气体而无法满足对大气空气质量的要求。随着新型微纳米材料的发展,人们通过对传统过滤材料进行改性或者开发新型生产工艺,开发出了许多新型过滤材料,兼具吸附、催化和过滤等特性,是可以在去除传统污染物如颗粒物的同时更能杀死诸如空气中的细菌、病毒,精净化挥发性有机物、SO_2、NO_x 和其他环境污染物等的功能性空气净化材料。

1. 环保滤毒材料

环保滤毒材料可分为两大类:一种为膜过滤材料;另一类为除了膜以外的其他形式的过滤材料,如布、纤维、泡沫、微粒等。膜过滤材料是利用具有选择性透过能力的薄膜作为分离介质,膜壁密布微孔,原液(气)在一定压力下通过膜的一侧,溶剂及小分子溶质(如氧气、氮气等气体分子)透过膜壁为透过液(气),而较大分子溶质(污染物)被膜截留,从而达到物质分离及浓缩的目的。

滤膜根据成膜材料分为无机膜和有机高分子膜,无机膜又分为陶瓷膜和金属膜,有机高分子膜又分为天然高分子膜和合成高分子膜。无机膜和有机膜各具有其独特结构优势。无机膜具有耐高温、耐腐蚀、结构稳定、孔径分布均匀、化学稳定性好等优点,因而广泛应用于环境工程、化工、食品等工业领域。无机膜一般包括陶瓷膜和金属膜,特别是无机陶瓷膜,不仅可用作过滤材料还用作其他膜材料的底膜,因而广泛应用于膜分离及过滤等方面。相对无机膜来说,有机膜取材广泛、材料成本低及膜组件装填密度大,因此占据了大量市场,但是由于有机膜抗污染能力较差、使用寿命短,在有些应用区域其竞争优势要低于无机膜。

从空气过滤材料的发展来看,20 世纪 70 年代末以前,空气过滤材料的分级大体分为初效和中高效两种过滤级别。高效空气(HEPA)过滤材料[26]的过滤效率一般要求高于 99.97%,故人们认为它已经能够满足使用要求。80 年代以来,随着新的测试方法的出现、使用评价技术的提高以及对过滤材料要求的提高,人们发现 HEPA 过滤材料仍存在一些问题。于是新一代的超高效空气(ULPA)过滤材料[27-28]就应运而生,它对 0.12μm 的粒子过滤效率高于 99.999%。进入 90 年代以后,美国的 Lydall 公司从应用的角度对过滤材料的分级重新进行了调整,将过滤材料分为四级:Class 1000 ASHRAE;Class 2000 Prefilter/Hos-pital;Class 3000 HEPA;Class 5000 ULPA,其中后两者属于高效过滤材料。我国科研人员经过不懈努力,先后研制开发了玻璃纤维 HE-PA 过滤纸和 ULPA 过滤纸,达到了甚至在某些方面超过了世界同类产品的先进水平。

现阶段世界范围内,玻璃纤维过滤材料在高效空气过滤材料中仍占据主导地位,但膜及静电增强介质已在某些方面取代了它。有人认为,一旦膜在低气流阻力下的过滤性能得以改善,膜将会取代玻璃纤维过滤材料。另外玻璃纤维复合无机膜的过滤材料、金属纤维和陶瓷纤维过滤材料已获得应用,新型的金属和陶瓷烧结过滤材料也取得了很大进展。高效空气滤材的钻研开发已涉及高性能纤维(如聚四氯乙烯、芳香族聚酰胺纤维、碳纤维、金属纤维等),向无纺布滤材、复合膜技术滤材及高功能滤材的方向前进。

2. 防毒面具滤毒材料

目前国外防毒面具大多为第四代防毒面具。例如,S10 型防毒面具为目前英国的一种通用面具,滤毒材料为抗陈化浸渍活性炭,可敞口储存 20 年,防沙林的时间为 110min,滤毒罐透过系数小于 0.03%。M40 型系列防毒面具是美国目前正在使用的防毒面具,包括 M40 型和 M40A1 型两种,该面具的滤毒材料可采用北约可置换式 C2 型或其改进型 C2A1 型,过滤材料为抗陈化 ASC-TEDA 浸渍炭和 ASZM-TEDA 无铬型浸渍炭。1992 年美军研发的 M40A1 型防毒面具性能较以前的更为先进,但滤毒材料并无改变。意大利 SGE1000 型防毒面具是当今世界上比较先进的面具,它采用新的设计思想及新材料,大大提高和改善了其综合防护性能，其滤毒材料为北约通用的SGECP45型滤毒罐，过滤材料为抗陈化浸渍炭。芬兰M95型防毒面具是一种新型核生化防护面具，过滤材料为性能优良的浸渍活性炭，可防护化学生物战剂及多种工业有毒物质，还可防护放射性的和高毒性的微粒或气溶胶，储存寿命可达20年，防护因数大于10，防护毒剂的时间不小于48h。M95型防爆面具中还有一种配备有专用的防爆滤毒罐，可对催泪瓦斯、CN、CS等控爆剂进行防护，也可对有机气体、放射性物质、细菌和病毒进行防护。

国外也发展了以美国M50型防毒面具和英国GSR型面具为代表的第五代防毒面具，其突出的先进之处在于其滤毒罐采用了目前世界上几种先进的过滤材料：环保型无铬浸渍炭、穿透剂防护炭（PP炭）及结合炭。M50型面具滤毒罐中采用高效合成微粒空气（HESPA）过滤材料，这种材料具有优异的过滤性能，对细菌、病毒、放射性和有毒的灰尘、烟雾以及化学战剂、工业化学品都能提供有效的防护。该面具还配备副滤毒罐，将副滤毒罐与主滤毒罐联合使用可进一步提高面具对甲醛等小分子有毒工业化学品（TIC）的防护水平。

滤毒罐作为防毒面具的核心部件，其内部装填的滤毒材料直接影响面具的防护性能，也是构成防毒面具的最重要材料。ASC型（Cu、Cr、Ag为活性组分）浸渍炭是目前我国广泛应用的防毒材料，可以吸附普通活性炭不易吸附的氯化氰（CK）、氢氰酸（AC）等。但是，ASC型浸渍炭存在两个缺点，首先其存放在空气中吸收水和二氧化碳后会产生陈化变质现象，致使防CK性能严重下降，其次它含有对人体有害的Cr组分，其中Cr^{6+}是一种强致癌物质。而国外第四代防毒面具中已经广泛使用新型材料即抗陈化浸渍活性炭，在ASC型活性炭中添加三乙烯二胺（TEDA）可以得到抗陈化ASC-TEDA浸渍炭。这种材料具有防毒时间长、抗陈化性能好、机械强度高、炭层阻力低等特点。同时以英国GSR和美国M50为代表的先进防毒面具中已经采用了环保型无铬浸渍炭和穿透剂防护炭（PP炭）等先进的金属作活性组分，加入TEDA作添加剂，经浸渍、活化可制成无铬浸渍炭。无铬浸渍炭由于其对环境无污染、对人体无伤害及优良的防毒性能将逐步取代ASC型浸渍炭成为广谱防毒材料。表1.3为不同规格的滤毒罐的组成及功用。

3. 液体推进剂吸附过滤新材料

火箭液体推进剂是一类特殊的高能化学物质，国内常用的液体火箭推进剂是硝基氧化剂和肼类燃料，硝基氧化剂腐蚀性强且易挥发，肼类燃料吸附和渗透性强并易燃易爆，可经过呼吸道吸收或皮肤沾染而引起中毒和化学灼伤，均为三级中等以上毒性物质，其对人体损伤主要通过呼吸道、胃肠道和皮肤吸收引起中毒，高浓度时可引起急性中毒。因此在进行相关液体推进剂作业时必须使用推进剂个体防护装备尤其是推进剂防毒面具，这对于保障推进剂作业人员健康和安全、保障航天发射任务的顺利进行具有重要意义。

表 1.3　不同规格的滤毒罐的组成及功用[29]

编号	防护功能	装填材料		作用原理	试验气体
		材料	添加剂成分		
1	综合防护	浸渍炭	Cu、Cr、Ag、NH_3	化学吸着，催化反应	HCN、ClCN
2	综合防护兼防 CO	浸渍炭	Cu、Cr、Ag、NH_3	化学吸着，催化反应	HCN、CO
3	有机气体	活性炭	无	物理吸附	C_6H_6、Cl_2
4	NH_3、H_3S	浸渍炭	$CuSO_4$	化学吸附	NH_3、H_2S
5	CO	霍加拉特剂及干燥剂	$CaCl_2$ 或 LiCl、LiBr	催化吸湿	CO
6	Hg	浸渍炭	KI	化学吸着	Hg
7	酸性气体	浸渍炭	Na_2CO_2、Ag、Cu	化学吸着	SO_2
8	H_2S	浸渍炭	$CuSO_4$	化学吸着	H_2S
9	HCHO（甲醛）	浸渍炭	Cu、Cr、Ag、NH_3	化学吸着	HCHO

为了更有效地防护液体推进剂的损伤，制定了三级防护体系标准[30]：一级防护即重型防护，也称全封闭隔绝式防护；二级防护即轻型防护或有限防护；三级防护为一般防护，主要用于进入推进剂作业现场规定危险区（作业点周边 3km 范围），但不需采取一、二级安全防护的其他所有人员。对于不同的防护级别，液体推进剂作业操作员需采取相应措施进行防范。一级防护人员需要采用隔绝式防护服，二级与三级人员则佩戴专用半面罩防毒面具或防毒口罩。

半面罩自吸过滤式防毒面具主要用于液体推进剂二级防护，不适用于一级防护，如取样、转（加）注、处理废液等与液体推进剂直接接触的工作场所。自吸过滤式防毒面具是靠佩戴者自身的呼吸为动力，将环境中的毒气或有毒蒸气吸入经滤毒罐净化清除有害物质，洁净的气体供人体呼吸。滤毒罐内部填充以活性炭为主要成分，由于活性炭里有许多形状不同的和大小不一的孔隙，并在活性炭的孔隙表面，浸渍了铜、银、铬金属氧化物等化学药剂，以达到吸附毒气后与其反应，使毒气丧失毒性的作用。部分新型活性炭药剂采用分子级渗涂技术，能使浸渍试剂以分子级厚度均匀附着到载体活性炭的有效微孔内，使浸渍到活性炭有效微孔内的防毒药剂具有最佳的质量性能比。

活性炭对有毒蒸气防护作用有:①毛细管的物理吸附;②炭上化学药剂与毒剂发生反应的化学变化;③空气中的氧和水,在炭上化学药剂的催化作用下,与毒剂发生反应。

4. 微纳米液体推进剂应急处置材料

目前,航天领域大型运载火箭所使用的液体推进剂主要是肼类燃料(偏二甲肼、甲基肼和无水肼)和硝基氧化剂(四氧化二氮和红烟硝酸等),它们都具有强烈的腐蚀性、吸湿性和易燃、易爆、易挥发性及毒性大等特点。在液体推进剂的运输、转注、贮存、加注或泄出的过程中,一旦因违章操作、误操作或设备故障等原因发生泄漏时,如果对液体推进剂突发性泄漏控制或处理不当,极有可能引起着火、爆炸、人员中毒和环境污染等,从而引发推进剂事故。国内外已有多起此类事故发生,因此,采取科学有效的应急处置与污染控制,对于防止发生推进剂事故具有十分重要的意义。

现行应急处理泄漏偏二甲肼的方法主要有水冲洗消法、吸附洗消法和化学洗消法,其中吸附洗消法主要是利用活性炭、膨润土等粉末洗消剂来吸附偏二甲肼,而化学洗消法主要是用一些碱或氧化剂与泄漏推进剂反应,使其丧失毒性及危险性。

对于泄漏的偏二甲肼等肼类燃料,可以利用适当的微纳米吸附剂进行处理,常用的有活性炭、膨润土等,也可利用海藻酸钠[31]等新型材料。海藻酸钠与钙离子反应可以形成凝胶,进而可以有效地固定偏二甲肼,降低偏二甲肼蒸气压,抑制偏二甲肼向空气中挥发。原理如图 1.3 所示,海藻酸钠(SA)中钠离子与钙离子交换形成三维网状结构,利用氢键与静电引力将水和偏二甲肼包埋在凝胶内部。

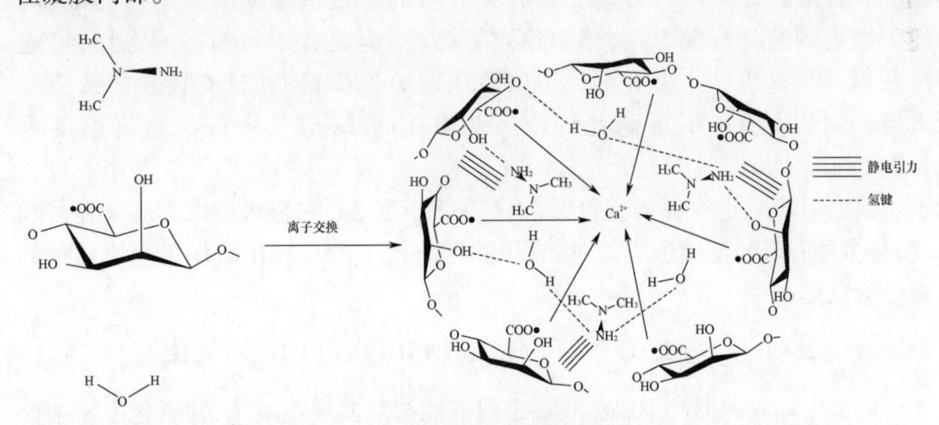

图 1.3　海藻酸钠吸附原理图[31]

1.2　液体推进剂燃料污染

液体推进剂是指以偏二甲肼、红烟硝酸等为代表的一类火箭推进剂。液体推进剂按其化学组成可以分为单组元、双组元和三组元液体推进剂。单组元液体推进剂具有燃烧剂兼氧化剂的性能,可以单独使用;双组元液体推进剂由燃烧剂和氧化剂两个组元组成;在双组元液体推进剂中加入能提高推进剂能量的第三组分如铍、铝等就构成三组元液体推进剂。肼类燃料、红烟硝酸分别属于双组元液体推进剂中的燃烧剂和氧化剂。

推进剂是火箭发动机的能源,是航天事业发展的重要物质基础。因此随着航天事业的发展,拥有航天技术的国家对火箭推进剂的应用越来越广,对其研究也越来越深入。科研人员不仅对推进剂的种类、性能、推力、使用条件、安全防护等方面进行了深入的探讨和研究,而且对推进剂自身的毒性和推进剂对环境的影响也给予了充分的注意。

研究结果表明,迄今为止,国内外所使用过的固、液推进剂中,除液氢、氧之外,都具有不同程度的毒性,给操作人员和环境带来不同程度的危害和污染。

液体推进剂的种类很多,现较为常用的为硝基氧化剂如红烟硝酸、硝酸-27S、绿色 N_2O_4 等,肼类燃料如偏二甲肼、甲基肼等。液体推进剂废水主要是指肼类燃料及硝基氧化剂废水。

偏二甲肼的分子式为 $(CH_3)_2NNH_2$ (unsymmetrical dimethyl hydrazine, UDMH),是一种易燃、易挥发、具有类似氨的强烈鱼腥味的无色透明液体。作为推进剂它具有推力大,性质稳定等特性,但它有中等偏高的毒性,可通过注射、吸入、皮肤染毒和消化道吸收引起急性中毒,并且有较强的致突变效应。偏二甲肼水中最高允许浓度为 0.1mg/L,空气中最高允许浓度为 $1.2mg/m^3$。

偏二甲肼既是一种弱有机碱,也是一种还原剂,它与水作用生成共轭酸和碱,与多种有机酸反应生成盐;偏二甲肼与空气中的二氧化碳作用生成白色的碳酸盐沉淀:

$$2(CH_3)_2NNH_2+CO_2 \longrightarrow (CH_3)_2NNHCOOH \cdot H_2NN(CH_3)_2$$

废水中释放的偏二甲肼蒸气在常温下能被空气缓慢氧化,其氧化产物主要为偏腙、水和氮:

$$3(CH_3)_2NNH_2+2O_2 \longrightarrow 2(CH_3)_2NH=CH+4H_2O+N_2$$

该反应比较复杂，除以上主要产物外，还有少量的氨、二甲胺、亚硝基二甲胺、重氮甲烷、氧化亚氮、甲烷、二氧化碳、甲醛等。

偏二甲肼与许多氧化物如次氯酸钠、高锰酸钾等水溶液发生强烈反应并放出热量。该反应的另一个特点是反应过程中的溶液颜色产生由无色→淡黄→黄→淡红→红→淡黄→无色的变化。

偏二甲肼是易燃液体，在常温下能与强氧化剂如硝酸、四氧化二氮、高浓度过氧化氢自燃，作为推进剂在航天工业中被广泛应用。

硝基氧化剂包括四氧化二氮和发烟硝酸，都是红棕色液体，在空气中冒红棕色烟雾，即四氧化二氮气体，有强烈刺激性臭味。

四氧化二氮和发烟硝酸都是强酸和强氧化剂，能氧化多种有机物，与碱性化合物反应，腐蚀金属及碳之类的非金属，反应强烈时可以起火。

推进剂废水主要来自相关的推进剂作业过程。作业时如推进剂发生跑、冒、滴、漏情况或突发事故时，一般用大量自来水冲洗作为应急处置措施，在此过程中会产生大量的推进剂废水，而且一般具有以下的特征。

1. 污染物成分复杂

由于液体推进剂废水来源不同，其废水中污染成分差异很大，既有毒性很强的，也有一般毒性的污染物。一般来说，当推进剂废水来自同一个地方如库房的洗消，则废水中的成分较为单一；而当不同来源的推进剂废水混合于一个废水处理池时，则成分就较为复杂，既有原有的推进剂，也有它们的降解产物或相互反应的产物。例如某试车台废水中的主要有毒成分为偏二甲肼、亚硝基二甲胺、硝基甲烷、四甲基四氮烯、氢氰酸、有机腈、氰酸、甲醛、二甲胺、偏腙、胺类等，其中甲醛、甲胺、二甲胺、亚硝基等均为偏二甲肼降解的中间产物，而二硝基二甲胺是世界卫生组织公认的致癌物质。

2. 废水水量及其浓度变化较大

推进剂废水的水量和浓度与废水的来源有直接关系。试车台、航天器发射场、贮存场所等都会产生数量不等的推进剂污液，当用自来水处置时，便产生不同数量的推进剂废水以及不同浓度的污染物。大量的统计数字表明，对于试车台来说，一般大型试车台每次试车产生的废水量为1000~2000t，废水中偏二甲肼的含量为50~200mg/L；小型试车台每次产生污水10t，污水中偏二甲肼含量为1500~2000mg/L；而跑、冒、滴、漏等产生的废水数量则相对要少得多。

3. 污染源有一定的随机性

由于有时推进剂应用、运输及贮存场合不能事先确定，因此推进剂污染源数量有一定的不确定性。

1.3 液体推进剂废水的来源及危害

1.3.1 液体推进剂废水的来源

液体推进剂废水主要来源于试车、运输、转注、加注、发射、贮存环节的液体推进剂的排放或泄漏[32]。

1. 试车台产生的废水

火箭发动机点火试车时，由于氧化剂和燃烧剂不可能同时进入发动机，因此在发动机点火前总会有一种推进剂过剩，试车结束时，管道中过剩推进剂的一部分将会随消防水进入导流槽而产生推进剂废水。

2. 火箭发射产生的废水

火箭点火发射后，推进剂在很短的时间内燃烧掉，产生大量的燃气，同时燃烧温度可达1000℃以上，为了防止高温对设备的腐蚀，在发射架的下部安装多环冷却水喷管。在火箭点火的同时，冷却水环管喷水形成水幕，不仅能保护发射设备，而且能够吸收部分高温燃气，缓解燃气对大气的污染，这部分冷却水就形成了推进剂废水。

由于冷却水溶解了部分燃气，废水中含有氧化剂与燃烧剂的高温燃烧产生的和未完全燃烧的剩余推进剂残物，这种废水的成分比较复杂。

3. 推进剂槽车、贮罐、管道的洗消废水

在推进剂的运输、使用、贮存过程中都需要对槽车、贮罐、管道等设备中残留的推进剂用适当的消洗剂进行多次的冲洗，会产生数量不等的废水，其成分视消洗剂而定。

4. 推进剂库房地面清洗废水

由于推进剂的腐蚀作用以及设备的老化，有时会造成阀件、泵、法兰等密封部件密封不严，发生推进剂滴漏现象。对于推进剂少量滴漏通常采用自来水冲洗，依据推进剂不同，产生不同种类的推进剂库房废水。

5. 推进剂泄漏事故洗消废水

当液体推进剂一旦发生泄漏事故时，为防止其对操作人员的危害和环境的污染，最常采用的措施是用自来水冲洗，必要时再加上消洗剂进行冲洗，消洗过程便产生数量不等的推进剂废水。

1.3.2 液体推进剂废水的危害

推进剂废水中含有多种有毒物质，对操作人员和环境的危害必须引起足够的重视[32]。为了减少和治理推进剂污染，国内外环境工作者对推进剂的毒性、毒理、对环境的污染情况等进行了广泛的调查和研究。

1. 液体推进剂的毒性

根据我国《化学物质毒性全书》分类标准,肼类推进剂除甲基肼为高毒(II)外,其余均为中等毒(III),国家十部委2015年修订的《剧毒化学品名录》将偏二甲肼和甲基肼列为剧毒化学品;国家职业卫生标准《工作场所有害因素职业接触限值　第1部分化学有害因素》(GBZ 2.1—2019),首次将肼、偏二甲肼列为可疑人类致癌物;根据国家职业卫生标准GBZ 230—2010《职业性接触毒物危害程度分级》,以毒物的急性毒性、扩散性、蓄积性、致癌性、生殖毒性、致敏性、刺激与腐蚀性、实际危害后果与预后等9项指标为基础,对推进剂危害进行综合评价,从中可以看出甲基肼在肼类燃料中的毒性最高,蓄积毒性比偏二甲肼大,比肼小。肼类燃料对不同动物、不同途径的急性毒性见表1.4和表1.5。

表1.4　肼类燃料的急性毒性[33](LD_{50},mg/kg)

动物	中毒途径	肼	一甲基肼	偏二甲肼
小白鼠	静脉	57±5.4	33±5.4	250±19
	腹腔	62~94	29~32	125~290
小白鼠	静脉	55±2.7	33±4.5	119±132
	腹腔	59~64	28~32	102~132
狗	静脉	25	12	60
兔	皮肤	94	96	1063

表1.5　人员短时间暴露于偏二甲肼蒸气中可能产生的毒性反应

暴露时间/min	偏二甲肼浓度/ppm(mg/m^3)	对人可能产生的毒性反应
5	10000(26786)	痉挛与死亡
15	3500(9375)	
30	1800(4821)	
60	900(2410)	
5	2400(6429)	明显的中枢神经极度兴奋或死亡
15	800(2143)	
30	400(1071)	
60	200(536)	
5	1200(3214)	眼、鼻黏膜轻微制激或全身影响
15	400(1021)	
30	200(536)	
60	100(268)	

续表

暴露时间/min	偏二甲肼浓度/ppm(mg/m^3)	对人可能产生的毒性反应
5	600(1607)	眼、鼻黏膜轻微制激
15	200(536)	
30	100(268)	
60	50(134)	

一甲基肼和偏二甲肼无明显蓄积性毒性,肼具有轻度蓄积性毒性。肼、一甲基肼和偏二甲肼都是中枢神经兴奋剂,小剂量增加中枢神经兴奋性,大剂量时引起癫痫样症状发作。肼除了可使中枢神经系统兴奋外,还有明显的中枢神经系统抑制作用。

肼明显损害肝脏引起脂肪肝。偏二甲肼轻度损害肝脏,具有轻度溶血作用;一甲基肼不损害肝脏,但能破坏红细胞,引起血管内溶血。肼对红细胞无明显损害作用。

一甲基肼损害肾功能,使中毒动物出现血尿或血红蛋白尿;肼对肾功能有损害作用,而偏二甲肼不损害肾。

高浓度的一甲基肼和偏二甲肼蒸气均可刺激呼吸道和损伤肺,严重者出现肺水肿。肼、一甲基肼、偏二甲肼全身中毒时,可出现剧烈流涎、恶心、顽固性反复呕吐和腹泻。肼、一甲基肼和偏二甲肼除可透过皮肤吸收而致全身中毒外,对局部皮肤可引起化学性灼伤。

肼、一甲基肼和偏二甲肼蒸气刺激眼睛。液滴溅入眼内时,因碱性作用可损伤角膜和结膜引起溃疡、腐烂、充血和水肿。

试验表明,肼类燃料对动物具有致癌作用。这种致癌作用,有着明显的种株专一性和脏器的选择性,用量与中毒途径也有关。目前尚无流行病学材料表明肼类燃料对人的致癌性,因此可把肼类燃料认为是一种潜在性致癌物质。

肼类燃料对动物也具有致突变和致畸胎的作用,但对人是否有此作用,现尚不清楚。

肼类燃料无论经何种途径染毒,在血液中的吸收、分布及消失速度均较快,肼在人体中的半衰期为2~5h,一甲基肼为5~7h,偏二甲肼约3h。

四氧化二氮和发烟硝酸都属于中等毒性的化工产品,它们主要通过呼吸道吸入引起人体中毒,损伤呼吸道,引起肺水肿和化学性肺炎。

氮氧化物和发烟硝酸均可腐蚀皮肤、黏膜和眼睛,引起局部化学性烧伤。

大白鼠吸入白色发烟硝酸30min的半数致死浓度(LC_{50})为244mg/kg;吸入

红色发烟硝酸 30min 的 LC_{50} 为 138mg/kg，吸入二氧化氮 30min 的 LC_{50} 为 174mg/kg。

人员对二氧化氮的毒性反应：5mg/kg 吸入 5min，无明显作用；25mg/kg 吸入 5min，鼻、胸部不适，肺功能改变；100mg/kg 吸入，明显刺激喉部，引起咳嗽；300~400mg/kg 吸入数分钟，可患支气管炎，肺炎而死亡；500mg/kg 吸入数分钟，可因肺水肿致死；长期接触 2~5mg/kg，出现慢性呼吸道炎症。

2. 液体推进剂的主要危害

1）着火与爆炸[34]

液体推进剂中燃烧剂易着火，氧化剂可助燃，因此无论哪一种类型的液体推进剂发生着火与爆炸的危险性都很大，造成的损失也很严重。

2）毒害作用[35]

液体推进剂的毒害作用，主要指各种推进剂的毒性、化学分解产物的危害、推进剂试车和发射中燃气的毒害等。影响毒性的因素有很多，主要有液体推进剂的物理化学特性及外界条件等。

肼类燃料废水中的偏二甲肼等物质，由于沸点低、蒸气压高，再加上分子扩散等作用，可挥发到大气环境中。长期贮存偏二甲肼废水的污水池上部空间及环境，可以造成空气中偏二甲肼富集。由于偏二甲肼的毒性，使活动于该环境中的工作人员常常出现恶心、呕吐、食欲减少、全身乏力等症状。若操作人员长期活动于该环境中，空气中富集的偏二甲肼对人的中枢神经系统、消化系统、血液系统会造成不良损害。

人员吸入硝基氧化剂则会造成呼吸道病变，严重时引起死亡。

3）腐蚀性危害

由于液体推进剂具有的化学性质，它们对金属[36]、非金属、活体组织等均有腐蚀作用，对非金属材料还有溶胀作用，其结果是造成材料的损伤而引起一些次生灾难。

4）对农作物的影响

肼类燃料和硝基氧化剂废水中均有氮元素，含氮化合物可在一定条件下转变为植物的营养素，利用低浓度偏二甲肼浇灌农作物可起到施肥作用，对其生长有利。

通过大量的调查研究和试验得知，偏二甲肼废水对农作物种子发芽无不良影响。用低浓度的偏二甲肼浇灌农作物反而可起到施肥的作用，对水稻生长有利。但是若浓度偏高或偏二甲肼在空气中富集而形成较高的浓度，对农作物的不良影响是明显的。例如在试车台周围的果树，受到偏二甲肼等长期影响，产量明显减少。

5）对环境的影响[32]

在液体推进剂的研制、生产、运输、贮存、转注、加注等作业中，由于跑、冒、滴、漏造成液体推进剂泄漏，此时由于液体推进剂沸点低、蒸气压高、极易挥发，造成大气中推进剂蒸气的增大，这些蒸气虽然可以通过扩散稀释，但大气中的氧气、氮氧化物、臭氧、二氧化氮、二氧化硫等可与推进剂蒸气发生反应，产物非常复杂，造成大气污染；在对泄漏的液体推进剂进行洗消处理时会生成大量的废水，导致水体和土壤污染。

1.4 液体推进剂废水的治理现状

数十年以来，随着我国航天事业的发展，推进剂种类不断地增加，推进剂污染也越来越严重。我国科研工作者对液体推进剂污染治理开展了广泛的研究，并取得了很大的进步，在推进剂废水处理方法和技术方面获得一系列科研成果，为我国的环保事业做出了应有的贡献。

1.4.1 液体推进剂肼类燃料废水的治理现状

1. 氧化处理法

肼类燃料从化学属性分类，属于还原性物质。因此，许多环境工作者在寻找肼类燃料废水处理技术时，首先采有氧化法来破坏肼类化合物，使其向低毒、无毒化方面转化，从而实现废水的净化和达到保护环境的目的。

目前，有肼类燃料废水处理中使用的氧化剂种类很多，如臭氧、过氧化氢、液氯、空气、次氯酸钠、漂白粉、漂粉清、二氧化氯等。综合各种氧化剂在处理肼类燃料中的效果和应用范围，臭氧法应用最广泛。

1）臭氧法

臭氧在常温常压下是一种淡黄色的气体。在常温下臭氧在空气中自行分解为氧。臭氧在空气中的分解速度与空气的湿度、温度有关，空气的湿度越大，温度越高，其分解速度也越快。臭氧在水溶液中的分解速度比空气中快，在强碱性溶液中其分解速度更快；但是在酸性溶液中其分解速度明显缓慢。臭氧在水中的半衰期为17min。若水中有二氧化锰、铜等物质存在时，臭氧会加速分解。

臭氧是一种强氧化剂。在酸性介质中，臭氧的氧化还原电位是2.07V；在碱性介质中，其氧化还原电位是1.24V。由于臭氧具有很强的氧化能力，它可以同有机物、无机物、蛋白质进行氧化反应，可以把难以生物降解的物质氧化分解为可生物降解的物质。

臭氧在与无机物的反应过程中起氧化剂的作用,大多数是臭氧分子中的一个氧原子参加反应;在与有机物的反应过程中,是臭氧分子同双键或叁键的碳-碳化合物直接结合,生成臭氧化物。臭氧化物是一个不稳定化合物,在水解作用下进行分解,实现臭氧的氧化过程。

当用臭氧法处理肼类燃料废水时,肼类化合物与臭氧进行非常复杂的氧化还原反应,其过程如下:

$$(CH_3)_2NNH_2+O_3 \longrightarrow (CH_3)_2^+N{=}N^-+H_2O+O_2 \tag{1.13}$$

$$2(CH_3)_2^+N{=}N^- \longrightarrow (CH_3)_2NN{=}NN(CH_3)_2 \tag{1.14}$$

$$(CH_3)_2NN{=}NN(CH_3)_2 \longrightarrow CH_3NH_2+(CH_3)_2NH+CH_2O+N_2+O_2 \tag{1.15}$$

$$(CH_3)^+N{=}N^-+3O_2 \longrightarrow 2CO_2+N_2+O_2+3H_2O \tag{1.16}$$

反应产生的中间产物还可以继续分解可被臭氧所氧化。所以臭氧氧化分解偏二甲肼并不是一个简单的氧化过程而是一个复杂的化学反应过程[37]。该过程中,既存在偏二甲肼氧化分解产生一系列中间产物,又存在中间产物继续分解、中间产物之间反应、中间产物与偏二甲肼之间反应等一系列过程。

由于臭氧氧化肼类化合物产生一系列中间产物,其中某些中间产物的毒性并不低于偏二甲肼,因此在采用臭氧法处理偏二甲肼废水时,不但应检测偏二甲肼的氧化分解情况,而且更注意一系列中间产物的氧化分解情况,这样才有可能使废水真正实现无害化。

研究表明影响臭氧法处理肼类燃料废水效果的重要因素是臭氧投配比、废水的 pH 值和反应时间,应根据废水的实际情况,通过实验确定这些工艺参数。

2) 臭氧-紫外线联合处理肼类燃料废水技术[38]

为了进一步去除臭氧分解偏二甲肼废水中产生的中间产物甲醛,采用紫外线与臭氧联合处理工艺。甲醛在紫外线的作用下与臭氧反应生成甲酸和氧气,甲酸进一步氧化成二氧化碳和水。

臭氧-紫外线联合处理肼类燃料废水工艺流程如图 1.4 所示。

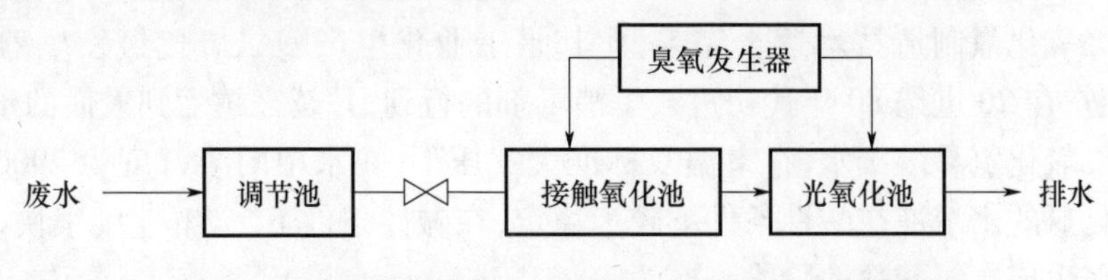

图 1.4　臭氧-紫外线联合处理肼类燃料废水工艺流程图

该方法对污染物处理比较彻底,可以使废水中各项指标均达到国家排放标准;同时由于臭氧分解产生的是氧气,不产生二次污染;方法简单,便于操作,占地面积小等，已得到实际应用。

3）氯化法

氯和氯制剂是较强的氧化剂，它作为氧化剂和消毒剂广泛应用于给水消毒和污水处理过程。氯气在通常情况下是黄绿色带强烈刺激性气味的气体，水污染处理实际使用的一般是瓶装氯气。

氯气能溶于水，其溶解度与压力及湿度有关。氯气溶于水并与水发生水解反应生成水氯酸：

$$Cl_2+H_2O \longrightarrow H^++Cl^-+HOCl \tag{1.17}$$

$$HOCl \rightleftharpoons H^++OCl^- \tag{1.18}$$

次氯酸的离解与水的 pH 有关，当 pH 为 7.5 时，HOCl 和 OCl^- 各占 50%，随着 pH 的提高，OCl^- 的浓度将越来越大，HOCl 的浓度将相应地减少。

在水处理实践中，除可直接使用氯气，也可以用一系列氯制剂作为氧化剂，比较常用的氯制剂主要有漂白粉、次氯酸钠、二氧化氯等。

漂白粉常态下是白色粉末，保存时应注意避光以防失效。漂白粉是钙盐与次氯酸盐的混合物，稳定的漂白粉成分有 50% $CaCl_2 \cdot Ca(OH)_2 \cdot H_2O$、30% $Ca(ClO)_2 \cdot 2Ca(OH)_2$ 和 20% $Ca(ClO)_2$。市售漂白粉有效氯的含量为 25%～30%。

次氯酸钠是继液氯之后应用非常广泛的一种氯制剂消毒剂。它除用于饮用水和游泳池水杀菌消毒之外，还应用于医院污水、生活污水和其他工业废水治理等工程。

次氯酸钠溶液在 pH 为 11 时最稳定，含有量为 160～180g/L。次氯酸盐的饱和强碱性溶液能保持两周，活性氯的浓度可达 100～180g/L。次氯酸的生产现已实现产品系列化，有效氯的生产量在 50～2000g/h 内均有定型产品。由次氯酸钠发生器生产的次氯酸钠为淡黄色透明液体，pH＝9.3～10，含有效氯 6～11mg/L。

二氧化氯作为控制饮用水的味和嗅的化学品出现于 20 世纪 30 年代后期。随着二氧化氯制造技术逐步完善，尤其是工业化生产型二氧化氯发生器的出现，使它在 20 世纪 80 年代初进入了消毒剂的行列，并越来越受到人们的重视。

二氧化氯易溶于水，在室温及标准大气压下，在水中的溶解度为 2900g/L。二氧化氯的水溶液在酸性条件下较为稳定，在碱性条件下，分解速度很快，反应停留在生成次氯酸盐的阶段。

二氧化氯是一种强氧化剂，它对废水中的硫化物、氰化物、酚、氯酚、硫醇、仲胺和叔胺均有降解作用。

氯制剂处理含肼类燃料废水时，在常温下 3～5min 即可完成反应，在 0～5℃

低温下反应略慢,但相差不是很大。当原水浓度较高时(>100mg/L),随反应过程的进行,废水有明显变红然后再变黄色至无色的颜色变化过程,这是肼在氧化剂的作用下逐步分解成一系列中间产物以及中间产物不断再分解所引起。

氯化处理后的含肼类废水中其残余浓度很低,不易产生呼吸道和皮肤中毒。当用过量的次氯酸钙处理偏二甲肼废水时主要生成物是甲醛、二甲基腙和四甲基四氮烯,不生成二甲基亚硝胺。

由于氯化法处理肼类废水的过程比较复杂,既有肼类化合物的氧化破坏,又有一系列中间产物的存在和进一步氧化分解,因此,氯化处理过的废水不应立即排放,应在贮存池中存放3~5天。这样一方面可在贮存池中进行自然净化,另一方面可继续抽样检测,以保证排放水无害。

氯化法处理肼类燃料废水时,使用次氯酸钙时沉渣较多,使用次氯酸钠时污水中溶解盐类增加,使用氯气时应考虑过量投配时氯气逸出及贮瓶氯气泄漏的安全问题。

氯化法处理肼类燃料废水的工艺流程如图1.5所示。

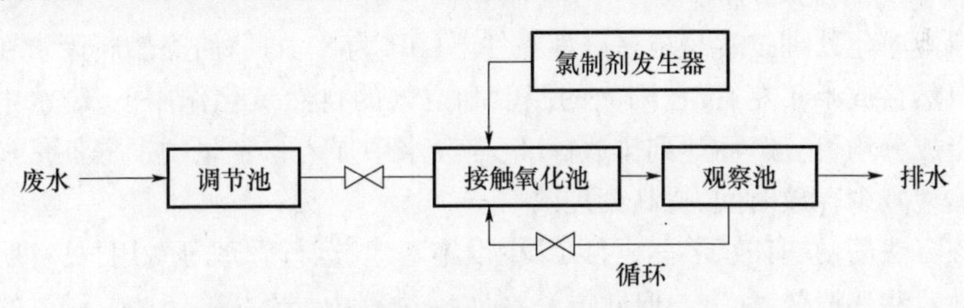

图1.5 氯化法处理肼类燃料废水的工艺流程

4) 氧气催化氧化法

臭氧、氯制剂、氧化剂等氧化剂的生产均需消耗大量的能源。氧在空气中占21%,如果能利用空气中的氧来氧化分解肼类燃料废水中的有毒物质,那将是最经济、最具有应用价值的氧化方法。

实验研究表明,空气中的氧气完全可以氧化分解肼类化合物。它与偏二甲肼的反应生成物主要有偏腙、水和氮气:

$$3(CH_3)_2NNH_2+O_2 \longrightarrow 2(CH_3)_2NN=CH_2+4H_2+N_2$$

在实际应用中,由于该反应涉及气体向液体的传质过程,使得反应的氧化效率相当低。但如果同时加入活性炭或加入浸渍铁、锰、铜离子的活性炭催化氧化反应,其氧化效率明显提高。

空气催化氧化法处理偏二甲肼废水工艺流程如图1.6所示,图中的反应塔内装有一定量的活性炭,空气由塔的底部进入,由于上升空气流的作用,塔内的活性炭处于流化态。

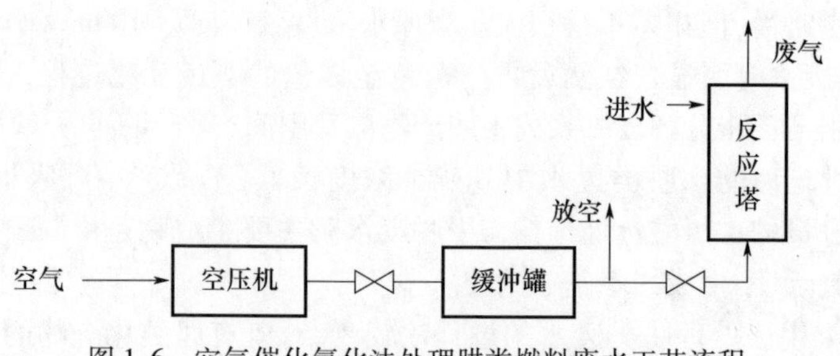

图 1.6　空气催化氧化法处理肼类燃料废水工艺流程

影响催化氧化效果的因素主要有空气量和活性炭的种类及投配量。空气量对处理效率有明显的影响，有一个最大值；活性炭颗粒细和增加其投配量都会提高处理效率。

为了提高活性炭的催化效率，可以进行重金属浸渍处理，浸渍的金属为锰、铁等。

5）自然净化处理技术

自然净化处理技术是指在碱性条件下（pH 为 8~9）将肼类燃料废水在废水池中自然存放半年左右，在阳光的照射和空气的自然氧化作用下，废水中的主要有害成分均可分解而达到排放标准；在废水中加入一定量的铜等催化离子可以明显地减少存放时间，提高处理效率。

该方法简便、有效、节能，可以减少设施基建、运行管理等费用，具有明显的经济效益和环境效益[39]。但此方法在实施过程中，要注意废水中释放的肼类化合物对大气环境的污染及对人体的危害问题，废水存放池应建在通风良好、日照充足、周边人烟稀少的地方。

大量的研究和实际应用表明，影响自然净化法处理肼类燃料废水的主要因素有光照、催化剂、空气、温度及废水的 pH 值，其中光照的影响最大。因此，废水净化时间应根据气象条件合理安排，应在光照充分时集中处理。

肼类燃料废水自然净化过程是一个复杂的反应过程，既有肼类化合物分解成一系列中间产物，又有中间产物之间或中间产物的进一步的氧化分解。反应过程主要是氧化还原反应。

一个氧化还原反应的速率除由参加反应的化学物质本身的化学性质决定，催化剂参与是一个很重要的条件。合适的催化剂可以明显提高氧化还原反应的速率。在肼类燃料废水自然净化过程中，如果单纯地用自然光进行分解，所需时间较长，效率较低，但如果加入如 Cu^{2+} 的催化离子，不仅可以加快反应速率，并且中间产物亚硝胺等的含量也明显降低。

空气影响主要是通过溶解于废水中的溶解氧提供肼类化合物分解的氧化

剂体现。增加废水的复氧速率可以提高废水中溶解氧的含量,适当增加废水温度可以提高分子的活性和运动速度,加大分子的碰撞概率,从而缩短自然净化周期,提高处理效率。

肼类燃料废水自然净化处理的工艺流程见图1.7。实践证明,自然净化法是一种有效、经济、适用、简便的废水处理方法,特别是在当今提倡节能的年代,采用该方法更显得具有重要的现实意义。

该方法可应用于化工、医药、印染等行业的废水处理工程,有机废水一般都可以采用此法,特别是对采用强氧化剂氧化后易产生一系列有毒中间产物的废水应用该法更有其优越性。随着人们对自然净化法经济效益和环境效益认识的不断提高,它的应用领域将会不断扩大。

处理肼类燃料废水的氧化剂还可以有许多,如高锰酸钾、重铬酸钾等。但这些氧化剂成本太高,只适用于处理小量的实验室肼类燃料废液(水)。寻找性价比高的肼类燃料废水处理方法仍将是今后研究的重点。

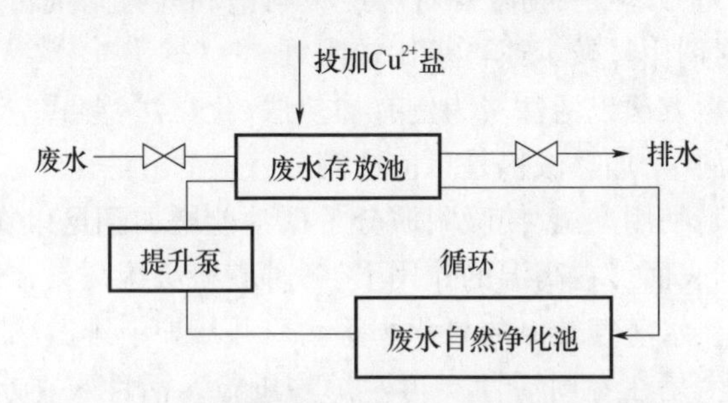

图1.7 肼类燃料废水自然净化处理工艺流程

2. 吸附法

吸附法是利用活性炭及其他吸附剂通过物理吸附及化学吸附作用,对废水的污染物进行吸附处理而使废水得到净化的过程。

污水处理吸附剂应具备良好的吸附性、较大的比表面积、良好的再生能力和耐磨强度、来源丰富、成本低廉等性能。对于污水处理领域,常用的吸附剂有活性炭、硅藻土、氧化铝、合成沸石、白土、硅胶和分子筛等,其中活性炭是应用领域最广的重要吸附剂。

活性炭及其他吸附剂处理废水的能力依赖于它们的吸附作用,即固体吸附剂对溶液中溶质的吸附。固体在溶液中的吸附作用是一个比较复杂的问题,尚需深入研究。固体吸附剂在溶液中的吸附过程是溶剂、溶质和固体体系中的界面现象,这种现象可能由两方面的推动力促成,一种是溶剂对憎水溶质的排斥作用,另一种是固体对溶质的亲和吸引作用。

固体在溶液中的吸附是一个动态平衡过程,当达到平衡时,被吸附的溶质在固体表面和溶液中的浓度按一定的规律分布。吸附量 Q 同吸附剂和溶液中各种物质的化学特性、温度、被吸附物质在溶液中的浓度 C 有关。

在温度固定的条件下，吸附量同溶液浓度之间的关系称为等温吸附规律，可以用吸附等温式来表示，一般常采用弗林德利希经验公式：

$$Q = KC^{\frac{1}{n}} \tag{1.19}$$

式中：Q 为吸附量(mg/L)；C 为浓度(mg/L)；K、n 为在一定范围内表达吸附过程的经验常数，$n>1$。

在实际应用过程中，常对式(1.19)进行线性化处理：

$$\lg Q = \lg K + \frac{1}{n}\lg C \tag{1.20}$$

确定某种吸附剂对废水中某有毒成分的吸附量很有实用价值，对吸附剂的种类，废水处理效果起着决定性意义。

为了降低处理成本，一般需要对已经吸附饱和的吸附剂再生，以恢复其吸附能力，除非吸附剂用量较少或再生比较困难。

吸附剂的再生方法以活性炭为例有加热法、化学法、湿式空气氧化法、生物法等。在诸多方法中，加热法仍是目前应用最普遍的方法。

加热再生法是利用高温，使吸附质分子振动能增加到足以克服吸附剂的吸引力，离开吸附剂表面。在高温的作用下，各种有机吸附质被氧化，最后生成二氧化碳、一氧化碳、水蒸气及氮的氧化物等物质并从炉中排出。

活性炭的再生是在专用活性炭再生炉中进行。活性炭在水蒸气存在的条件下，在800~1000℃的高温下，依次完成干燥(水分蒸发)、焙烧(吸附物质的挥发、热分解和炭化)、活化(碳化物的氧化分解和活化)等3个过程。

活性炭吸附法处理肼类燃料废水工程上已得到实际应用，并取得了理想的效果。在应用此法时，要对活性炭的种类、粒度及与废水的投配比、溶液pH值、温度等参数进行研究，以确定最佳的工艺条件。

活性炭吸附法处理肼类燃料废水的工艺流程如图1.8所示。在此工艺中，需要对活性炭再生过程中吹脱产生的含肼类化合物的废气进行催化分解，以达到国家废气排放标准。

3. 离子交换法

离子交换法[40]是利用离子交换剂中的交换离子同废水中的有害离子进行交换取代反应，去除废水中的有害物质，使废水得以净化的一种方法。

离子交换可以看作是一种特殊的固体吸附过程，它是由离子交换剂在电解质溶液中进行的。离子交换剂能够从电解质溶液中吸附某种阳离子或阴离子，而把本身所含的另外一种相同电荷符号的离子等当量地交换到溶液中去。离

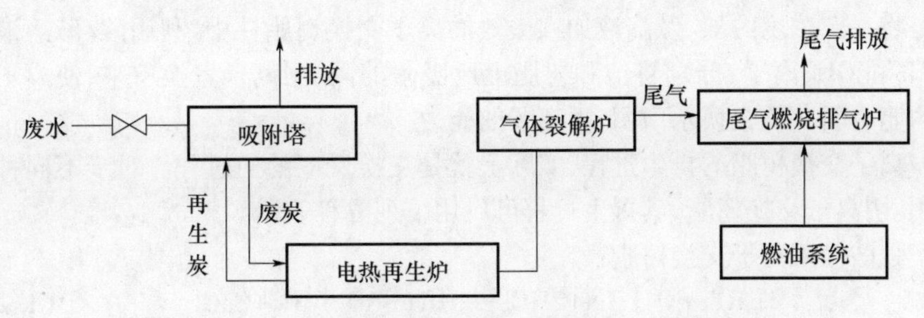

图 1.8 活性炭吸附法处理肼类燃料废水工艺流程

子交换和其他化学反应一样,严格按照化学当量定律进行,这是它与其他吸附过程的明显区别。

离子交换是一种可逆过程。交换剂对各种离子具有不同的亲和力,它可以优先吸取溶液中的某些离子,这是离子交换的选择性。

离子交换剂分无机和有机两大类:无机交换剂有天然海绿砂和合成沸石等;有机离子交换剂又可分为碳质和有机合成离子交换剂。碳质离子交换剂主要是磺化煤,有机合成离子交换剂即离子交换树脂。

离子交换树脂是一种带有交换离子基团的高分子有机化合物,由两大部分组成:一部分是交换剂本体,为高分子化合物和交联剂组成的高分子共聚物,它构成了离子交换剂的固体骨架也称母体,不溶于水,其结构呈晶体状态或者凝胶状态,分布成空间网状物;另一部分是交换基团,由能起交换作用的阳(阴)离子与交换剂本体联结在一起的阳(阴)离子组成。

离子交换树脂根据离子基团的本性可分为阳离子交换树脂和阴离子交换树脂。阳、阴离子交换树脂又可根据它们的酸碱反应基的强度分为强酸性和弱酸性、强碱性和弱碱性等。

当用离子交换树脂处理肼类燃料废水时,可以用下式表示净化的反应过程:

$$(CH_3)_2NNH_2+H_2O \longrightarrow (CH_3)_2NNH_3^++OH^- \tag{1.21}$$

$$R^-H^++(CH_3)_2NNH_3^++OH^- \longrightarrow R^-(CH_3)_2NNH_3^++H_2O \tag{1.22}$$

式中:R^-H^+为阳离子交换树脂。

由于肼类燃料废水中还含有肼类分解的中间产物亚硝基、氰基等阴离子,所以还需要用阴离子交换树脂处理后,才能达到废水排放标准。

离子交换剂的离子交换能力有一定的限度,通常称为交换容量。当某一时刻离子交换剂的交换量达到其交换容量时,交换剂就失去了继续交换水中阳、阴离子的能力,即达到了饱和状态,此时就需要通过一定的方法再生。

离子交换树脂的再生通常采用化学药剂法又称酸碱再生法。它的基本原理是将一定浓度的酸、碱溶液加入失效的离子交换树脂柱中，利用酸、碱溶液中的 H^+ 和 OH^- 离子，分别将饱和树脂上所吸附的阳、阴离子置换下来，使离子交换树脂重新获得交换水中阳、阴离子的能力。

离子交换树脂的再生过程，实际上就是交换反应的逆过程。对于不同种类的阳、阴离子交换树脂，其再生过程可以用下列方程表示。

强酸性阳离子交换树脂：

$$R(-SO_3)_2Ca+2HCl \longrightarrow R(-SO_3)2H_2+CaCl_2 \tag{1.23}$$

强碱性阴离子交换树脂：

$$R\equiv NCl + NaOH \longrightarrow R\equiv NOH + NaCl \tag{1.24}$$

在离子交换树脂再生的过程中，已被树脂吸附的有毒离子又进入再生液中，因此，再生液的处理是决定离子交换法处理肼类燃料废水成功与否的关键。

离子交换法处理肼类燃料废水的工艺流程如图 1.9 所示。废水首先用提升泵进入装有石英砂等过滤介质的过滤器中，以除去悬浮物而防止堵塞离子交换柱；然后再进入阳离子柱，除去肼类化合物；阳离子柱的出水再进入脱气塔，除去二氧化碳以减轻阴离子交换树脂的负荷；出水再进入阴离子交换柱，以除去氰根、亚硝基等阴离子。处理后的出水进入循环池，可用于对再生后的离子交换树脂进行冲洗或排放；再生液进行焚烧无害化处理。

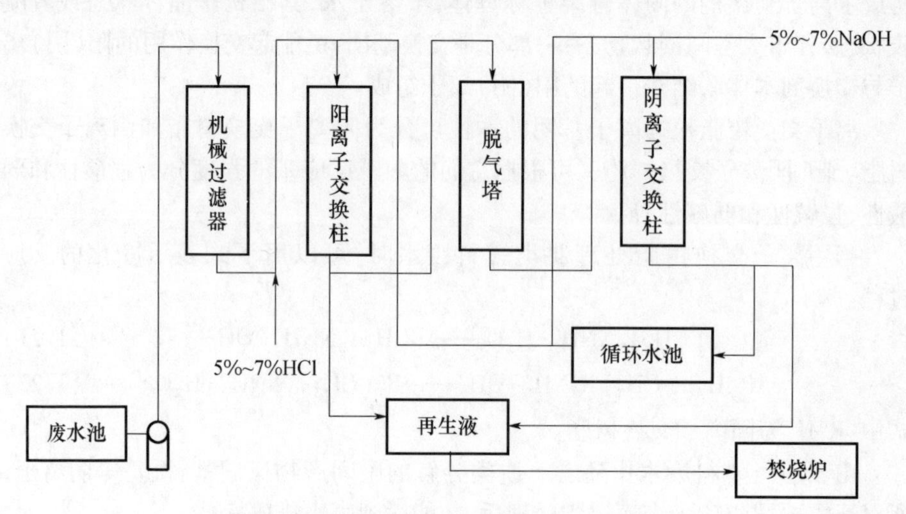

图 1.9　离子交换法处理肼类燃料废水工艺流程

离子交换法处理肼类燃料废水是一种简单、实用的方法，但一次性投资太大，并且废水中如果可溶性盐类太多，影响离子交换树脂的交换能力，缩短树脂再生周期。

1.4.2 液体推进剂硝基氧化剂废水的治理现状

1. 中和处理法[41]

从理论上说,任何碱性物质都能用作中和剂,但在实际应用中,要根据实际情况,选择适合的中和剂。因为发射场地对处理设备的体积和重量有限,因此,在选择中和剂时,应主要考虑以下几个方面:

(1) 中和剂溶解度要大,这样才能减轻质量。

(2) 选择缓冲系数($\Delta N/\Delta pH$)较大的中和反应,使操作易于控制,便于工程应用。

(3) 资源丰富,价格便宜。

(4) 反应中不能产生沉淀,以免堵塞阀门、管道等。

综合上述各方面,一般选用 Na_2CO_3 和 $NaHCO_3$ 作为中和剂,其量的大小根据废水的酸度而定。

2. 酸性尿素法[41]

处理硝基氧化剂废水中的 NO_3^-、NO_2^-、NO_x,通常采用酸性尿素法。在酸性条件下,尿素将具有致癌性的 NO_2^- 还原为无毒无味的氮,不仅可降低这些物质对水体的污染,而且又减少了这些酸根的盐效应,提高了 F^- 的去除率。其反应方程式为

$$6NO+4CO(NH_2)_2 = 7N_2+4CO_2+8H_2O \tag{1.25}$$

该反应分以下几步进行:

$$NO_2+H_2O = HNO_3+HNO_2 \tag{1.26}$$

$$2HNO_2+CO(NH_2)_2 = 2N_2+CO_2+3H_2O \tag{1.27}$$

$$3HNO_2 = HNO_3+2NO+H_2O \tag{1.28}$$

$$6HNO_3+5CO(NH_2)_2 = 8N_2+5CO_2+13H_2O \tag{1.29}$$

$$6NO+CO(NH_2)_2 = 5N_2+2CO_2+4H_2O \tag{1.30}$$

NO_x 的除去反应主要是由式(1.26)和式(1.27)两步完成,因此,NO_x 和尿素的浓度是影响反应的主要因素。

3. 氨磺酸处理法

氨磺酸去除水中的亚硝酸盐的原理[42]是基于氨磺酸在水溶液中能与亚硝酸盐发生下述反应:

$$NH_2SO_3H+NO_2^- = N_2+H_2O+HSO_4^- \tag{1.31}$$

从式(1.31)可见,NO_2^- 水溶液投加氨磺酸后发生化学反应生成无毒的气体和化合物而被除去。根据此原理而研制的用氨磺酸处理含亚硝酸盐废水的方法是一种无污泥、无污染、工艺十分简单的处理方法。

4. 光催化法

光催化脱氮技术[43]是利用光激发半导体产生的光生电子和空穴进行化学氧化或还原反应来去除水中无机氮,该方法以成本低、无二次污染、反应条件温和、反应时间短等优点,得到广泛关注。

1) 光催化还原反应

光催化还原硝酸根[44]的产物主要有 NO_2^-、NH_4^+ 和 N_2 等。硝酸根在光生电子的作用下首先还原成亚硝酸根,继续在光生电子的作用下还原成氨,氨又在光生空穴的作用下氧化成氮气。

2) 光催化氧化反应

NO_2^- 还能被空穴氧化成 NO_3^-,有研究表明利用半导体光催化剂 Bi_2O_3 可以有效地对含亚硝酸盐的废水进行处理[45],当催化剂用量为 0.050g/50mL,pH 为 3.7,NO_2^--N 起始浓度为 400.0mg/L 时,光照 1h,其氧化率可达 97.0%。

5. 氧化法

有研究用空气氧化法和双氧水氧化法分别处理了低浓度和高浓度的亚硝酸盐废水,考察了亚硝酸盐氧化反应特性[46]。结果表明,空气氧化低浓度的亚硝酸盐时,所发生的化学反应是一个极为缓慢的过程,亚硝酸根浓度级数近似为 0,pH 低时较为有利;双氧水氧化法能在温和的条件下高效地处理高浓度亚硝酸盐废水,在温度为 40℃、双氧水用量为理论需用量、维持 pH 为 5 的条件下,反应 30min 后,处理含 300mmol/L 亚硝酸盐废水,亚硝酸盐可 100%地氧化为硝酸盐,实现了硝酸盐资源化回收利用。

目前,上述几种方法在实际应用中各有利弊。酸性尿素法效果较好,但在使用过程中需要投加大量尿素;氨磺酸法只能除去 NO_2^-,不能同时处理 NO_3^-,普通光催化氧化的降解率一般达不到理想要求;氧化法则无法完全将废水无害化,最终产生的 NO_3^- 仍然对环境造成污染。

6. 氟离子的处理

为了提高硝基氧化剂的性能,一般在硝基氧化剂加入一定量的氢氟酸和磷酸盐。水体中的氟离子是重要的污染物,工业废水中氟离子的浓度不超过 10mg/L。目前国内外含氟废水的处理方法有多种[47],主要有化学沉淀法、吸附法、混凝沉降法、电凝聚法、离子交换树脂法、反渗透法、液膜法、电渗析法等,经常采用的方法是化学沉淀法、混凝沉降法、吸附法,其他方法应用较少。

7. 磷酸根离子的处理

目前,用于废水除磷的方法[48]主要有化学沉淀法、电渗析法、离子交换法三种。化学沉淀法是利用多种阳离子与废水中的磷酸根结合生成沉淀物质,从而使磷有效地从废水中分离出来;电渗析除磷是膜分离技术的一种,它只是浓缩磷的一种方法,无法从根本上除去磷。与其他方法相比,化学沉淀法具有操作弹性大、除磷效率高、操作简单等特点。根据硝基氧化剂废水的具体情况,一般选用化学沉淀法进行处理。磷的化学沉淀剂主要有铝盐、铁盐和钙盐。

1.5 液体推进剂污染控制标准

我国航天事业已走过了数十年光辉的历程,取得了举世瞩目的成就。为了贯彻《中华人民共和国环境保护法》《水污染防治法》等法律,防止和治理燃料等污染物对环境的污染,由中华人民共和国国家环保局等单位编制了《航天推进剂污染物排放标准》,航天工业水污染物最高允许排放浓度详见表1.6。该标准属于国家级标准环境排放标准,是我国第一部航天工业水污染物防治标准。所制定的排放标准,是从我国的国情出发,参考了国外有关标准和规定,充分考虑了三肼、二胺的毒性、使用量、使用特点、对环境和接触人群的影响、环境特性以及当前我国所能达到的技术水平和监测方法的灵敏度等综合因素,第一步制定各种污染物的地面水最高允许浓度值,第二步以地面水最高允许浓度为环境目标而制定的。表1.7为液体推进剂的安全卫生标准。

表1.6 航天工业水污染物最高允许排放浓度

编号	项目	标准值/(mg/L)
1	肼	0.1
2	甲基肼	0.2
3	偏二甲肼	0.5
4	三乙胺	10
5	二乙烯三胺	10
6	亚硝酸盐氮	0.1
7	甲 醛	2.0
8	氰化物	0.5
9	悬浮物(SS)	200
10	化学需氧量(CODCr)	150
11	pH	6~9

表1.7 液体推进剂安全卫生标准[49] 单位:ppm(mg/m^3)

推进剂种类	无水肼	偏二甲肼	单推三	甲基肼	硝基氧化剂
空气中最大允许浓度	0.1(0.14)	0.5(1.3)	0.1(0.14)	0.04(0.08)	2.4(5)
空气中可嗅到浓度	3~4	0.3~1	3~4	1~3	1~3

续表

推进剂种类		无水肼	偏二甲肼	单推三	甲基肼	硝基氧化剂
急性中毒浓度		50~100	50~100	50~100	20~50	100~200
应急暴露极限/min	10	30(39)	100~250	30(39)	90(158)	30(54)
	30	20(26)	50~125	20(26)	30(53)	20(36)
	60	10~13	30~75	10(13)	15(26)	10(18)
居民区空气中允许最高浓度	日平均	(0.02)	(0.03)	(0.02)	(0.006)	(0.15)
	一次采样	(0.05)	(0.08)	(0.05)	(0.015)	(0.30)
地面水中最大允许浓度		0.02	0.1	0.02	0.01	含硝酸不大于 22

参考文献

[1] 燕战秋. 功能材料概论 [J]. 机械工程材料,1984,04:3-8,22.
[2] 李廷希. 功能材料导论 [M]. 长沙:中南大学出版社,2011.
[3] 李凤生,杨毅. 纳米功能复合材料及应用 [M]. 北京:国防工业出版社,2003.
[4] 李长青,张宇民,张云龙. 功能材料[M]. 哈尔滨:哈尔滨工业大学出版社,2014.
[5] 张彭义. 半导体光催化剂及其改性技术进展 [J]. 环境科学进展,1997,005(003):1-10.
[6] 张小明. 二氧化钛光催化剂 [J]. 中国材料进展,2001,000(008):14-15.
[7] 吕华,姜聚慧,刘玉民,等. 纳米 ZnO 光催化剂的制备及性能研究 [J]. 环境科学与技术, 2010,33(006):47-50.
[8] 黄丽,张昊,谭欣. TiO_2/SnO_2 光催化剂的制备及硫磷农药废水催化降解 [J]. 化学工业与工程,2006,23(005):382-384.
[9] 陈喜娣,蔡启舟,尹荔松,等. 纳米 α-Fe_2O_3 光催化剂的研究与应用进展 [J]. 材料导报,2010,24(021):118-124.
[10] 张爱平,张进治. $Cu/BiVO_4$ 复合光催化剂的制备及可见光催化活性 [J]. 物理化学学报,2010,05:159-164.
[11] 陈茂荣,陈金毅,张文蓉,等. 沸石负载 Cu_2O 光催化剂的制备及其性能研究 [J]. 武汉工程大学学报, 2009,31(12):28-31.
[12] 林培宾,杨俞,陈威,等. NiS-PdS/CdS 光催化剂的水热法合成及其可见光分解水产氢性能 [J]. 物理化学学报,2013,29(6):1313-1318.
[13] 田海锋,宋立民. g-C_3N_4 光催化剂研究进展 [J]. 天津工业大学学报,2012,31(006):55-59.
[14] HOFFMANN M R ,MARTIN S T ,CHOI W ,et al. Environmental Applications of Semiconductor Photocatalysis[J]. Chemical Reviews,1995,95(1):69-96.

[15] LINSEBIGLER A L ,LU G ,YATES J T . Photocatalysis on TiO_2 Surfaces:Principles, Mechanisms, and Selected Results[J]. Chemical Reviews, 1995, 95(3):735-758.

[16] WU G, WANG J, THOMAS D F, et al. Synthesis of F-doped flower-like TiO_2 nanostructures with high photoelectrochemical activity [J]. Langmuir 2008, 24(7):3503-3059.

[17] 刘自力,刘红梅 . Bi_2O_3-WO_3 光催化臭氧氧化降解糖蜜酒精废水的研究 [J]. 分子催化,2007(06):550-555.

[18] DAMIEN, DAMBOURNET, ILIAS, et al. Tailored Preparation Methods of TiO_2 Anatase, Rutile, Brookite: Mechanism of Formation and Electrochemical Properties[J]. Chemistry of Materials, 2010, 22(3):1173-1179.

[19] WONYONG, CHOI, REAS, et al. The Role of Metal Ion Dopants in Quantum-Sized TiO_2: Correlation between Photoreactivity and Charge Carrier Recombination Dynamics[J]. Journal of Physical Chemistry B, 1994, 98(51):13669-13679.

[20] 刘平,周廷云,林华香,等 . TiO_2/SnO_2 复合光催化剂的耦合效应 [J]. 物理化学学报,2001,17(3):265-270.

[21] 张松,李琪,乔庆东 . 半导体复合 TiO_2 纳米光催化剂 [J]. 化学通报,2004,67(004):295-299.

[22] 余锡宾,王桂华,罗衍庆,等 . TiO_2 超微粒子的量子尺寸效应与光吸收特性 [J]. 催化学报, 1999,020(006):613-618.

[23] 井立强,孙晓君,郑大方,等 . ZnO 超微粒子的量子尺寸效应和光催化性能 [J]. 哈尔滨工业大学学报,2001,03:344-348.

[24] YAMASHITA H ,HARADA M ,TANII A, et al. Preparation of efficient titanium oxide photocatalysts by an ionized cluster beam(ICB) method and their photocatalytic reactivities for the purification of water[J]. Catalysis Today, 2000, 63(1):63-69.

[25] 张立德,牟季美 . 纳米材料和纳米结构 [J]. 中国科学院院刊,2001,016(006):444-445.

[26] 张吉光 . 净化空调 [M]. 北京:国防工业出版社,2003.

[27] 刘来红,朱玲英 . 高效空气过滤材料的发展与特点 [J]. 产业用纺织品,2005,23(004):6-8.

[28] 陈喆 . 空气过滤材料及其技术进展 [J]. 纺织导报,2011(07):86-88.

[29] 冯冬云,王勇 . 国内外防毒面具的应用现状综述 [J]. 安防科技,2012,000(003):30-35.

[30] 丛继信,张光友,王力,等 . 发射场液体推进剂个体防护体系的研究与设计 [J]. 防护装备技术研究,2010,000(004):13-16.

[31] 王爽,许国根,贾瑛,等 . 海藻酸钠应急处理泄漏偏二甲肼液体 [J]. 化学推进剂与高分子材料, 2019,2:37-41.

[32] 贾瑛,崔虎,慕晓刚,等 . 推进剂污染与治理 [M]. 北京:北京航空航天大学出版社,2016.

[33] 杨蓉,王煊军 . 肼类燃料毒性毒理分析及安全防护 [J]. 航天发射技术,2003,000(004):36-42.

[34] 黄智勇,罗锋,唐中奇,等. 受限空间内液体推进剂蒸发扩散影响因素分析[C]. 中国化学会全国化学推进剂学术会议,大连,2011.

[35] 丛继信,王力,张光友. 液体推进剂职业中毒风险评价及防护对策研究 [J]. 中国安全生产科学技术,2012,008(007):40-45.

[36] 李铎锋,黄智勇,李玲艳. 金属材料在液体推进剂中的加速腐蚀研究 [J]. 科技信息,2012(031):103-104.

[37] 张志仁. 臭氧氧化法处理偏二甲肼污水[C]. 2006 年全国臭氧专业年会,北京,2006.

[38] 徐志通,苏青林. 紫外光-臭氧氧化法处理偏二甲肼废水 [J]. 环境化学,1984(4):55-61.

[39] 王书文,刘德祥,孙铁珩. 污水自然净化生态工程方法 [M]. 北京:化学工业出版社,2006.

[40] 李国庆. 离子交换法 [J]. 海水淡化,1980,1:96-98.

[41] 许国根,贾瑛. 液体推进剂中氧化剂废水处理方法研究 [J]. 环境工程,2001,19(003):7-9.

[42] 肖沃辉,黄羽飞,马倩玲. 用氨磺酸处理亚硝酸盐废水的研究 [J]. 矿冶,2005,14(1):70-73.

[43] 杨海明. 沸石负载二氧化钛光催化脱氮研究 [D]. 大连:大连理工大学,2006.

[44] 缪应纯,王刚,高亚玲,等. 光催化还原硝酸根的研究进展 [J]. 安徽农业科学,2012,34:16778-16781.

[45] 崔玉民. 亚硝酸盐的光催化氧化 [J]. 影像科学与光化学,2002,20(04):253-261.

[46] 程斌,鞠耀明,王凯南,等. 氧化法处理亚硝酸盐废水资源化回收硝酸盐 [J]. 广东化工,2010,06:188-189,91.

[47] 韩建勋,贺爱国. 含氟废水处理方法 [J]. 有机氟工业,2004(003):27-36.

[48] 吴海林,杨开,王弘宇,等. 废水除磷技术的研究与发展 [J]. 环境污染治理技术与设备,2003,4(1):53-57.

[49] LIANG M,LI W,QI Q,et al. Catalyst for the degradation of 1,1-dimethylhydrazine and its by-product N-nitrosodimethylamine in propellant wastewater [J]. RSC Adv,2016,6(7):5677-5687.

第2章

光催化材料的应用

光催化氧化法是一种始于20世纪70年代的深度氧化过程(advanced oxidation processes,AOP)。此法是利用辐照、光催化剂、有时还与其他氧化剂联合等方法,于反应体系中产生活性极强的自由基,再通过自由基与有机化合物之间的加成、取代、电子转移等过程使得有机物全部或接近全部矿质化[1-2]。应用该技术处理、净化受污染水体的研究近年来取得了显著进展。

目前以净水为目的的光氧化技术中的光波长范围多以紫外线为主,此种方法对分解有机物效果显著[3-4]。由于太阳光中能被有效利用的紫外线所占的比重较小,再加上气象条件等限制,使得在光催化氧化降解有机物的研究中,较少直接利用自然光作为光源。而电光源由于其可控性、可比性及稳定性好而常常被采用,但电光源需要消耗电能,费用稍高。为了减少能源消耗,需要深入研究提高自然光源效率或紫外线与自然光相结合的方法,进一步提高光催化反应的效率。

2.1 光化学反应概述

光催化反应属于光化学过程之一。而光化学反应是从反应物吸收光子开始的。光化学第一定律提出,只有被分子(原子、离子)吸收的光才能诱发体系发生化学变化。当分子吸收光子被激发到具有足以破坏最弱化学键的高能激发态时,才能引起化学反应。因此,光化学反应需要有一定能量的光子来诱发[5]。一般来说,光化学有效的光的波长范围为100~1000nm,但由于受光窗材料和化学键能的限制,通常适用的光的波长为200~700nm。

有机物分子在吸收了一个光子后,变成了高能的激发分子。当激发能达到活化能(即键能断裂)时,反应物分子解离为自由基:

$$AB \xrightarrow{h\nu} A \cdot + B \cdot \tag{2.1}$$

有机物一般含有 C—C、C—H、C—O、C—N 等键,这些键的解离能正好在可见光到紫外线的能量范围之内,大部分在紫外线能量范围之内。因此当用紫外线照射有机物时,有可能会导致有机分子的解离,发生光化学降解反应。

为了提高光解氧化反应的速率,一般都需要半导体等固体光催化剂参与。根据固体能带理论,导体、半导体和绝缘体的能带结构如图 2.1 所示。

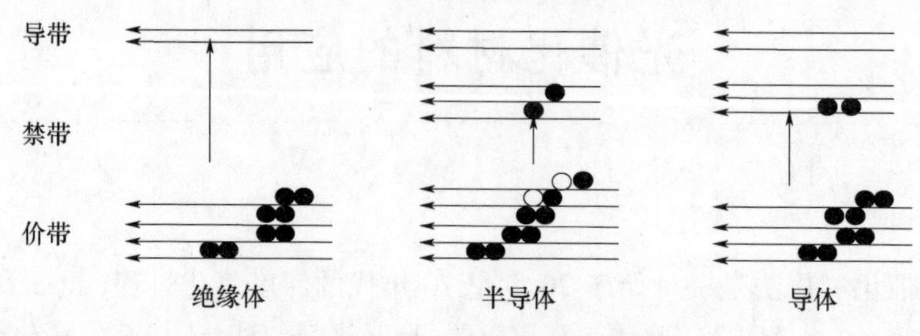

图 2.1　导体、半导体和绝缘体的能带结构

半导体的能带是不连续的,具有由价带和导带构成的带隙。当入射光的能量等于或超过半导体带隙时,价带上的电子被激发,从价带跃迁到导带,空穴留在价带。即产生电子-空穴对(荷电载流子),载流子发生电荷分离和迁移,在表面上进行光诱导反应。由于电子在导带处于较高的能级,可以作为还原剂;价带中空穴有较高的氧化还原电位,可以作为氧化剂。不同半导体尺寸的带隙有非常大的差别。纳米级的半导体的带隙随其尺寸减小而增大,即具有尺寸量子化效应。

根据价带位置的不同,可以把半导体分为氧化型、还原型和氧化还原型三类。氧化型半导体的价带边低于 O_2/H_2O 的氧化还原电位,在光照下可以氧化水放出氧气,如 WO_3、Fe_2O_3、MoS_2 等;还原型半导体的导带边高于 H^+/H_2 的氧化还原电位,在光照下能使水还原放出氢气,如 CdSe。氧化还原型半导体的导带边高于 H^+/H_2 的氧化还原电位,价带边低于 O_2/H_2O 的氧化还原电位,在光照下能够同时放出氧气和氢气,如 TiO_2、CdS 等。

光催化反应基本可分为两种类型,即催化光反应和敏化反应。敏化反应是指起始光激发发生在催化剂表面吸附的分子上,该分子再与基态催化剂本底反应的过程。这通常有两种情况[6-7]。一种情况是如果半导体是非光活性的(非光敏性的),对于表面吸附的物质来说没有合适的能级,如 SiO_2 和 Al_2O_3,氧化物仅仅为反应提供二维环境,固体不参与光诱导电子过程,电子直接从被吸附的给体向受体分子转移。另一种情况是如半导体光催化剂有合适的能级,并且半导体基底与被吸附物之间有很强的电子相互作用,半导体基底将对光诱导迁移过程有调节作用。电子可以从给体迁移进入半导体光催化剂,然后转移进入受体轨道。在这种情况下,光催化剂参与光诱导电子的动力学过程。

催化反应是指入射光首先激发半导体光催化剂,受激发的光催化剂再将光生电子或能量传递给吸附在其表面上的基态分子,然后进行反应。原始激发发生在光活性上,光生电子跃迁进入半导体的导带,空穴留在价带。电子从催化剂导带进入受体的空轨道。同时,来自给体轨道的电子与价带边缘的空穴复合。一般情况下所说的光催化反应指的是催化光反应[8]。

在反应动力学上,非均相光催化反应一般包括:光吸收反应的初级过程,光催化氧化或还原反应的次级过程。

1. 初级过程

TiO_2 是最早被发现、光催化活性高、化学和光化学性质稳定、廉价的光催化剂,是目前使用最广泛、光催化效果最好的光催化剂[9-10]。下面以其为例阐述光催化反应的初级过程。

根据激光闪光光解的研究成果,Hoffmann[11]等提出了非均相催化反应的一般机理,即半导体吸收入射光的初级反应,一般包括下面几个步骤:

(1) 半导体吸收光,产生荷电载流子,即电子–空穴对。

$$TiO_2 + h\nu \longrightarrow h^+ + e^- \tag{2.2}$$

(2) 载流子俘获反应,电子和空穴分离后向半导体表面移动,空穴被表面羟基($Ti^{IV}OH$)俘获,形成表面俘获空穴($[Ti^{IV}OH]^+$);电子被表面羟基俘获、形成表面俘获电子($[Ti^{III}OH]^-$)。

$$\begin{cases} h_{VB}^+ + >Ti^{IV}OH \longrightarrow [>Ti^{IV}OH]^+ \\ e_{CB}^- + >Ti^{IV}OH \longrightarrow [>Ti^{III}OH]^- \\ e_{CB}^- + >Ti^{IV} \longrightarrow >Ti^{III} \end{cases} \tag{2.3}$$

式中:TiOH 为 TiO_2 表面羟基;h_{VB}^+ 和 e_{CB}^- 分别为价带空穴和导带电子。

(3) 载流子复合

$$\begin{cases} e_{CB}^- + [>Ti^{IV}OH]^- \longrightarrow >Ti^{IV}OH \\ h_{VB}^+ + [>Ti^{III}OH]^- \longrightarrow >Ti^{III}OH \end{cases} \tag{2.4}$$

(4) 界面电荷转移

$$\begin{cases} [>Ti^{IV}OH^{\cdot}]^+ + Red \longrightarrow >Ti^{IV}OH + Red^{\cdot +} \\ [>Ti^{III}OH]^- + O_x \longrightarrow O_x^{\cdot -} \end{cases} \tag{2.5}$$

式中:Red、O_x 分别为电子给体(还原剂)和电子受体(氧化剂)。

2. 次级过程

在半导体表面被俘获的电子和空穴分别与表面吸附的电子受体和给体进行电荷转移的表面反应,即为光催化还原和氧化反应。在光催化反应体系中,被表面俘获的电子容易与体系中的氧反应，供氧还原，形成氧负离子(O_2^-)，氧负离子与水或质子反应，形成氧自由基($O_2^{\cdot}$)和 HO_2。之后，这些物种继续与氧和水反应，形成一系列的反应中间体的中间物体，最后形成羟基和羟基自由基。上面的物种还可以与体系中的有机物发生系列的复杂反应，形成活性氧自由基。

表面俘获的空穴可以直接与体系中的给体反应生成自由基，或者与水反应，使水中的羟基氧化，形成各种活性氧自由基。正空穴和在光催化过程中产生的各种自由基具有非常强的氧化能力，几乎可以氧化所有的有机物，使有机物氧化分解，直到完全矿化为二氧化碳和水。以下为各具体反应方程式：

$$e^- + O_2 \longrightarrow O_2^- \cdot \tag{2.6}$$

$$O_2^- \cdot + H^+ \longrightarrow HO_2 \cdot \tag{2.7}$$

$$2HO_2 \cdot \longrightarrow O_2 + H_2O_2 \tag{2.8}$$

$$H_2O_2 + O_2^- \cdot \longrightarrow \cdot OH + OH^- + O_2 \tag{2.9}$$

$$O_2^- \cdot + H_2O \longrightarrow \cdot OOH + OH^- \tag{2.10}$$

$$RH + \cdot OH \longrightarrow R \cdot + H_2O \tag{2.11}$$

$$R \cdot + O_2 \longrightarrow ROO \cdot \tag{2.12}$$

$$ROO \cdot + O_2^- \cdot \longrightarrow ROOO \cdot \tag{2.13}$$

$$ROO \cdot + \cdot OOH \longrightarrow ROOOH \tag{2.14}$$

以上途径，不仅加快了光催化反应速率，而且减少了光降解反应生成中间产物的步骤，提高了光催化效率。由于空气中存在大量的氧分子，故光催化氧化反应具有更高的效率。

半导体光催化剂的催化能力来自光生电子，即光诱导产生的电子-空穴对。电子转移的驱动力是半导体导带或价带电位与受体或给体的氧化还原电位之间的能量差。光催化还原反应的基本要求是半导体的导带电位比受体的电位要负；光催化氧化反应的基本要求是半导体的价带电位比给体的电位要正，也即半导体的导带边的电位代表了其还原能力；价带边缘所处能级代表了半导体的氧化能力。实际上，半导体的光催化反应(氧化或还原反应)与电化学中物质的氧化还原的电势驱动原则一致的[12]。除了电位满足光催化氧化或还原反应要求之外，半导体光催化反应至少还需要满足三个条件：电子或空穴与受体或给体的反应速率要大于电子与空穴的复合速率；催化剂的电子结构与被吸收的光子能级匹配，诱导反应发生的光的能量要等于或大于半导体的带隙；半导体表面对反应物有良好的吸附特性。

半导体光催化反应过程中，参与有机物氧化反应的是空穴、羟基自由基、各种活性氧化物种，其中具有代表性的是羟基自由基。对大多数有机分子而言，尽管不能排除体系中羟基自由基均相反应的可能性，但它对整个光催化反应的贡献是很有限的，而表面反应是主要的。

有机物在催化剂表面反应，要经过扩散、吸附、表面反应、产物脱附等步骤。在悬浮相催化反应体系中，如果悬浮颗粒浓度不是很小，则颗粒之间的距离很小，基本在微米级，传质的速率对反应的影响很小。当传质作用很小，反应物的吸附和产物的解吸速很快，反应的每一步之间都建立了吸附和解吸的平衡，多相催化反应的速率将由表面反应所决定。因此，为了简化讨论，在推导非均相光催化反应速率时，假设参与有机物反应的主要是羟基自由基，表面反应是主要的，传质作用对反应的影响很小，反应物吸附与产物的解吸速率很快，可以达到平衡，光催化反应的反应速率由表面反应所决定。假设反应速率为 R，根据表面反应动力学，则

$$R = k\theta_{A}\theta_{OH} \tag{2.15}$$

式中：k 为表观反应速率常数；θ_A 为有机分子 A 在催化剂表面的覆盖度；θ_{OH} 为羟基自由基 OH · 在 TiO_2 表面的覆盖度。根据光催化剂表面羟基自由基生成的机理，在一个具体的反应体系中，可以认为 θ_{OH} 是一个常数。

假设产物的吸附很弱，θ_A 可以由 Langmuir 公式求得

$$R = \frac{kK_{A}c_{A}}{1 + K_{A}c_{A}} \tag{2.16}$$

或写成线性关系式：

$$\frac{1}{R} = \frac{1}{kK_{A}} \cdot \frac{1}{c_{A}} + \frac{1}{k} \tag{2.17}$$

式中：K_A 为反应物 A 在 TiO_2 表面上的吸附平衡常数；c_A 为反应物 A 的浓度。

由上式可知，当 A 的浓度很低时，此时 $K_A c_A > 1$，则

$$\begin{cases} R \approx kK_{A}c_{A} \\ \ln \dfrac{c_0}{c_A} = kK_{A}t = k_1 t \end{cases} \tag{2.18}$$

此时为一级反应。从中可看出，反应速率常数（kK_A）由两部分组成，其中 k 表示光催化剂表面反应的速率，主要取决于光强和催化剂本身的性质，K_A 表示吸附平衡常数，主要取决于有机物在催化剂表面的吸附强度。平衡常数越大，有机物降解反应越快。

当 A 的浓度很高时，A 在催化剂表面吸附达到饱和状态，即 $\theta_A \approx 1$，则

$$\begin{cases} R = k \\ c_{A} = c_0 - k_0 t \end{cases} \tag{2.19}$$

反应为零级，反应速率与反应物的浓度无关，式中，k_0 为表观零级反应速率常

数。此时有机物在催化剂表面为强烈吸附。

如果反应物浓度适中,则光催化反应的反应级数介于0~1。此时有机物在催化剂表面为中等强度的吸附。

2.2　二氧化钛及其复合光催化剂

光催化剂可以明显地提高光源的利用效率。二氧化钛(TiO_2)是公认的有效的光催化剂,以其无毒、催化活性高、氧化能力强、稳定性好等优点受到人们的青睐[13-14]。TiO_2分锐钛矿型、金红石型。据文献报道,锐钛矿型具有较强的光催化活性。二氧化钛的带隙能(energy band gap)为3.2eV,相当于波长为387.5nm,而300.0~387.5nm的紫外线能约占太阳能的3%。二氧化钛作为一种光催化剂,当受到波长小于387.5nm的紫外线照射时,价带上的电子跃迁到导带上,从而产生电子-空穴对,这些电子-空穴对具有强的氧化与还原能力,可使许多有机物降解为无毒无味的无机小分子。该法用于处理工业废水具有成本低、无二次污染等优点,为环境污染的彻底去除开辟了一个新的广阔前景,越来越受到人们的重视。大量研究证实,染料、表面活性剂、有机卤化物、农药、油类、氰化物等都能被有效地进行光催化降解,脱色、去毒、矿化为无机小分子物质,从而消除对环境的污染。许多难降解或用其他方法难于去除的物质,如氯仿、多氯联苯、有机磷化合物、多环芳烃等也可利用此法去除[15-16]。

2.2.1　TiO_2-氧化石墨烯光催化剂

1. 材料制备

1) Hummers法氧化法制备氧化石墨烯[17]

(1) 将盛有50mL浓硫酸的烧杯置于冰水浴中,加入2g鳞片石墨,充分搅拌混合,再缓缓加入10g高锰酸钾,继续搅拌至混合物成糊状,并将水浴温度控制在10~15℃反应4h;

(2) 将烧杯移入35℃恒温水浴锅,持续搅拌反应一定时间,然后缓慢加入160mL去离子水,并控制溶液温度在80℃反应1h;

(3) 取出烧杯再缓慢加入30%的双氧水,直至溶液中无气泡生成;

(4) 趁热过滤,并先用5%的盐酸洗涤后再用大量去离子水充分洗涤滤饼直至滤液呈中性;

(5) 将滤饼置于干燥箱(60℃)干燥36h,获得氧化石墨样品;

(6) 取适量氧化石墨放入水或乙醇等溶剂中,超声一定时间剥离,获得氧化石墨烯(GO)。

2）Sol-Gel 法制备 TiO_2-氧化石墨烯[18]

（1）取一定量的氧化石墨，置于 100mL 蒸馏水中，超声振荡 0.5h，氧化石墨固体全部分散溶解，得到氧化石墨烯（GO）水溶液；

（2）向 40mL 无水乙醇中加入 2mL 冰醋酸，在搅拌条件下缓慢加入 10mL 钛酸丁酯，混合均匀形成前驱物混合液；

（3）将氧化石墨烯水溶液置于烧杯中不停搅拌，将前驱物混合液缓缓滴入氧化石墨烯水溶液，当滴加完毕后继续搅拌 30min，停止搅拌，静置 6h 陈化，完成溶胶凝胶转化，得到灰色凝胶；

（4）将凝胶置于 60℃的电热烘箱内干燥，得到松散灰白色块状干凝胶，再研磨成粉末后于不同温度的马弗炉中保温焙烧一定时间，取出后常温冷却，再次研磨，得到呈灰白色的 TiO_2-氧化石墨烯样品；

（5）纯 TiO_2 制备，直接使用 100mL 蒸馏水，不添加氧化石墨烯，其余制备步骤同 TiO_2-氧化石墨烯步骤相同。

2. 样品表征

分别采用 X 射线衍射仪（XRD）、扫描电子显微镜（SEM）、X 射线能谱仪（EDS）、透射电子显微镜（TEM）、紫外-可见漫反射光谱仪（UV-vis DRS）等分析仪器对制备的材料结构进行表征。

1）氧化石墨烯表征结果

Hummers 法制备氧化石墨主要分为三个反应阶段：预处理和低温反应阶段、中温反应阶段和高温反应阶段。有研究表明：低温反应阶段中，主要是 H_2SO_4 和 $KMnO_4$ 对石墨边缘进行氧化并在石墨层间插层；中温反应阶段随着温度的升高，H_2SO_4 与 $KMnO_4$ 的氧化作用与插层作用得到增强，石墨片层上产生了含氧官能团，使层间距进一步增大；高温反应阶段则主要发生层间化合物的水解反应，遭破坏的石墨结构生成更多的含氧官能团，层间距离更大。

低温阶段氧化剂在鳞片石墨中插层充分，中温阶段深度氧化程度高，高温阶段水解彻底，这样有利于获得层间距较大氧化石墨。

制备中，低温反应时间和高温反应时间分别定为 4h 和 1h，使得低温阶段和高温阶段具有充分的反应时间，中温反应阶段时间长短对于石墨的氧化与层间距增大就较为关键。以中温阶段反应时间为变量，设定为 2h、4h、6h、8h，并将样品分别记为 a、b、c、d，考察样品的氧化情况[19]。

（1）XRD 测试结果分析。如图 2.2 所示为鳞片石墨及氧化石墨样品的 XRD 图。从图中可以看出，鳞片石墨 002 晶面的衍射峰在 2θ 为 26°左右，其对应的理论底面间距 d 值为 0.335nm，使用 XRD 谱图件计算的实际 d 值为 0.336nm；鳞片石墨经氧化后得到氧化石墨，在 2θ 为 10°左右附近出现新的衍射峰,从图中可以看出,随着中温阶段反应时间的延长,石墨的特征衍射峰强度逐渐减小,在 2θ 为 10°左右的氧化石墨衍射峰强度逐渐增强,通过计算得出样品 a 到 d 的氧化石墨衍射峰底面间距 d 值依次为 0.695nm、0.737nm、0.806nm、0.896nm,底面层间距逐渐增大,样品 d 的 XRD 图谱中不再出现石墨的衍射峰,说明在中温阶段反应 8h,能将石墨完全氧化。这是因为低温反应阶段氧化剂插层充分后,中温阶段使得 H_2SO_4 与 $KMnO_4$ 的氧化作用与插层作用得到增强,石墨片层上产生了含氧官能团,随着反应时间的延长,氧化程度不断加深,含氧官能团不断增多,使得层间距不断增大,直至氧化完全。当高温阶段水解后,石墨晶型被彻底破坏,形成了氧化石墨。因为样品 d 氧化完全,并且底面间距最大,因此之后实验均取样品 d 进行表征。

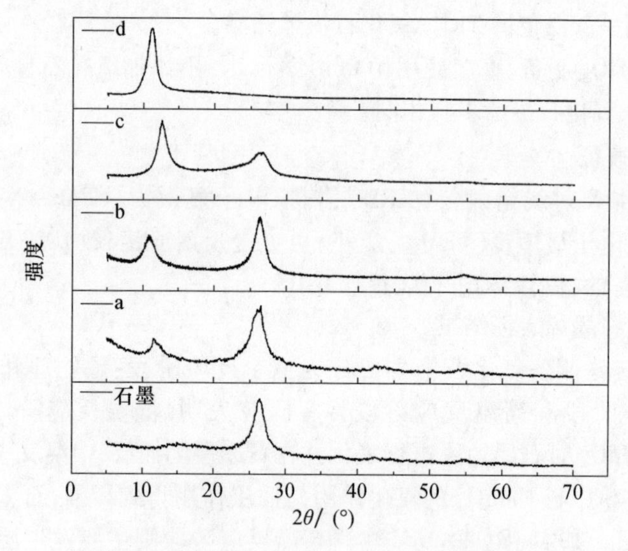

图 2.2　鳞片石墨及氧化石墨样品的 XRD 图

(2) SEM 与 TEM 测试结果分析。图 2.3 是氧化石墨烯样品 d 的 SEM 图与 TEM 图。从左侧的 SEM 图中可以看到明显的褶皱,但从右侧的 TEM 看不到氧化石墨烯的边界,有可能是因为氧化石墨烯片层聚集在一起;含氧官能团的作用在氧化石墨烯表面与边缘形成明显的褶皱与折叠,图中较黑的部分是因为片层的重叠造成的,由此可看出,制备的氧化石墨烯片层尺寸较大。

2) TiO_2-氧化石墨烯表征结果

TiO_2 的光催化活性主要取决于晶型,无定型的 TiO_2 基本没有光催化活性。TiO_2 的晶型主要分为板钛矿型、锐钛矿型和金红石型,后两种晶型具有光催化活性,锐钛矿型 TiO_2 光催化性能优于金红石型,并且这两种晶型以一定比例混合的 TiO_2 光催化性能因混晶效应比单一晶型的光催化活性更好[11-20]。晶型确

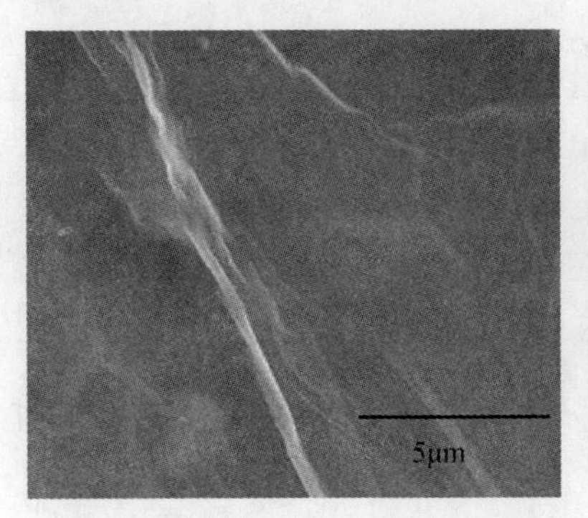

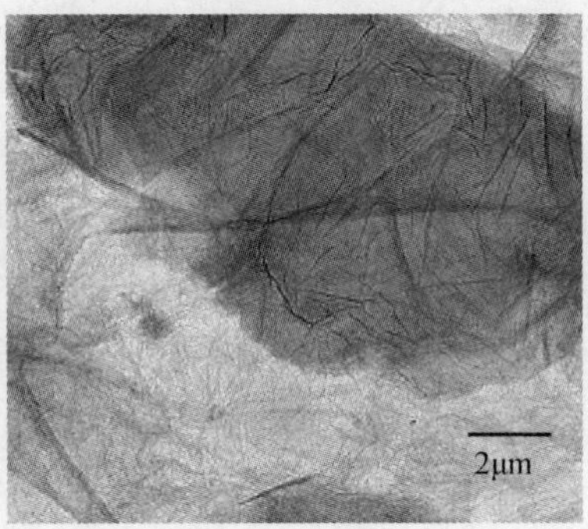

图 2.3 氧化石墨烯样品 d 的 SEM 图与 TEM 图

定后,光催化活性的强弱就取决于 TiO_2 催化剂的晶粒尺寸、比表面积、形貌、缺陷及表面羟基。

(1) 焙烧温度。选择 400℃、500℃、600℃、700℃和 800℃分别焙烧样品,氧化石墨烯(GO)添加量为 1%(质量分数),焙烧 4h 得到 TiO_2-氧化石墨烯复合材料,以 SEM、XRD、EDS、UV-visDRS 作为表征手段进行表征,并光催化降解 20mg/L UDMH 检验其光催化活性。

图 2.4 为不同温度焙烧样品的 XRD 谱图。根据 Scherrer 公式计算晶粒尺寸 D,得到晶型与晶粒粒径数据如表 2.1 所列。

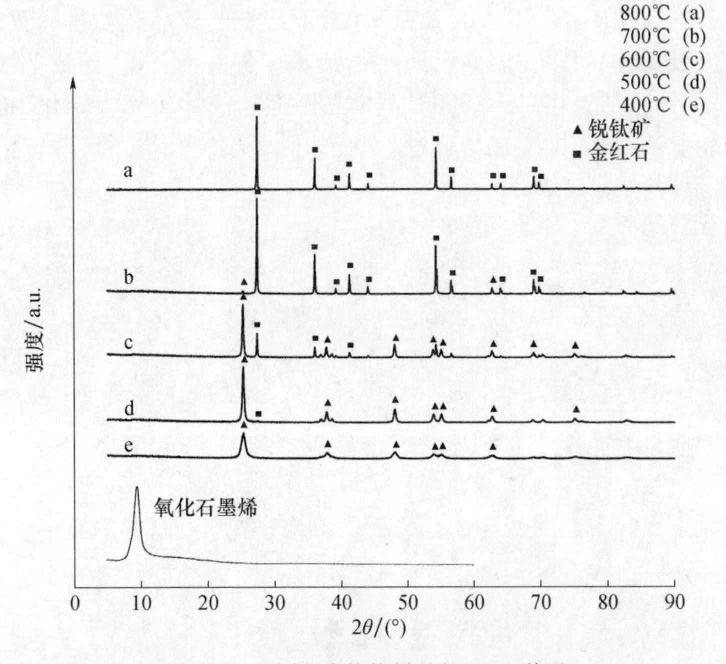

图 2.4 不同温度焙烧样品的 XRD 谱图

表 2.1　样品晶型与晶粒粒径

温度/℃		400	500	600	700	800
晶型含量/%	锐钛矿	100	95.5	62.9	3.9	0
	金红石	0	4.5	37.1	96.1	100
平均粒径/nm		10.8	27.9	47.7	125	177

XRD 谱图均只出现了 TiO_2 的衍射峰（锐钛矿相 PDF65-5714，金红石相 PDF65-0191），说明制得样品纯度高，无其他杂质。从图中可以看出 400℃焙烧得到纯锐钛矿，500℃焙烧出现少量金红石相，随着温度的升高，金红石相所占比例越来越高，在 800℃焙烧时，锐钛矿 TiO_2 已完全转化为金红石相。在 500℃焙烧 TiO_2-氧化石墨烯均出现金红石相。在 500℃以上焙烧，TiO_2 衍射峰强度明显变大，半峰宽变小，表明锐钛矿型 TiO_2 结晶度增强。图 2.4 中下方谱图在 2θ 为 10°附近出现很强的衍射峰，为制备的氧化石墨 001 面的衍射峰，但在所有样品中均未出现，可能由于氧化石墨烯被高度分散并被 TiO_2 包覆或其浓度低于 XRD 的检测限导致。

图 2.5 为样品在不同温度下焙烧的 SEM 图。从图中可以看出，所有样品均为球形颗粒，400℃与 500℃样品中球形颗粒轮廓分明，结构松散，平均粒径相对较小。根据 XRD 可知，400℃下焙烧样品为纯锐钛矿，500℃下焙烧样品为含有少量金红石的锐钛矿；600℃、700℃和 800℃下焙烧的样品颗粒排列致密，出现明显的烧结现象，说明颗粒表面已经从锐钛矿转变为金红石，导致平均粒径剧增，与表 2.1 计算结果相对应；800℃下样品已经从锐钛矿完全转化为金红石，球形颗粒轮廓不明显，说明在焙烧过程中，球形颗粒已经烧结熔融转化为金红石相，导致晶粒粒径剧增。

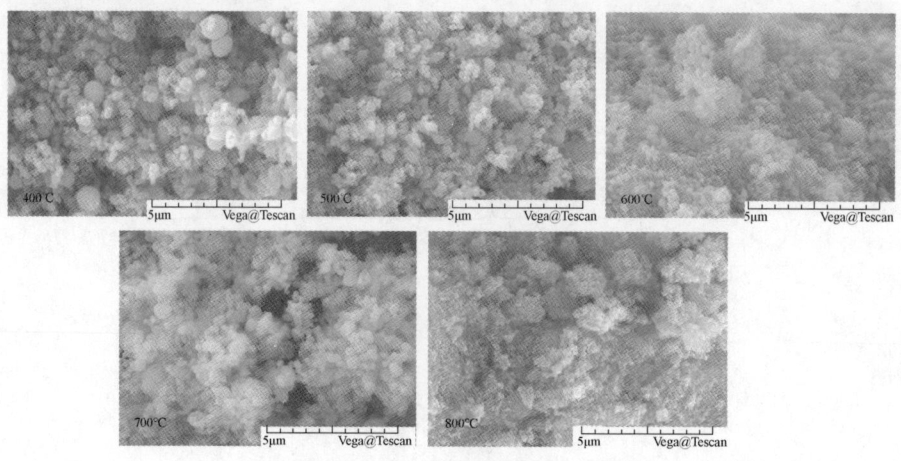

图 2.5　样品在不同温度焙烧的 SEM 图

由图 2. 6 可以看出,在不添加任何催化剂的空白实验中,偏二甲肼在紫外线的作用下仅降解 7. 32%,说明紫外线对偏二甲肼的降解作用不强,而仅有氧化石墨烯的降解过程 2h 降解率为 7. 68%,与空白实验差别不大,说明氧化石墨烯对偏二甲肼没有降解能力。添加焙烧样品进行降解:800℃焙烧的样品降解效果最差,对偏二甲肼的 2h 降解率仅为 24. 56%;其次是 700℃的焙烧样品,对偏二甲肼的 2h 降解率为 53. 30%;500℃和 600℃下焙烧样品具有最好的光催化活性,对偏二甲肼的 2h 降解率分别达到了 71. 27%和 70. 52%,并且在前 30min 内,500℃焙烧的样品的降解率最高。

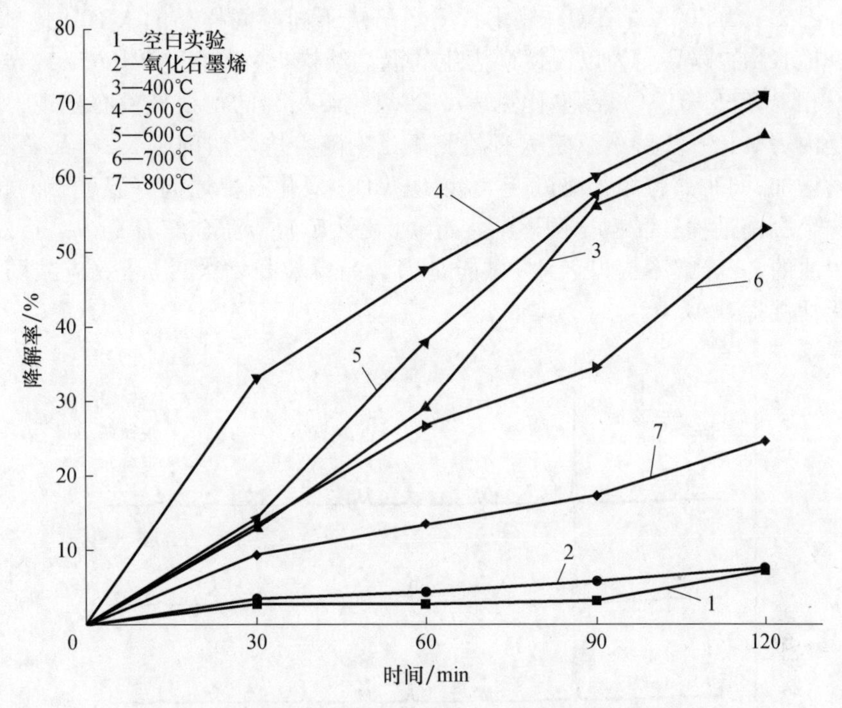

图 2. 6　不同温度下焙烧 TiO_2-氧化石墨烯的光催化效果图

从实验和表征结果来看,光催化活性最好的为 500℃和 600℃下焙烧的样品。根据 XRD 和 SEM 测试结果来看,形貌均为球形颗粒,晶型是主要为含锐钛矿、少部分为金红石的混晶结构。随样品焙烧温度的升高,已生成的锐钛矿颗粒的表面逐渐转变成金红石,形成表面为金红石薄层的包覆结构,金红石薄层不会阻挡光线的透射,锐钛矿 TiO_2 电子能够被正常激发。金红石与锐钛矿 TiO_2 的费米能级不同,两相之间会产生 Schottky 势垒,进而促进电子与空穴的转移与分离。同时两相接触紧密,使得这种粒子内部的电子-空穴对的分离概率增高,提高了光催化活性[18]。随着焙烧时间增加,样品金红石含量不断增加，锐钛矿与金红石含量比例越来越接近，m(锐钛矿)∶m(金红石)=9∶1，混晶效应进一步增强，光催化活性增高。500℃下焙烧的样品，m(锐钛矿)∶m(金红石)=92.1%∶7.9%，同时，在焙烧过程中，发现晶粒平均粒径仅为27.9nm，具有较大的比表面积，对光催化性能的提升有一定帮助。

综上所述，确定样品的最佳焙烧温度为500℃。

(2) 焙烧时间。在最佳焙烧温度下探究焙烧时间对晶型与粒径的影响，氧化石墨烯的添加量仍为1%(质量分数)。

图2.7为500℃下TiO_2-氧化石墨烯焙烧不同时间样品的XRD图。焙烧4h、8h、12h的样品均为以锐钛矿为主的混晶结构(锐钛矿相PDF65-5714，金红石相PDF65-0191)，晶型比见表2.2，氧化石墨烯的衍射峰没有出现，这可能是因为氧化石墨烯的含量太少检测不出。随着焙烧时间延长，样品金红石含量增加，同时晶粒粒径略微变大，说明TiO_2-氧化石墨烯同一温度下的相变是一个缓慢过程。晶型比例逐渐接近m(锐钛矿)∶m(金红石)=9∶1，对偏二甲肼的2h降解率提升较小，可能是因为晶粒粒径增大，混晶效应减弱，光催化活性提升小。

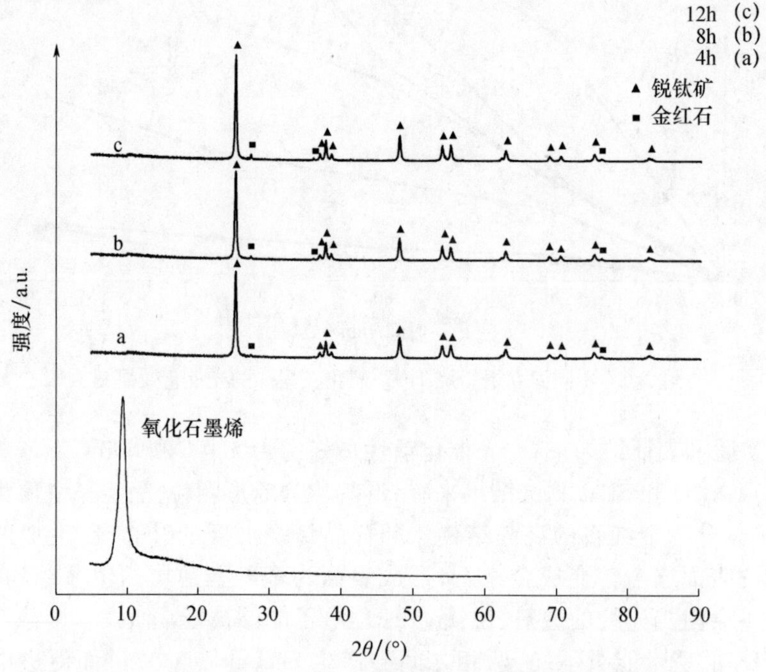

图2.7 500℃下TiO_2-氧化石墨烯焙烧不同时间样品的XRD图

表 2.2 500℃下焙烧不同时间样品晶型与晶粒粒径

时间/h		4	8	12
晶型含量质量比/%	锐钛矿	95.5	94.5	92.9
	金红石	4.5	5.5	7.1
晶粒粒径/nm		27.9	32.6	32.9

图 2.8 为 TiO_2-氧化石墨烯在 500℃下焙烧不同时间的 SEM 图。从图中可以看出,在 500℃下焙烧不同时间所得到的样品仍为均匀的球形颗粒。焙烧 8h 的样品中发现有大块絮状结构,为片层较大的氧化石墨烯,而其他样品都未能发现絮状结构,有可能是氧化程度较强,氧化石墨烯片层较小而被 TiO_2 包覆。

图 2.8 TiO_2-氧化石墨烯在 500℃下焙烧不同时间样品的 SEM 图

图 2.9 是 500℃下焙烧 4h、8h、12h 样品 TiO_2-氧化石墨烯的 2h 降解偏二甲肼效果图。可以看出,当 TiO_2-氧化石墨烯在 500℃下焙烧 12h 时, 偏二甲肼的 2h 降解率最高为 72.24%,但焙烧 4h、8h 样品的 2h 降解率分别为 70.01%和 71.38%,降解率变化并不大。

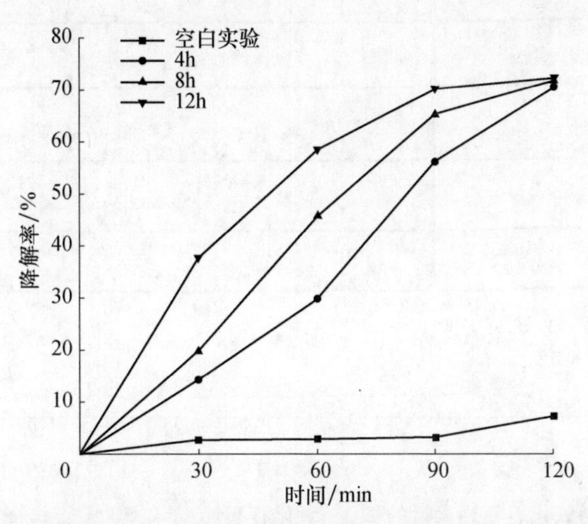

图 2.9 500℃下焙烧 4h、8h、12h 样品 TiO_2-氧化石墨烯的 2h 降解偏二甲肼效果图

延长焙烧时间，锐钛矿 TiO_2 所占比例略有减小；焙烧时间延长，晶粒粒径增加，比表面积减小。经光催化活性实验可知，当晶型比 m(锐钛矿)：m(金红石)＝9：1 时，光催化活性增加，但增幅很小，而焙烧 8h、12h 时，晶粒粒径增加，并且制备周期长，耗能大，综合考虑确定制备条件为 500℃下焙烧 4h。

(3) 氧化石墨烯添加量。在确定样品焙烧温度与焙烧时间后，对氧化石墨烯的添加量进行探讨。称取一定量的氧化石墨烯，采用溶胶凝胶法制备 TiO_2-氧化石墨烯，添加量的质量分数分别是 0、0.5%、1%、2.5%、5%、10%，分别记为 TiO_2-氧化石墨烯-0、TiO_2-氧化石墨烯-0.5、TiO_2-氧化石墨烯-1、TiO_2-氧化石墨烯-2.5、TiO_2-氧化石墨烯-5、TiO_2-氧化石墨烯-10。

图 2.10 为不同氧化石墨烯含量的 TiO_2-氧化石墨烯-X 在 500℃下焙烧 4h 的 XRD 图。图中所有样品均为混晶结构，TiO_2-氧化石墨烯-X 晶粒粒径随着氧化石墨烯添加量的增加不断变小，样品中金红石含量减小，这表明氧化石墨烯的加入有利于锐钛矿相 TiO_2 晶核的形成和生长，这可能与氧化石墨烯表面存在的氧基活性功能团有关[20-22]。

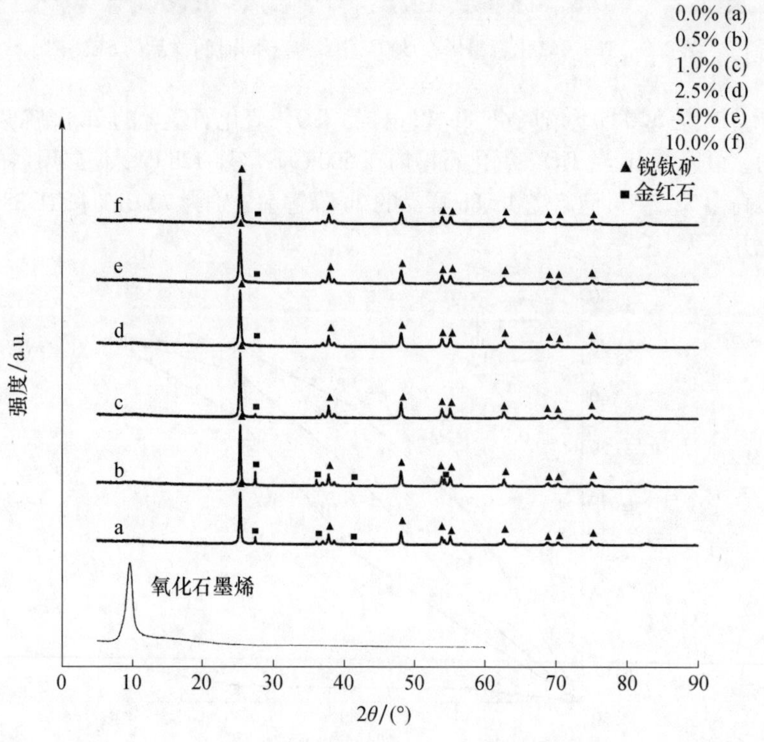

图 2.10 不同氧化石墨烯含量的 TiO_2-氧化石墨烯-X 在 500℃下焙烧 4h 的 XRD 图

根据计算结果表2.3可知,纯TiO_2晶粒平均粒径为33.0nm,当氧化石墨烯添加量为0.5%时,样品晶粒平均粒径比纯TiO_2大,可能是因为氧化石墨烯添加量少,氧化石墨烯具有很强的吸附性,在形成凝胶时,单片氧化石墨烯吸附较多晶核,较多晶粒生长导致单个晶粒尺寸较大。当氧化石墨烯添加量>1%时,所有样品晶粒平均尺寸均小于纯TiO_2,随着氧化石墨烯添加量增多,晶粒平均粒径不断减小,这可能是由于氧化石墨烯的增多拥有更多负载TiO_2颗粒的活性位点[23-24],有效抑制晶核之间的团聚,生成的TiO_2晶粒粒径更小,粒度分布更均匀。

表2.3　TiO_2-氧化石墨烯-X在500℃下焙烧4h样品的晶型含量与颗粒平均粒径

氧化石墨烯添加量/%		0	0.5	1	2.5	5	10
晶型含量/%	锐钛矿	92.3	89.5	95.5	96.5	97.1	97.8
	金红石	8.7	10.5	4.5	3.5	2.9	2.2
平均粒径/nm		33.0	35.5	27.9	25.6	23.9	20.6

图2.11为TiO_2-氧化石墨烯-X在500℃下焙烧4h的样品SEM图。从图中可以看出,制备的样品仍为球形颗粒,随着氧化石墨烯的添加量的增大,样品的形貌不会发生改变;当样品不添加氧化石墨烯或添加较少时,样品颗粒的大小差别较大,但随着氧化石墨烯的增多,样品晶粒的粒径逐渐均一,粒径减小。

图2.12为TiO_2-氧化石墨烯-X在500℃下焙烧4h的样品EDS图。图中仅有C、Ti和O元素,说明制备样品纯度高,没有其他杂质。各图中标出了样品C、Ti和O所占的质量比和原子个数比,从图中结果来看元素分布基本为设计样品的添加量,部分样品C元素所占比例偏小是因为添加的氧化石墨烯中有较多的含氧官能团,含有氧元素,而添加量是以氧化石墨烯的质量比来添加,不是以C元素的质量比来添加,因此C元素的质量比要小于设计时的氧化石墨烯理论质量添加比。

图2.13是不同氧化石墨烯添加量样品的原始反射UV-vis DRS图。从图中可以看出,添加氧化石墨烯的样品在图中紫外线区(250~400nm)和可见光区(400~780nm)的反射强度低于纯TiO_2,反射高时吸收少,添加氧化石墨烯的样品对紫外线区和可见光区的吸收均有所增强,其中TiO_2-氧化石墨烯-10对可见光区吸收的增强明显。

UV-vis DRS漫反射数据通过Kubelka-Munk公式转换后,能够通过计算得出禁带宽度。在样品UV-vis DRS转换图中沿着各样品的转化吸收曲线作切线外推与横轴相交,得到吸收波长阈值λ_g。利用Kubelka-Munk函数通过计算得到计算禁带宽度的简化公式:

$$E_g = 1240/\lambda_g(\mathrm{eV})$$

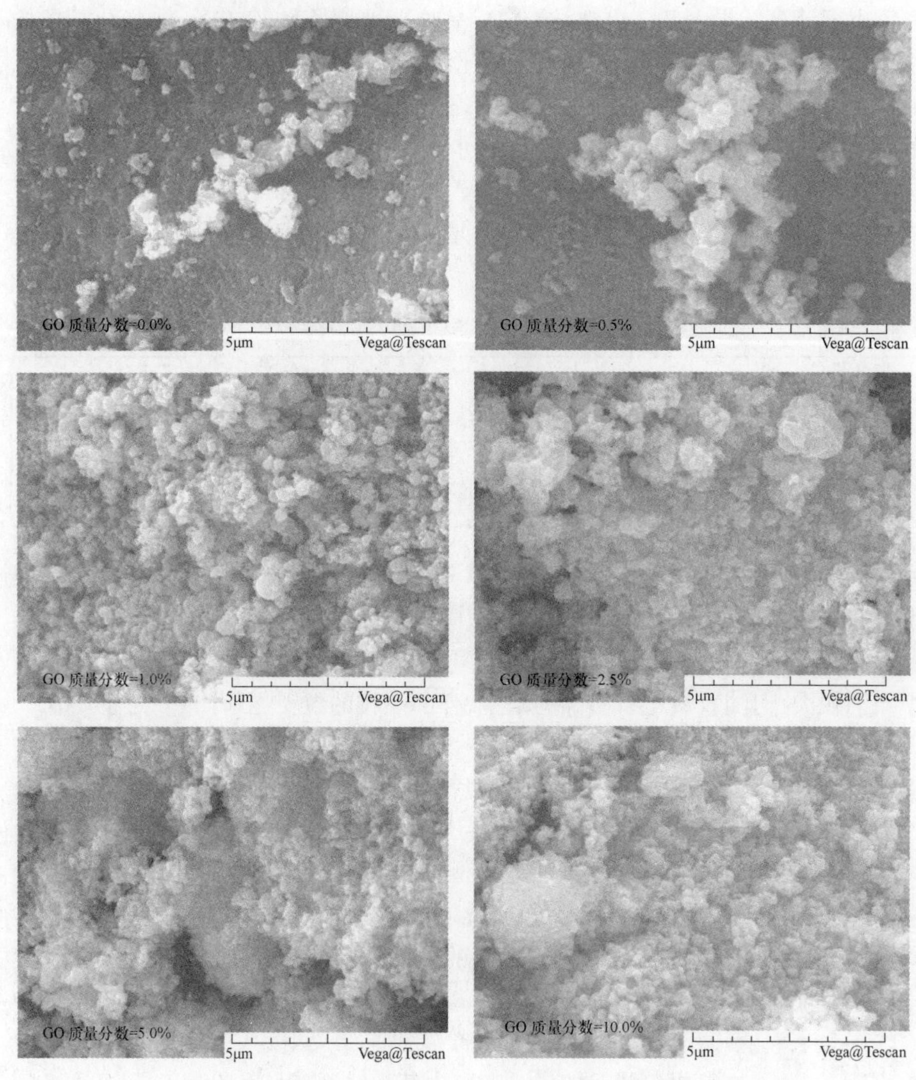

图 2.11 TiO_2-氧化石墨烯-X 在 500℃下焙烧 4h 的样品 SEM 图

式中:E_g 为半导体的禁带宽度;λ_g 为吸收波长阈值,已利用截线法作图得出。将 λ_g 代入公式中计算得到表 2.4。

表 2.4 样品的吸收波长阈值 λ_g 与禁带宽度

氧化石墨烯添加量/%	0	0.5	1	2.5	5	10
λ_g/nm	390.5	398	402.5	408.5	412.5	420
禁带宽度/eV	3.17	3.11	3.08	3.03	3.00	2.95

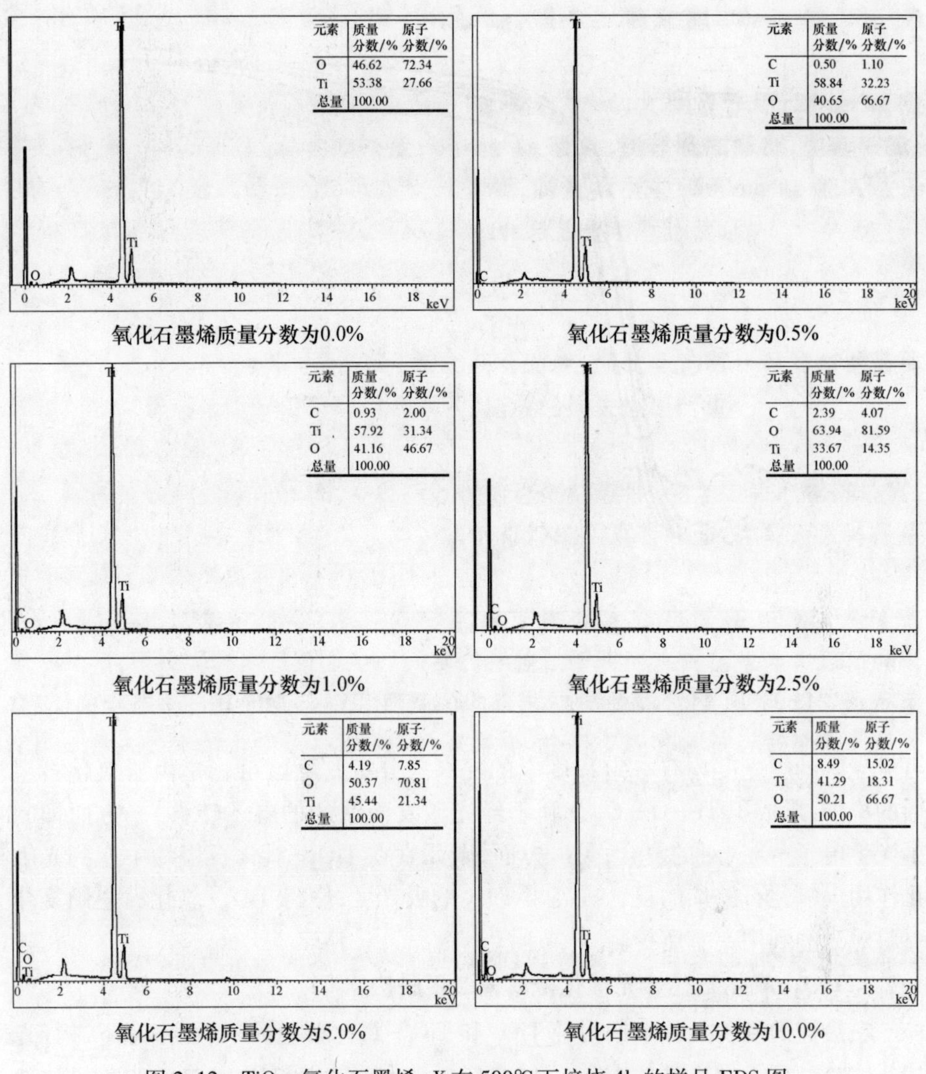

图 2.12 TiO_2-氧化石墨烯-X 在 500℃下焙烧 4h 的样品 EDS 图

TiO_2-氧化石墨烯-0 为纯 TiO_2 样品，含有少量金红石相，其禁带宽度接近纯锐钛矿 TiO_2 理论值 3.20eV，此简化公式的相对误差为 0.94%，说明简化公式计算结果可信。

从表 2.4 可以看出随着氧化石墨烯添加量的增大，样品 λ_g 分别为 390.5nm、398nm、402.5nm、408.5nm、412.5nm 和 420nm，说明氧化石墨烯的复合拓展了 TiO_2 在可见光区的响应。

纯 TiO_2 在可见光区的吸光度基本为零，而 TiO_2-氧化石墨烯在紫外线区与

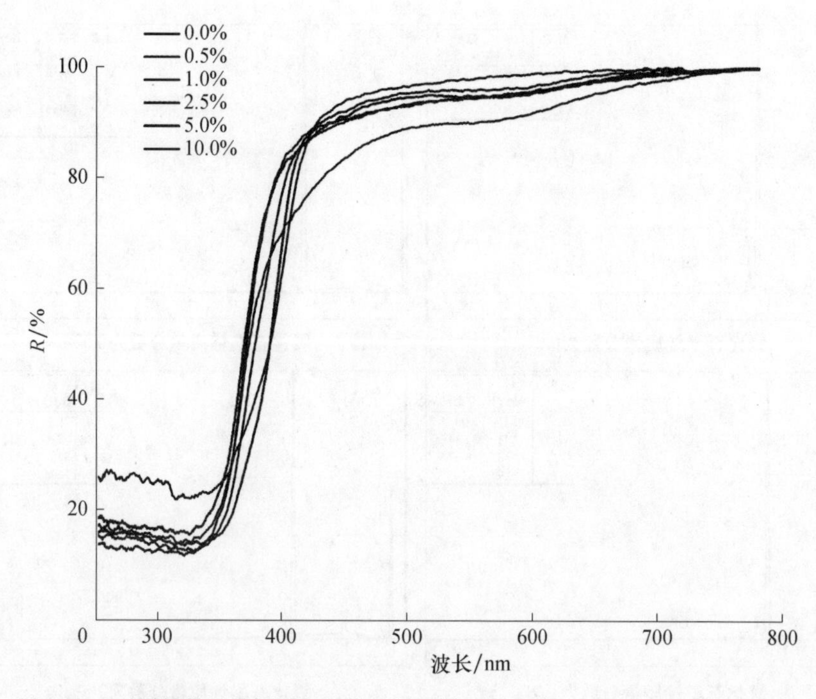

图 2.13　不同氧化石墨烯添加量样品的原始反射 UV-vis DRS 图(见书末彩图)

可见光区的吸光度均有一定程度上的提高。分析其原因可能是由于氧化石墨烯的添加,形成了 Ti—O—C,有利于经光激发而跃迁的电子转移,一方面抑制了光生电子-空穴对的复合;另一方面,碳元素在 TiO_2-氧化石墨烯中起到光敏化作用。氧化石墨烯的复合提高了 TiO_2 的吸光度,使得 TiO_2-氧化石墨烯复合材料对光的利用率有所提高[25]。

3. TiO_2-氧化石墨烯光催化降解偏二甲肼废水

在最佳的制备条件下制得纯 TiO_2 和 TiO_2-氧化石墨烯-1,在室温下进行光催化实验。先在暗处静置 30min,然后置于自制的光催化装置下光催化降解偏二甲肼。

如图 2.14 所示为最佳条件下制备的 TiO_2-氧化石墨烯-1 与纯 TiO_2 的降解效果图。图中黑色曲线是空白对照,在紫外线下偏二甲肼的 2h 降解率仅为 5.32%。-30~0min 为暗处静置吸附阶段,可以看出 TiO_2-氧化石墨烯-1 的吸附能力明显强于纯 TiO_2,当 0min 开始光照,光催化反应开始进行,降解率上升,进行"吸附—降解—吸附"的动态过程。随后反应高效进行,最终 TiO_2 的降解率为 53.92%,TiO_2-氧化石墨烯-1 的光催化降解率为 73.73%,比纯 TiO_2 的降解率高 19.81%,其原因可能是因为氧化石墨烯的添加有助于 TiO_2 吸附性能与光催化活性的提高。

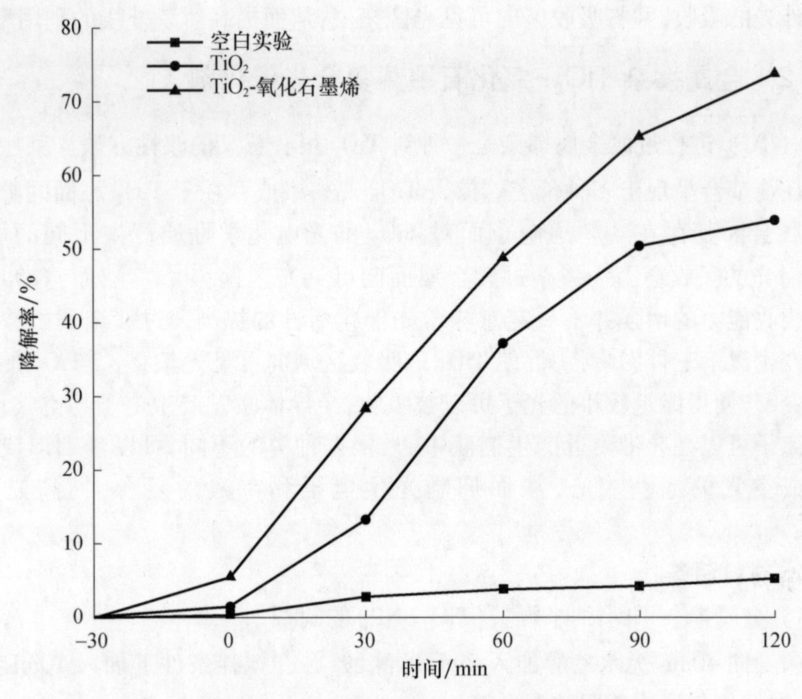

图 2.14 TiO_2-氧化石墨烯-1 光催化效果图

根据实际结果，可明显看出氧化石墨烯可以加快光催化反应。氧化石墨烯在光催化降解偏二甲肼的过程中所起的作用主要有三点：

(1) 氧化石墨烯的吸附作用。氧化石墨烯的 π—π 键结构可以与偏二甲肼分子相互作用，溶液中的偏二甲肼分子更容易被直接吸附到 TiO_2 的表面，直至达到吸附平衡。TiO_2 的光生电子或空穴可以很容易地转移到偏二甲肼分子上并参与反应。由于 TiO_2 表面吸附的偏二甲肼分子分解，吸附平衡被打破，更多的偏二甲肼会从溶液中转移到界面上随后发生氧化还原反应被分解成 CO_2、H_2O 和其他无机物。

(2) 氧化石墨烯可以接收和传递电子。氧化石墨烯可以充当 TiO_2 跃迁电子的接收器，由于氧化石墨烯室温下的高导电性能，能够高速传输电子，很容易实现电子的分离，在 TiO_2-氧化石墨烯中，TiO_2 活性电子可以在二维 π—π 共轭结构上通过渗流机理从导带转移到氧化石墨烯上，从而降低电子-空穴对的复合概率，这种作用有可能延长电子和空穴再次复合所需要的时间，提高电子-空穴对的寿命[26-27]。

(3) 氧化石墨烯可以改变 TiO_2 的禁带宽度。氧化石墨烯的含氧官能团与

TiO_2 化学键相互作用形成 Ti—O—C，从而改变 TiO_2 原有的禁带宽度，增强 TiO_2 对紫外光的吸收，并将吸收区向可见光区拓展，从而提高对紫外线的利用率。

2.2.2 金属掺杂 TiO_2-氧化石墨烯复合光催化剂

对 TiO_2 进行过渡金属掺杂是一种对 TiO_2 很有意义的改性方法。其中过渡金属往往都会呈现出多种价态。掺入 TiO_2 晶格中或存在于 TiO_2 表面间隙的过渡金属会因其存在 d 轨道电子而对 TiO_2 的光电化学性质产生不同的影响。TiO_2 对光的吸收会因为掺杂过渡金属而向可见光区偏移[28]。然而，TiO_2 对可见光吸收能力的增强并不一定意味着光催化活性的提高。过渡金属的掺杂主要会产生以下三种影响：①促使 TiO_2 的吸收区域向可见光偏移；②TiO_2 的禁带宽度变窄，使得能量较小的光子可以被吸收，半导体激发产生电子与空穴；③掺杂的离子可以在导带附近产生捕获中心，根据种类的不同，可以分别形成针对电子或空穴的捕获中心，从而抑制光生电子和空穴的复合，提高光催化活性[29]。

1. 材料制备

1）金属掺杂 TiO_2 纳米颗粒（TiO_2-NP）的制备

（1）向 40mL 无水乙醇加入 2mL 冰醋酸，并在搅拌条件下加入 10mL 钛酸丁酯，混合均匀形成前驱物混合液；

（2）取一定量的含金属离子的试剂，使得金属离子与 Ti 的原子摩尔比为 1∶100，溶于装有 100mL 蒸馏水的 500mL 烧杯中，快速搅拌溶解；

（3）将前驱物混合液缓缓滴入烧杯，当滴加完毕后继续搅拌 30min，搅拌停止后，静置，陈化 6h，完成溶胶-凝胶转化，得到凝胶；

（4）将凝胶置于 60℃ 的电热烘箱内干燥，得到松散块状干凝胶，将干凝胶研磨成粉末后，置于 500℃ 的马弗炉中保温焙烧 4h，取出后常温冷却，再次研磨，得到不同颜色的 TiO_2 纳米颗粒，记为 X-TiO_2 纳米颗粒（X 为掺杂的金属元素）。

2）金属掺杂 TiO_2-氧化石墨烯纳米线的制备

（1）取 0.5g 已制备好的金属掺杂 TiO_2 纳米颗粒，加入到 100mL 浓度为 10mol/L 的 KOH 溶液，搅拌 30min，得到均匀的悬浊液；

（2）将悬浊液加入到 100mL 的聚四氟乙烯内胆中，然后放入反应釜中密封，200℃ 下反应 24h 后自然冷却至室温，将产物用 HCl 溶液、去离子水和甲醇洗至中性。

（3）过滤掉不溶物，将过滤物置于 70℃ 下真空干燥 6h 得到松散的 TiO_2 纳米线，记为 X-TiO_2 纳米线（X 为掺杂的金属元素）。

2. 样品表征

采用相应的分析仪器对制备的各种材料结构进行表征。

3. 光催化剂结构与性能

1）Ag 掺杂光催化剂

图 2.15 为 Ag 掺杂样品的 SEM 图。图中 Ag-TiO_2 纳米颗粒样品为球形颗粒，尺寸均匀，颗粒之间排列紧密，但团聚较为严重，可能是焙烧过程使得颗粒之间作用紧密；Ag-TiO_2-石墨纳米颗粒形貌不发生变化，可能是氧化石墨烯在水热过程中与 Ag-TiO_2 纳米颗粒发生相互作用被分散，使得颗粒轮廓明显，团聚减少；Ag-TiO_2 纳米线样品基本为线状结构，团聚较为严重；Ag-TiO_2-石墨纳米线为轮廓分明，排列杂乱的纳米线，团聚较少，这可能是因为氧化石墨烯将 Ag-TiO_2 纳米线包覆使得纳米线分散。

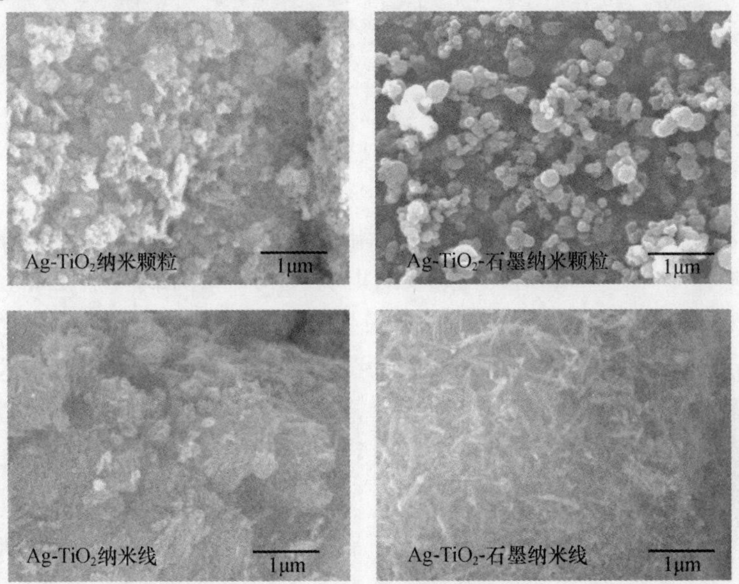

图 2.15 Ag 掺杂样品的 SEM 图

图 2.16 分别为 Ag 掺杂样品的 TEM 图。从图中可以清晰地看出：Ag-TiO_2 纳米颗粒为尺寸均匀的球形颗粒，平均粒径为 10～20nm，但团聚明显；经过 Hydrothermal 法与氧化石墨烯复合后，氧化石墨烯片层轮廓及表面褶皱明显，Ag-TiO_2 纳米颗粒均匀地分散在氧化石墨烯片层上。片层有些部分 Ag-TiO_2 纳米颗粒聚集较多，是由于氧化石墨烯表面含氧官能团作用；Ag-TiO_2 纳米线样品形貌为纳米线状，轮廓清晰光滑；Ag-TiO_2-石墨纳米线仍为纳米线，轮廓不光滑，这可能是因为氧化石墨烯包覆 Ag-TiO_2 纳米线使得纳米线表面有附着物。

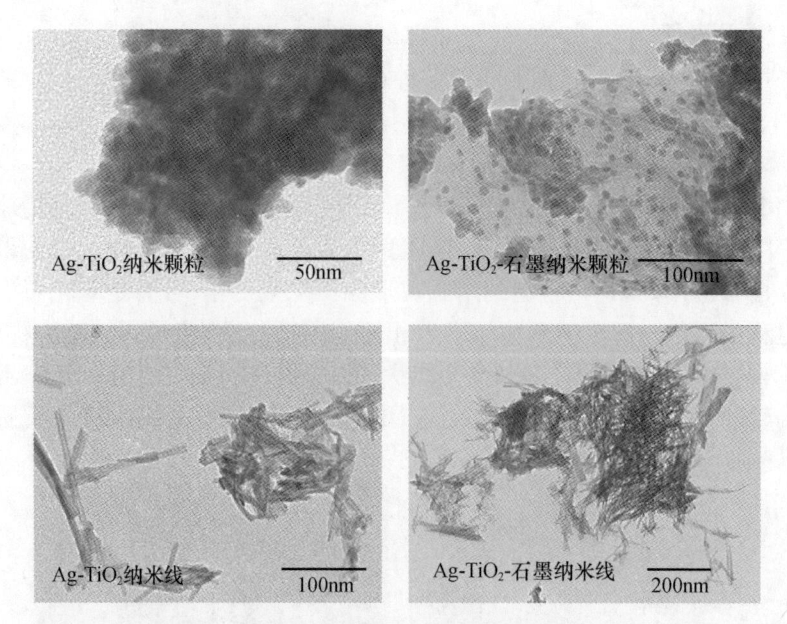

图 2.16　Ag 掺杂样品的 TEM 图

图 2.17 为 Ag 掺杂样品的 EDS 能谱图,从图中可以看出 $Ag-TiO_2$ 纳米颗粒能谱图中有 C、Ti、O、Ag 四种元素,C 的出现,是因为使用的导电胶带上的 C 元素;$Ag-TiO_2$-石墨纳米颗粒能谱图中只含有 C、Ti、O、Ag 元素,说明样品纯度高,没有其他杂质;$Ag-TiO_2$ 纳米线能谱图中除了含有 Ti、O、Ag 元素还有 K 元

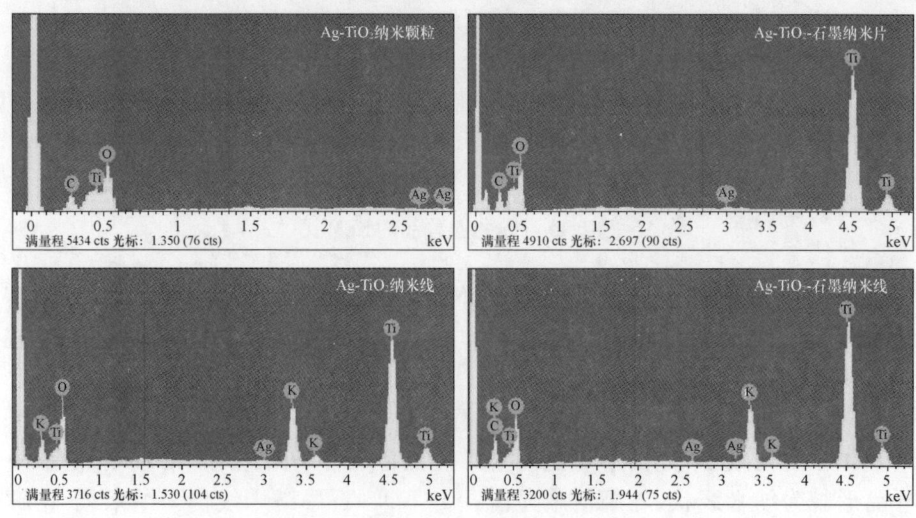

图 2.17　Ag 掺杂样品的 EDS 能谱图

素,可能是因为在制备过程中使用的 KOH 溶液,使得 K 离子渗入 TiO_2 的晶体结构,未有 C 元素出现,可能是分析时所选部分制备材料将导电胶带完全覆盖;Ag-TiO_2-石墨纳米线能谱图中含有 Ti、O、Ag、K、C 元素,同样 K 元素也是制备 Ag-TiO_2 纳米线时引入的。

图 2.18 为 Ag 掺杂样品的 XRD 测试谱图。从图中可以看出 Ag 的掺杂并没有在 XRD 图谱中体现出来,可能是因为 Ag 掺杂量太小,未达到检出限;Ag-TiO_2 纳米颗粒与经 Hydrothermal 法复合的 Ag-TiO_2-石墨纳米颗粒的 XRD 谱图未发生太大变化,均显示其为单一晶型的锐钛矿晶体。根据 Scherrer 公式计算其平均粒径分别为 11.6nm、9.8nm,小于 Hydrothermal 法制备的未掺杂 TiO_2-氧化石墨烯平均粒径(14.2nm),这可能是因为 Ag^+ 离子半径(0.115nm)远大于 Ti^{4+} 离子半径(0.061nm),Ag^+ 难以进入 TiO_2 的晶格,而 Ag^+ 在焙烧过程中从凝胶内部不断扩散到 TiO_2 晶粒的表面,从而阻碍了内部结构重排和晶粒聚集,从而抑制晶粒的生长,导致 Ag-TiO_2 纳米颗粒、Ag-TiO_2-石墨纳米颗粒平均粒径变小;对于 Ag-TiO_2 纳米线、Ag-TiO_2-石墨纳米线的 XRD 谱图,发现 TiO_2 的晶型被破坏,仅留下 004(37.765°)、200(48.014°)晶面处的锐钛矿衍射峰。

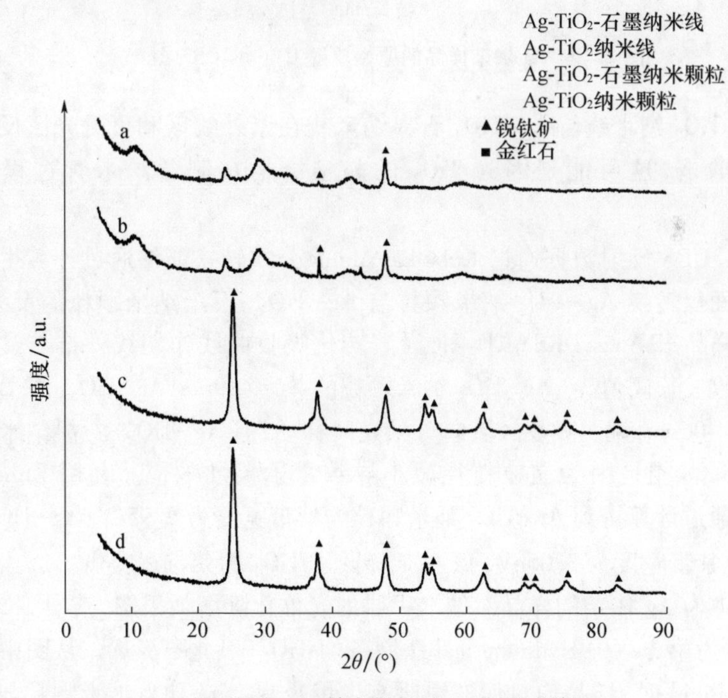

图 2.18 Ag 掺杂样品的 XRD 测试谱图

图 2.19 是 Ag 掺杂样品的原始反射 UV-vis DRS 图。从图中可以看出，Ag-TiO_2 纳米颗粒与 Ag-TiO_2-石墨纳米颗粒对紫外线区（250~400nm）的反射强度较低，反射强度小时吸收强，说明 Ag-TiO_2 纳米颗粒与 Ag-TiO_2-石墨纳米颗粒对紫外线区吸收较强，其中 Ag-TiO_2-石墨纳米颗粒在紫外线区的吸收强于 Ag-TiO_2 纳米颗粒，同时 Ag-TiO_2-石墨纳米片的吸收有蓝移趋势。

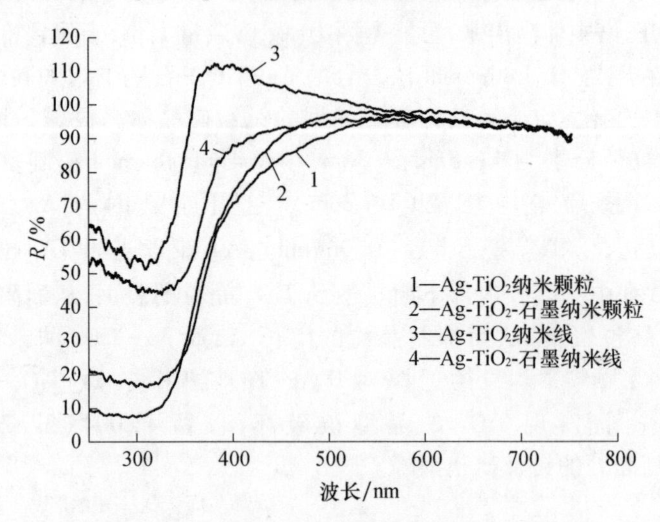

图 2.19　Ag 掺杂样品的原始反射 UV-vis DRS 图

而 Ag-TiO_2 纳米线与 Ag-TiO_2 石墨纳米线在紫外线区和可见光区反射较强，说明吸收弱，这可能是因为 TiO_2 的晶型结构在制备纳米管过程中被破坏[30]。

UV-vis DRS 反射数据通过 Kubelka-Munk 公式转换能够通过计算得出禁带宽度，下面仅转换 Ag-TiO_2 纳米颗粒与 Ag-TiO_2-石墨纳米颗粒的反射图。图 2.20 是样品 UV-vis DRS 转换图，沿着转化吸收曲线作切线外推与横轴相交，得到吸收波长阈值 λ_g，Ag-TiO_2 纳米颗粒的 λ_g=419nm，Ag-TiO_2-石墨纳米颗粒的 λ_g=406nm，说明吸收区域向可见光区移动，但 Ag-TiO_2-石墨纳米颗粒的吸收蓝移，可能是因为晶粒粒径减小导致量子尺寸效应。利用 Kubelka-Munk 转换通过计算得到 Ag-TiO_2 纳米颗粒的禁带宽度为 2.95eV，Ag-TiO_2-石墨纳米颗粒禁带宽度为 3.05eV，Ag 掺杂降低了 TiO_2 的禁带宽度[31]。

图 2.21 为 Ag 掺杂的样品对偏二甲肼的光催化降解效果图，其中 TiO_2-石墨纳米颗粒为第 3 章中 Hydrothermal 法制备的 TiO_2-氧化石墨烯。从图中可以看出，-30~0min 时，样品均对偏二甲肼有少量吸附，Ag-TiO_2 纳米颗粒与 Ag-TiO_2-石墨纳米颗粒的吸附效果均弱于 TiO_2-石墨纳米颗粒。Ag-TiO_2 纳米线

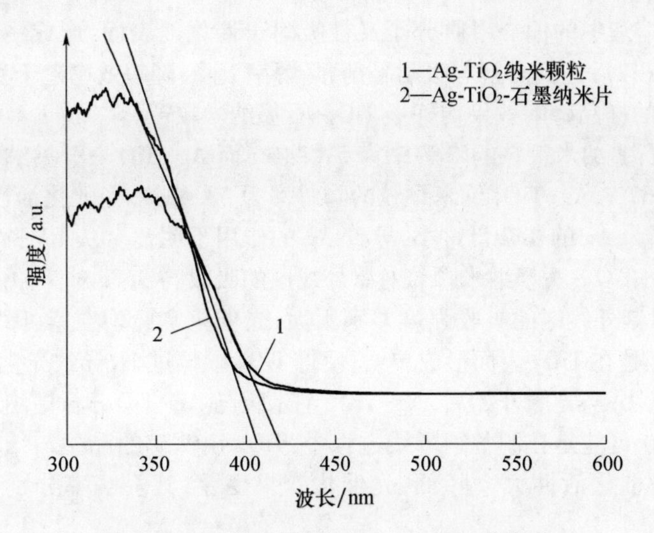

图 2.20 Ag 掺杂样品的 UV-vis DRS 转换图

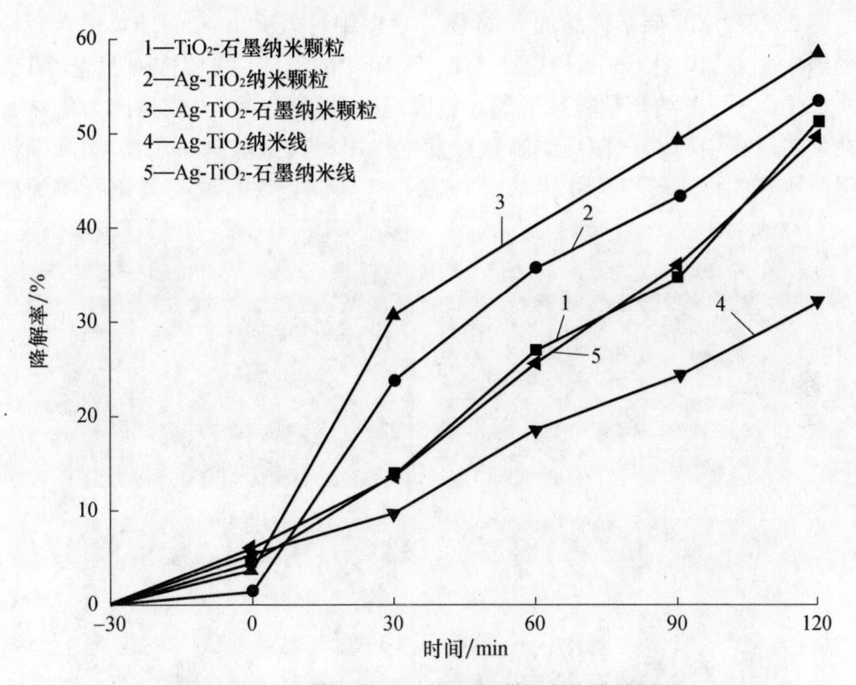

图 2.21 Ag 掺杂样品对偏二甲肼的光催化效果图

与 Ag-TiO_2-石墨纳米线的吸附效果均强于 TiO_2-石墨纳米颗粒;从 0 时刻光照开始,Ag-TiO_2 纳米颗粒与 Ag-TiO_2-石墨纳米颗粒的降解效率迅速提高,这是因为光照使得光催化进程开始,吸附于催化剂表面的偏二甲肼分子被迅速降解，而此时溶液中的偏二甲肼分子又被吸附于催化剂表面，形成一个动态吸附过程；30min 以后达到降解与吸附平衡，降解率下降，降解效率趋于稳定，结果表明 Ag 掺杂的样品降解效果均好于 TiO_2-石墨纳米颗粒。

TiO_2-石墨纳米颗粒的降解率为 51.24%，而 Ag-TiO_2-石墨纳米颗粒的降解率为 58.62%，Ag-TiO_2 纳米颗粒的降解率为 53.43%，光催化活性提高不大，这可能是因为 Ag 的掺杂量过小，导致 Ag 的作用不明显。从 UV-vis DRS 表征中，发现 Ag-TiO_2-石墨纳米颗粒对紫外线区的吸收与 3.3.4 小节中 TiO_2-石墨纳米颗粒对紫外线区的吸收强度差别不大，光催化实验均在紫外线下进行；同时，因为 Ag 是在 TiO_2 表面形成单质，使得 TiO_2 颗粒过小，导致光生电子与空穴复合速度变快；当光照开始后，Ag-TiO_2 纳米线与 Ag-TiO_2-石墨纳米线的降解率明显较差，可能是在制备纳米线过程中，TiO_2 锐钛矿的晶型与结构被严重破坏而导致光催化活性大大降低，光催化效果变差，其降解率分别为 32.07%、49.67%。

2）Cu 掺杂样品

图 2.22 为 Cu 掺杂样品的 SEM 图。从图中可以看出：Cu-TiO_2 纳米颗粒为球形纳米颗粒，说明 Cu 的掺杂不会改变 TiO_2 的形貌，颗粒排列紧密，团聚较多；Cu-TiO_2-石墨纳米颗粒球形颗粒轮廓清晰，排列松散，可能是因为氧化石墨烯在水热过程中与 Cu-TiO_2 纳米颗粒发生作用将其分散；Cu-TiO_2 纳米颗粒经过强碱水热的作用转变为线棒状，形成 Cu-TiO_2 纳米线，说明氧化石墨烯控制

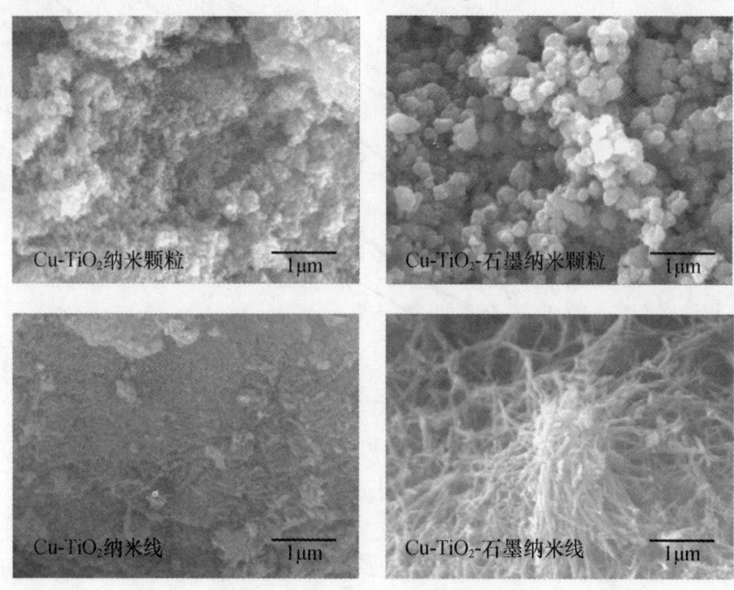

图 2.22　Cu 掺杂样品的 SEM 图

形貌成功,但团聚较为严重;将 Cu-TiO_2 纳米线与氧化石墨烯水热反应后,可以明显看到轮廓分明、排列杂乱的纳米线,团聚较少,这可能也是纳米线被氧化石墨烯包覆后分散所致。

图 2.23 为 Cu 掺杂样品的 TEM 图。从图中可以看出:Cu-TiO_2 纳米颗粒为球形颗粒,粒径尺寸在 10~20nm,团聚明显;Cu-TiO_2-石墨纳米颗粒中可以清晰地分辨出氧化石墨烯片层边界及表面褶皱,Cu-TiO_2 纳米颗粒均匀地分散在氧化石墨烯片层上,颗粒尺寸不变,氧化石墨烯片层上部分 Cu-TiO_2 纳米颗粒聚集较多是因为氧化石墨烯表面含氧官能团作用;Cu-TiO_2 纳米线中可以看出纳米线的存在,纳米线轮廓清晰光滑;Cu-TiO_2 纳米线仍为纳米线,轮廓不光滑,这可能是纳米线被氧化石墨烯包覆的原因。

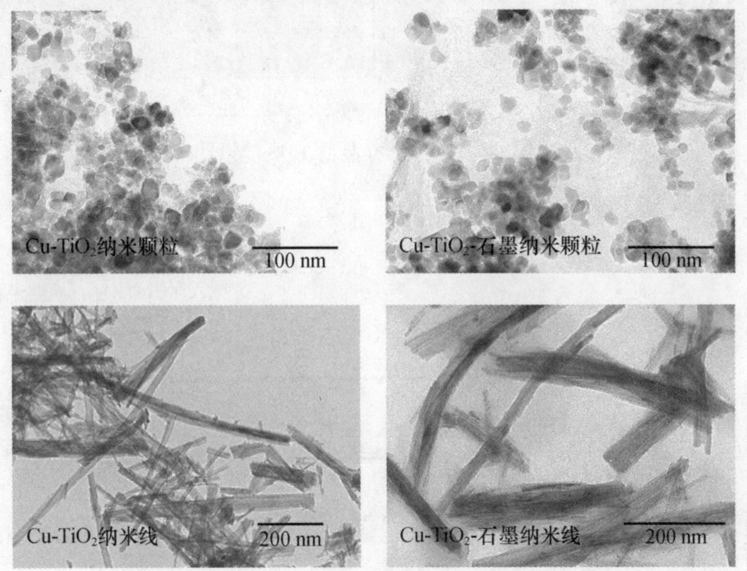

图 2.23 Cu 掺杂样品的 TEM 图

图 2.24 为 Cu 掺杂样品的 EDS 能谱图,从图中可以看出 Cu-TiO_2 纳米颗粒能谱图中仅含有 Ti、O、Cu 三种元素,说明样品纯度较高,没有其他杂质;Cu-TiO_2-石墨纳米颗粒能谱图中只含有 C、Ti、O、Cu 元素,说明样品纯度高,没有其他杂质;Cu-TiO_2 纳米线能谱图中除了含有 Ti、O、Cu 元素还有 K 元素,可能是因为在制备过程中使用 KOH 的作用太强,将 K 离子渗入 TiO_2 的晶体结构;Cu-TiO_2-石墨纳米线能谱图中含有 Ti、O、Cu、K、C 元素,同样 K 元素是制备过程中引入的。

图 2.25 为 Cu 掺杂样品的 XRD 测试结果谱图。Cu-TiO_2 纳米颗粒与经过 Hydrothermal 法复合的 Cu-TiO_2-石墨纳米颗粒的 XRD 谱图未发生太大变化,

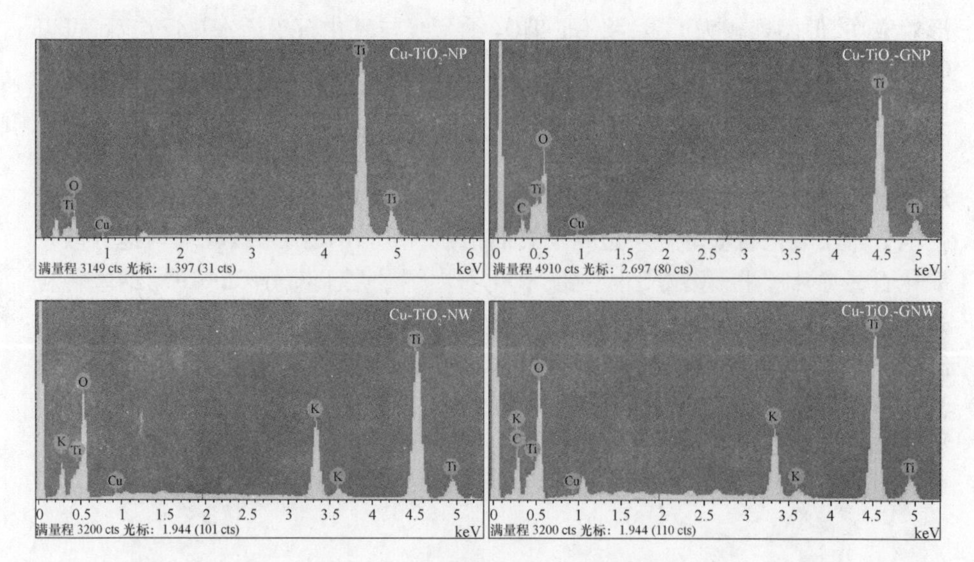

图 2.24　Cu 掺杂样品的 EDS 能谱图

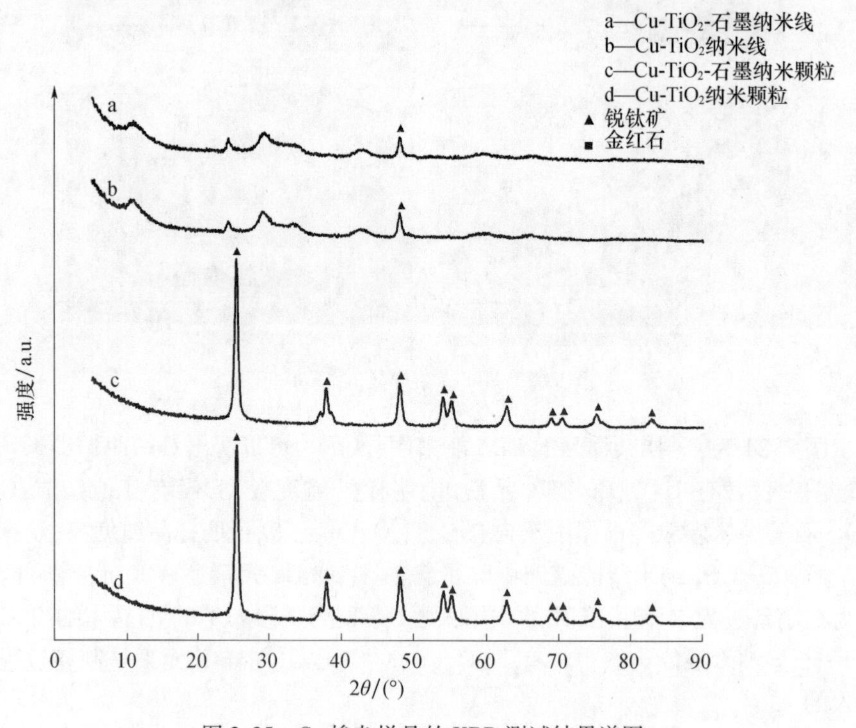

图 2.25　Cu 掺杂样品的 XRD 测试结果谱图

均显示为单一晶型的锐钛矿晶体,从 XRD 谱图中并没有体现出 Cu 的掺杂,这是由于 Cu 掺杂量较小。同时 Cu^{2+} 的离子半径(0.073nm)、电负性和 Ti^{4+} 的离子半径(0.061nm)、电负性相近,Cu^{2+} 主要以取代的方式进行掺杂,并未形成独立的化合物,因而没有影响纳米 TiO_2 的晶型。经 Scherrer 公式计算 Cu-TiO_2 纳米颗粒、Cu-TiO_2-石墨纳米颗粒平均粒径分别为 18.5nm 和 15.9nm,可能是由于 Cu^{2+} 取代了晶格中的 Ti^{4+},Cu^{2+} 离子半径大于 Ti^{4+} 离子半径导致晶格膨胀,从而使得 Cu-TiO_2 纳米颗粒、Cu-TiO_2-石墨纳米颗粒平均粒径大于 Hydrothermal 法制备未掺杂的 TiO_2-石墨纳米颗粒平均粒径(14.2nm);对于 Cu-TiO_2 纳米线、Cu-TiO_2-石墨纳米线的 XRD 谱图,发现 TiO_2 的晶型与结构被破坏,仅留下 200(48.014°)晶面处的锐钛矿衍射峰。

图 2.26 是 Cu 掺杂样品的原始反射 UV-vis DRS 图。从图中可以看出,Cu-TiO_2 纳米颗粒与 Cu-TiO_2-石墨纳米片对紫外线区(250~400nm)和可见光区(400~750nm)的反射强度较低,Cu-TiO_2-石墨纳米颗粒的反射强度相对最低,反射强度小时吸收多,说明 Cu-TiO_2 纳米颗粒与 Cu-TiO_2-石墨纳米颗粒对紫外线区和可见光区吸收较强。而 Cu-TiO_2 纳米线与 Cu-TiO_2-石墨纳米线在紫外线区和可见光区反射较强,说明吸收弱,这可能是 TiO_2 的晶型结构在制备纳米管过程中被破坏的结果。

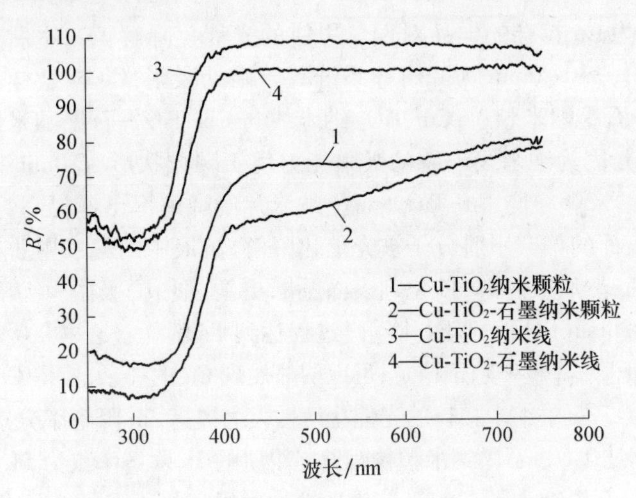

图 2.26　Cu 掺杂样品的原始反射 UV-vis DRS 图

UV-vis DRS 反射数据通过 Kubelka-Munk 公式转换能够通过计算得出禁带宽度,因 Cu-TiO_2 纳米线与 Cu-TiO_2-石墨纳米线吸收强度不高,晶型被破坏,仅转换 Cu-TiO_2 纳米颗粒与 Cu-TiO_2-石墨纳米颗粒的反射图,如图 2.27 所示。沿着转化吸收曲线作切线外推与横轴相交,得到吸收波长阈值 λ_g,Cu-TiO_2

纳米颗粒的 $\lambda_g=414nm$，Cu-TiO_2-石墨纳米颗粒的 $\lambda_g=421nm$，说明吸收区域向可见光区移动。利用 Kubelka-Munk 转换通过计算得到 Cu-TiO_2 纳米颗粒的禁带宽度为 2.99eV，Cu-TiO_2-石墨纳米片禁带宽度为 2.94eV，Cu 掺杂改变了 TiO_2 的禁带宽度，可能是 Cu 取代的掺杂方式引起的[32-33]。

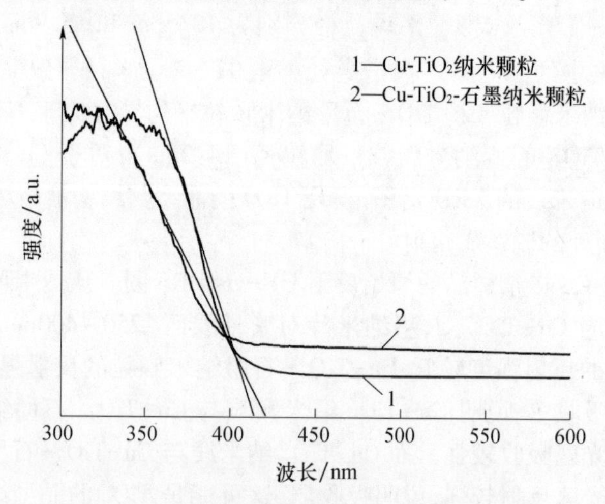

图 2.27　Cu 掺杂样品的 UV-vis DRS 转换图

图 2.28 为 Cu 掺杂的样品对偏二甲肼的光催化降解偏二甲肼效果图。从图中可以看出，-30~0min 为降解体系静置于暗处吸附，Cu 掺杂样品的吸附率均高于 TiO_2-石墨纳米颗粒，Cu-TiO_2 纳米线与 Cu-TiO_2-石墨纳米线的吸附率更高，这可能是因为纳米线形貌的吸附能力优于颗粒状形貌；0min 时刻光照开始，Cu-TiO_2 纳米颗粒与 Cu-TiO_2-石墨纳米片的降解率迅速提高，这是因为吸附于催化剂表面的偏二甲肼分子被光催化降解，溶液中的偏二甲肼分子被吸附于催化剂表面，然后被降解，催化剂表面不断更新，形成"吸附-降解"循环的动态过程；光照 30min 以后，"吸附-降解"过程达到平衡，降解速率与吸附速率大致相等，降解率下降，降解率趋于稳定；可以明显发现 Cu 的掺杂，使得 Cu-TiO_2 纳米颗粒与 Cu-TiO_2-石墨纳米颗粒的光催化活性大大提高，2h 降解率分别为 60.89%和 80.78%，而纯 TiO_2-石墨纳米颗粒对偏二甲肼的 2h 降解率仅为 51.24%。

Cu-TiO_2-石墨纳米颗粒的光催化活性大大提高的原因可能是 Cu 以替换掺杂的方式进入 TiO_2 的晶格结构，形成晶格缺陷，产生 Schottky 势垒，光生电子-空穴对的复合概率降低，催化剂表面的活性点位增多。同时，Cu 的掺杂引起 TiO_2 对紫外线区和可见光区的吸收增强，使得禁带宽度降低，光催化活性增强[34]；其中氧化石墨烯的复合使得催化剂对紫外线的吸收增强，光量子产率提高，氧化石墨烯的电导性传输电子使得电子-空穴对的复合概率进一步降低，并

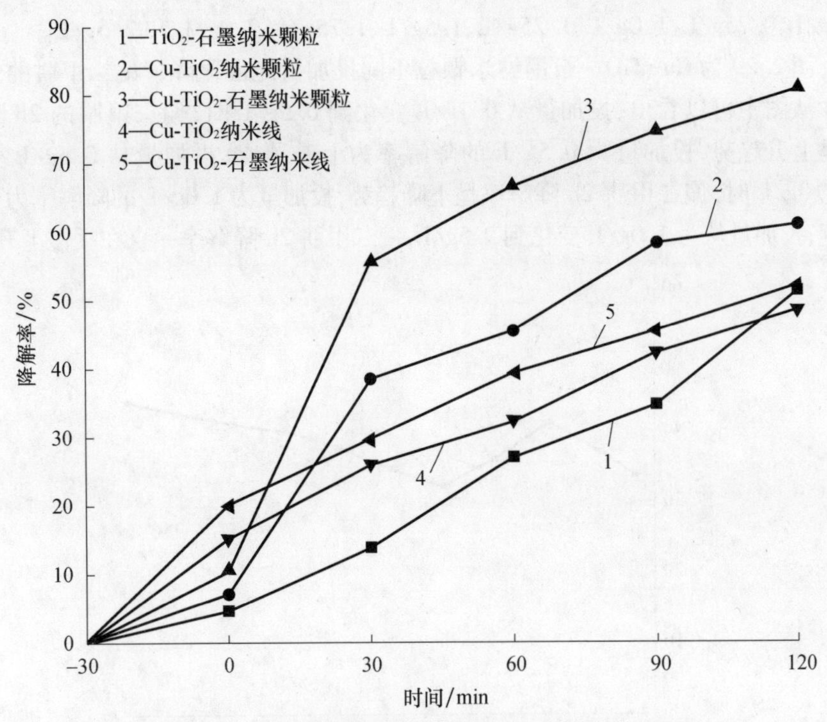

图 2.28 Cu 掺杂样品对偏二甲肼光催化降解效果图

增强了催化剂的吸附性能，从而使 Cu-TiO_2-石墨纳米颗粒的降解率远高于 Cu-TiO_2 纳米颗粒的降解率。当光照开始后，Cu-TiO_2 纳米线与 Cu-TiO_2-石墨纳米线的降解率并不高，可能是 TiO_2 锐钛矿的晶型与结构在制备 Cu-TiO_2 纳米线的过程中被严重破坏，导致光催化活性大大降低，致使光催化效果变差，其对偏二甲肼的 2h 降解率分别为 48.53% 和 52.11%。

4. Cu-TiO_2-石墨纳米颗粒耦合超重力技术降解偏二甲肼

超重力是指在比地球重力加速度（$9.8m/s^2$）大得多的环境下物质所受到的力。研究超重力环境下的物理和化学变化过程的科学称为超重力科学，利用超重力科学原理的应用技术称为超重力技术。超重力技术核心在于对传递过程和微观混合过程的极大强化，因而它应用于需要对相间传递过程进行强化的多相过程和需要相内或均相内微观混合强化的混合及反应过程[35-36]。在超重力场中，巨大的剪切应力克服液体表面张力，使液体伸展出巨大的相际接触界面，液膜变薄，液体在高分散、高湍动、强混合以及界面急速更新的情况下可以较大的相对速度与其他相接触，极大地强化传质过程。

1）Cu-TiO_2-石墨纳米颗粒光催化条件

（1）Cu-TiO_2-石墨纳米颗粒投加量。催化剂投加量分别为 0.1g/L、0.25g/L、

0.5g/L、0.75g/L、1.0g/L、1.25g/L、1.5g/L、1.75g/L、2.0g/L 和 2.5g/L。

图 2.29 为 $Cu-TiO_2$-石墨纳米颗粒不同投加量光催化降解偏二甲肼的效果图。从图中可以看出，投加量从 0.1g/L 变化到 0.5g/L 时，偏二甲肼的 2h 降解率呈上升趋势，投加量为 0.5g/L 的降解率为上升顶点；投加量从 0.5g/L 变化到 1.0g/L 时，偏二甲肼 2h 降解率呈下降趋势，投加量为 1.0g/L 的降解率为下降终点；投加量从为 1.0g/L 变化到 2.5g/L，偏二甲肼 2h 降解率一直在缓慢上升。

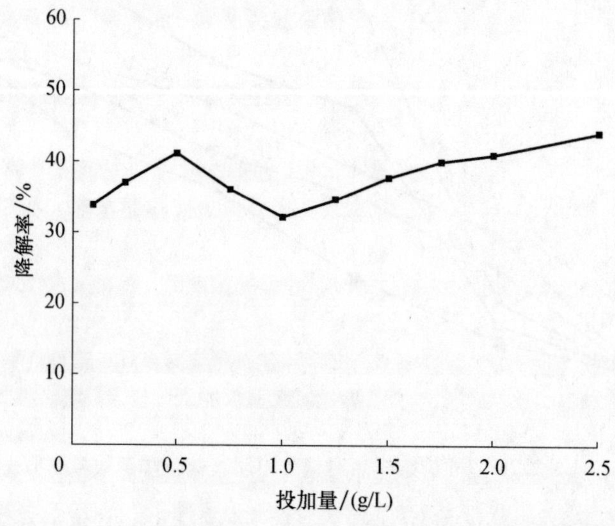

图 2.29 $Cu-TiO_2$-石墨纳米颗粒不同投加量的光催化降解偏二甲肼的效果图

图 2.29 中曲线趋势是因为当 $Cu-TiO_2$-石墨纳米颗粒投加量较小时，光量子产量较低，导致光催化效率低，降解率低；随着催化剂投加量的增加，光量子产率增高，从而使光催化速率加快，降解率提高；当催化剂投加量从 0.5g/L 变化到 1.0g/L 时，降解率反而呈减小趋势，这可能是因为光催化剂增多会使得悬浮颗粒增多导致光散射，影响光吸收，导致光催化效率下降，降解率下降；当催化剂投加量大于 1.0g/L 时，此时随着催化剂投加量的不断增加，催化剂的吸附作用逐渐增强，在未搅拌的溶液中悬浮颗粒浓度一定，光催化效率变化不大，但吸附增强，因此降解率呈上升趋势。

当催化剂的投加量较少时，光量子的产率较小导致反应速度较慢，催化剂投加过多会引起光散射，影响溶液的透光率，降低光催化效率，同时造成催化剂浪费。根据实验结果，催化剂的最佳投加量为 0.5g/L。

（2）初始 pH 值探究实验。以 2h 降解率为测定指标，选择 $Cu-TiO_2$-石墨纳米颗粒的投加量为 0.5g/L，使用浓度为 0.1mol/L 的盐酸与 0.1mol/L 氨水对降解体系调节 pH 值，初始 pH 值分别为 2、3、4、5、6、7、8、9、10、11 和 12。

图2.30为不同初始pH值的光催化降解图。从图中可以看出，随着pH值的增大，偏二甲肼的2h降解率也逐渐增大，在pH=8时，偏二甲肼的2h降解率达到最大值80%；在pH>9时，随着pH值的增大，降解率呈减小趋势。

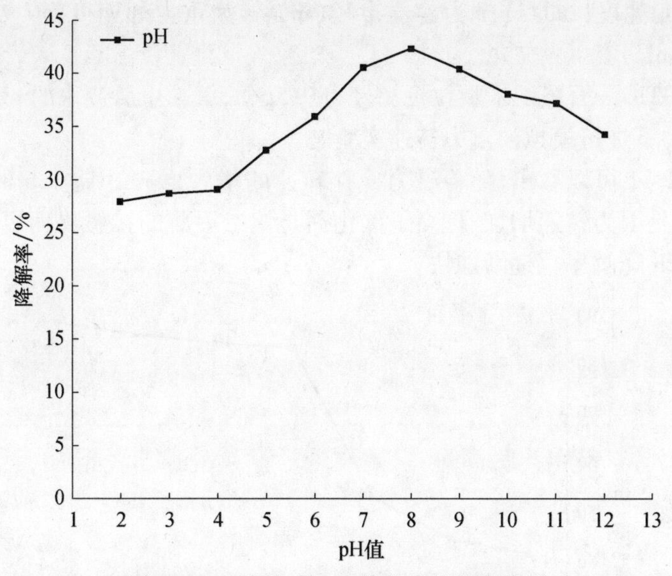

图2.30　不同初始pH值的光催化降解图

总体上来看，在碱性环境中Cu-TiO_2-石墨纳米颗粒的光催化效果比在酸性环境中要好，在pH=8的条件下降解率最大达到42.27%。pH值主要是影响光催化剂表面的电荷，进而影响光生电子-空穴对的传输，这可能是因为偏二甲肼在酸性条件下是以$(CH_3)_2NNH_3^+$盐的形式存在，酸性溶液中催化剂表面呈正电性，易吸附高价阴离子，催化剂对其吸附性能没有中性溶液好。同样在碱性溶液中催化剂表面呈负电性，而偏二甲肼分子周围包围着OH^-，同样不利于催化剂对$(CH_3)_2NNH_2$的吸附。因此，对于Cu-TiO_2-石墨纳米颗粒催化降解偏二甲肼废水最适宜的pH值为8。

偏二甲肼废水的pH值基本为8，实验过程中不需人为调节便可达到最适宜的pH值。

2）模拟超重力实验

以2h降解率为测定指标，数显磁力搅拌器转速分别调节至0、400r/min、800r/min、1200r/min、1600r/min、2000r/min和2400r/min。超重力的有关参数可按下式计算。

重力因子：
$$\rho = \frac{\omega^2 r}{g} \tag{2.20}$$

角速度与转速的转换公式：

$$\omega = \frac{\pi n}{30} \tag{2.21}$$

式中：ω 为角速度（rad/s）；r 为容器半径（m）；g 为重力加速度（取 9.8m/s^2）；n 为转速（r/min）。

在 Cu-TiO_2-石墨纳米颗粒投加量为 0.5g/L，偏二甲肼废水的 pH 值不人为调节的条件下进行模拟超重力转速实验。

从图 2.31 可以看出，随着磁力搅拌转速的增大，偏二甲肼 2h 的降解率逐渐增大，这是因为转速增加，提高了催化剂与偏二甲肼的接触界面更新速度，偏二甲肼的 2h 降解率也逐渐加快。

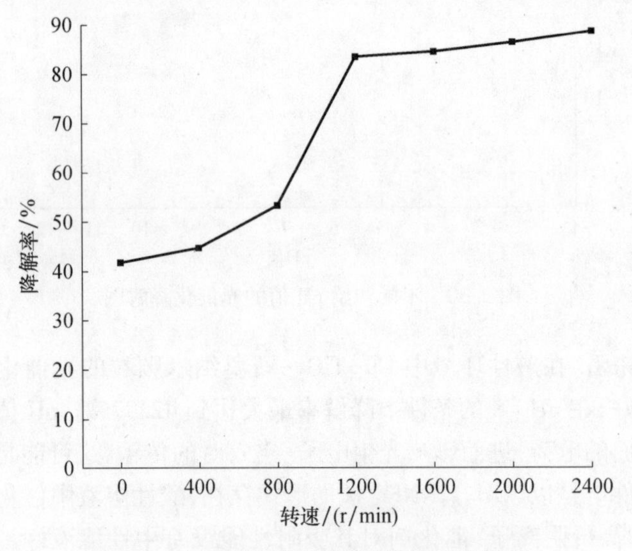

图 2.31　不同转速下光催化降解率效果图

当转速超过 800r/min 后，偏二甲肼的降解速率会出现较大的跃升，当降解体系达到超重力环境时，不同分子的扩散速率、不同相之间的传质速率以及不同相界面之间的更新速率都远远高于普通重力场中的反应，说明在模拟超重力条件下可以极大地促进 Cu-TiO_2-石墨纳米颗粒对偏二甲肼的光催化降解，2h 降解率可达 80%以上。根据图中曲线可以推断当转速为 1000r/min 时，超重力因子为 55.95，可达到超重力环境，会使降解率得到极大提高。

选择 Cu-TiO_2-石墨纳米颗粒的投加量为 0.5g/L，最适 pH 值为 8，转速为 1000r/min 进行验证实验，并测定降解体系的化学需氧量（COD）。超重力降解效果图见图 2.32。

从图 2.32 中可以看出，0~30min 时，偏二甲肼降解率较高，可能是因为

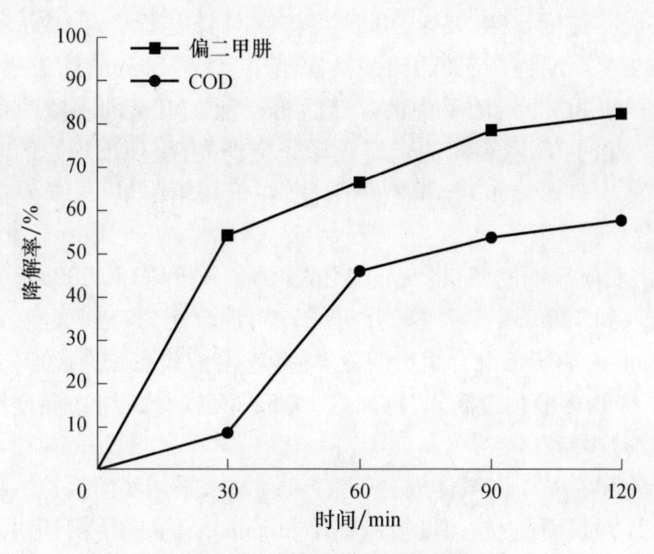

图 2.32 超重力降解效果图

在 1000r/min 的转速下，Cu-TiO_2-石墨纳米颗粒与偏二甲肼分子快速达到吸附平衡，并且光催化速度较快；30min 以后，体系处于吸附降解平衡状态，因此降解效率下降，最终降解率达到 82.39%，与转速实验中 1200r/min 时的降解率 83.49%接近，说明转速为 1000r/min 时能达到超重力环境，1000r/min 为最适降解转速。

从图 2.32 中可以看出，0~30min 时，COD 的降解率较小，这可能是因为 0~30min 时，大量降解的偏二甲肼被分解成中间产物，但并没有被彻底分解为小分子无机物；30~60min 时，COD 降解率迅速提升，这可能是因为大量偏二甲肼分子在 0~30min 被降解为中间产物后在 30~60min 这些中间产物被彻底降解为无机小分子，使 COD 浓度快速降低。经测 400mg/L 的初始 COD 为 720.00mg/L，降解 2h 后测得 COD 为 304.92mg/L，最终 COD 的降解率为 57.65%。

2.2.3 TiO_2-MnO_x/Ti 复合光催化剂

MnO_x 是一种常见的两性过渡金属氧化物，锰氧化物是一种两性过渡金属氧化物，MnO_x 的配比性不理想和缺陷性结构比较大，能强烈吸附和较好富集自然中的重金属、过渡金属、贵重金属以及一些稀土元素[37]。另外对一些无机物和无机离子的催化氧化，使得这些物质能够发生迁移转化作用[38]。利用它与 TiO_2 复合会产生更好的光催化效果。

1. TiO_2-MnO_x 薄膜催化剂的制备

负载基底材料预处理：TiO_2 薄膜光催化剂的基底材料选用市售工业金属 Ti

网(厚度0.5mm,纯度≥99.95%,40目),将钛网剪成尺寸为10cm×15cm的试样。将剪好的Ti网浸泡在5%的碳酸钠溶液中,保持30min,除去表面的油污,之后用去离子水冲洗至溶液呈中性。然后再浸泡在10%的沸腾的草酸溶液中30min,刻蚀。此时,Ti网表面的金属光泽完全消失,呈现出均匀的暗灰色。将Ti网用大量的去离子水冲洗至溶液呈中性,在干燥箱中烘干,浸泡在无水乙醇中备用。

催化剂溶胶凝胶的制备:将60mL乙酰丙酮(分析纯)和200mL钛酸四丁酯(分析纯)加入到1000mL正丙醇(分析纯)中,混合均匀得到溶液A;将400mL正丙醇和80mL去离子水混合组成溶液B;将A溶液放在磁力搅拌器上,匀速搅拌,此过程中将B溶液缓慢滴入,再加入14.5g草酸(分析纯),混合均匀后静置12h后,即成溶胶凝胶。

将上述制备好的Ti网载体放置于溶胶凝胶中,采用浸渍提拉法将溶胶凝胶均匀涂抹在Ti网表面(提拉速度控制在1cm/min),等到图层干化后,将涂有溶胶凝胶的Ti网放置于马弗炉中在450℃下焙烧1h,等马弗炉自然冷却至室温后即可取出,为了得到光催化所需的TiO_2负载量,需要重复上述步骤四次,第四次涂覆后在500℃下高温焙烧2h,即可得到TiO_2薄膜光催化剂。

最后再用硫酸锰(分析纯)为前驱物,将制备好的TiO_2/Ti网浸渍于33%的硫酸锰溶液中,浸渍提拉后,使其自然干燥,放置于马弗炉中在400℃下焙烧2h,即可得到TiO_2-MnO_x复合光催化剂。

2. TiO_2/Ti与TiO_2-MnO_x/Ti薄膜催化剂的结构表征

Ti网(a)TiO_2/Ti(b)和TiO_2-MnO_x/Ti(c)的SEM照片见图2.33。在Ti网表面覆盖着一层多孔状的TiO_2薄膜,薄膜表面并不平整致密,而且呈现出多孔状。这是因为TiO_2薄膜在干燥和煅烧过程中,会有局部的收缩和开裂现象,这样就进一步增大了其比表面积,提高了催化活性。MnO_x层覆盖于TiO_2层的表面,绝大部分TiO_2被MnO_x薄膜所覆盖,但因MnO_x薄膜不连续,基体中部分TiO_2呈裸露态,没有被浸渍的MnO_x层所覆盖。负载的MnO_x层结构致密,表面平坦。

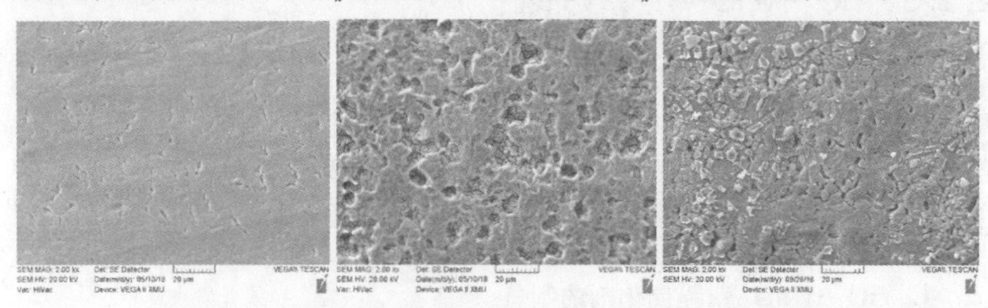

图2.33 Ti网(a)、TiO_2/Ti(b)和TiO_2-MnO_x/Ti(c)的SEM照片

图 2. 34 为溶胶凝胶法制备的 TiO_2 薄膜能谱扫描图，可以明显看到 Ti 元素的两个峰，也发现有氧元素存在，根据分析结果中质量分数和原子分数可推测，此灰色物质为 TiO_2。

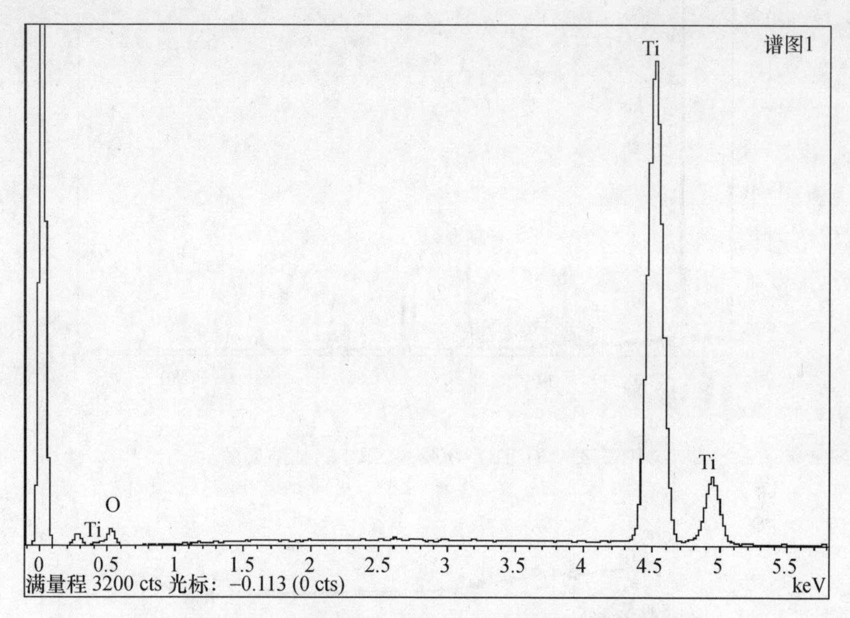

图 2. 34 溶胶凝胶法制备的 TiO_2 薄膜能谱扫描图

图 2. 35 为 Ti/TiO_2 薄膜的 XRD 测试结果，TiO_2 薄膜主要为锐钛矿相，占 85%，其余为金红石相。TiO_2 锐钛矿晶型最佳活化温度为 490℃，此时得到的纳米 TiO_2 晶粒最小。

3. TiO_2-MnO_x 光催化降解偏二甲肼的影响因素

1）不同光源下偏二甲肼降解速率的对比

图 2. 36 是暗态、紫外线和真空紫外线条件下降解偏二甲肼的浓度-时间曲线。偏二甲肼初始浓度分别为 855mg/m^3、810mg/m^3 和 820mg/m^3。

从图中可以看到，暗态条件下偏二甲肼的降解是非常缓慢的，反应 15min 后，偏二甲肼只降解了 8%。而紫外线和真空紫外线均对偏二甲肼的降解有显著的作用，对偏二甲肼的去除率分别达到了 66. 77%和 100%。

从图中还可以看出，真空紫外线条件下，反应 6min 时，偏二甲肼的降解速率突然增大。这是因为真空紫外线等能产生 5%的波长为 185nm 的光。185nm 的紫外线的光子能量为 647kJ/mol，氧气中的 O ═O 的键能为 496kJ/mol，185nm 的紫外线可以与空气中的氧气反应生成具有强氧化性的臭氧。当臭氧和紫外线同时存在时，紫外线对臭氧的氧化也具有催化的作用，能生成 · OH、· O 等具

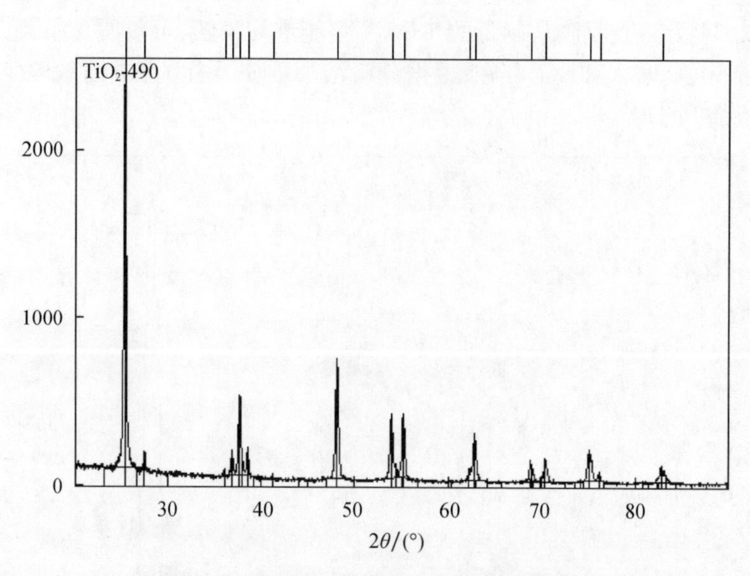

图 2.35　Ti/TiO_2 薄膜的 XRD 测试结果图

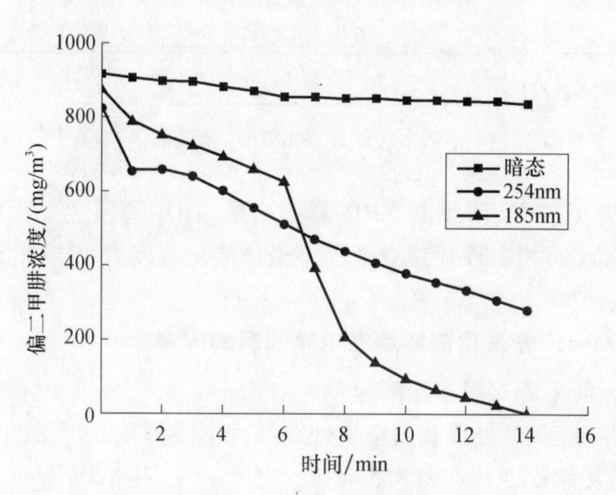

图 2.36　暗态、紫外线和真空紫外线条件下降解偏二甲肼的浓度-时间曲线

有强氧化性的自由基。从而使反应从单纯的紫外线光解变成了紫外线光解与臭氧氧化联合作用,反应速率极大地提高[39-40]。

2）真空紫外线/Ti 和真空紫外线/TiO_2 对比

用微量注射器,向模拟室注射 20μL 偏二甲肼,使其自然挥发,控制初始浓度为 330mg/L。图 2.37 为紫外线光解偏二甲肼气体和 TiO_2 光催化偏二甲肼气体分解效果图。由图可知,暗态条件下,偏二甲肼的降解较为缓慢。当加入负载有 TiO_2 薄膜的钛网作为催化剂时,偏二甲肼的降解速率明显高于 Ti/真空紫外线和真空紫外线。在初始浓度相同的情况下,仅有真空紫外线时 15min 偏二甲肼降解率达到 99.99%。当加入负载有 TiO_2 的钛网 17min 时,偏二甲肼降解率达到 99.99%。当加入没有负载纳米 TiO_2 的钛网时,19min 后偏二甲肼降解率才达到 99.99%。这说明负载有 TiO_2 的钛网具有光催化作用。

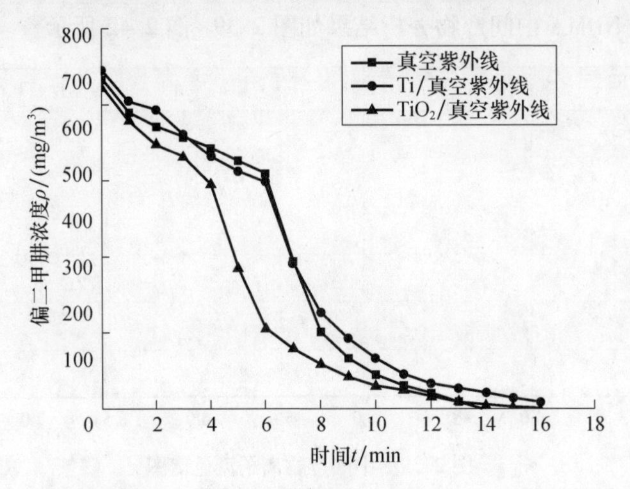

图 2.37 紫外线光解偏二甲肼气体和 TiO_2 光催化偏二甲肼气体分解效果图

3）不同光源对偏二甲肼降解效果的对比研究

为了研究真空紫外线光催化技术对于偏二甲肼的净化效果,选择闭光条件(暗态)、弱光(254nm)和真空紫外线强光(185nm)等不同光照环境下对偏二甲肼气态污染物的净化效果和中间产物的净化效果对比。研究发现暗态条件下偏二甲肼的中间氧化产物有二十种之多,其总离子流色谱图(TIC)如图 2.38 所示。

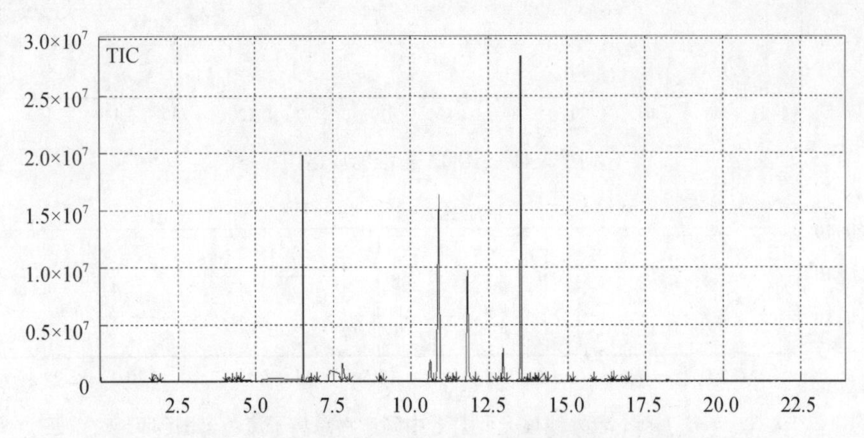

图 2.38 偏二甲肼气体暗态条件下降解产物总离子流色谱图(TIC)

由图 2.38 可知,气态偏二甲肼在暗态无光照自氧化条件下产生了二十余种中间产物。这也说明偏二甲肼自降解反应的过程非常复杂,这些中间产物主要有偏腙、四甲基甲腈、乙酸、二甲基二氮烯、四甲基四氮烯、甲醛、*N*-亚硝基二甲胺(NDMA)、甲醛单甲基腙、*N*,*N*-二甲基甲酰胺等。

高毒的 NDMA 中间产物分析结果如图 2.39~图 2.42 所示。

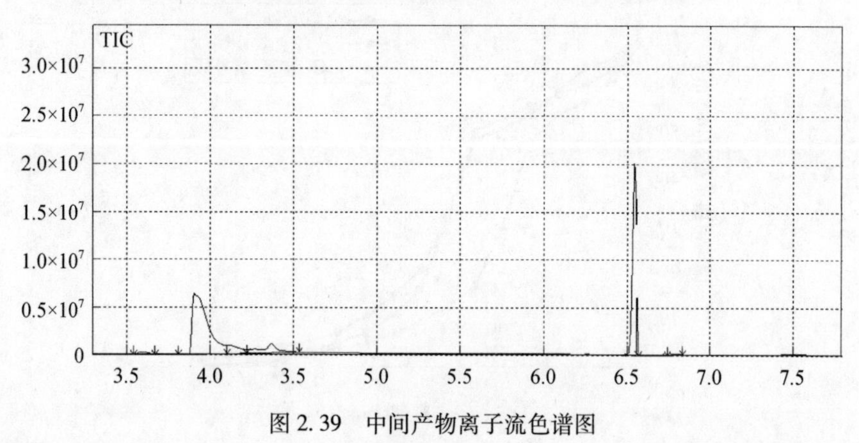

图 2.39　中间产物离子流色谱图

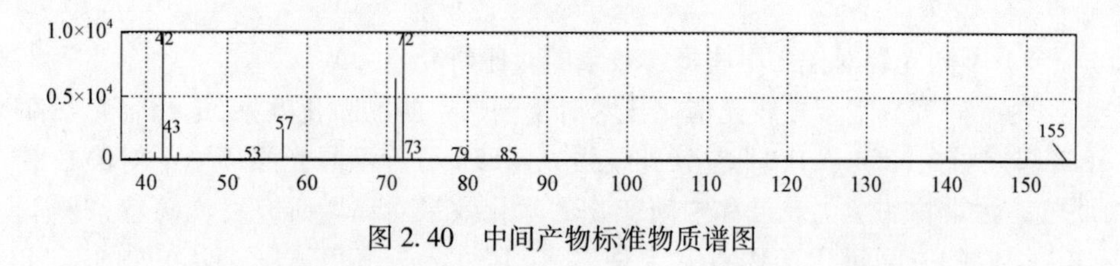

图 2.40　中间产物标准物质谱图

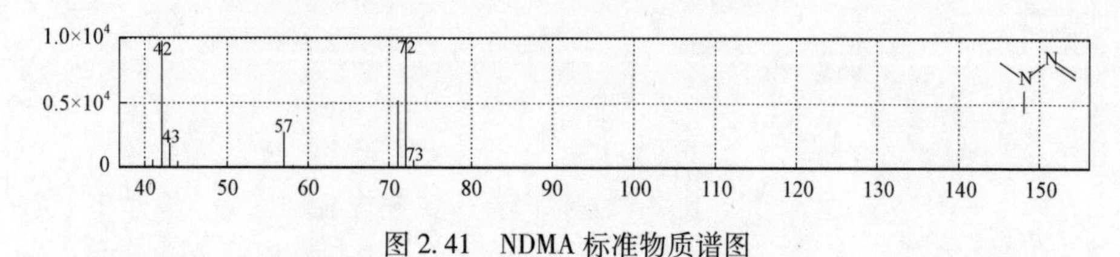

图 2.41　NDMA 标准物质谱图

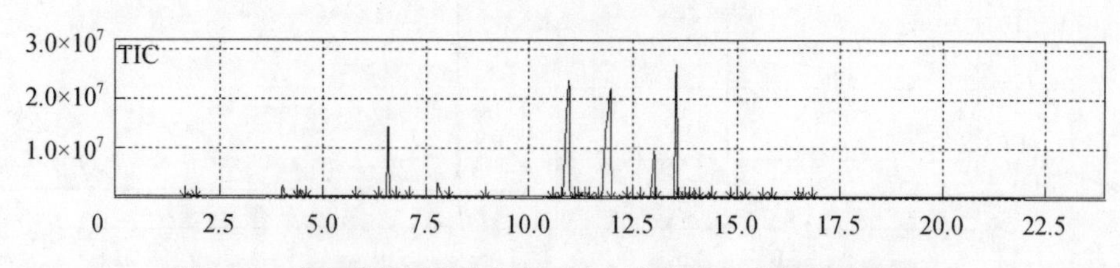

图 2.42　真空紫外线强光照射下中间产物总离子流色谱图(TIC)

中间产物 NDMA 的色-质谱图分析如图 2.43~图 2.45 所示。

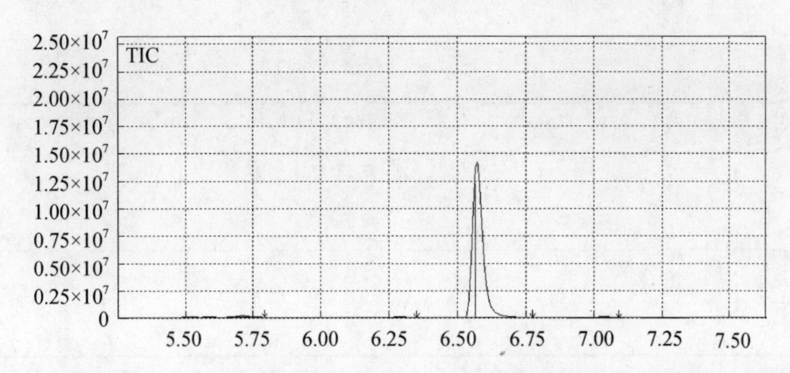

图 2.43　真空紫外线强光照射下中间产物 NDMA 色-质谱图

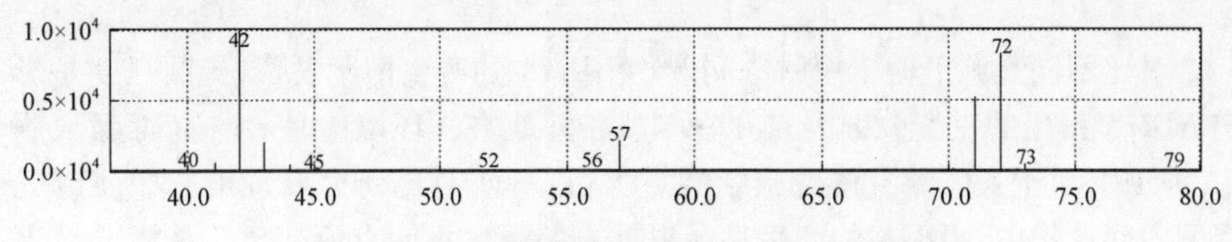

图 2.44　真空紫外线强光照射下 NDMA 质谱图

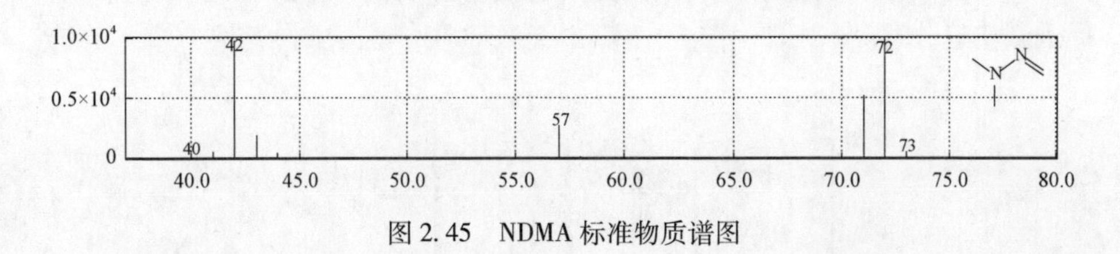

图 2.45　NDMA 标准物质谱图

紫外线光照条件下中间产物 NDMA 的分析结果如图 2.46~图 2.48 所示。

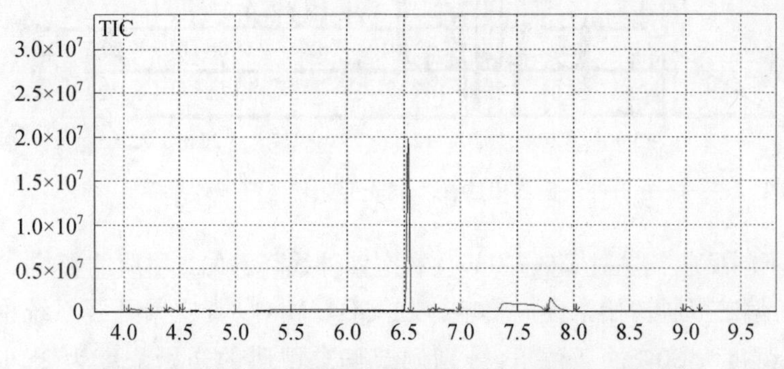

图 2.46　紫外线光照条件下中间产物 NDMA 色-质谱图

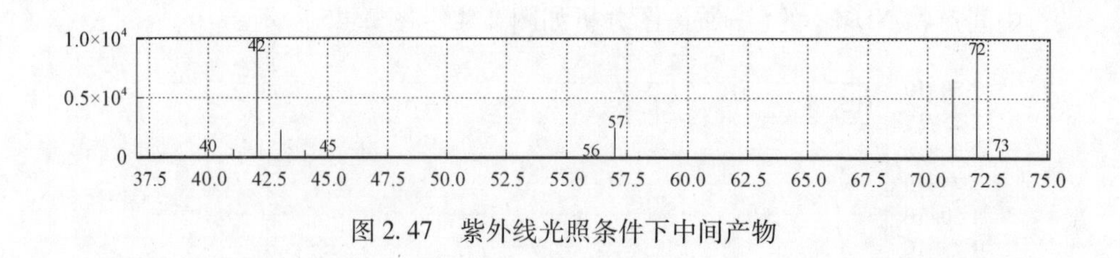

图 2.47　紫外线光照条件下中间产物

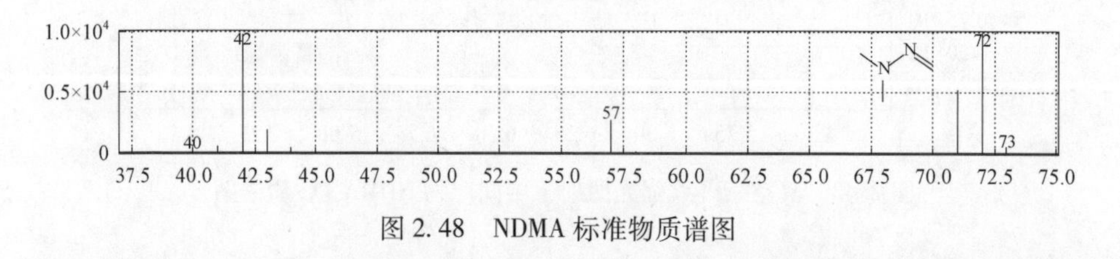

图 2.48　NDMA 标准物质谱图

对比不同光源下偏二甲肼中间产物 NDMA 的产生情况发现,光照强度是影响 NDMA 产生的一个关键因素。NDMA 在阵地空气环境中是一种高毒强致癌中间产物,对于人体的身体健康影响重大,进一步对比研究发现偏二甲肼废气降解中间产物中,NDMA 的产生量会根据光照强度不同有所变化。从实验结果图 2.49 可以看出,真空紫外线强光照射有利于抑制偏二甲肼中间产物生成并促进其快速分解。

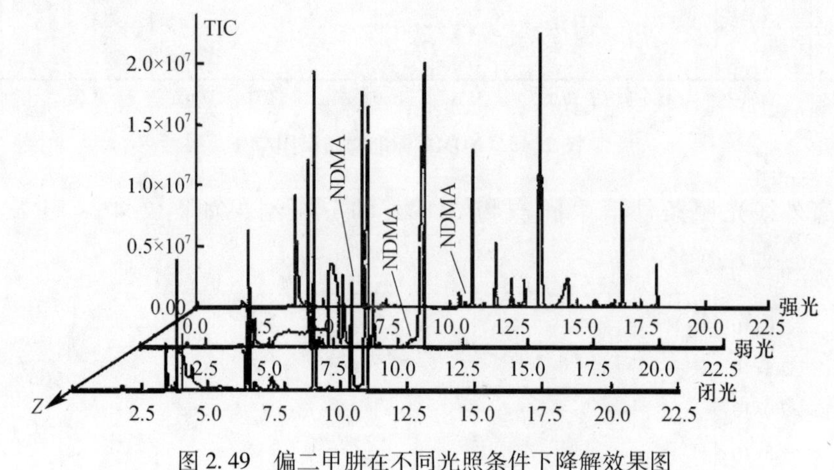

图 2.49　偏二甲肼在不同光照条件下降解效果图

4）不同反应条件对 TiO_2-MnO_x/真空紫外线降解偏二甲肼的影响

（1）偏二甲肼初始浓度的影响。在 TiO_2-MnO_x/真空紫外线系统中,温度为 20℃、湿度为 30% 的条件下,分别调节偏二甲肼的初始浓度为 250mg/m^3、375mg/m^3、500mg/m^3、625mg/m^3 和 750mg/m^3,从而研究初始浓度对偏二甲肼降解效果的影响。

由图2.50可知，偏二甲肼的平均降解速率随着初始浓度的增大先增大后减小，这是因为化学反应速率随着反应物浓度的增大而增大，但是到一定浓度后单位偏二甲肼分子获得的光子有所减少，分子之间产生了竞争关系，从而使得反应速率开始下降。反应进行到6min时，因为臭氧到达一定浓度，会和紫外线产生耦合作用，从而大幅度提高反应速率。但是偏二甲肼浓度较低时，因偏二甲肼分子较为稀疏，所以反应速率提高不明显。

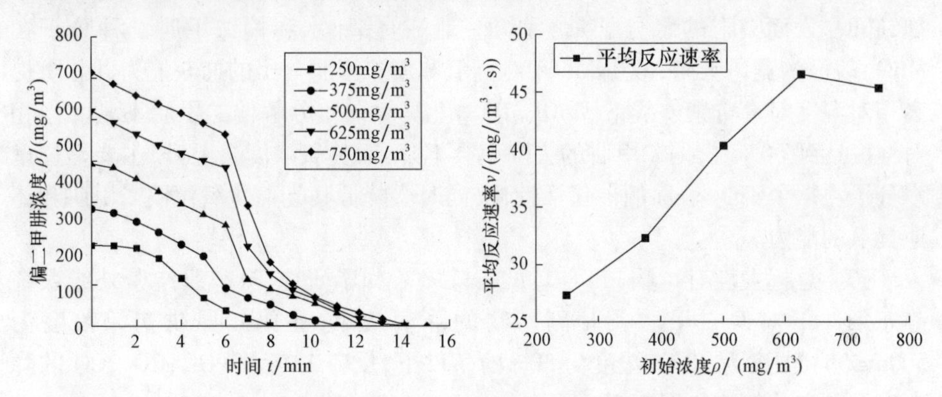

图2.50　不同浓度下偏二甲肼降解效果和平均降解速率

（2）相对湿度的影响。在TiO_2-MnO_x/真空紫外线系统中，温度为20℃、偏二甲肼的初始浓度为625mg/m^3，调节相对湿度分别为14.7%、41.6%、57.2%、81.1%。不同湿度下偏二甲肼的降解效果，如图2.51所示。

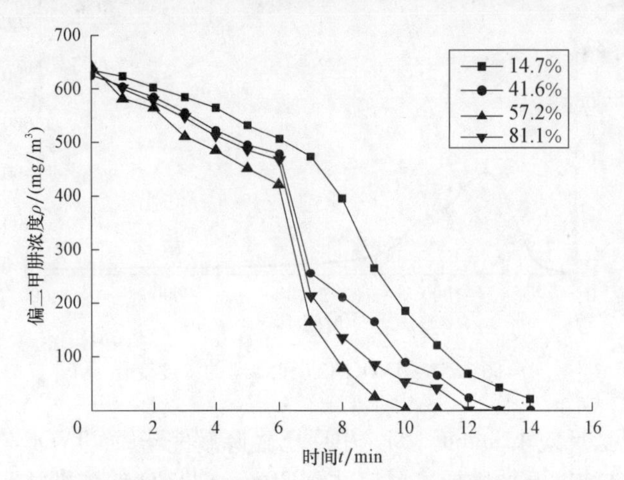

图2.51　不同湿度下偏二甲肼的降解效果

当相对湿度<60%时,增加体系的相对湿度,则气相中生成更多的羟基自由基·OH,可提高气相中氧化偏二甲肼的速率,而 TiO_2 表面吸附的水分子增加,增加了空穴氧化生成的羟基自由基·OH 量,所以,在中、低相对湿度下,都可以增强偏二甲肼的氧化。

当相对湿度从 45%增加到 60%时,偏二甲肼的去除率会快速下降,而对应尾气中臭氧浓度随着相对湿度的增加而上升,说明对于 MnO_x 而言,提高体系的湿度,会抑制其分解偏二甲肼与臭氧的能力。主要原因是随着相对湿度的增加,MnO_x 表面吸附的水分子量会增加,造成臭氧、水和偏二甲肼三种分子在 MnO_x 表面的竞争吸附,减少 MnO_x 对臭氧和偏二甲肼分子的捕获能力,因此,提高相对湿度对真空紫外线下 MnO_x-TiO_2 上臭氧催化分解偏二甲肼不利。当相对湿度达到 60%时,偏二甲肼的去除率会下降,而臭氧浓度会上升,主要是过量水分子占据了 TiO_2 表面的催化活性位,同时会降低其光催化氧化偏二甲肼和还原臭氧的能力。

(3) 总挥发性有机物(TVOC)的去除率。为了研究 TiO_2/真空紫外线系统静态条件下对偏二甲肼及其副产物的降解效果,在偏二甲肼初始浓度为 500mg/m^3、温度为 20℃、湿度为 30%的条件下,反应 1h 后 TVOC、CO_2、CO 的降解率及其变化趋势如图 2.52 所示。

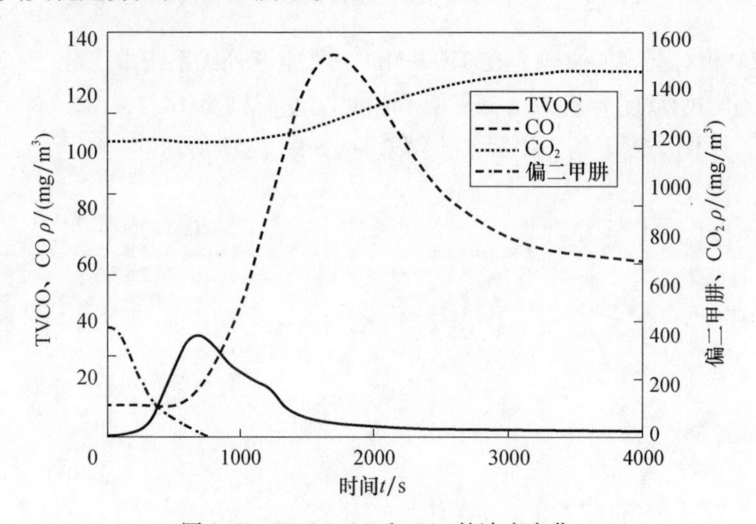

图 2.52　TVOC、CO 和 CO_2 的浓度变化

由图可见,反应 12min 时,偏二甲肼已经降解完毕,而 TVOC 在此时浓度达到最大值,CO 浓度开始增加。反应达到 30min 时,CO 的浓度达到最大值,CO_2 的浓度开始缓慢增长。经分析认为偏二甲肼在紫外线光照的条件下,并不能直接矿化为 CO_2 和 H_2O,而是先氧化为一些小分子的有机物,因为密闭条件下,氧

化剂的含量有限,所以再进一步氧化为 CO,最后氧化成 CO_2。反应 1h 后,偏二甲肼的矿化率可以达到 41.58%。

矿化率计算方式如下:

$$\gamma = \frac{\varphi(CO) + \varphi(CO_2)}{2 \times \varphi(C_2H_4N_2)} \times 100\% \tag{2.22}$$

5)连续动态试验

为了研究制备的 TiO_2-MnO_x 薄膜复合催化剂在动态条件下对偏二甲肼气体的降解,搭建了一个动态实验操作平台。由于偏二甲肼具有易挥发性,在实验中,偏二甲肼模拟废气的浓度较难控制,所以从温度和相对湿度两个因素考虑对动态条件下偏二甲肼去除率的影响。偏二甲肼模拟废气用鼓泡法产生,气体流量为 1L/min。

(1)相对湿度对偏二甲肼去除率的影响。调节入口处模拟偏二甲肼废气的浓度为 500mg/m^3、温度为 50℃,分别调节相对湿度为 15%、40%、60%和 80%的条件下,考察绘制出动态条件下,不同的相对湿度偏二甲肼去除率随时间变化图,如图 2.53 所示。

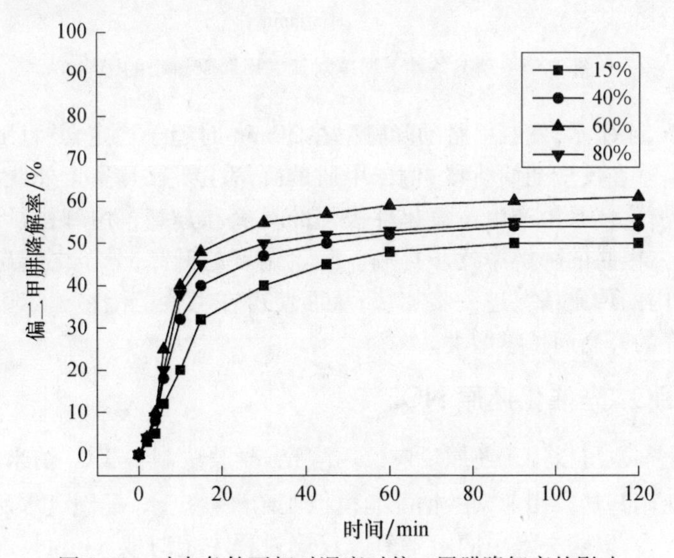

图 2.53　动态条件下相对湿度对偏二甲肼降解率的影响

如图 2.53 所示,偏二甲肼的降解率随相对湿度的增加先增大后减小。这是因为随着体系中相对湿度的增大,气相中 H_2O 也越多,整个体系中生成的羟基自由基也就越多,偏二甲肼的降解率也就随着相对湿度的增加而增加。但是当相对湿度达到 80%时,过量水分子占据了 TiO_2 表面的催化活性位,同时会降低其光催化氧化偏二甲肼的能力,所以偏二甲肼的降解率也就有所下降[18]。

(2) 温度对偏二甲肼去除率的影响。调节入口处模拟偏二甲肼废气的浓度为 500mg/m^3、相对湿度为 60%,分别调节温度为 20℃、35℃和 50℃,绘制出动态条件下,不同的温度偏二甲肼去除率随时间变化图,如图 2.54 所示。

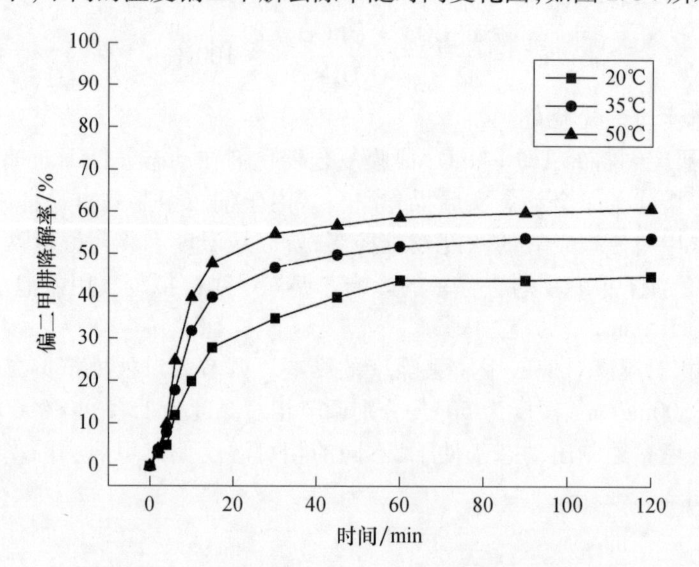

图 2.54　动态条件下温度对偏二甲肼降解率的影响

如图 2.54 所示,偏二甲肼的降解率在 30min 时趋于稳定,并且随着温度的升高而升高。在反应初始阶段,偏二甲肼的降解主要靠真空紫外线的光解,随着反应的进行,体系中产生了氧化性极强的臭氧和羟基自由基,所以随着时间的推移,偏二甲肼的降解率逐步提高。随着温度的升高,分子之间碰撞概率增大,短时间内的传质情况进一步加快,从而使得在考察范围内偏二甲肼的降解率随着温度的升高而持续增大。

2.2.4　TiO_2 光催化还原 NO_2^-

光催化剂也可以用于还原反应。用溶胶-凝胶法制备 TiO_2 纳米粒子,并光催化还原亚硝基盐。用亚硝酸钠配制模拟亚硝酸盐废水,配制废水所用的去离子水煮沸放冷,以除去水中的溶解氧。反应过程中定时取 5~8mL 水样经离心后测定 NO_3^--N、NO_2^--N、NH_4^+-N 浓度。NO_3^--N 浓度用酚二磺酸光度法测定,NO_2^--N 浓度采用 N-(1-萘基)-乙二胺光度法测定,NH_4^+-N 浓度采用纳氏试剂法测定。

光催化还原性能用 NO_2^- 降解率和氮气选择性来衡量,降解率和氮气选择性越大,表明催化效果越好。

NO_2^- 降解率的计算公式:

$$\alpha=\frac{c_0(NO_2^-)-c(NO_2^-)}{c_0(NO_2^-)}\times 100\% \tag{2.23}$$

氮气选择性的计算公式:

$$\beta=\frac{c_0(NO_2^-)-c(NO_3^-)-c(NO_2^-)-c(NH_4^+)}{c_0(NO_2^-)-c(NO_2^-)}\times 100\% \tag{2.24}$$

式中:c_0 和 c 分别为各含氮物质的初始浓度和最终浓度。

NO_2^- 初始浓度为50mg/L(以氮元素计算),加入一定量的甲酸作为空穴捕获剂,反应过程中用乙酸来调节pH值,使其保持在4~6,实验反应温度为室温。光催化还原 NO_2^{-1} 效果如图2.55所示,其中a将亚硝酸盐废水置于黑暗环境中,无任何处理;b是在亚硝酸盐废水中加入一定量催化剂,使其在溶液中的浓度为1.00g/L,置于黑暗环境中;c是将亚硝酸盐废水放在紫外灯下照射,不加催化剂;d是在亚硝酸盐废水中加入催化剂,并置于紫外灯下照射。经过150min的反应,TiO_2 作催化剂的最终降解率分别为a:1.02%,b:2.18%,c:2.33%,d:46.72%。可以推测,在没有催化剂和紫外线的条件下,短时间内(150min)NO_2^- 不会自动降解。在有催化剂、没有紫外线和没有催化剂、有紫外线的两种情况下,NO_2^- 浓度有所降低,可能是由于在甲酸的作用下,体系中发生氧化还原反应,使 NO_2^- 降解;在紫外线的照射下加入催化剂后,对 NO_2^- 的降解效果非常明显,经过150min的光催化降解,TiO_2 作催化剂的降解率能达到46.72%。

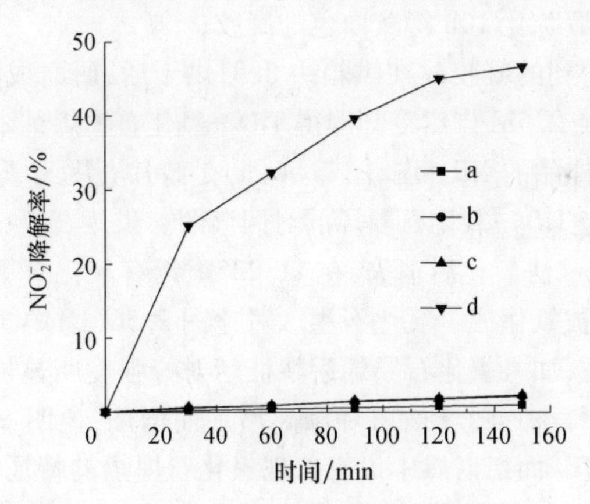

图2.55 光催化还原 NO_2^- 效果(见书末彩图)

2.2.5 氧化石墨烯-TiO_2 光催化还原 NO_2^-、NO_3^-

1. 样品制备

1)氧化石墨的制备

在冰水浴条件下,将5g鳞片石墨加入到120mL浓硫酸中,充分搅拌混合,再缓慢加入 21g 高锰酸钾，搅拌成糊状，控制水浴温度 10～15℃反应 2h；移入 35℃恒温水浴，继续搅拌 30min；然后向反应液中缓慢加入 400mL 去离子水，并控制溶液温度在 80℃左右（浓硫酸稀释时放出大量热，不需要加热）反应 20min，再向溶液中缓慢滴加浓度为 30%的双氧水约 10mL，直至溶液中无气泡生成；趁热过滤，并以 5%的盐酸和去离子水充分洗涤滤饼直至滤液呈中性；将滤饼置于干燥箱 60℃下干燥 36h，即制得氧化石墨样品。

2）氧化石墨烯的制备

取氧化石墨样品 0.180g（m_0）磨细，加入到 100mL 去离子水中，搅拌均匀，然后置于超声波分散装置中，超声剥离 1h。取出在转速 3000 r/min 条件下离心 5min，去除下部少量未分散的氧化石墨，得到的上层清液即为稳定分散的氧化石墨烯溶液。将未分散的氧化石墨烘干，称量得质量为 m_1，由公式 $c=(m_0-m_1)/V$，即能计算出配制的氧化石墨烯溶液的浓度。

3）TiO_2-氧化石墨烯的制备

（1）在室温下将 5mL 钛酸丁酯加入到 40mL 无水乙醇中，搅拌 30min，混合均匀，得到透明的淡黄色溶液 A；

（2）将 40mL 无水乙醇、5mL 冰醋酸、5mL 去离子水和一定量的氧化石墨烯溶液充分混合，搅拌 30min，得到 B 溶液；

（3）在磁力搅拌条件下，将溶液 B 缓慢滴加到溶液 A 中，搅拌 1h 后得到均匀透明的溶胶，静置陈化 10h 得灰白色的凝胶；

（4）将静置得到的凝胶放在烘箱中 80℃烘干后，研磨成粉末，置于马弗炉中，在 450℃下焙烧 2.5h，自然冷却即得 TiO_2-氧化石墨烯纳米粒子。

图 2.56 是各样品的 XRD 图，图 2.56（a）是鳞片石墨与氧化石墨的谱图，图 2.56（b）是 TiO_2 与 TiO_2-氧化石墨烯的对照谱图。鳞片石墨在 26.45°的特征衍射峰，经过 Hummers 法氧化后消失，在 11.23°附近有氧化石墨的特征衍射峰出现，说明鳞片石墨被氧化成了氧化石墨。对比图 2.56（b）中 TiO_2 与 TiO_2-氧化石墨烯的谱图发现，加入氧化石墨烯后特征衍射峰强度明显加强，半高宽变小，对于晶型结晶度而言，其随着衍射峰峰高增加而增加，说明氧化石墨烯有助于提高晶体的结晶度。而衍射峰中没有出现氧化石墨烯的特征峰，可能是由于加入量比较少，或者被 TiO_2 的特征峰影响所致。

图 2.57 是 TiO_2-氧化石墨烯、ZnO-TiO_2 的 SEM 图，氧化石墨烯的引入在一定程度上缓解了 TiO_2 团聚程度，晶粒更加均匀，但是出现了块状物质，有可能是氧化石墨烯包覆了一定量的 TiO_2 造成的。一般认为，混晶结构可以提高其光催化活性。因为混晶可以使光生电子和空穴分处不同的相，抑制光生载流子的复合，提高光催化的量子效率。由图 2.57（b）可以看出，TiO_2 和 ZnO 复合均匀，形

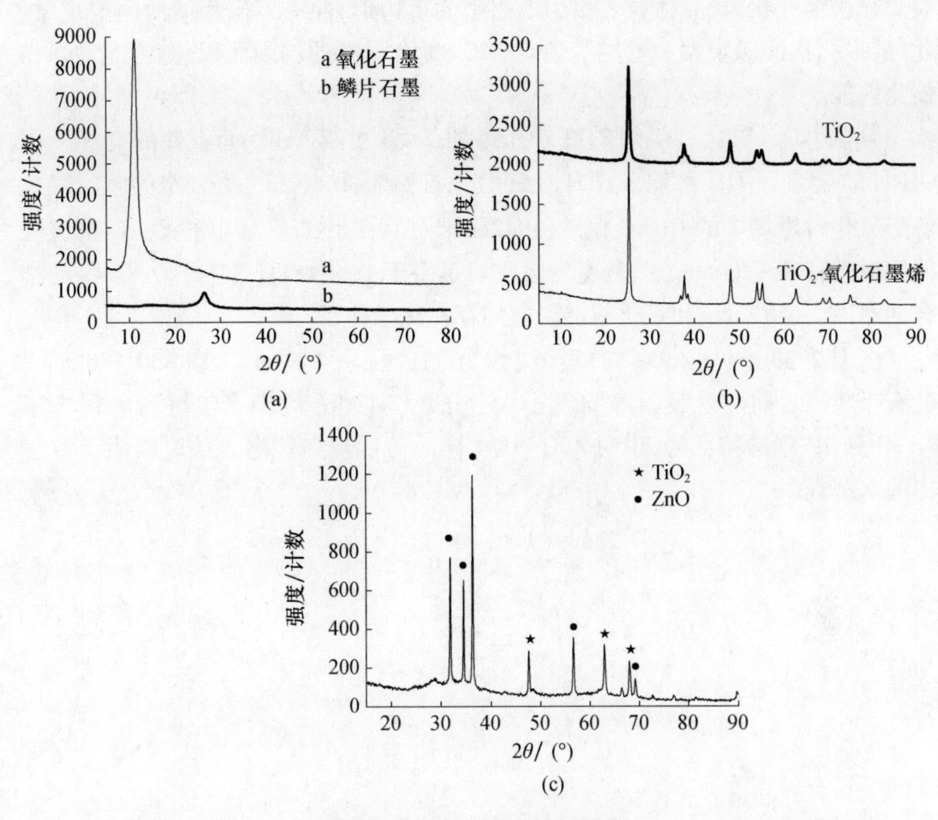

图 2.56 各样品的 XRD 图

(a)TiO_2-氧化石墨烯 (b)ZnO-TiO_2

图 2.57 复合样品的 SEM 图

貌为膨松多孔状,且晶体粒子多为不规则的多边形,并有不同程度的团聚现象。此外,多孔状的形貌大大增加了 $ZnO-TiO_2$ 复合材料的比表面积,有可能增强光催化性能。

分析 TiO_2-氧化石墨烯的红外光谱图 2.58 可得,$3405cm^{-1}$ 处的宽峰为—OH 伸缩振动,—OH 可能来自 H_2O 和氧化石墨烯;$1646cm^{-1}$ 处较窄的吸收峰来源于氧化石墨烯中的 C═C 振动;$1042cm^{-1}$ 处为氧化石墨烯中的 C—O 单键的伸缩振动;$500\sim700cm^{-1}$ 处较宽的吸收峰是由于 Ti—O—Ti 和 Ti—O—C 振动结合的原因,表明 TiO_2 和氧化石墨烯之间存在化学作用。

由图 2.59 可见,$ZnO-TiO_2$ 在波数为 $3211cm^{-1}$、$1498cm^{-1}$ 和 $600\sim500cm^{-1}$ 处有吸收峰。前两处吸收峰归属于水分子的弯曲振动,而指纹区的峰对应于 Zn-O 和 Ti-O 的特征峰,说明 $ZnO-TiO_2$ 样品可能在焙烧后存放时吸附了空气中的水蒸气。

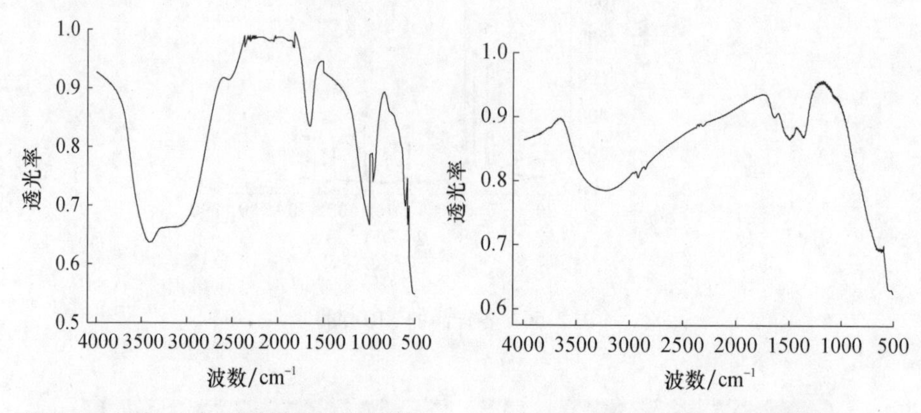

图 2.58　TiO_2-氧化石墨烯的红外光谱图

图 2.59　$ZnO-TiO_2$ 的红外光谱图

2. 光催化还原 NO_2^- 实验研究

利用制备的 TiO_2-氧化石墨烯、$ZnO-TiO_2$ 复合材料在 15W 的紫外灯照射下光催化还原初始浓度为 50mg/L(以氮元素计算)的 NO_2^-,实验结果如图 2.60 和图 2.61 所示。实验过程中检测到 NO_3^- 的浓度基本维持在 0.21mg/L,表明在空穴捕获剂的作用下,反应过程以还原反应为主。

由图 2.60(a)可以看出,相比于 TiO_2 的降解效果 46.72%,氧化石墨烯的引入使 NO_2^- 的降解率提高了 36.41%,达到了 83.13%,同时氧化石墨烯作催化剂的降解率在 30min 后基本不变,分析原因是氧化石墨烯不具有催化功能,而反应前 30min 有一定降解效果,可能是由于氧化石墨烯对 NO_2^- 的吸附作用造成的。在氮气选择性方面,虽然 TiO_2-氧化石墨烯作催化剂时产生的氨氮的绝对

量比 TiO_2 作催化剂时多，但是由于前者还原反应进行得彻底，经过计算，TiO_2-氧化石墨烯和 TiO_2 作催化剂时的氮气选择性分别为 85.01%、84.63%。实验表明，氧化石墨烯的加入极大地改善了 TiO_2 的催化性能，对氮气选择性影响不大。

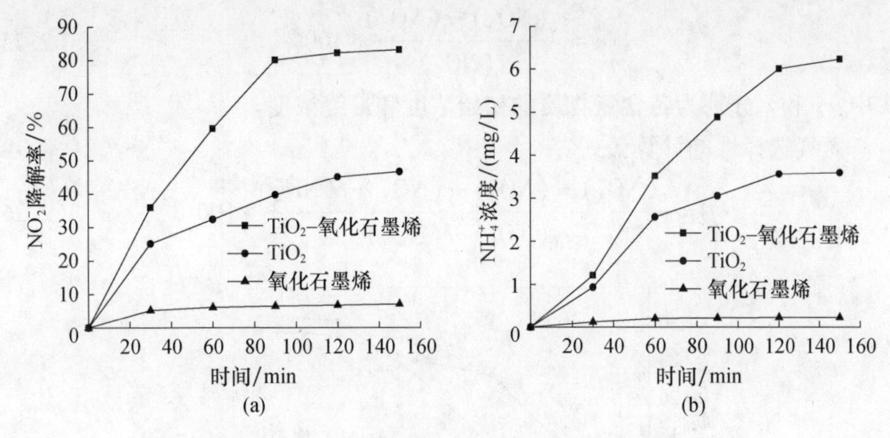

图 2.60　TiO_2-氧化石墨烯光催化还原 NO_2^- 效果

(a) NO_2^- 降解率；(b) NH_4^+ 浓度。

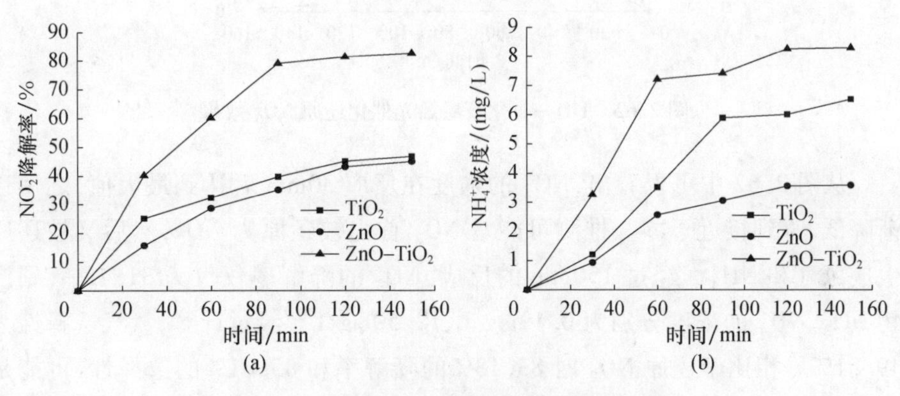

图 2.61　ZnO-TiO_2 光催化还原 NO_2^- 效果

(a) NO_2^- 降解率；(b) NH_4^+ 浓度。

由图 2.61 中 NO_2^- 降解率可以看出，ZnO 与 TiO_2 的复合对降解效果有明显的作用，可以提高到 82.64%。在选择性方面，经过计算氮气选择性为 79.91%，高于 ZnO 作催化剂时的 70.95%，低于 TiO_2 作催化剂时的 84.63%。

3. 光催化还原 NO_3^- 实验研究

利用制备的 TiO_2-氧化石墨烯复合材料光催化还原初始浓度为 80mg/L（以氮元素计算）的 NO_3^-（硝酸钾配制），实验结果如图 2.62 所示。光催化

还原性能用 NO_3^- 降解率和氮气选择性来衡量,降解率和氮气选择性越大,表明催化效果越好。

NO_3^- 降解率的计算公式为

$$\alpha=\frac{c_0(NO_3^-)-c(NO_3^-)}{c_0(NO_3^-)}\times 100\% \tag{2.25}$$

式中:c_0 和 c 分别为各含氮物质的初始浓度和最终浓度。

氮气选择性的计算公式:

$$\beta=\frac{c_0(NO_3^-)-c(NO_3^-)-c(NO_2^-)-c(NH_4^+)}{c_0(NO_3^-)-c(NO_3^-)}\times 100\% \tag{2.26}$$

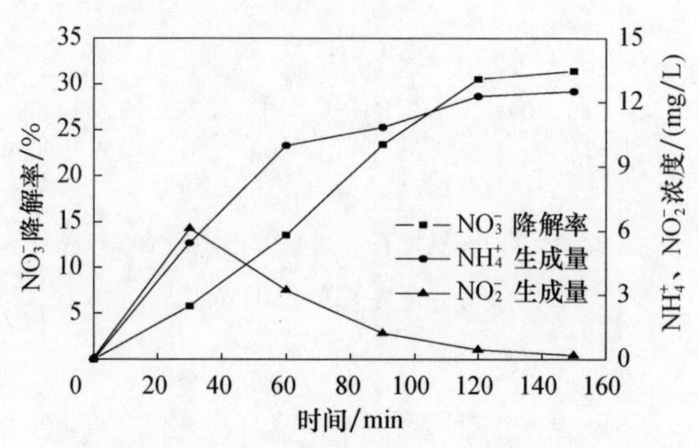

图 2.62 TiO_2-氧化石墨烯光催化还原 NO_3^- 效果

从图 2.62 中可以看出,NO_2^- 的浓度在反应 30min 后达到最大值,之后逐渐降低,直到接近于零。推测可能是 NO_3^- 首先被还原为 NO_2^-,然后又被还原生成氮气和 NH_4^+。经过 150min 的反应,NO_3^- 的降解率仅仅为 31.42%,副产物 NO_2^-、NH_4^+ 的浓度分别为 0.19mg/L、12.50mg/L。经过计算,氮气选择性为 49.51%。相比于还原 NO_2^- 时 83.13%的降解率和 85.01%的选择性,可能是由于 NO_3^- 中氮元素的 $E^0(NO_3^-/NH_4^+)=1.203V$,大于 NO_2^- 中氮元素的 $E^0(NO_2^-/NH_4^+)=0.897V$,即 NO_3^- 比 NO_2^- 稳定,所以相同反应条件下 NO_3^- 比 NO_2^- 更难还原。

2.3 g-C_3N_4 及其复合光催化剂

第Ⅲ族元素的 2p 轨道和第Ⅳ族元素的 3p 轨道相结合的材料,由于原子间距短,具有许多独特的物理化学性质。碳、氮两种元素的原子壳层均为两层,且半径很小,可通过 sp^2 杂化形成高度离域的大 π 共轭体系[41-42]。1834 年,Berzelius 和 Liebig 首次成功合成碳化氮,并命名为 melon,这也是被报道出的最早合成出的聚合物。2009 年,国内王心晨等发表了以石墨相碳化氮($g-C_3N_4$)作为半导体光催化剂分解水制氢方面的研究成果,$g-C_3N_4$ 也由此被引入光催化领域。

2.3.1 $g-C_3N_4$ 的结构和性质

$g-C_3N_4$,即具有类似于石墨层状结构的 C_3N_4,是一种典型的聚合物半导体,其结构中 C 原子和 N 原子以 sp^2 杂化形成高度离域的大 π 共轭体系。石墨相的 C_3N_4 被认为是常温常压下性质最稳定的一种碳化氮,这可归因于内部的碳氮杂环结构。较强的范德瓦耳斯力使得 $g-C_3N_4$ 在高温下较为稳定,600℃以后才开始发生分解,并且在大多数溶剂中依然可以保持稳定[43]。

目前针对 $g-C_3N_4$ 的结构持两种观点:一是认为层内由三嗪结构(C_3N_3)单元组成;另一种是认为层内由 3-s 三嗪结构(C_6N_7)单元组成。Kroke 等通过密度泛函计算发现,3-s 三嗪结构比三嗪结构更加稳定,目前业内的研究多以 3-s 三嗪结构为模型[44]。这两种结构的模型见图 2.63。

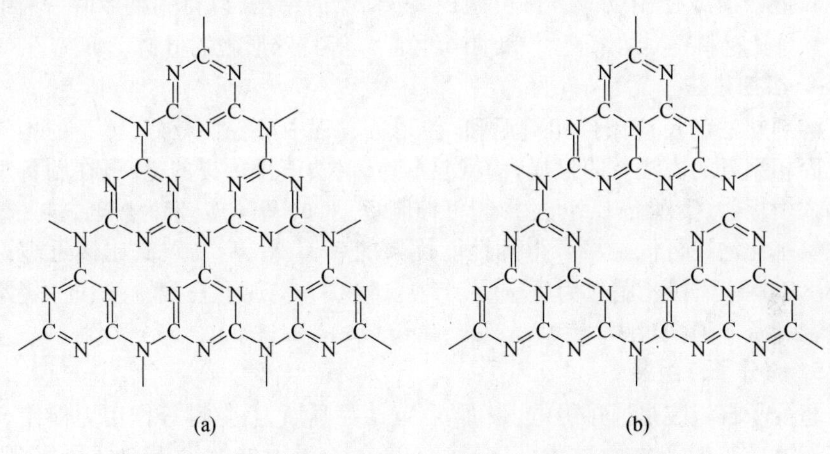

图 2.63 三嗪结构模型(a)和 3-s 三嗪结构模型(b)

2.3.2 $g-C_3N_4$ 的制备方法

目前尚未发现天然存在的 $g-C_3N_4$,因此 $g-C_3N_4$ 依赖于人工合成,基本的合成原理是合适的碳源和氮源在一定条件下反应键合形成 $g-C_3N_4$[45-46]。

1. 高温高压法

高温高压法主要是在探索超硬 C_3N_4 的合成过程中发展起来的,早期对 C_3N_4 的制备主要采用高温高压法,然而易形成稳定性较高的 N≡N 键,当温度升高到一定程度时 N 容易以 N_2 形式逸散，导致制备的多是贫氮材料。Ma 等[47]以三聚氰胺为前驱体，在 5 GPa 的压力下设定温度为 400～900℃，获得了含有 $g-C_3N_4$、$\alpha-C_3N_4$、$\beta-C_3N_4$的混合产物，但是随着处理温度的升高，产物的氮含量损失增大。

2. 气相沉积法

目前采用气相沉积法合成 $g-C_3N_4$ 是向制备体系中引入高活性的 C、N 原子或离子，沉积在基底上形成 C_3N_4 薄膜，但该法存在的问题也是产物的氮含量较低。并且，由于在化学沉积时易生成 C—H 和 N—H 相关产物，因此产物多是非晶态的。Li 等[48]以等摩尔比的三聚氰胺和三聚氰氯为前驱体，将产物沉积在 Si(100)上，制得碳氮比为 0.88 的 $g-C_3N_4$。

3. 热缩聚法

热缩聚法是以前驱物自身提供氮源和碳源进行热缩聚反应得到 $g-C_3N_4$ 的方式，该方法最大的特点是直接且简便，是目前最常用的方法，单氰胺、双氰胺、三聚氰胺、三氯聚氰等都可作为热缩聚法合成 $g-C_3N_4$ 的原料。在一定的温度下首先形成中间产物蜜勒胺，进一步聚合得到 $g-C_3N_4$。同时，常在制备过程中加入其他物质或控制反应条件可调控 $g-C_3N_4$ 的结构，以得到纳米片[49]、纳米球[50]、介孔材料[51]、纳米管[52]和纳米纤维[53]等特殊形貌的材料。

4. 溶剂热法

溶剂热法的反应条件相对温和，在制备过程中可控性较好，体系的均匀性相比固相制备的方法有明显提升，氮源不易流失，值得一提的是，可在制备过程中加入模板物，实现 $g-C_3N_4$ 的形貌可控制备。Guo 等[54]以苯为溶剂，将三聚氰氯和氨基化钠进行低温聚合得到性能优异的 $g-C_3N_4$，产物碳氮比接近理论值 0.75。Cui 等[55]以乙腈作为反应溶剂，在 180℃下实现了三聚氰胺和三聚氰氯共聚合制备 $g-C_3N_4$ 纳米棒。

5. 超分子自组装

超分子自组装是通过静电、表面能、范德瓦耳斯力、氢键等作用力促使合成具有所需形貌的产物的过程，其最大优势在于无须外加模板剂便可实现 $g-C_3N_4$ 的可控制备，可合成形貌多样、性能优异的 $g-C_3N_4$ 材料。Thomas 等[56]将三聚氰胺和三聚氰酸超分子作为前驱体溶入二甲基亚砜中进行自组装，合成了具有花型球状的超分子组装体，进一步煅烧得到介孔 $g-C_3N_4$ 空心球。Liao 等[57]以尿素、三聚氰酸和三聚氰胺为前驱物，利用离子间作用力和氢键形成超分子组装体，可通过控制前驱物的混合比调节产物形貌。

2.3.3 $g-C_3N_4$ 的改性方法

热聚合法制备 $g-C_3N_4$ 虽然有工艺简单，成本低廉等诸多优势，但是产物比表面积小、光生载流子分离效果不理想等问题也十分突出,为提高 $g-C_3N_4$ 的量子效率,朝实用型催化剂方面发展,研究者使用多种手段改性 $g-C_3N_4$,主要可分为微观形貌调控、物理复合改性以及化学掺杂改性。

1. 微观形貌调控

纳米材料的微观形貌往往对功能有重要的影响,暴露的活性点位和目标物的接触与光催化效果密切相关,合成的多孔、形貌特别的 $g-C_3N_4$ 通常具有更加优异的光催化活性。

1) 硬模板法

硬模板法主要是利用已有的多孔固体作为模板,使液态的前驱体在毛细作用的驱动下填充模板的空隙,而后除去模板实现对材料形貌的精准调控,产物通常具有很大的比表面积且有序性较好的孔结构。Vinu 等[58]以 SBA-15 为模板,乙二胺和四氯化碳煅烧后回流合成的 $g-C_3N_4$,比表面积达到 $505m^2/g$;Zhao 等[59]以 SBA-15 为模板剂,发现合成的 $g-C_3N_4$ 的比表面积和孔容积与前驱体的氮含量密切相关,以环六甲基四胺为前驱物,产物比表面积高达 $1116m^2/g$。但是硬模板法普遍存在操作烦琐,且需要使用氢氟酸等对环境有害的试剂去除模板等问题。

2) 软模板法

软模板法是借助具有两亲分子的模板剂使得前驱体形成有序聚合物,相比硬模板法在工艺上更加简单。Yan 等[60]以 P123 为软模板合成蠕虫孔 $g-C_3N_4$,产物的孔径分布集中,比表面积达到 $90m^2/g$。Wang 等[61]采用 $BmimBF_4$ 为软模板,以双氰胺为前驱体合成海绵状介孔 $g-C_3N_4$,比表面积达到 $444m^2/g$。但是,软模板法合成的产物比表面积相对较小,孔的有序性不佳,同时模板剂难以完全除尽,易造成 C 缺陷。

3) 无模板法

无模板法也称自模板法,指不借助于其他的模板剂,依靠前驱体自身的作用合成特定形貌的材料。Niu 等[62]以空气作为氧化剂对热聚合制备的 $g-C_3N_4$ 进行二次热处理,获得了 $g-C_3N_4$ 纳米颗粒;Thair 等[53]采用硝酸水溶液处理前驱体三聚氰胺,热聚合后制备了纳米纤维状 $g-C_3N_4$,比表面积达到 $165m^2/g$;Han 等[49]对前驱体双氰胺进行水热处理和真空冷冻干燥处理,制得了"海藻状"$g-C_3N_4$,纤维网络架构包含了大量的纳米孔。无模板法操作简单、绿色环保,为材料的形貌调控提供了新的借鉴。

2. 物理复合改性

物理复合改性方法操作简便。将 $g-C_3N_4$ 与其他材料充分接触并形成异质结,可基于两者导带和价带的电势差,发生光生空穴和电子的相互转移,从而提升载流子迁移能力。

1）复合金属化合物

许多金属化合物半导体可作为光催化剂，但单独使用时往往量子效率不高，诸如禁带较宽的纳米 TiO_2，仅利用太阳光中 4%的紫外线，使得单独应用受限。将两种或多种半导体进行复合，是解决此类问题的简便方法。Yu 等[63]以尿素为前驱体和 P25 型 TiO_2 混合煅烧制备 Z 型 TiO_2/g-C_3N_4 材料，发现产物光生载流子的复合率很低，光催化降解甲醛性能是 P25 型 TiO_2 的 2 倍。Wang 等[64]将窄禁带的 MoS_2 与 g-C_3N_4 复合，可见光下分解水产氢量子效率达到 2.1%。还可复合其他金属化合物，如 CdS[65]、ZnO[66]、AgX[67]、Bi_2WO_2[68]等。

2）复合无机碳材料

氧化石墨烯、石墨烯、碳纳米管以及活性碳纤维等无机碳材料具有独特的性质，如优良的电子传导能力和较低的费米能级。Yuan 等[69-70]将还原氧化石墨烯和 g-C_3N_4 的混合物在空气中共热，制备的复合催化剂对 RhB 的光解效率显著提高；Hao[70]等采用一锅法制备了还原氧化石墨烯/g-C_3N_4 复合催化剂，具有显著的 π-π 键堆叠效应，可见光下对 2,4-二氯苯酚的降解率是 g-C_3N_4 的 1.5 倍。

3）复合贵金属

贵金属的加入往往能改变材料的电子结构。Ge 等[71]将纳米 Ag 颗粒负载到 g-C_3N_4 表面，产物光吸收范围得到拓展，可见光下降解 MO 性能提升了 23 倍。Wang 等[72]分别将纳米 Au、Pd、Pt 负载到多孔 g-C_3N_4 表面，产物光解水产氢性能显著提升。Datta 等[73]采用多孔 g-C_3N_4 作为纳米 Au 颗粒的载体，g-C_3N_4 的限域作用使得纳米 Au 高度分散，材料的光催化活性得到提升。Zeng 等[74]将 Pt 在质子化的多孔 g-C_3N_4 表面进行原位分散，复合材料对四氟苯酚的降解性能得到极大提高。

4）复合高分子聚合物

g-C_3N_4 实质上也是一种高分子聚合物，可将 g-C_3N_4 与其他高分子聚合物制备复合材料。Yan 等[75]将 P_3HT 与 g-C_3N_4 进行复合，制得复合催化剂在可见光下产氢性能提升了近 300 倍。Ge 等[76]将聚苯胺与 g-C_3N_4 进行复合，制得的产物光催化降解 MB 性能也显著提升。

3. 化学掺杂改性

化学掺杂改性最主要的作用是改变 g-C_3N_4 材料的电子结构和能带结构，或者引入缺陷以提高光催化活性。

1）金属元素掺杂

掺杂的金属元素主要以过渡金属元素为主。Wang 等[77]以 $FeCl_3$ 和双氰胺的混合物热聚合得到 Fe 掺杂的 g-C_3N_4，可见光下降解 RhB 性能提升，另外还掺杂 Co、Ni、Cu 和 Mn 等制备了一系列过渡金属元素掺杂的 g-C_3N_4。Ye 等[78]将 $ZnCl_2$ 和 g-C_3N_4 进行热处理得到 Zn 掺杂的 g-C_3N_4，Zn^{2+}的存在拓展了可见光响应范围，抑制了激子的复合，可见光下产氢性能提高了10倍。李欣蔚等[79]以硫脲和 KI 热聚合得到的 K 原位掺杂的 g-C_3N_4，材料的价带位置出现负移，使得光生空穴的氧化性增强。

2）非金属元素掺杂

由于不同的非金属原子电负性不同，非金属元素掺杂后，形成杂环可导致重新分配 g-C_3N_4 的电子电势和分离氧化位点。Liu 等[80]将 g-C_3N_4 在 H_2S 氛围中进行二次热处理，合成了 S 掺杂的 g-C_3N_4，材料价带负移增强了光生空穴的氧化性。Yan 等[81]以 B_2O_3 和三聚氰胺混合制备 B 掺杂的 g-C_3N_4，光催化降解 RhB 和 MO 的性能显著提高。近期，Yu 等[63]采用碱辅助法将尿素和 KOH 混合热聚合制备 g-C_3N_4，获得了可控 N 掺杂的 g-C_3N_4，实现了 g-C_3N_4 光吸收带边的可控红移。

2.3.4 多孔 g-C_3N_4 光催化剂的制备及表征

1. 催化剂制备

1）块状 g-C_3N_4 的制备

取一定量三聚氰胺于坩埚，带盖转移至温控马弗炉中，设置马弗炉升温速率为10℃/min，升温至550℃并在此温度下焙烧4h，将焙烧后的固体进行研磨，而后使用无水乙醇和去离子水对固体各清洗三遍，转至鼓风干燥箱中80℃下干燥6h，即可获得淡黄色固体块状 g-C_3N_4 样品。

2）多孔 g-C_3N_4 的制备

量取15mL浓硫酸于50mL烧杯中，投入2g按照上述方法制备的块状 g-C_3N_4，搅拌10min混匀成糊状，将烧杯置于冰水浴条件下并缓慢加入0.7g高锰酸钾，混匀后升温至40℃并连续搅拌60min，反应完毕后用大量去离子水反复清洗至接近中性，然后在60℃下干燥，将样品转移至马弗炉中，设置一定的温度（400℃、500℃、600℃）焙烧60s，分别命名为多孔 g-C_3N_4、多孔 g-C_3N_4-400、多孔 g-C_3N_4-500、多孔 g-C_3N_4-600。

2. 催化剂表征

1）XRD 分析

图2.64是 g-C_3N_4、多孔 g-C_3N_4、多孔 g-C_3N_4-400、多孔 g-C_3N_4-500、多孔 g-C_3N_4-600 的 XRD 图，所有样品均存在两个十分明显的衍射峰，位于12.9°为3-s-三嗪结构类物质的面内特征峰，晶面指数为（100），位于27.4°的较强的衍射峰为芳香环的层间堆叠结构所致，属于石墨材料对应的（002）

晶面指数。与直接热聚合合成的 g-C_3N_4 相比，多孔 g-C_3N_4 样品在 27.4°处衍射峰均出现不同程度宽化和弱化，这表明 002 晶面的堆积程度降低和 100 晶面的共轭长度缩小，纳米级的孔洞导致晶体结构从长程有序变为近程有序。经过氧化刻蚀处理后，002 晶面特征峰由 27.4°偏移至 27.7°，表示晶面间距从 0.325nm 减至 0.322nm，这主要是因为 g-C_3N_4 的层间主要存在范德瓦耳斯力和氢键的作用，H_2SO_4 进入层间导致氢键吸附 H^+，增强了氢键作用，从而晶面间距缩小。分别经过 400℃、500℃、600℃热处理后，002 晶面特征峰分别偏移至 27.4°、27.3°、27.2°，这是因为层间的 H_2SO_4 分子在瞬间高温下气化溢出，导致层间出现不同程度扩张。

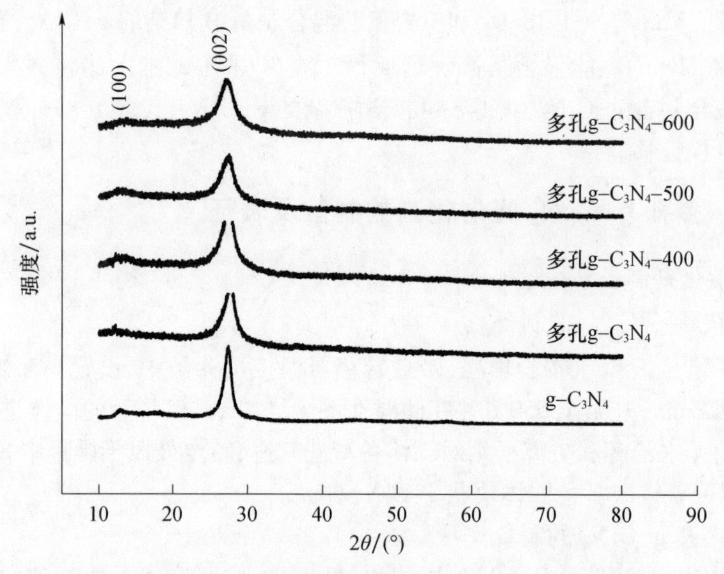

图 2.64　g-C_3N_4 和不同温度热处理的多孔 g-C_3N_4 的 XRD 图

2）SEM、TEM 分析

图 2.65(a)为直接热聚合制备的 g-C_3N_4 的 SEM 图，可见直接热聚合制备的 g-C_3N_4 结构紧凑，具有有序堆积的层片状结构，这主要是高温条件促进了热凝结过程，导致产物缩合程度较高。图 2.65(c)、图 2.65(e)、图 2.65(g)、图 2.65(i)分别是多孔 g-C_3N_4、多孔 g-C_3N_4-400、多孔 g-C_3N_4-500、多孔 g-C_3N_4-600 的 SEM 图，相比直接热聚合制备的 g-C_3N_4，多孔 g-C_3N_4 不具有高度有序的聚合层片，变为更多无定型的碎片化结构，这与 XRD 结果一致，表明高锰酸钾和浓硫酸对 g-C_3N_4 具有明显的刻蚀作用。不同温度下热处理的多孔 g-C_3N_4 在 SEM 下的形貌类似，表明短时间的热处理没有剧烈改变多孔 g-C_3N_4 的微观形貌。

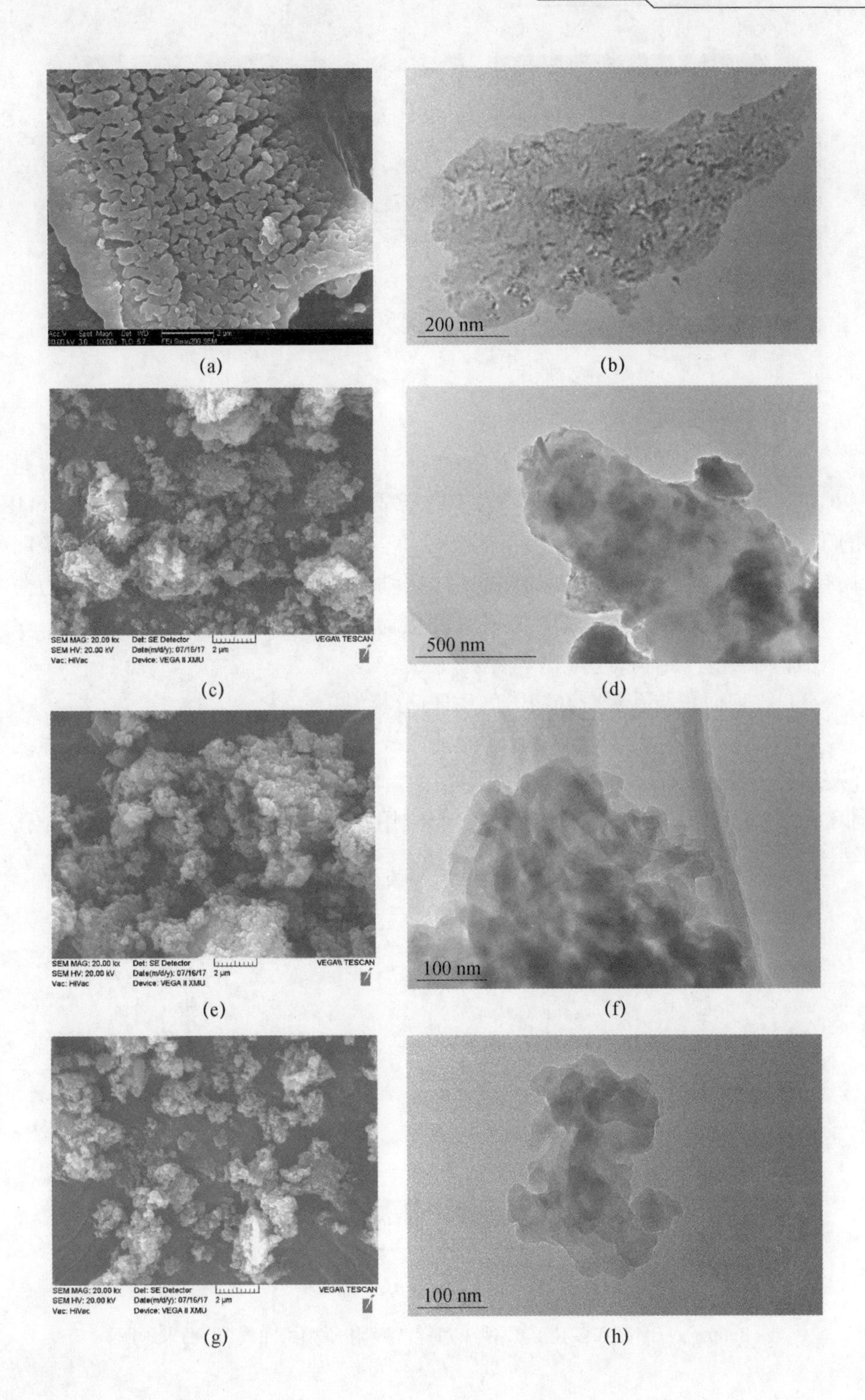
(a)
200 nm
(b)
(c)
500 nm
(d)
(e)
100 nm
(f)
(g)
100 nm
(h)

图 2.65　g-C_3N_4 和多孔 g-C_3N_4 的 SEM 图和 TEM 图

图 2.65(b)、图 2.65(d)、图 2.65(f)、图 2.65(h)、图 2.65(j)分别是 g-C_3N_4、多孔 g-C_3N_4、多孔 g-C_3N_4-400、多孔 g-C_3N_4-500、多孔 g-C_3N_4-600 的 TEM 图。可见直接热聚合制备的 g-C_3N_4 为层状结构，片层颜色较深，说明具有较大的厚度，边缘区域为片层的多层叠加。制备的多孔 g-C_3N_4 主要为薄片型结构，颜色普遍较浅，表明材料厚度更薄。经过短时间热处理后，多孔 g-C_3N_4 保持了薄片结构，这与 SEM 结果一致。

3）比表面积与孔径分布(BET-BJH)分析

图 2.66 是样品的氮气“吸附-脱附”曲线，曲线经过判定均属于Ⅳ型等温线(按对各种吸附等温线的分类)，说明样品中均有介孔(2~50nm)的存在。由于曲线中存在 H3 型滞回环(按国际纯粹与应用化学联合会分类)，可推测其介孔结构主要是由片层状物质交叠聚集形成狭缝结构。

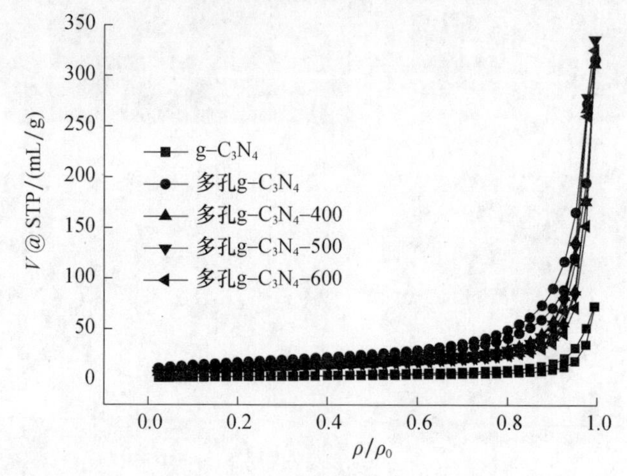

图 2.66　g-C_3N_4 和多孔 g-C_3N_4 的氮气“吸附-脱附”曲线(见书末彩图)

表2.5比较了样品的比表面积、孔容积和平均孔径。直接热聚合制备的g-C_3N_4比表面积是11.008m^2/g，主要是高温热缩聚过程促进了g-C_3N_4的凝结，缩合程度高导致材料比表面积较小。氧化刻蚀后的多孔g-C_3N_4比表面积为56.238m^2/g，相比直接热聚合制备的块状g-C_3N_4提高了5倍，这可以归结为块状g-C_3N_4经过氧化刻蚀处理后高度凝结的体相结构遭到破坏，形成新的碎片化结构，导致介孔的产生。经过热处理后，比表面积有所下降，主要是部分纳米g-C_3N_4片层被烧蚀，但依然保持在40m^2/g左右。

表2.5 g-C_3N_4和多孔g-C_3N_4的比表面积、孔容积和平均孔径

样品	S_{BET}/(m^2/g)	孔容积/(cm^3/g)	平均孔径/nm
多孔g-C_3N_4-600	40.216	0.502	34.307
多孔g-C_3N_4-500	41.598	0.523	34.250
多孔g-C_3N_4-400	39.628	0.486	34.297
多孔g-C_3N_4	56.238	0.492	18.892
g-C_3N_4	11.008	0.114	3.938

图2.67是采用孔径分布(BJH)方法得到的样品孔径分布曲线，相比热聚合直接合成的g-C_3N_4，多孔g-C_3N_4包含更加丰富的无序介孔，经过热处理后，孔径为30nm左右的孔有所减少，30nm以上的则有增加，这与热处理后比表面积有一定下降是相符的。相比块状g-C_3N_4，合成的多孔g-C_3N_4存在更加丰富的介孔结构，介孔结构能够改善材料的吸附性能，提供更多的催化活性点位有助于光降解反应，促进偏二甲肼分子与光生活性物种的接触，能够有效提高对偏二甲肼的光催化降解效果。

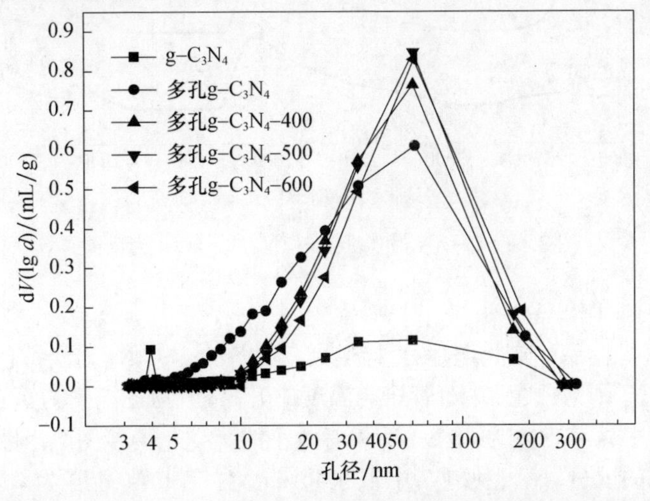

图2.67 g-C_3N_4和多孔g-C_3N_4的孔径分布曲线(见书末彩图)

4）傅里叶红外光谱分析

图 2.68 为样品的傅里叶红外光谱（FT-IR）光谱图，位于 1700～1250cm^{-1} 之间存在几个波段的吸收，其中 1639cm^{-1} 附近的吸收由 g-C_3N_4 三嗪结构中共轭 C ═N 的伸缩振动所致，1565cm^{-1}、1420cm^{-1}、1326cm^{-1}、1249cm^{-1} 附近的强峰则可归属于 g-C_3N_4 三嗪结构中 C—N 引起的旋转振动；807cm^{-1} 处的强峰则是由三嗪结构单元的平面外弯曲振动引起的；值得注意的是，多孔 g-C_3N_4、多孔 g-C_3N_4-400、多孔 g-C_3N_4-500 在 2175cm^{-1} 附近存在微弱的新峰，这对应于氰基（ —C≡N ）的不对称伸缩振动，可能是 SO_4^{2-} 与端部的—C—NH_2 发生去质子化反应，并在高温下 SO_4^{2-} 逸散后形成的，在 600℃进行热处理的多孔 g-C_3N_4 该峰未被检出，说明 —C≡N 在该温度下并不稳定。位于 3600～2900cm^{-1} 范围内的吸收峰为 g-C_3N_4 上 N—H 和 O—H 的特征吸收，主要是热聚合不完全残留的 N—H 和吸附的少量水引起的，g-C_3N_4 和多孔 g-C_3N_4-600 在该处出峰强度较其他材料低，主要是高温除去了吸附水及促进了端氨基的缩合。

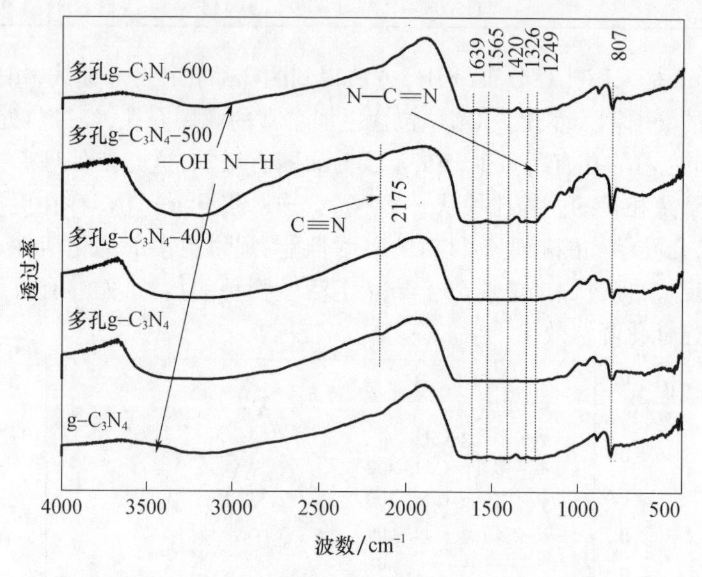

图 2.68 g-C_3N_4 和多孔 g-C_3N_4 的 FT-IR 光谱图

5）UV-vis DRS 分析

图 2.69 是样品的实物照片，直接热聚合制备的 g-C_3N_4 为淡黄色粉末，制备的多孔 g-C_3N_4 则为白色，并随着焙烧温度的升高，产物逐渐变为黄色。图 2.70 是样品的 UV-vis DRS 图和$(\alpha h\nu)^{1/2}$ 相对电子能量变化关系图。由图可知，直接热聚合制备的 g-C_3N_4 光吸收阈值为 461nm，对应带隙宽度为 2.69eV，这与 g-C_3N_4 带隙的理论值（2.7eV）接近。制备的多孔 g-C_3N_4 对光的吸收阈值为

421nm,相比直接热聚合的 g-C_3N_4 蓝移了 40nm,蓝移现象产生的原因是 g-C_3N_4 的共轭长度降低以及纳米化结构引起的量子限域效应所致。经过 400℃、500℃、600℃的热处理后,光吸收阈值分别红移了 4nm、12nm、31nm,对应禁带宽度为 2.95eV、2eV、86eV、2eV、74eV,这与多孔 g-C_3N_4 经过热处理后颜色由白色变为黄色的现象一致。吸收边的红移强化了材料对可见光的利用率。纯相的块状 g-C_3N_4 存在拖尾现象,拖尾达到 600nm,这说明 g-C_3N_4 内部存在缺陷。其他样品也存在拖尾的现象,但随着温度的升高拖尾边在减小,表明缺陷数量在减少。

图 2.69 g-C_3N_4(a)、多孔 g-C_3N_4(b)、多孔 g-C_3N_4-400(c)、多孔 g-C_3N_4-500(d)、多孔 g-C_3N_4-600(e)照片

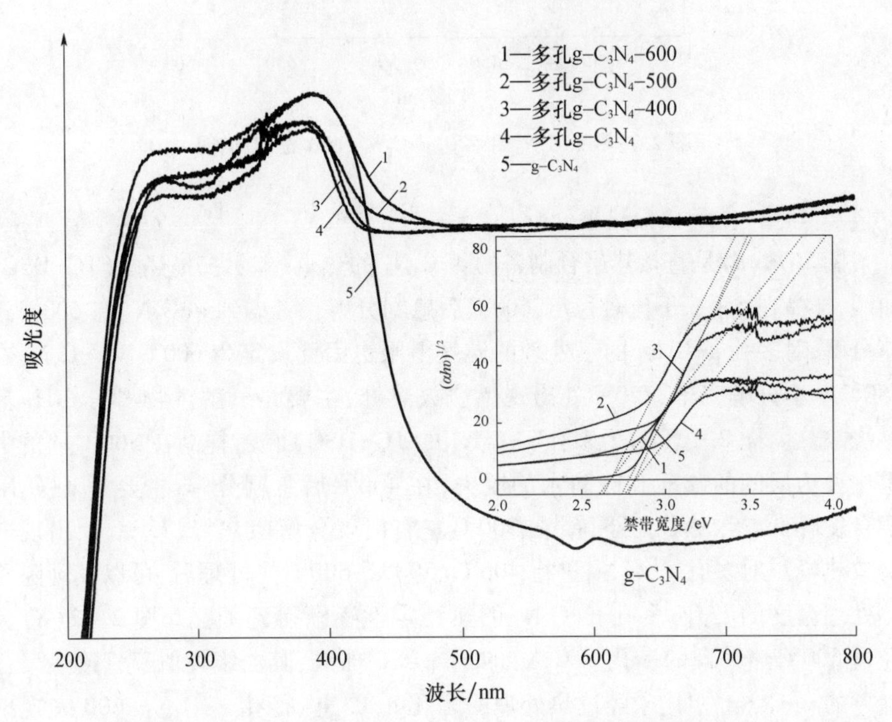

图 2.70 g-C_3N_4 和多孔 g-C_3N_4 的 UV-vis DRS 图和$(\alpha h\nu)^{1/2}$相对电子能量变化关系图

6）光致发光分析

图2.71是g-C_3N_4和多孔g-C_3N_4-600的光致发光(PL)谱图，激发波长为315nm，可以看出两条荧光曲线形状类似，直接热聚合制备的g-C_3N_4最强发射峰位置在459nm，与600℃热处理的多孔g-C_3N_4最强发射峰位置相近，这与DRS结果一致。但是相比于直接热聚合制备的g-C_3N_4，经过600℃热处理的多孔g-C_3N_4荧光强度大幅度降低。这表明制备的多孔g-C_3N_4有助于光生载流子的快速迁移，对降低载流子的复合率有明显的效果。

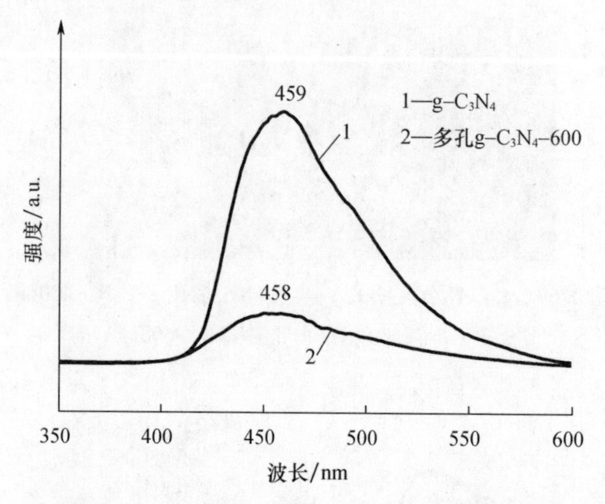

图2.71 g-C_3N_4和多孔g-C_3N_4-600的PL谱图

7）热重-差示扫描热量分析

图2.72(a)是直接热聚合制备的g-C_3N_4的热重-差示扫描热量(TG-DSC)曲线，样品在550℃下比较稳定，600℃后急剧分解。考虑到g-C_3N_4在600℃迅速分解，对多孔g-C_3N_4的热处理的温度上限也因此设定为600℃。g-C_3N_4在750℃基本分解完毕，720℃处出现燃烧放热峰，主要是分解产物CO_2、NH_3等燃烧放热。图2.72(b)为多孔g-C_3N_4的TG-DSC曲线，样品在300℃前的失重主要为层间的硫酸和吸附水的脱失，在400℃后急剧分解，主要是g-C_3N_4聚合度降低导致热稳定下降，在700℃左右出现分解吸热峰，730℃处出现燃烧放热峰。对多孔g-C_3N_4进行400℃、500℃、600℃热处理后，可以发现随着热处理温度的上升，多孔g-C_3N_4的热稳定性逐渐得到加强。图2.72(e)为经过600℃热处理的多孔g-C_3N_4的TG-DSC曲线，其曲线类似于直接热聚合制备的g-C_3N_4，相比未经过热处理的多孔g-C_3N_4、多孔g-C_3N_4-600表现出更高的热稳定性。

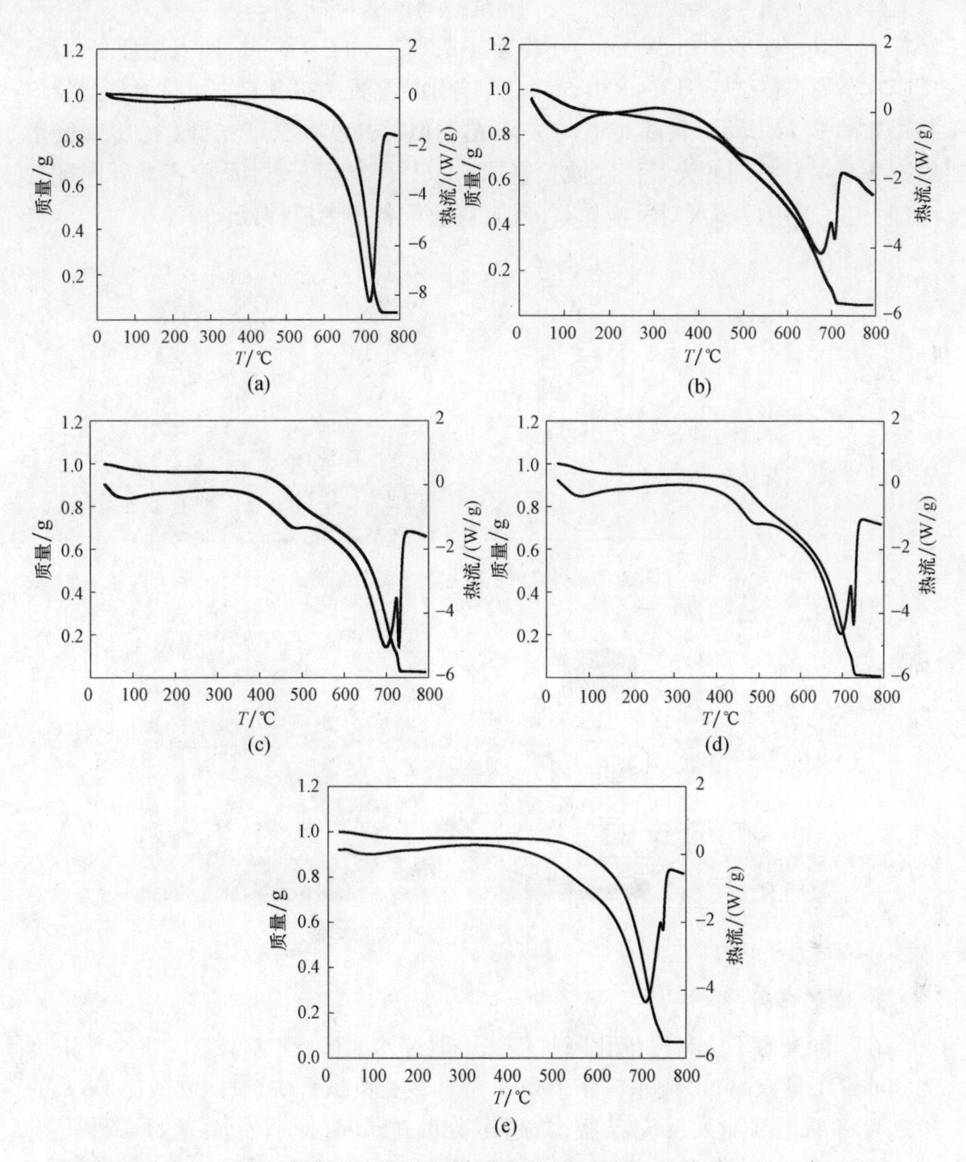

图 2.72 g-C_3N_4(a)、多孔 g-C_3N_4(b)、多孔 g-C_3N_4-400(c)、多孔 g-C_3N_4-500(d)、多孔 g-C_3N_4-600(e)的 TG-DSC 曲线

2.3.5 多孔 g-C_3N_4 光催化降解偏二甲肼废水

1. 反应装置

光催化实验在自制的液相光催化反应装置中进行,根据光源的不同设置两个装置。图 2.73 为紫外线催化降解实验装置,配备 15W 紫外灯(波长为

254nm,光功率密度 1.9mW/cm^2)作为紫外光源,外加石英冷井,通入循环水降温,反应容器为石英试管(ϕ3cm×30cm),底座分别配置磁力搅拌器。可见光催化反应装置如图 2.74 所示,配备光谱与太阳光类似的 300W 氙灯光源(光功率密度 190mW/cm^2),外加滤光片滤除波长在 420nm 以下的紫外线,反应容器外围配置冷却夹套,采用循环水对反应体系降温,底座配备磁力搅拌器。

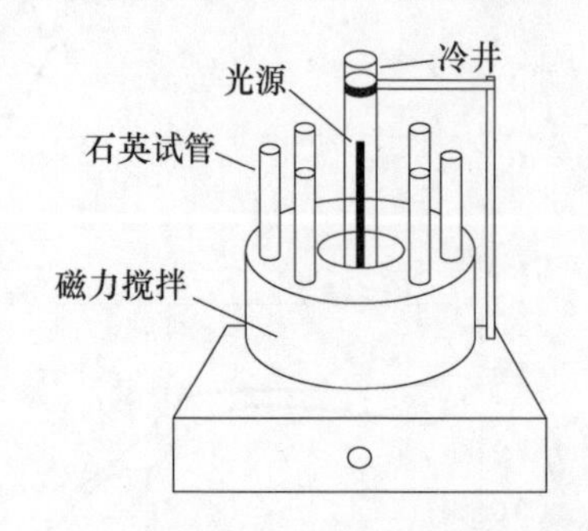

图 2.73　紫外线催化降解实验装置

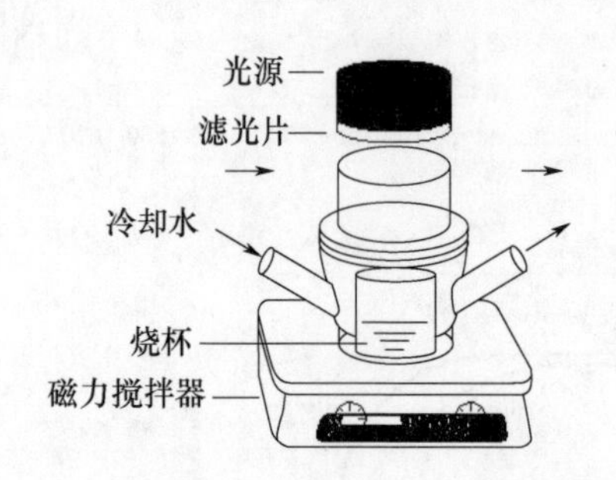

图 2.74　可见光催化反应实验装置

2. 实验条件

在不同光源下进行光催化降解偏二甲肼废水实验:配置偏二甲肼废水浓度为 30mg/L,量取 50mL 废水样于 100mL 烧杯或石英试管中,按照固液比 1g/L 的投加量将催化剂加入反应容器,先超声分散 15min,而后在无光照条件下搅拌 15min,确保吸附与脱附达到平衡状态,然后开启光源开始光反应阶段。光反应开始后以每 20min 的间隔取一次水样,每次取样 2mL,采用 0.45μm 针式过滤器迅速滤去催化剂,用分光光度法进行偏二甲肼含量测试。使用总有机碳分析仪测定废水的总有机碳(TOC),载气为高纯氧气(纯度 99.999%),柱温设定为 850℃。使用气相色谱-质谱联用仪(GC-MS)对反应过程进行监测,测试条件:Elite 5MS 毛细管柱,柱长 30m,直径 250μm。进样口温度设定为 250℃,柱箱程序升温 50℃保温 6min,30℃/min 升到 180℃保温 2min,50℃/min 升到 250℃,进样量 1.0μL,分流比 30∶1,溶剂延迟 2min,高纯氦气作为载气,流量 1mL/min,传输线温度 250℃,离子源温度为 230℃,电离电压为 70eV,全扫描方式,质量扫描范围 20~300amu,使用标准库检索。

3. 紫外线催化降解

紫外线降解反应采用 15W 紫外灯(波长为 254nm,光功率密度 1.90mW/cm^2)为光源,分析废水中偏二甲肼的去除效果。图 2.75 是紫外线下多孔 g-C_3N_4 对偏二甲肼的降解曲线,通过设置单纯紫外线降解的空白实验,表明单纯紫外光照射下偏二甲肼也有部分分解,加入 g-C_3N_4 光催化剂后,对偏二甲肼的降解效果具有明显的提升,反应 80min,g-C_3N_4 对偏二甲肼的去除率为 69.8%。相比于直接热聚合的 g-C_3N_4,合成的多孔 g-C_3N_4 光催化活性明显提高,反应 80min 对偏二甲肼的去除率为 81.1%。分别经过 400℃、500℃、600℃热处理的多孔 g-C_3N_4 进一步提升了催化剂活性,其中 600℃热处理的多孔 g-C_3N_4,反应 80min 对偏二甲肼的降解率达到 95.2%,相比直接热聚合的 g-C_3N_4 提高了 25.4%,比未经热处理的多孔 g-C_3N_4 提高了 14.1%。图 2.76 是采用一级动力学模型得到的偏二甲肼降解速率常数,制备的多孔 g-C_3N_4 的速率常数为 0.02093min^{-1},是直接热聚合制备的 g-C_3N_4(0.01489min^{-1}) 的 1.4 倍,而经过 600℃热处理的多孔 g-C_3N_4 的速率常数为 0.03758min^{-1},是 g-C_3N_4 的 2.5 倍,这表明热处理后 g-C_3N_4 光吸收范围经过拓宽,使得材料在紫外线下催化性能更加优异。

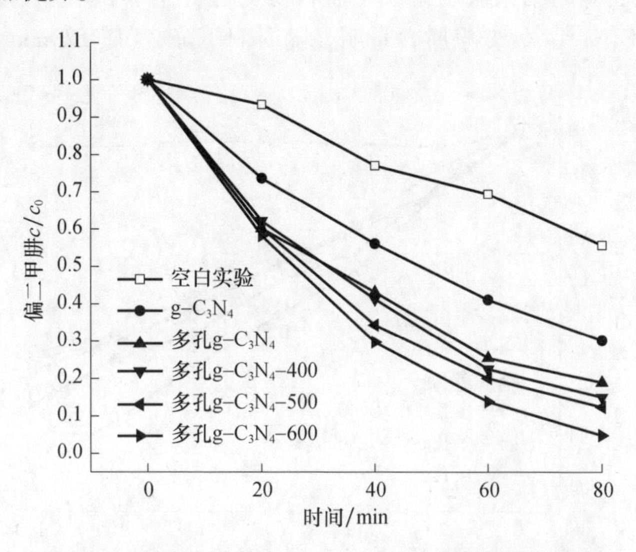

图 2.75 紫外线下多孔 g-C_3N_4 对偏二甲肼的降解曲线

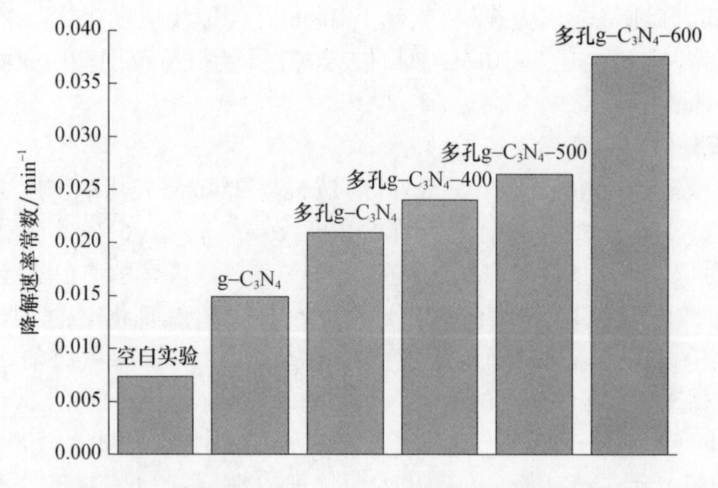

图 2.76 紫外线下多孔 g-C_3N_4 降解偏二甲肼速率常数

4. 可见光催化性能分析

可见光降解反应采用 300W 氙灯光源(波长大于 420nm,光功率密度 195mW/cm^2),探究多孔 g-C_3N_4 在可见光下对偏二甲肼的降解活性。图 2.77 是可见光下多孔 g-C_3N_4 对偏二甲肼的降解曲线,可以看到,反应体系在没有光催化剂参与的条件下,在可见光下照射 120min 废水中偏二甲肼的含量变化非常微小,空白实验的结果表明偏二甲肼自身的光分解非常微弱以至于可以忽略。加入 g-C_3N_4 后,偏二甲肼含量明显随时间下降,反应 120min 偏二甲肼的

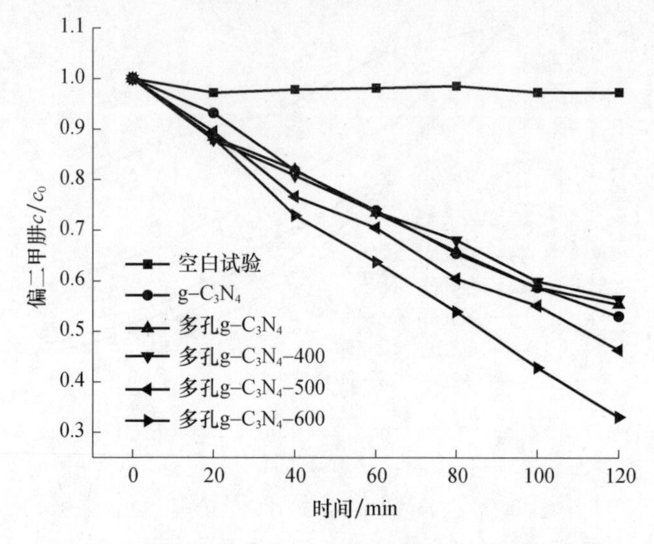

图 2.77 可见光下多孔 g-C_3N_4 对偏二甲肼的降解曲线

去除率为47.0%。加入在600℃热处理的多孔g-C_3N_4后,催化偏二甲肼降解的活性得到明显的提高,反应120min偏二甲肼的降解率为66.9 %,相比直接热聚合制备的g-C_3N_4和未经热处理的多孔g-C_3N_4分别提升了19.9%和22.2%。在可见光下未经热处理的多孔g-C_3N_4催化偏二甲肼降解活性不佳的原因可归结为形貌变化使得光吸收范围蓝移,导致在可见光范围内吸收效果不理想,影响了光催化降解偏二甲肼的效果。图2.78为可见光下多孔g-C_3N_4降解偏二甲肼速率常数,经过600℃热处理的多孔g-C_3N_4速率常数为0.00904min^{-1},是直接热聚合制备的g-C_3N_4(0.00546min^{-1})的1.7倍。表明多孔结构提升了g-C_3N_4的催化活性,使材料具备更加优异的可见光催化性能。

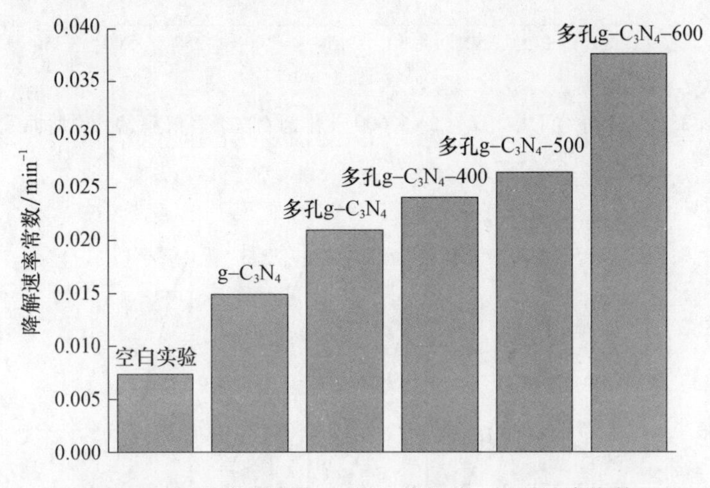

图2.78 可见光下多孔g-C_3N_4降解偏二甲肼速率常数

5. 催化剂重复使用的稳定性

为了探究多孔g-C_3N_4光催化剂的稳定性,以经过600℃热处理的多孔g-C_3N_4作为催化剂,分别在紫外线和可见光下进行连续降解30mg/L偏二甲肼废水的实验。图2.79为紫外线下多孔g-C_3N_4-600催化剂4次循环降解偏二甲肼曲线,不难发现,经过4次循环实验后,多孔g-C_3N_4-600的紫外线催化活性只出现了轻微的下降,对偏二甲肼的降解率依然可以达到90%以上。

图2.80为可见光下多孔g-C_3N_4-600催化剂4次循环降解偏二甲肼曲线,经过4次循环光降解后多孔g-C_3N_4-600催化剂活性只出现小幅度减弱,这与紫外线条件下的实验结果一致,均表明制备的多孔g-C_3N_4具有良好的重复使用稳定性。

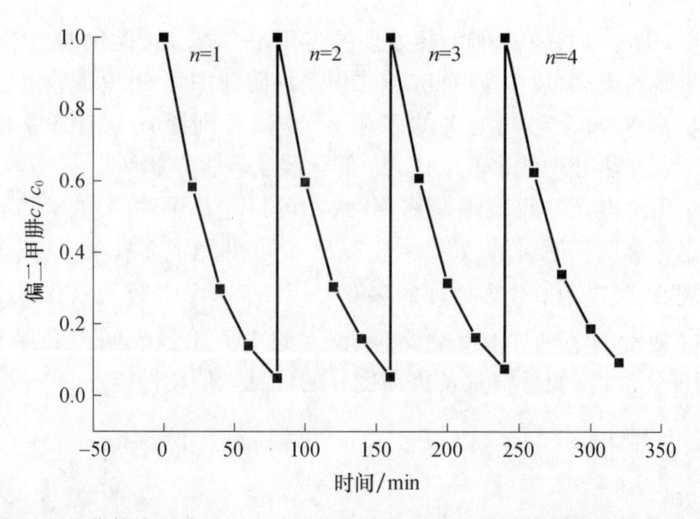

图 2.79　紫外线下多孔 g-C_3N_4-600 催化剂 4 次循环降解偏二甲肼曲线

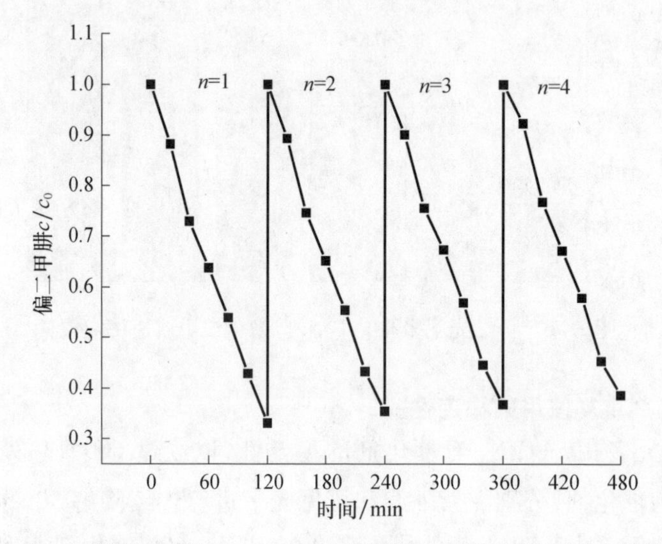

图 2.80　可见光下多孔 g-C_3N_4-600 催化剂 4 次循环降解偏二甲肼曲线

6. 光催化活性物种分析

为了探究在偏二甲肼光催化降解反应中的活性物种，并探讨它们的降解机制，对自由基进行湮灭实验。在光催化反应中，羟基自由基（·OH）和光生空穴（h^+）往往发挥着重要的作用，异丙醇（IPA）可作为·OH 的选择性湮灭剂，与·OH 反应的速率常数可达 1.9×10^{10}L/（mol·s），而甲酸（HCOOH）则对 h^+ 具有很强的捕获能力。

配置 3 份 30mg/L 的偏二甲肼废水，按 1g/L 的量加入多孔 g-C_3N_4-600 光催化剂到反应体系,其中1份不加任何捕获剂直接进行光催化反应,其余2份分别加入0.4mL异丙醇、2μL甲酸,其他条件不变,进行光催化反应。

1)紫外线条件下活性物种探究

图2.81是紫外线下多孔g-C_3N_4-600光降解偏二甲肼的活性物种捕获结果。可以发现添加·OH的捕获剂异丙醇后,偏二甲肼降解结果仅有少量的降低,可见·OH不是多孔g-C_3N_4-600催化偏二甲肼光降解反应的主要活性物种,但加入4μL h^+捕获剂甲酸后,偏二甲肼的光降解几乎被完全遏制,这说明h^+是起主要作用的活性物种。在不加催化剂情况下,单纯紫外线光照射偏二甲肼也会发生部分分解,因此推测·OH在反应中仅有少量存在,且是在紫外线下和h^+共同作用形成的。所以,可以认为多孔g-C_3N_4光催化降解偏二甲肼的主要活性物种是h^+。

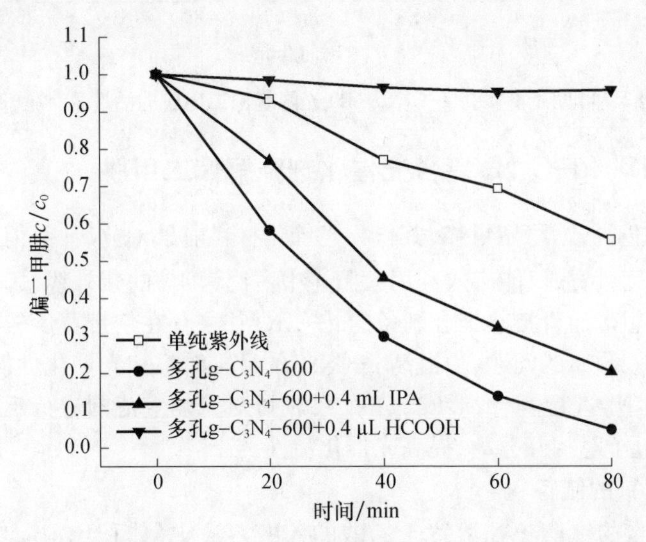

图2.81 紫外线下多孔g-C_3N_4-600光降解偏二甲肼的活性物种捕获结果

2)可见光条件下活性物种探究

图2.82是可见光下多孔g-C_3N_4-600光降解偏二甲肼的活性物种捕获结果。可以发现,添加·OH的捕获剂异丙醇后,多孔g-C_3N_4的催化活性只发生了小幅度降低。结合g-C_3N_4的实际禁带宽度,难以氧化水形成·OH,这表明·OH不是光降解偏二甲肼中的主要活性物,对整体光反应的影响很小。加入h^+捕获剂甲酸后,多孔g-C_3N_4的催化活性降低十分明显,由于添加甲酸的量极少,对整个光降解体系的pH的影响可忽略不计,因此可以推测,甲酸的加入成功降低了h^+的浓度,抑制了光催化氧化的进行,可以认为h^+是可见光下多孔g-C_3N_4催化降解偏二甲肼的主要活性物种。

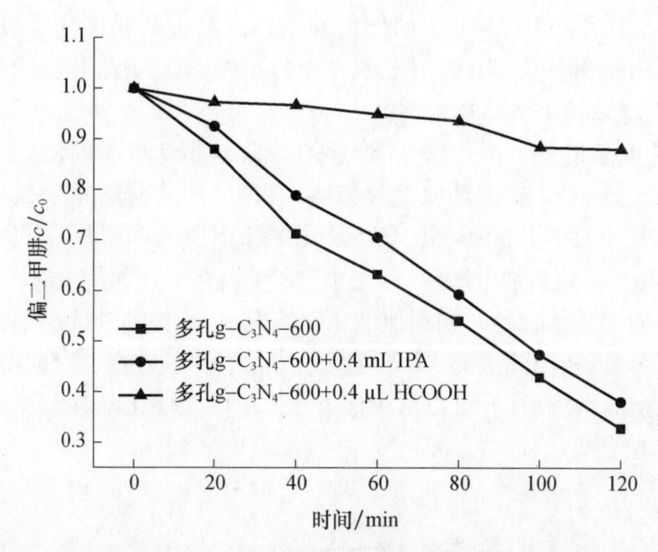

图 2.82　可见光下多孔 $g-C_3N_4$-600 光降解偏二甲肼的活性物种捕获结果

2.3.6　$TiO_2/g-C_3N_4$ 复合光催化剂降解偏二甲肼

TiO_2 绿色高效、稳定可靠，其作为光催化材料前景十分广阔，但是由于在室温下禁带宽度较宽，仅能有效利用太阳光中占比为 4% 的紫外线，因此单独使用效果并不理想。而直接热聚合制备的 $g-C_3N_4$ 往往存在禁带宽度较宽和光生载流子难以有效分离的问题，为提高 $g-C_3N_4$ 的量子效率和光催化性能，可将纳米 TiO_2 与 $g-C_3N_4$ 进行复合，形成的异质结构可对光响应范围进行延拓以及促进光生空穴-电子对相互分离，提高光催化活性。

1. 催化剂的制备

取一定量的钛酸丁酯溶解于乙酸的乙醇溶液中（体积比 $V_{乙酸}:V_{乙醇}=1:10$），连续搅拌 60min，配置钛酸丁酯溶液浓度为 100mmol/L。取按照上述方法制备的 $g-C_3N_4$ 于烧杯中，控制 $m_{TiO_2}:m_{总}=5\%$、10%、20%、50%，加入 10mL 乙醇和 10mL 去离子水，连续搅拌 30min 分散混匀。将两种溶液混合并连续搅拌 60min，转移至不锈钢反应釜于 150℃ 恒温反应 12h，而后 80℃ 干燥，研磨，得到 $TiO_2/g-C_3N_4$ 淡黄色粉末，分别命名为 5%T/C、10%T/C、20%T/C、50%T/C。纯相 TiO_2 的制备不添加 $g-C_3N_4$，其余步骤相同。同时配置 $g-C_3N_4$ 的分散液时加入适量十六烷基三甲基溴化铵（CTAB），使 CTAB 浓度为 0.01mol/L，其余实验步骤同上。

2. $TiO_2/g-C_3N_4$ 材料表征

1）XRD 分析

图 2.83 为纯 TiO_2、$g-C_3N_4$ 和不同复合比的 $TiO_2/g-C_3N_4$ 样品的 XRD 谱

图。$g-C_3N_4$ 位于 12.9°时晶面指数为 100 的衍射峰，代表面内重复结构，为 3-s-三嗪结构类物质的面内特征峰，位于 27.4°的强衍射峰为 002 晶面出峰，代表共轭双键的叠加，为不同层间的周期性结构。纯 TiO_2 的特征衍射峰的 2θ 为 25.3°、37.8°、48.0°、54.0°、55.1°、62.7°、69.2°、70.1°和 75.2°，分别为(101)、(004)、(200)、(105)、(211)、(204)、(116)、(220)、(215)晶面的出峰(JCPDS 21-1272)，这表明合成的 TiO_2 为纯锐钛矿晶型。不同复合比的 $TiO_2/g-C_3N_4$ 出峰位置类似，衍射谱图表现为 $g-C_3N_4$ 与锐钛矿型 TiO_2 衍射峰的叠加。区别在于含量不同导致特征峰强度不同，随着复合材料中 TiO_2 质量的增加，对应材料的曲线中 101 晶面相对峰高显著增强。XRD 的实验结果表明，块状 $g-C_3N_4$ 经过水热处理后，依然保持了层状石墨相结构，纳米 TiO_2 在原位进行生长，两种材料复合情况良好。

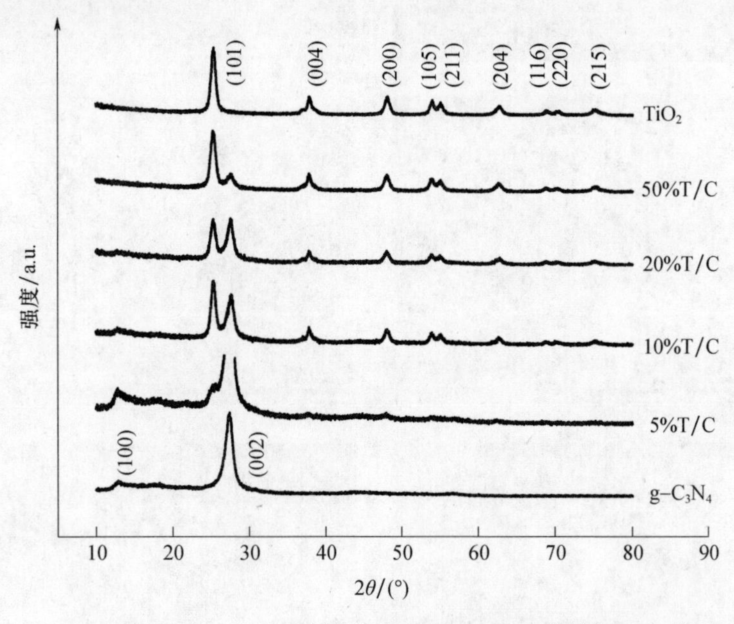

图 2.83 纯 TiO_2-C_3N_4 和不同复合比 $TiO_2/g-C_3N_4$ 样品的 XRD 谱图

2）SEM 分析

图 2.84 为 $g-C_3N_4$、5%T/C、10%T/C、20%T/C、50%T/C、TiO_2 的 SEM 图。通过图 2.84(a)可以看到，直接热聚合制备的 $g-C_3N_4$ 具有明显的褶皱的二维层状结构。图 2.84(b)为复合比为 5%的 $TiO_2/g-C_3N_4$ 材料的微观形貌，可以发现，经过水热处理后，原本高度凝结的 $g-C_3N_4$ 聚合程度有一定的降低，但是由于复合材料中 TiO_2 所占的比重很小，因此 TiO_2 在 $g-C_3N_4$ 上的分布不易发现。图 2.84(c)为复合比 10%的 $TiO_2/g-C_3N_4$ 材料的形貌，相比于复合比 5%

的 $TiO_2/g-C_3N_4$，可以观察到 TiO_2 在 $g-C_3N_4$ 表面的依附，但是纳米颗粒的 TiO_2 存在一定的团聚现象。进一步提高 $TiO_2/g-C_3N_4$ 中 TiO_2 的比重到 20%、50% 后，TiO_2 纳米颗粒呈现“地衣状”覆盖于 $g-C_3N_4$ 表面，如图 2.84(d)、(e)所示。图 2.84(f)则为同等条件下水热法制备的纳米 TiO_2，由于烘干及焙烧等操作以及范德瓦耳斯力的影响，团聚现象较为严重。

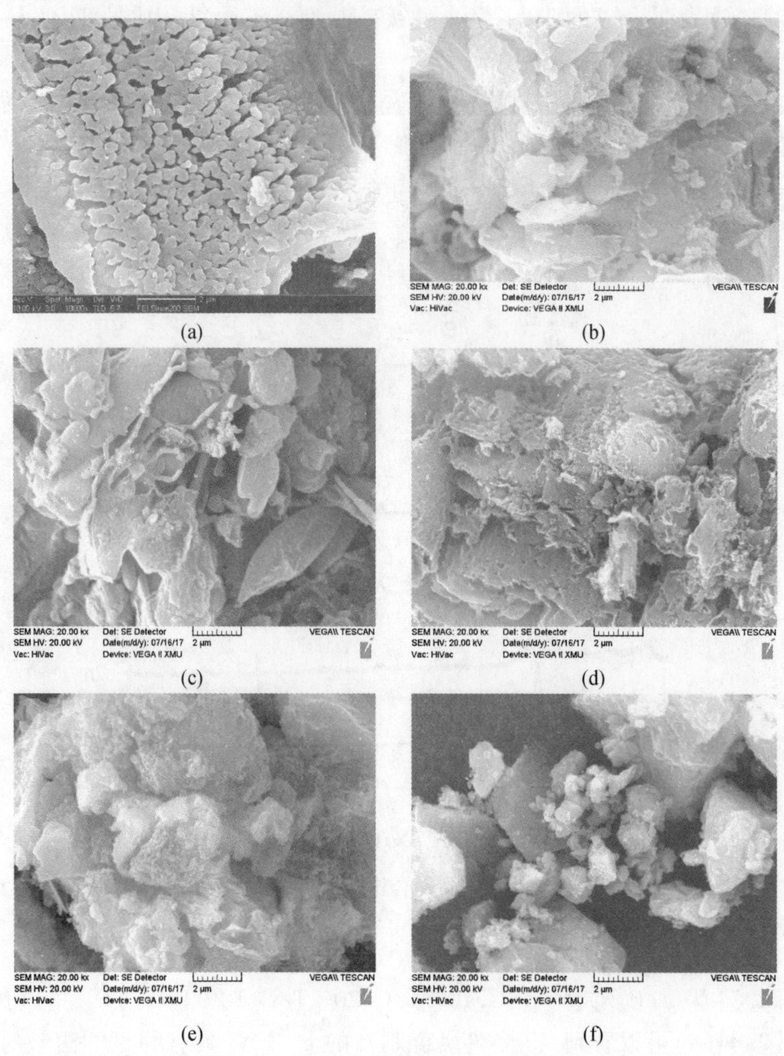

图 2.84　$g-C_3N_4$(a)、5%T/C(b)、10%T/C(c)、20%T/C(d)、50%T/C(e)、TiO_2(f)的 SEM 图

3) TEM 分析

图 2.85(a)为直接热聚合制备的 $g-C_3N_4$ 的 TEM 图，可见其多层相互折叠的片层状结构。图 2.85(b)、(c)、(d)、(e)分别对应复合比为 5%、10%、20%、

50%的 TEM 图,同样可观察到 $g-C_3N_4$ 片层叠加形貌,值得注意的是,纳米 TiO_2 以不规则球状颗粒镶嵌于 $g-C_3N_4$ 片层,随着复合材料中 TiO_2 比重的提高,纳米 TiO_2 在 $g-C_3N_4$ 片层上的分布更加密集,但同时也存在纳米 TiO_2 团聚更加严重的现象,形成块状团聚体依附在 $g-C_3N_4$ 表面,这可能会抑制 $TiO_2/g-C_3N_4$ 的催化活性。图 2.85(f)是复合比为 10%的 $TiO_2/g-C_3N_4$ 样品的高分辨率透射电镜(HRTEM)图,图中出现清晰的格子条纹,通过对晶格条纹的测量可知间距为 0.352nm,这与锐钛矿型 TiO_2 的(101)晶面的间距值吻合,与 XRD 结果也相一致。这表明该条件下制备的复合材料中 TiO_2 与 $g-C_3N_4$ 结合紧密,结晶性良好,能够形成异质结构,有助于光生载流子在 TiO_2 和 $g-C_3N_4$ 两种材料中相互转移,抑制激子的复合,进而在光催化活性上得以提升。

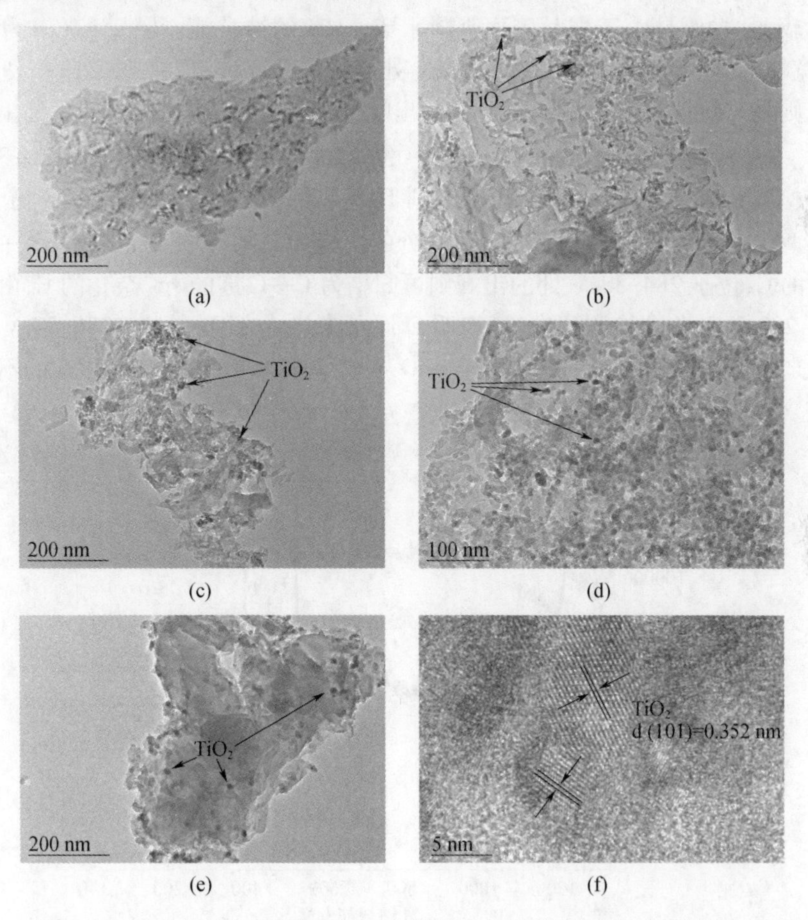

图 2.85 $g-C_3N_4$(a)、5%T/C(b)、10%T/C(c)、20%T/C(d)、50%T/C(e)的 TEM 图和 10% T/C(f)的 HRTEM 图

4）X 射线光电子能谱分析

采用 X 射线光电子能谱（XPS）方法分析元素种类和化学价态信息，图 2.86 为复合比为 10%的 $TiO_2/g-C_3N_4$ 样品的 XPS 全谱扫描结果，不难发现复合材料表面主要存在 Ti、O、C、N 四种元素，其中 Ti 2p 的峰强相对较弱，主要是该复合比下 TiO_2 含量较少所致。

图 2.87（a）~（d）分别对应于 Ti 2p、O 1s、C 1s 和 N 1s 的 XPS 谱图。如图 2.87（a），Ti 2p 位于 464.56eV 和 458.84eV 的出峰分别对应复合材料中 TiO_2 中自旋轨道 Ti $2p_{1/2}$ 和 Ti $2p_{3/2}$。图 2.87（b）为 O 1s 可区分峰的共存，进行高斯拟合后的信号去卷积后于 530.15eV 和 532.02eV 处存在出峰，位于 530.15eV 的出峰可归属为复合材料中 TiO_2 的晶格氧，存在形式为 O^{2-}，532.02eV 处峰型相对较弱，主要是由于样品表面吸附水或—OH 的结合能。图 2.87（c）为 N 1s 谱，宽峰拆分后为 400.13eV、398.55eV 处出峰的共存，出现在 400.13eV 处较弱的峰则是与碳氮杂化环相连接的 N 的出峰，即 N—C_3，位于 398.55eV 处出峰归属为 $g-C_3N_4$ 的三嗪环中 sp^2 杂化环中的 N，即 C ═N—C，由于在 396~397eV 没有检测到出峰，表明 N 原子未掺杂到 TiO_2 内部。图 2.87（d）为 C 1s 谱，图中具有两个显著的出峰，位于 287.98eV 处的出峰为三嗪环中 sp^2 杂化环 N—C ═N 中的 C，位于 284.88eV 处的出峰则可归结为 C—C 键的 sp^2 杂化的 C，由于在 281~282eV 处并未检测到出峰，表明 C 原子未进入 TiO_2 晶格，286.58eV 处存在微弱出峰可归属为 C—O 或者 C ═O，可能是吸附 CO_2 或其他形式的不完全反应含氧中间体引起的。

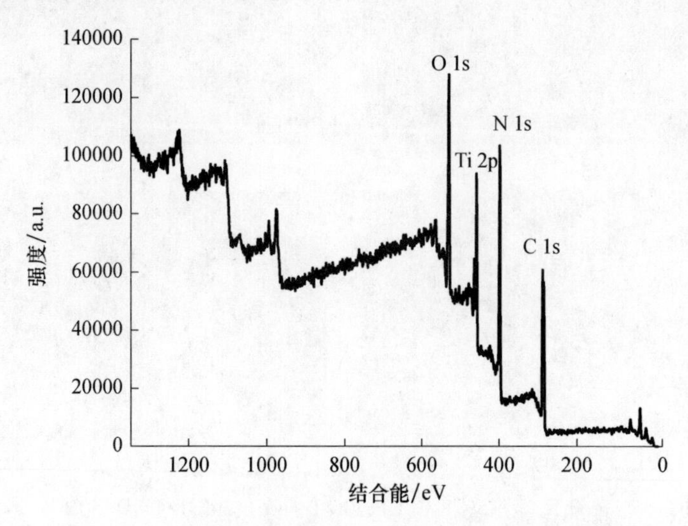

图 2.86　复合比为 10%T/C 样品的 XPS 全谱扫描结果

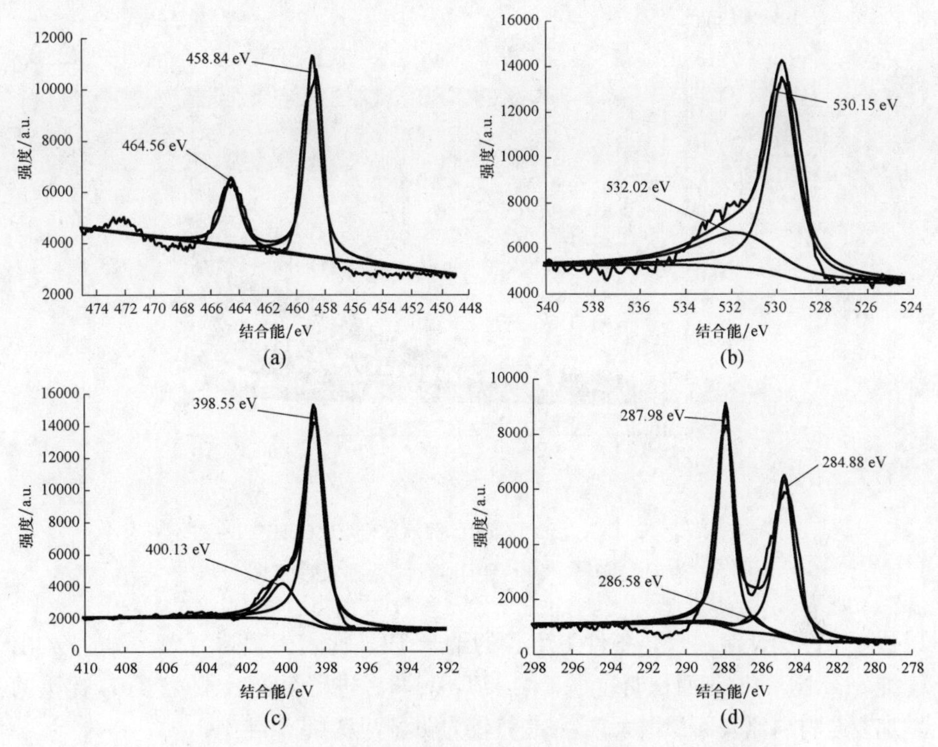

图 2.87　10%T/C 各元素的 XPS 高分辨率谱图(见书末彩图)

(a)Ti2p;(b)O1S;(c)N1s;(d)C1s。

5) BET-BJH 分析

图 2.88 为 g-C_3N_4、纯 TiO_2 和复合比分别为 5%、10%、20%、50%的 TiO_2/g-C_3N_4 样品的氮气吸附-脱附曲线图。样品的吸附-脱附等温线均属于Ⅳ型等温线(按 BDDT 分类),一般认为,在中、高压区出现滞回环通常是代表有介孔、大孔的存在。g-C_3N_4 在 p/p_0 为 0.9~1.0 处存在滞回环,说明存在一些大孔结构特征,其中滞回环类型 H4 型(按 IUPAC 分类),表明孔结构由片层状物质交叠而成。相比纯 g-C_3N_4,复合材料的滞回环向中压区偏移,复合比为 5%、10%的 TiO_2/g-C_3N_4 材料在 p/p_0 为 0.70~0.95 处存在 H4 型滞回环,这可归结为原位生长的纳米 TiO_2 聚集成为多孔纳米晶颗粒,从而表现出介孔行为。随着复合材料中 TiO_2 的比重提高,滞回环向低压区偏移,类型逐渐转变为 H2 型,纳米 TiO_2 的增加导致复合材料中形成更加丰富的介孔结构,并且孔的毛细凝聚作用更加明显。

表 2.6 比较了 g-C_3N_4、纯 TiO_2 和 TiO_2/g-C_3N_4 复合材料的比表面积、孔容积和平均孔径方面的差异。直接热聚合制备的 g-C_3N_4 比表面积为 11.008m^2/g,

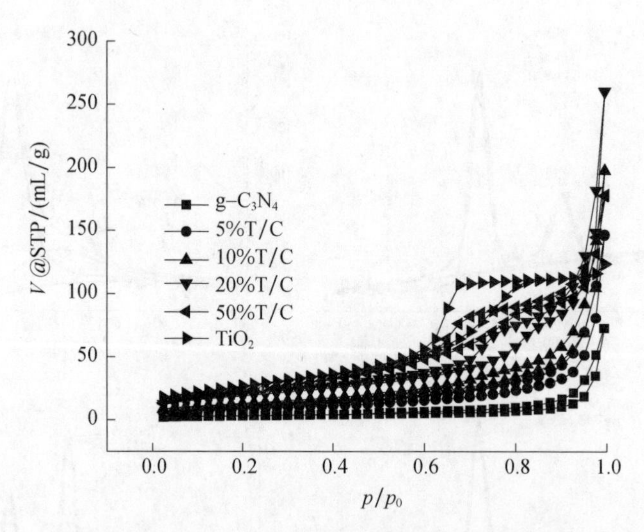

图 2.88 g-C_3N_4、5%T/C、10%T/C、20%T/C、50%T/C、TiO_2 的氮气吸附-脱附曲线（见书末彩图）

以钛酸丁酯为钛源在水热条件下生长的纳米 TiO_2 比表面积则为 99.420m^2/g，由于纯 g-C_3N_4 的比表面积明显小于纳米 TiO_2，两者进行复合后，随着 TiO_2 比重的增加复合材料比表面积增大，这一趋势较为明显，但均低于纯 TiO_2。

图 2.89 为 BJH 方法下得到的 g-C_3N_4、纯 TiO_2 和 TiO_2/g-C_3N_4 复合材料的孔径分布曲线。可以发现，直接热聚合制备的 g-C_3N_4 在介孔区域分布非常少，而水热法制备的纳米 TiO_2 在介孔区域孔径分布集中，主要在 5.8nm 附近。随着复合材料中 TiO_2 比重的减少，孔径集中分布的区域的偏移趋势为朝向孔径增加的方向。TiO_2/g-C_3N_4 样品孔径分布的宽峰主要是 g-C_3N_4 内部的介孔及大孔结构，窄峰则主要是在 g-C_3N_4 表面及孔结构中的纳米 TiO_2 聚集形成的。

表 2.6 g-C_3N_4、5%T/C、10%T/C、20%T/C、50%T/C、TiO_2 的比表面积、孔容积和平均孔径

样品	S_{BET}/(m^2/g)	孔容积/(cm^3/g)	平均孔径/nm
TiO_2	99.420	0.201	5.809
50%T/C	90.496	0.281	5.811
20% T/C	69.518	0.404	7.406
10% T/C	43.976	0.306	3.934
5% T/C	31.216	0.227	3.933
g-C_3N_4	11.008	0.114	3.938

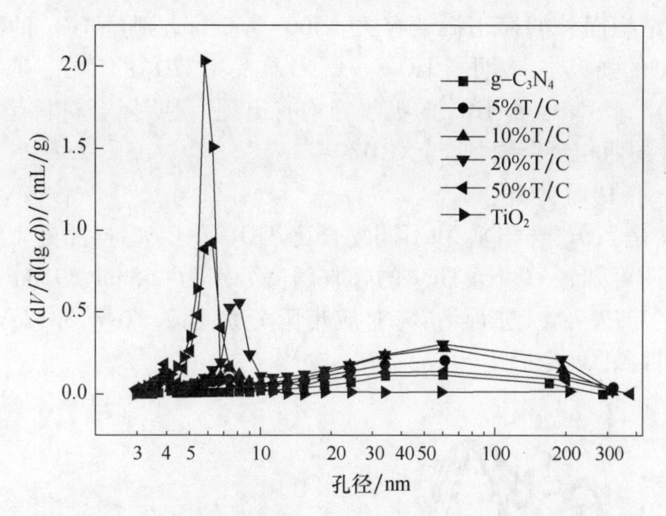

图 2.89 BJH 方法下得到的 $g-C_3N_4$、5%T/C、10%T/C、20%T/C、50%T/C、TiO_2 的孔径分布曲线(见书末彩图)

6）FT-IR 分析

图 2.90 为 TiO_2、$g-C_3N_4$ 和不同复合比 $TiO_2/g-C_3N_4$ 样品的 FT-IR 光谱图。在 3600~2900cm^{-1} 范围内,该处吸收峰可归结为 $g-C_3N_4$ 上 NH 和 NH_2 的伸缩振动,以及吸附少量水导致 O—H 的特征吸收,位于 1700~1250cm^{-1} 的强吸收带区域属于典型的 N—C ═N 杂环引起的伸缩振动,807cm^{-1} 附近的吸收

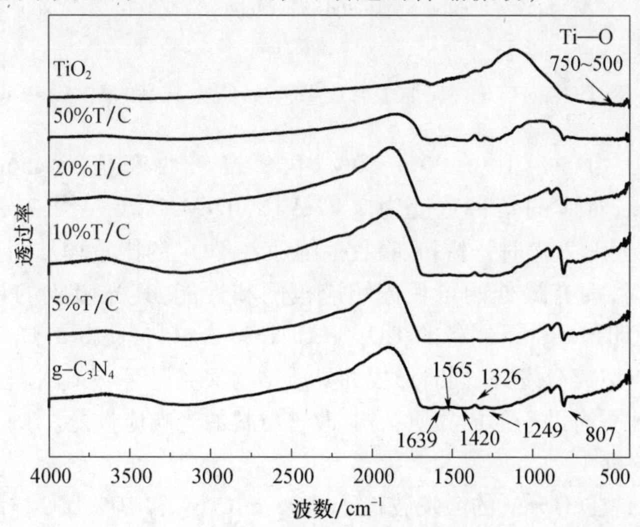

图 2.90 TiO_2,$g-C_3N_4$ 和不同复合比 $TiO_2/g-C_3N_4$ 样品的 FT-IR 光谱图

峰则与三嗪结构面外的简正振动有关。500~750cm^{-1} 则是 TiO_2 的特征峰，为 Ti—O—Ti 键的强吸收，表明了 $TiO_2/g-C_3N_4$ 样品中 TiO_2 的存在。$TiO_2/g-C_3N_4$ 的红外谱图中，$g-C_3N_4$ 和 TiO_2 的吸收峰均有出现，说明复合材料是由 $g-C_3N_4$ 与 TiO_2 构成的两相复合物，这与 XRD 结果一致。

7）UV-vis DRS 分析

图 2.91 是 TiO_2、$g-C_3N_4$ 和不同复合比 $TiO_2/g-C_3N_4$ 样品的 UV-vis DRS 图。由光谱图可知，$g-C_3N_4$、TiO_2 的吸收阈值分别为 465nm、391nm，采用带隙能公式 $E_g=1239.7/\lambda_g$ 进行估算，对应带隙分别为 2.67eV、3.17eV，这与 $g-C_3N_4$、TiO_2 带隙的理论值接近。

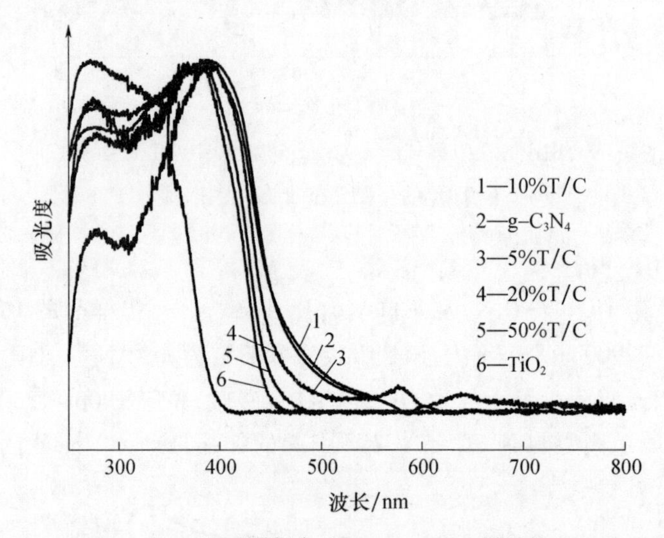

图 2.91 TiO_2、$g-C_3N_4$ 和不同复合比 $TiO_2/g-C_3N_4$ 样品的 UV-vis DRS 图

当复合比为 5%、10%、20%、50% 时，样品吸收阈值为 456nm、467nm、449nm、446nm，对应的禁带宽度为 2.72eV、2.67eV、2.76eV、2.78eV。可以发现，当复合比大于 20%时，材料光吸收范围随着 TiO_2 的比重增加而蓝移。在复合比为 10%时，拥有最佳的可见光响应范围和性能，其光吸收的带边拓展至 467nm。这说明该条件下制备的 $TiO_2/g-C_3N_4$ 复合材料，使得 $g-C_3N_4$ 可见光响应好的优势得以充分发挥，同时形成的异质结构又克服了 $g-C_3N_4$ 自身的缺点，适合的复合比更有助于形成异质结构，改善材料的光响应性能。

8）PL 分析

图 2.92 是在 315nm 的激发波长下 TiO_2、$g-C_3N_4$ 和 10%T/C 样品的 PL 图。如图所示，$g-C_3N_4$ 在 465nm 处的荧光发射峰很强，这与 $g-C_3N_4$ 的禁带宽度 2.7eV 是相一致的，是电子受激发后 $n \rightarrow \pi^*$ 的跃迁。纯 TiO_2 的荧光发射峰位于

390nm 附近，但是与 g-C_3N_4 相比，其荧光强度较低，主要是因为纳米颗粒态的 TiO_2 对光生电子和空穴分离有比较优异的效果。复合材料 10%T/C 与 g-C_3N_4 荧光曲线形状较为类似，发射峰均在 465nm 附近，这与 UV-vis DRS 结果一致，但是随着 TiO_2 的加入，复合材料荧光强度与 g-C_3N_4 相比明显减弱，主要是因为 g-C_3N_4 浓度的降低和 TiO_2 与 g-C_3N_4 形成异质结的影响，异质结促进了载流子的相互迁移，提高了对可见光的实际利用率。

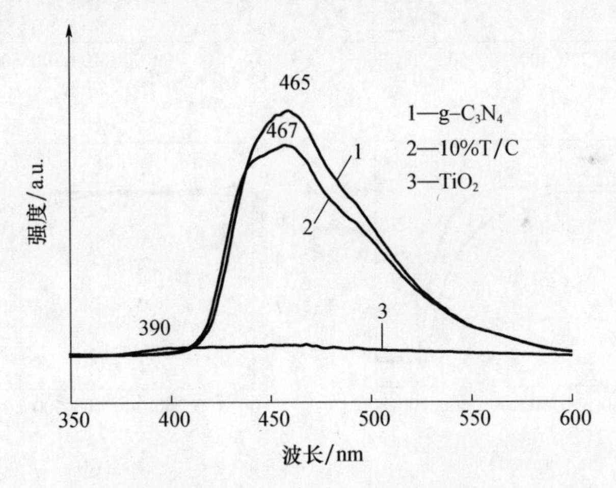

图 2.92　315nm 的激发波长下 TiO_2、g-C_3N_4 和 10%T/C 样品的 PL 图

9）TG-DSC 分析

图 2.93 为 5%T/C、10%T/C、20%T/C、50%T/C 的 TG-DSC 曲线，可以发现，TiO_2/g-C_3N_4 复合材料的 TG-DSC 曲线与纯 g-C_3N_4 非常相似，表明水热处理并未造成 g-C_3N_4 的热稳定性的大幅度变化，同时，说明 TiO_2/g-C_3N_4 复合材料的热稳定性能是十分优异的。不同复合比的 TiO_2/g-C_3N_4 样品的失重曲线可以反映 TiO_2 在其中的比重，随着 TiO_2 含量的增加，失重曲线在 800℃ 处的质量分数不断提升，对应的具体数值为 5.25%、9.67%、18.60%、46.05%，这反映出 TiO_2 实际的质量占比。

3. 光催化降解偏二甲肼废水

1）紫外线催化性能分析

图 2.94 为紫外线下不同复合比 TiO_2/g-C_3N_4 催化偏二甲肼的降解曲线。在无催化剂条件下设置空白实验，在紫外线条件下纯 g-C_3N_4 与纯 TiO_2 光催化剂对偏二甲肼的去除率比较接近，反应 60min 对偏二甲肼的去除率分别为 70.9%和 72.1%。以 TiO_2/g-C_3N_4 作为光催化剂，催化效率明显提升。反应前 20min，20%T/C 样品催化效率最高，达到 45.2%，反应 60min，对偏二甲肼的去

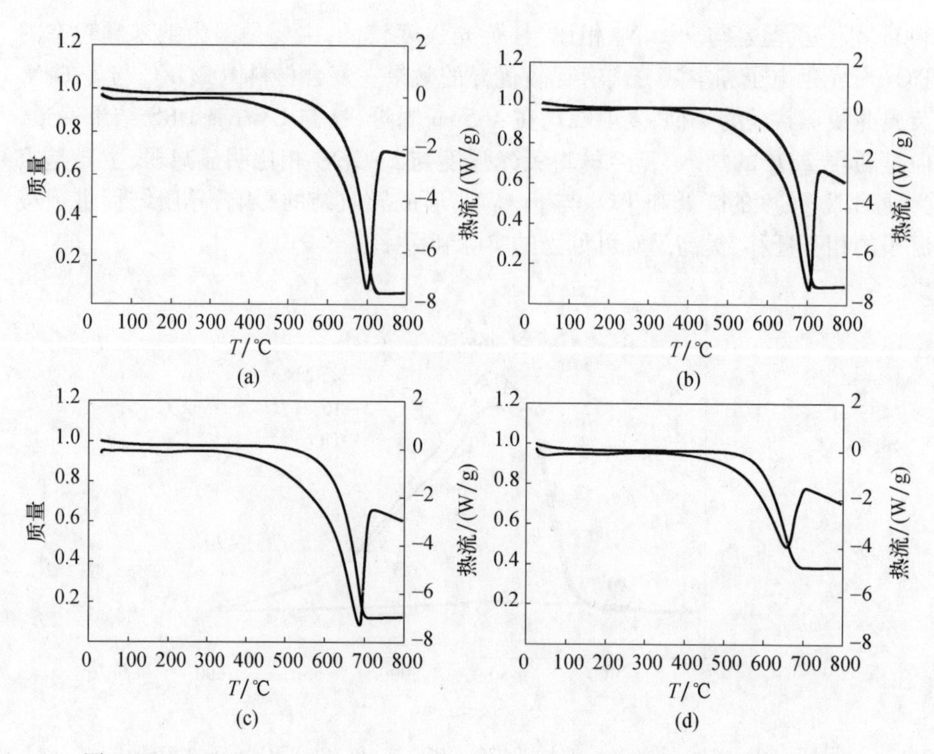

图 2.93　5%T/C(a)、10%T/C(b)、20%T/C(c)、50%T/C(d)的 TG-DSC 曲线

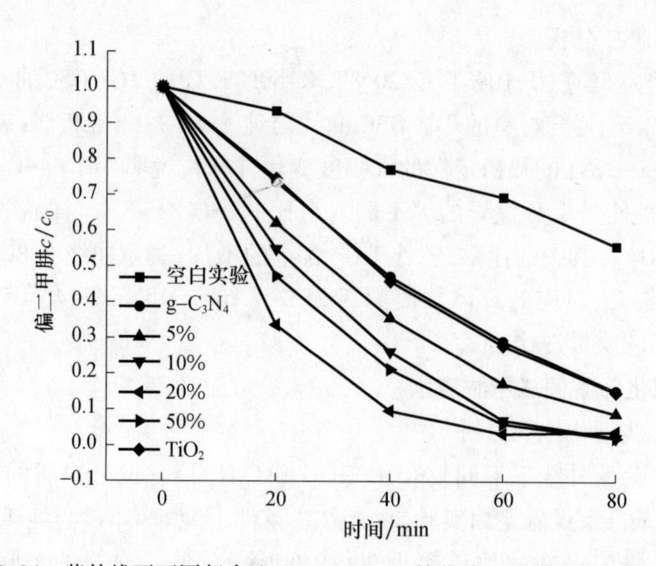

图 2.94　紫外线下不同复合比 TiO_2/g-C_3N_4 催化偏二甲肼的降解率曲线

除效率趋于稳定，达到96.7%，比纯 $g-C_3N_4$ 和 TiO_2 对偏二甲肼降解率分别提升了25.8%和24.7%。偏二甲肼的降解过程通过一级反应动力学进行模拟，图2.95为紫外线下 $g-C_3N_4$、TiO_2 及 $TiO_2/g-C_3N_4$ 降解偏二甲肼的表观速率常数，其中20%T/C光催化剂的速率常数为0.05754 min^{-1}，是 $g-C_3N_4$（0.02348 min^{-1}）的2.5倍。

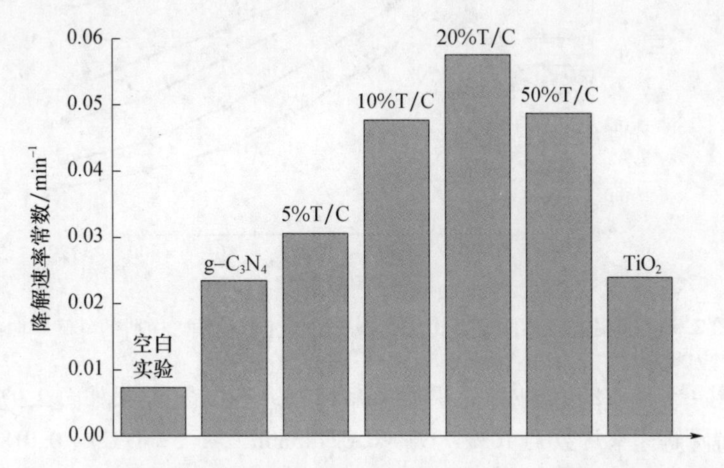

图2.95　紫外线下不同复合比 $TiO_2/g-C_3N_4$ 降解偏二甲肼的表观速率常数

2）可见光催化性能分析

图2.96是可见光下不同复合比的 $TiO_2/g-C_3N_4$ 光催化偏二甲肼的降解曲线。实验结果表明，在单纯可见光照射下，偏二甲肼基本不发生分解。加入纯 TiO_2 光催化剂后，由于其可见光的吸收效果不佳，因此偏二甲肼的去除效率较低，反应120min仅为13.06%。在相同实验下以5%T/C、10%T/C、20%T/C、50%T/C作为光催化剂，反应120min偏二甲肼的降解率分别达到89.54%、96.49%、78.48%、69.52%。随着 TiO_2 在复合材料中所占比重的增大，对应样品光催化偏二甲肼降解率为先升高而后下降，在 TiO_2 复合比为5%时，可能是液相中的 TiO_2 分布较稀，$g-C_3N_4$ 上形成的光生载流子难以传输到 TiO_2 上，影响了光催化效果。当 TiO_2 所占比重较高时，纳米 TiO_2 的团聚现象导致在 $g-C_3N_4$ 上的分散性不好，也会对其光催化性能产生抑制作用。其中10%T/C对偏二甲肼的光降解效果最佳，与纯相 TiO_2 和 $g-C_3N_4$ 相比分别提升了83.43%和49.46%。可能是 TiO_2 存在一个最佳的复合比，在该条件下 TiO_2 纳米颗粒团聚现象得到抑制，并且均匀分布在 $g-C_3N_4$ 片层，对光的吸收利用率较好。另外，TiO_2 与 $g-C_3N_4$ 形成异质结，可见光照射在 $g-C_3N_4$ 价带上，受激形成光生电子并迁移到导带，由于电势差的存在光生电子很容易迁移到 TiO_2 的导带，载流子的相互迁移抑制了其复合，进而提高了光催化活性。

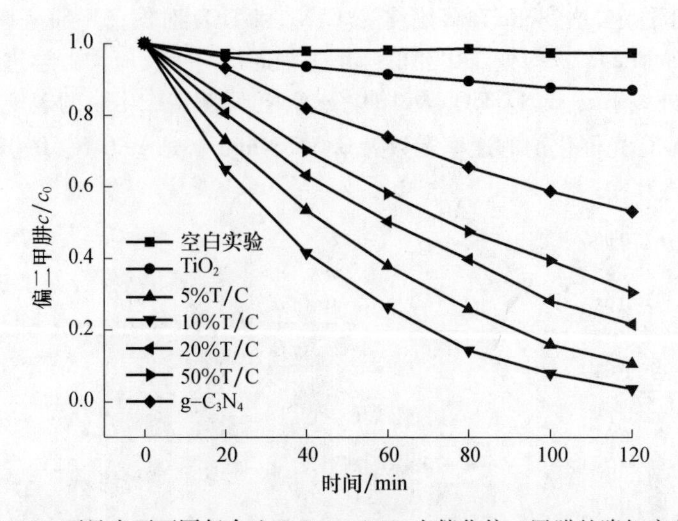

图 2.96　可见光下不同复合比 TiO_2/g-C_3N_4 光催化偏二甲肼的降解率曲线

采用一级反应动力学对偏二甲肼降解过程进行拟合，结果如图 2.97 所示，拟合的表观降解速率常数 k(10%T/C) = 0.02743min^{-1} > k(5%T/C) = 0.01884min^{-1} > k(20%T/C) = 0.01280min^{-1} > k(50%T/C) = 0.00980min^{-1} > k(g-C_3N_4) = 0.00546min^{-1} > k(TiO_2) = 0.00117min^{-1}。实验结果说明，复合比为 10% 的 TiO_2/g-C_3N_4 材料，可见光下催化偏二甲肼降解的表观速率常数是 g-C_3N_4 的 5 倍，通过两者的复合，显著提升了对偏二甲肼的催化降解性能。

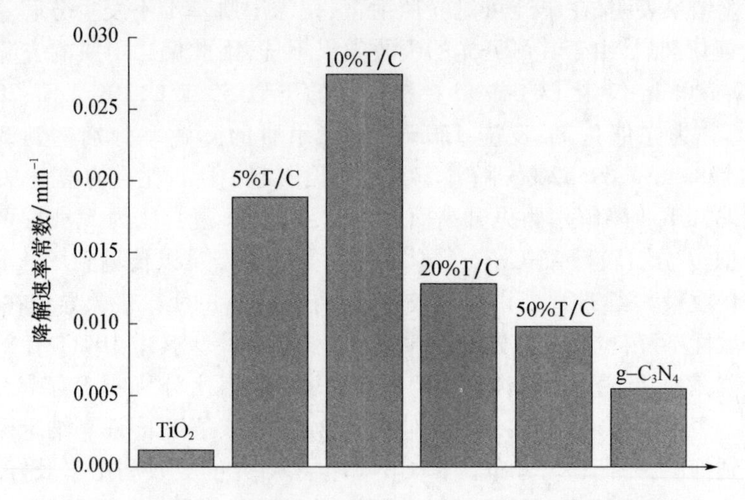

图 2.97　可见光下不同复合比 TiO_2/g-C_3N_4 降解偏二甲肼速率常数

4. $TiO_2/g-C_3N_4$ 光催化降解偏二甲肼废水影响因素

1）光源类型

光照是光催化剂受激形成光生活性物种的必要条件，在通常的光催化反应中，光源类型、光功率密度、光照时间都会或多或少地影响反应结果。实验中光功率密度的值为：紫外线（254nm）为 1.90mW/cm^2，可见光（大于 420nm）为 190mW/cm^2。

图 2.98 为紫外线与可见光两种光源类型下偏二甲肼降解率曲线。可以发现，在单纯可见光条件下，偏二甲肼的含量变化非常小，几乎不发生分解，而在单纯紫外线作用下，偏二甲肼废水浓度随时间逐渐降低，这主要是由于紫外线能量较高，部分能量被水溶液吸收形成羟基自由基，可直接作用于偏二甲肼发生氧化反应，导致偏二甲肼浓度的下降。加入 $TiO_2/g-C_3N_4$ 光催化剂后，在两种光源下偏二甲肼的降解效率均有明显提升，120min 后降解率都达到了 95%以上。反应前 60min，在可见光下 $TiO_2/g-C_3N_4$ 催化偏二甲肼降解效果更好，推测该材料在可见光区域的吸收要好于紫外线区域。

为证实这一设想，对 $TiO_2/g-C_3N_4$ 光催化剂进行紫外-可见漫反射光谱的测试，得到该催化剂在 250~800nm 波长区域内对光的吸收性能。图 2.99 为 TiO_2 复合比为10%的 $TiO_2/g-C_3N_4$ 光催化剂的 UV-vis DRS 图，可以发现，$TiO_2/g-C_3N_4$ 对波长为 420nm 附近的光具有最佳的吸收强度，随着波长降低，吸收强度出现减弱的趋势，这证实了该材料的光催化反应更适合在可见光区域内进行。

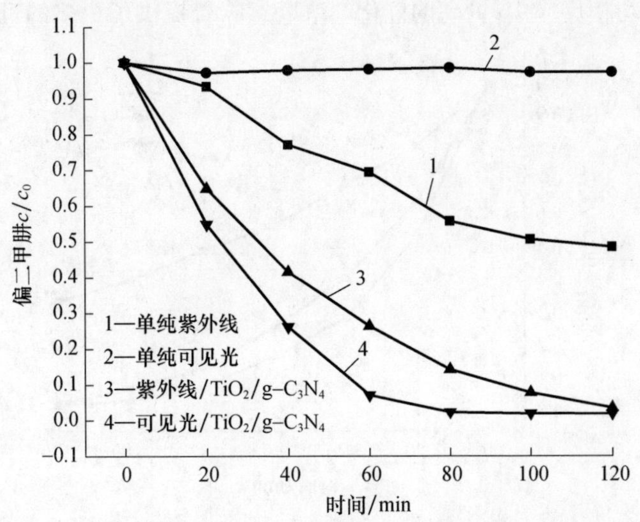

图 2.98　紫外线与可见光两种光源类型下偏二甲肼的降解率曲线

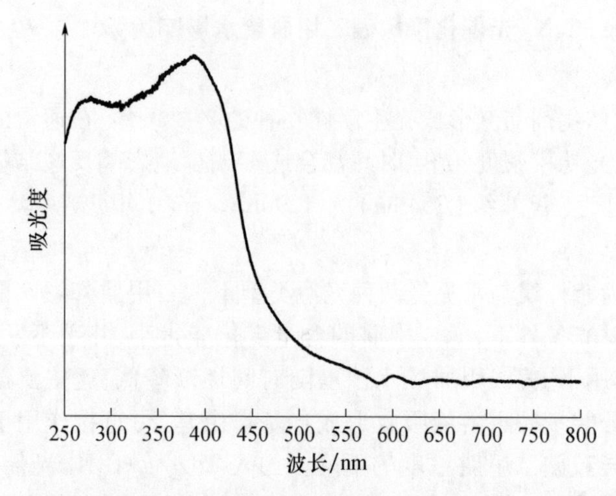

图 2.99　TiO_2 复合比为 10%的 TiO_2/g-C_3N_4 光催化剂的 UV-vis DRS 图

2）催化剂浓度

改变催化剂浓度通常对光催化反应中光生活性物种的量有直接的影响，导致光催化反应的效果发生改变。

图 2.100 为不同 TiO_2/g-C_3N_4 浓度下偏二甲肼废水光降解率曲线。其他条件不变，TiO_2/g-C_3N_4 催化剂浓度分别设定为 0.5g/L、1g/L、2g/L 时，反应 120min 偏二甲肼降解率分别为 65.39%、96.49%、97.03%。不难看出，随着催化剂浓度的增大，偏二甲肼的降解速率和降解率均表现出升高的趋势，这主要是因为在非均相反应中，更高的催化剂浓度意味着提供了更多的可发生反应的

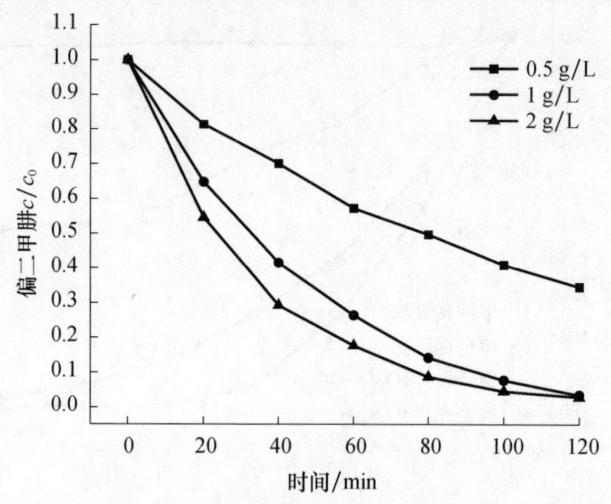

图 2.100　不同 TiO_2/g-C_3N_4 浓度下偏二甲肼废水光降解率曲线

活性位点,显然可以提高偏二甲肼光降解的效率。反应 120min 后,$TiO_2/g-C_3N_4$ 浓度为 1g/L 和 2g/L 条件下偏二甲肼降解率相近,因此从经济成本和实际效果的角度考虑,选择 $TiO_2/g-C_3N_4$ 投加量为 1g/L 是更加合理的。

图 2.101 为不同 $TiO_2/g-C_3N_4$ 催化剂浓度下偏二甲肼废水 TOC 的去除率曲线。总体上 TOC 浓度的去除率随催化剂浓度的变化规律与偏二甲肼的降解率曲线基本一致。但是也可以发现,反应前 80min,在不同催化剂浓度的反应体系中,TOC 浓度的下降速率均逐渐减慢,可能是反应前期偏二甲肼降解成许多中间产物,造成了中间产物的累积,但随着光反应时间的增加,80min 后,中间产物被逐步分解,废水的 TOC 浓度的降低速率加快。反应 120min,催化剂浓度为 0.5g/L 、1g/L、2g/L 的 TOC 去除率分别为 36.9%、38.0%、39.9%。TOC 浓度的变化趋势表明,废水中偏二甲肼首先生成大量的中间产物,被完全矿化则需要增加一定的时间。

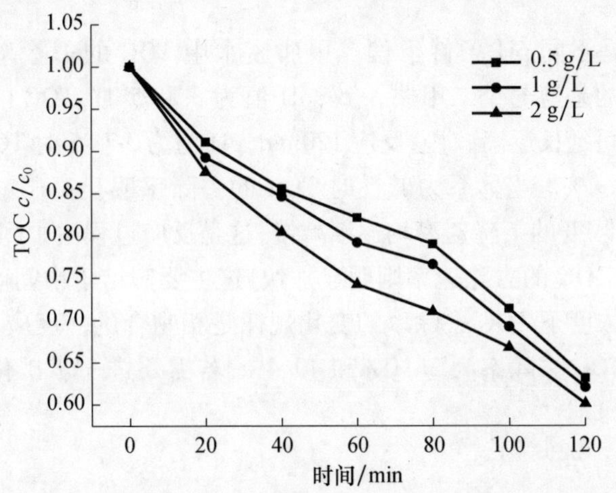

图 2.101 不同 $TiO_2/g-C_3N_4$ 催化剂浓度下偏二甲肼废水 TOC 的去除率曲线

3) pH 值

调节 pH 值分别为 3、5、8、11,以考察 pH 值对偏二甲肼光降解的影响机制。

图 2.102 是不同 pH 值条件下偏二甲肼废水光降解率曲线。实验结果表明,pH 值为 3、5、8、11 时,偏二甲肼降解率分别为 15.34%、37.45%、96.49%、95.89%,可见酸性条件十分严重地抑制了偏二甲肼的去除效果,原因是反应体系为酸性时,偏二甲肼主要以正离子态存在,由于 TiO_2 的 PCZ=6.5,在 pH<6.5 时 TiO_2 携带正电荷,偏二甲肼难以吸附到 $TiO_2/g-C_3N_4$ 表面进行光反应,而在碱性条件下,偏二甲肼以分子态为主,有助于催化剂对偏二甲肼的吸附,进而发生光降解反应。

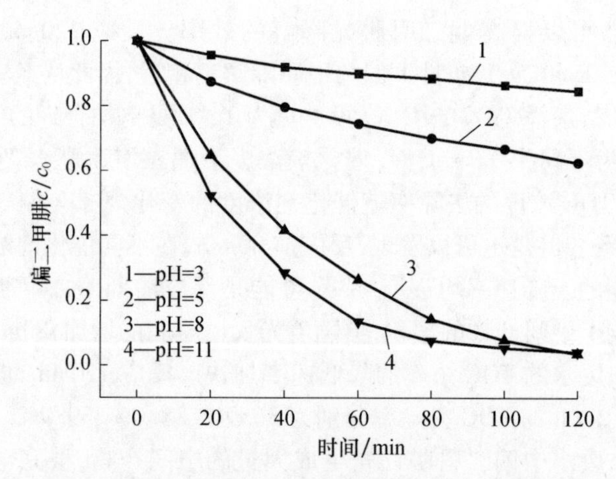

图 2.102　不同 pH 条件下偏二甲肼废水光降解率曲线

图 2.103 是不同 pH 条件下偏二甲肼废水中 TOC 的去除率曲线，总体上 TOC 浓度下降的趋势与偏二甲肼一致，pH 值为 3 和 5 时，TOC 的去除率较低，且随着反应时间延长逐渐减慢，反应 120min，pH 值为 3 和 5 时 TOC 去除率分别为 17.4%和 19.4%。当体系为碱性时 TOC 的去除率明显高于酸性体系，反应前 80min，TOC 浓度的下降速率均逐渐减慢，这是反应过程中中间产物的累积造成的，80min 后 TOC 的去除速率则明显加快，这主要归结于中间产物的分解，这与不同催化剂浓度下 TOC 去除率的变化规律是相吻合的。反应 120min，pH 值为 8 和 11 时，TOC 去除率为 38.0%和 40.4%，若需要进一步矿化，则需要持续增加光反应时间。

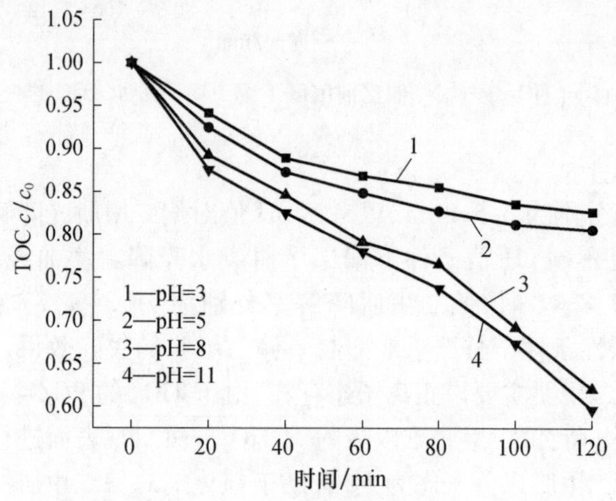

图 2.103　不同 pH 值条件下 TOC 的去除率曲线

4）偏二甲肼初始浓度对光降解效果的影响

图 2.104 是不同初始浓度的偏二甲肼废水的光降解率曲线。实验的其余条件不变，分别设定偏二甲肼的初始浓度为 30mg/L、70mg/L、100mg/L，反应 120min 降解率分别为 96.5%、84.6%和 73.7%，可见随着偏二甲肼初始浓度的增加，偏二甲肼废水的去除效果逐渐下降。采用一级反应动力学对降解过程进行拟合，发现偏二甲肼浓度较低时，符合一级反应动力学。随着偏二甲肼浓度的升高，反应动力学逐渐转变成零级，此时偏二甲肼浓度成为控制反应速率的主要影响因素。

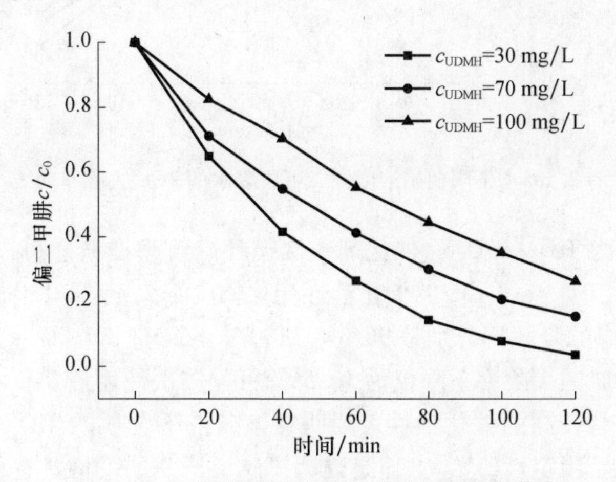

图 2.104 不同初始浓度偏二甲肼的降解率曲线

图 2.105 是不同初始浓度的偏二甲肼废水的 TOC 去除率曲线，偏二甲肼废水初始浓度的升高使得对应的 TOC 的去除率逐渐降低，这与偏二甲肼去除率变化的趋势一致。反应 120min，偏二甲肼初始浓度为 30mg/L、70mg/L、100mg/L 的废水对 TOC 的去除率为 38.0%、35.2%和 34.1%。当偏二甲肼初始浓度为 30mg/L 和 70mg/L，前 80min TOC 的去除速率逐渐减慢，80min 后由于中间产物的消耗，去除速率开始加快，在偏二甲肼初始浓度为 100mg/L 时，浓度对反应速率的影响很大，因此反应刚开始时的 TOC 浓度下降缓慢，随着反应的进行偏二甲肼浓度逐渐降低，光催化反应速率开始加快。

5）催化重复使用稳定性

以 30mg/L 的偏二甲肼废水为处理对象，$TiO_2/g-C_3N_4$ 浓度为 1g/L，在可见光下连续进行 4 次循环实验，每次使用后通过离心机对 $TiO_2/g-C_3N_4$ 固体进行分离，分离后采用去离子水进行多次漂洗，并在 40℃的条件下干燥 24h，而后进行重复实验。

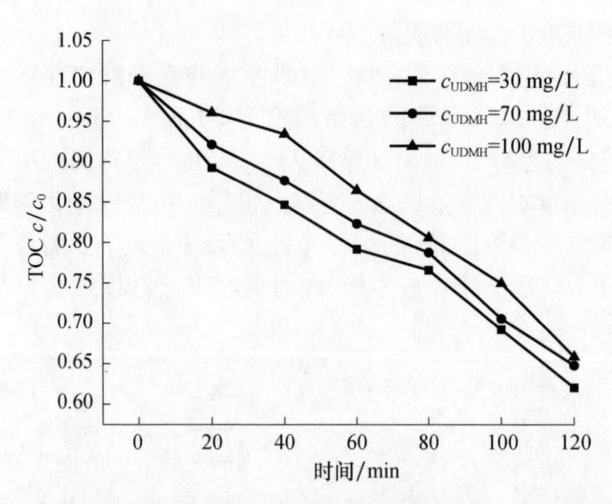

图 2.105 不同初始浓度偏二甲肼废水的 TOC 去除率曲线

图 2.106 为 $TiO_2/g-C_3N_4$ 催化剂 4 次循环降解率曲线。可以发现,经过 4 次光催化实验,$TiO_2/g-C_3N_4$ 的催化活性变化幅度不大,反应 120min,第 1、2、3、4 次对偏二甲肼的降解率分别是 96.5%、90.5%、86.5%、86.0%。连续 4 次光反应后对偏二甲肼的去除率下降仅为 10.5%,可见多次使用后 $TiO_2/g-C_3N_4$ 对偏二甲肼仍然具有较高的催化活性。说明在该条件下合成的 $TiO_2/g-C_3N_4$ 具有较好的重复使用稳定性,这一方面是因为 TiO_2 和 $g-C_3N_4$ 均具有很好的化学稳定性,不容易与一般的化合物发生反应;另一方面可能是 $TiO_2/g-C_3N_4$ 催化剂的复合程度较好,TiO_2 以粒子点的形式镶嵌于 $g-C_3N_4$ 片层,形成稳固的结构从而不容易出现脱离,使得合成的 $TiO_2/g-C_3N_4$ 具有较为稳定的光催化效果。

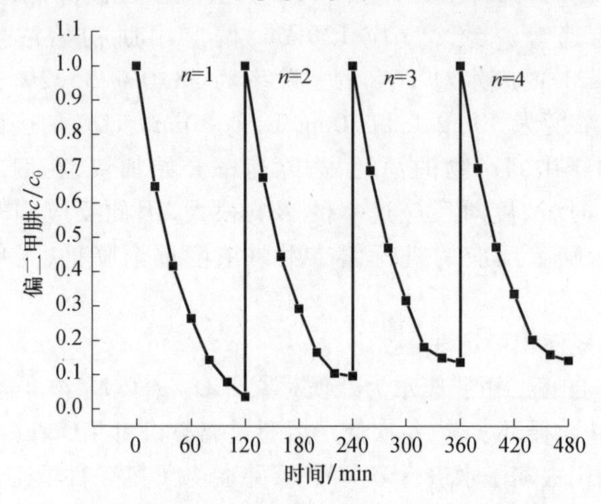

图 2.106 $TiO_2/g-C_3N_4$ 催化剂 4 次循环降解率曲线

5. 光催化降解偏二甲肼最佳工艺

以 TiO_2 复合比为10%的 $TiO_2/g-C_3N_4$ 复合材料作为光催化剂，联合单因素实验的结果，设置三个因素分别为 $TiO_2/g-C_3N_4$ 浓度、pH 值、偏二甲肼初始浓度，分别记为 A、B、C，每个因素分别选取 4 水平，详见表 2.7。

表 2.7　正交实验的因素和水平选取

因素	A/(g/L)	B	C/(mg/L)
1	0.5	2	30
2	1.0	5	60
3	1.5	8	90
4	2.0	11	120

采用正交表 $L_{16}(4^3)$ 挑选 16 个因素组合进行实验，采用可见光下反应 120min 偏二甲肼的去除率和 TOC 去除率双指标评价光催化效果。

通过正交实验结果可知，偏二甲肼去除率和 TOC 去除率存在相同的变化趋势，对偏二甲肼废水的处理效果的影响大小排序为反应体系 pH>$TiO_2/g-C_3N_4$ 浓度>偏二甲肼初始浓度，得出最佳工艺条件为：$TiO_2/g-C_3N_4$ 催化剂初始浓度 1.5g/L，反应体系 pH=8，偏二甲肼初始浓度为 30mg/L。

6. $TiO_2/g-C_3N_4$ 可见光降解偏二甲肼机理分析

1）光催化活性物种的分析

采用异丙醇（IPA）捕获·OH，甲酸（HCOOH）捕获 h^+，以 N_2 鼓泡的方式驱除反应体系的活性氧。具体实验：配置 4 份 30mg/L 的偏二甲肼废水，按 1g/L 的浓度添加 $TiO_2/g-C_3N_4$ 催化剂，1 份不加任何捕获剂直接进行光催化反应，1 份进行 N_2 鼓泡，其余 2 份分别加入 0.4mL 异丙醇、2μL 甲酸，其余条件不变，进行光催化反应。

图 2.107 为可见光下 $TiO_2/g-C_3N_4$ 的活性物种捕获实验结果，可以发现，在没有捕获剂的条件下反应 120min，$TiO_2/g-C_3N_4$ 催化剂对偏二甲肼废水的降解率为 96.5%，加入异丙醇后，反应速率出现一定程度的降低，对偏二甲肼的降解率为 85.8%，这说明羟基自由基在偏二甲肼的催化氧化中发挥了一定的作用，但不是主要的活性物种。氮气鼓泡环境中偏二甲肼的降解率为 52.4%，相比空白条件下已明显地降低，说明活性氧在光催化过程中发挥着比较明显的作用，这有可能是直接作用于偏二甲肼发生氧化反应，或者在光生电子的作用下形成·O_2^-，进而作用于偏二甲肼。加入甲酸后，偏二甲肼的降解受到极大的抑制，120min 对偏二甲肼的去除率为 8.0%，由于甲酸的加入量十分微小，因此可以排除 pH 改变引起的催化效果的变化，说明甲酸捕获了大量的 h^+，并且 h^+ 在

整个催化氧化的全程起主要作用。综上表明，$TiO_2/g-C_3N_4$ 可见光下的光生活性物种主要是光生空穴，其次是体系中的活性氧，·OH 只占据少量的部分。

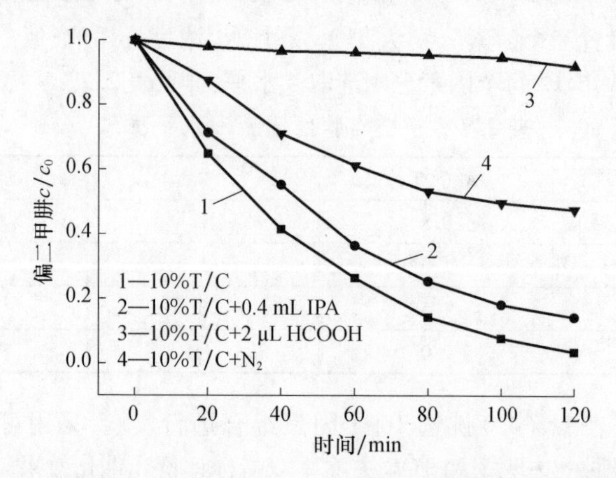

图 2.107 可见光下 $TiO_2/g-C_3N_4$ 的活性物种捕获实验结果

2）反应机理分析

结合自由基捕获实验的结果，对 $TiO_2/g-C_3N_4$ 复合催化剂光降解偏二甲肼的机理进行推测，对偏二甲肼降解的一般过程可描述为

$$TiO_2/g-C_3N_4+h\nu \longrightarrow h^++e^- \tag{2.27}$$

$$h^++OH^- \longrightarrow \cdot OH \tag{2.28}$$

$$h^++H_2O \longrightarrow \cdot OH+H^+ \tag{2.29}$$

$$e^-+O_2 \longrightarrow \cdot O_2^- \tag{2.30}$$

$$2e^-+2H^++O_2 \longrightarrow H_2O_2 \tag{2.31}$$

$$H_2O_2+\cdot O_2^- \longrightarrow \cdot OH+O_2+OH^- \tag{2.32}$$

$$h^++\text{偏二甲肼}\longrightarrow\text{中间产物}\longrightarrow CO_2+H_2O \tag{2.33}$$

$$\cdot O_2^-+\text{偏二甲肼}\longrightarrow\text{中间产物}\longrightarrow CO_2+H_2O \tag{2.34}$$

$$\cdot OH+\text{偏二甲肼}\longrightarrow\text{中间产物}\longrightarrow CO_2+H_2O \tag{2.35}$$

自由基捕获的结果表明 h^+ 是最主要的活性物种，其产生的氧化反应是最主要的氧化过程，其中水中的活性氧也起到了一定的作用。反应中产生的 $\cdot O_2^-$ 对偏二甲肼及其中间产物起到清除的作用。在自由基捕获实验中加入 ·OH 捕获剂后对反应影响不大，说明 ·OH 的作用相对较小。

$TiO_2/g-C_3N_4$ 复合催化剂之所以可见光催化偏二甲肼降解活性优异[82]，主要原因是：①$TiO_2/g-C_3N_4$ 异质结对光生电子-空穴的分离能力增强，能够在反应体系中形成更多的光生活性物种；②小粒径的 TiO_2 纳米颗粒在 $g-C_3N_4$ 表面均匀分布，这有助于材料对光的吸收；③TiO_2 与 g-C_3N_4 形成了异质结，并构成Z型光催化体系，如图2.108所示，g-C_3N_4 带隙为2.7eV，难以形成·OH，与 TiO_2 复合成为异质结后，可见光照射激发了 g-C_3N_4 价带上的光生电子并转移到导带，由于电势差的存在会迅速迁移到 TiO_2 的导带，可还原氧气形成·O_2^-，TiO_2 价带的 h^+ 大部分直接氧化污染物，一部分氧化 H_2O 形成·OH，达到清除污染物的目的。光生载流子的相互迁移显著抑制复合现象，光照得以充分利用，光催化偏二甲肼降解的活性自然得到提高。

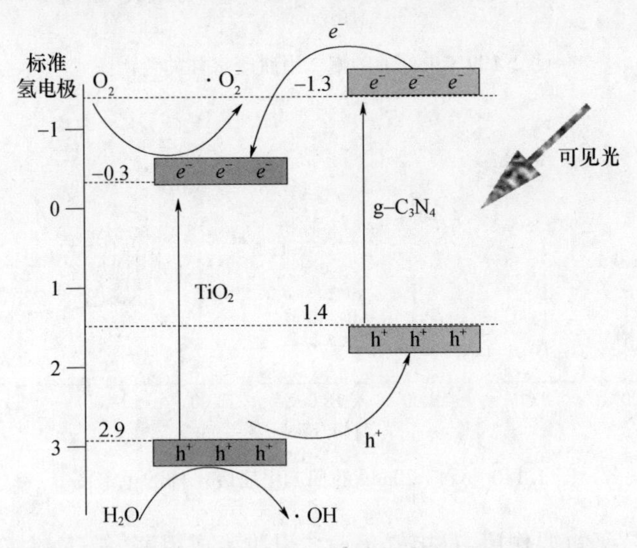

图2.108　TiO_2/g-C_3N_4 的Z型光催化体系产生自由基机理

3）中间产物的监测

采用GC-MS检测 TiO_2/g-C_3N_4 可见光催化偏二甲肼过程的中间产物，水样分别取自不同光反应时段的偏二甲肼废水的过程水样，分别就反应前的废水原样、反应20min的水样，以及反应120min的水样进行测试，得到如下分析结果。

图2.109是未处理前的偏二甲肼废水样的总离子流色谱出峰，图中以偏二甲肼的离子流为主，其他微弱的出峰则属于少量变质产物的出峰。

图2.110是光降解反应20min的水样色谱图，可以发现偏二甲肼的含量大幅降低，这与偏二甲肼含量随时间变化曲线是一致的，取而代之的是自由基反应形成了很多中间产物，可检测到偏腙和四甲基甲膦，以及 *N*-亚硝基二甲胺、四甲基四氮烯乙酸、甲醛单甲基腙、二甲基二氮烯、甲醛、*N*,*N*-二甲基甲酰胺等物质的存在。

在反应的初始阶段，偏二甲肼由于自身的还原性易被氧化，光激发催化剂

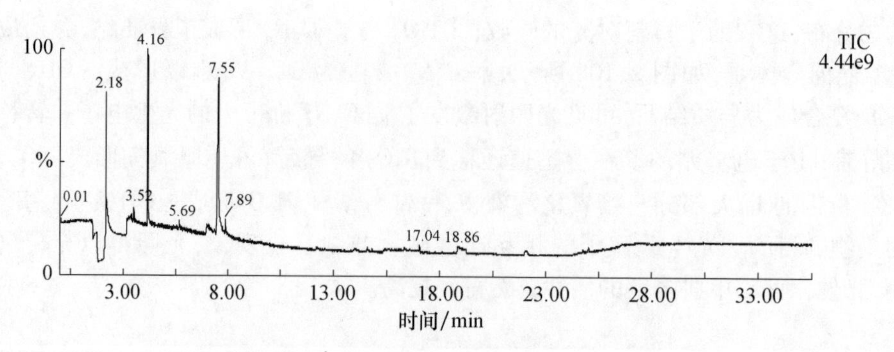

图 2.109　未处理的偏二甲肼废水样的色谱图

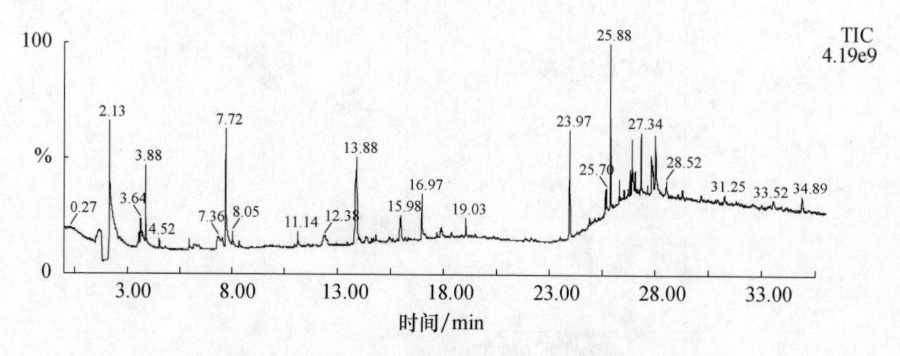

图 2.110　反应 20min 的偏二甲肼废水样的色谱图

产生的 h^+ 发挥了重要作用，直接氧化偏二甲肼生成甲醛、氮气、水等物质，甲醛等中间产物也可能进一步被氧化为水和二氧化碳，但是，部分甲醛也会与偏二甲肼继续发生转化产生偏腙。

$$(CH_3)_2NNH_2+h^+ \longrightarrow CH_2O+N_2+H_0 \tag{2.36}$$

$$CH_2O+h^+ \longrightarrow CO_2+H_2O \tag{2.37}$$

$$(CH_3)_2NNH_2+CH_2O \longrightarrow (CH_3)_2NN=CH_2+H_2O \tag{2.38}$$

四甲基甲腈的出现则可以归因为在 · OH 作用下偏二甲肼与偏腙反应生成，如下式：

$$(CH_3)_2NNH_2+(CH_3)_2NN=CH_2+\cdot OH \longrightarrow (CH_3)_2NN=NH(CH_3)_2+H_2O$$

N-亚硝基二甲胺、二甲基二氮烯、四甲基四氮烯、甲醛单甲基腙分别可归因于下式的反应。

$$(CH_3)_2NNH_2 \longrightarrow (CH_3)_2NNHOOH \longrightarrow (CH_3)_2NNO+H_2O \tag{2.39}$$

$$(CH_3)_2NNH_2 \longrightarrow (CH_3)_2NNHOOH \longrightarrow (CH_3)_2N=N+H_2O_2 \tag{2.40}$$

$$(CH_3)_2N=N \longrightarrow (CH_3)_2NN=NN(CH_3)_2 \tag{2.41}$$

$$(CH_3)_2N=N \longrightarrow CH_3NHN=CH_2 \tag{2.42}$$

图 2.111 则是光反应 120min 的水样色谱图，未检测到偏二甲肼说明偏二甲肼已经完全分解转化，检测出部分中间产物中氮含量明显降低，这说明 TiO_2/g-C_3N_4 光催化剂可见光下对低浓度偏二甲肼废水具有较好的处理效果。

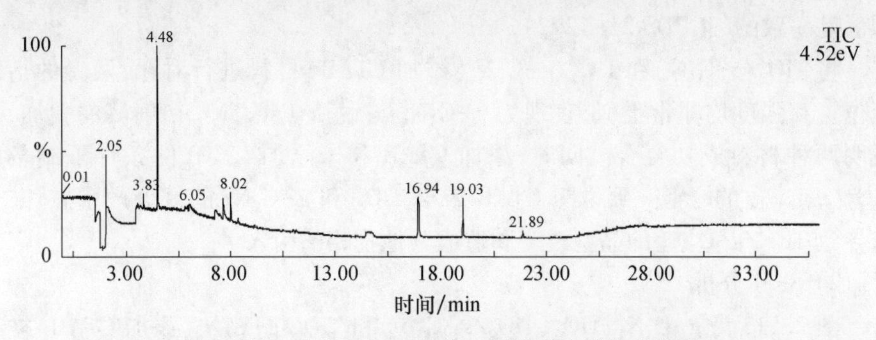

图 2.111　反应 120min 的偏二甲肼废水样的色谱图

2.3.7　十六烷基三甲基溴化铵对 TiO_2/g-C_3N_4 的影响

1. 对材料结构的影响

1）XRD 分析

图 2.112 为纯 TiO_2、g-C_3N_4 和 TiO_2/g-C_3N_4、TiO_2/g-C_3N_4（添加 CTAB）样品的 XRD 谱图。由图可知，g-C_3N_4 在 2θ 为 12.9°和 27.4°处存在衍射峰，其中 27.4°的衍射峰强度很高，这符合 g-C_3N_4 作为类石墨相结构的标准晶面（002）

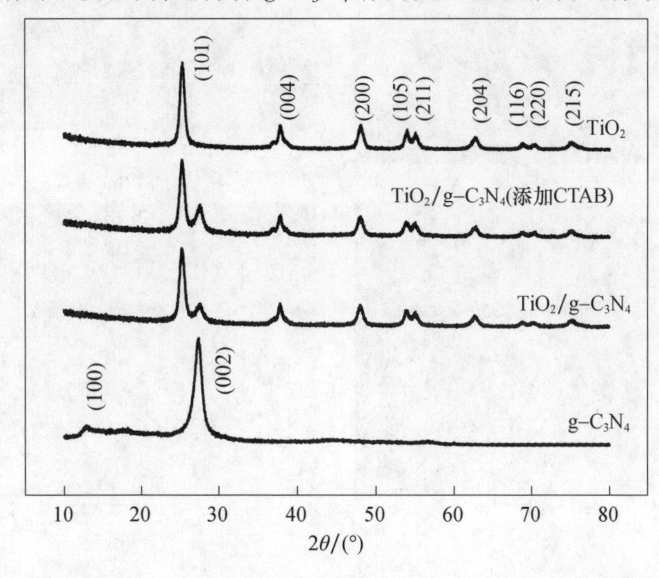

图 2.112　g-C_3N_4、TiO_2、TiO_2/g-C_3N_4 和 TiO_2/g-C_3N_4（添加 CTAB）样品的 XRD 谱图

特征。根据图中 TiO_2 的 XRD 曲线可知，在不添加 g-C_3N_4 其他条件一致情况下合成的 TiO_2 为纯锐钛矿型，在 2θ 分别为 25.3°、37.8°、48.0°、54.0°、55.1°、62.7°、69.2°、70.1°和 75.2°处存在衍射峰，这与锐钛矿型 TiO_2 的标准谱进行对照后是一致的（JCPDS 21-1272）。

将 TiO_2/g-C_3N_4 和 TiO_2/g-C_3N_4（添加 CTAB）材料进行对比，两者的衍射峰位置和强度均非常类似，表现为 g-C_3N_4 与锐钛矿型 TiO_2 衍射峰的叠加，这说明两种材料成功复合。同时，添加 CTAB 和未添加 CTAB 的条件下制备的 TiO_2/g-C_3N_4 的峰型一致说明 CTAB 未对 TiO_2 和 g-C_3N_4 的复合产生破坏，也未导致 TiO_2/g-C_3N_4 的晶型改变和造成其他物相的引入。

2）SEM 分析

图 2.113 为 g-C_3N_4、TiO_2、TiO_2/g-C_3N_4 和 TiO_2/g-C_3N_4（添加 CTAB）样品在放大 20000 倍下的图像。直接热聚合制备的 g-C_3N_4 呈现高度凝结的形貌，纯 TiO_2 则由于团聚作用呈现团块和小颗粒并存的形貌。着重对比添加和未添加 CTAB 条件下制备的 TiO_2/g-C_3N_4 复合材料，在材料合成的最后阶段为了除去 CTAB，制备的样品均在 500℃条件下煅烧 1h，因此样品出现不同程度的团聚。

图 2.113 g-C_3N_4(a)、TiO_2(b)、TiO_2/g-C_3N_4(c)和 TiO_2/g-C_3N_4（添加 CTAB）(d)样品放大 20000 倍下的图像

未添加 CTAB 制备的 TiO_2/g-C_3N_4 样品，块体表面存在一些"地衣状"附着物，主要是一些颗粒及团聚的聚集体。在 CTAB 作用下合成的 TiO_2/g-C_3N_4 复合材料在形貌上表现出差异，表面的附着物则呈现致密化结构，细小的颗粒覆盖在块体上，分散相对更加均匀。推测 TiO_2/g-C_3N_4 复合材料表面的附着物为 TiO_2，被附着的块体则为 g-C_3N_4，为了进一步验证，采用 EDS 方法对该区域进行元素组成分析。

3）EDS 分析

图 2.114 为 TiO_2/g-C_3N_4(a)和 TiO_2/g-C_3N_4(添加 CTAB)(b)样品的 EDS 谱图，从图中可见，两个样品均存在 C、N、O、Ti 四种元素，在 SEM 图的分析中提到许多细小颗粒附着在块体表面，由于 g-C_3N_4 为较大的颗粒，纳米 TiO_2 则相对较小，因此推测小颗粒附着物为 TiO_2，被附着物则是 g-C_3N_4。对两个区域进行元素的定量分析，发现 TiO_2/g-C_3N_4(添加 CTAB)样品的扫描区域的 Ti 含量相对较高，这进一步验证了在 CTAB 作用下，TiO_2 在 g-C_3N_4 表面附着更加均匀，CTAB 起到了分散剂的作用。结果表明，g-C_3N_4 充当了复合材料的基底和模板，为水热条件纳米 TiO_2 的结晶提供了大量的非均匀成核位点，起到了辅助 TiO_2 在 g-C_3N_4 块体表面附着、生长、结晶的作用。

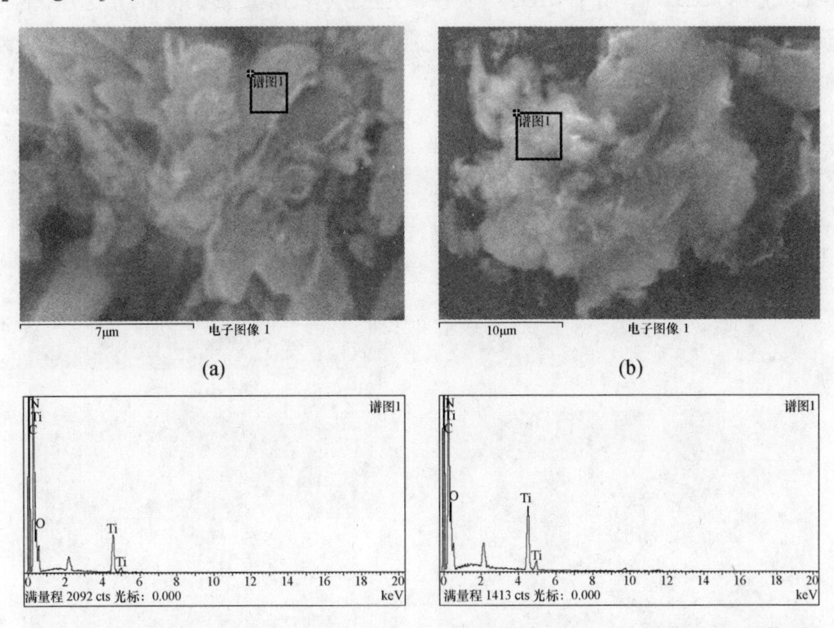

图 2.114 TiO_2/g-C_3N_4(a)和 TiO_2/g-C_3N_4(添加 CTAB)(b)样品的 EDS 谱图

4）TEM 分析

图 2.115(a)为块状 g-C_3N_4 的 TEM 图像，可观察到 g-C_3N_4 形貌为折叠片

层结构。图 2.115(b)为 $TiO_2/g-C_3N_4$ 的 TEM 图,可见 TiO_2 以不规则球状颗粒镶嵌于 $g-C_3N_4$ 片层,粒径大约 10~25nm,颗粒大小不均匀可能是部分细小颗粒团聚作用引起的。图 2.115(d)在 CTAB 作用下制备的 $TiO_2/g-C_3N_4$ 的 TEM 图,可以看到 TiO_2 颗粒粒径更小,集中在 10nm 左右,可见 CTAB 的引入抑制了 TiO_2 的纳米颗粒团聚,这归因于 CTAB 在 TiO_2 晶体合成时对复合材料晶体生成的影响。另外,$TiO_2/g-C_3N_4$(添加 CTAB)样品中 TiO_2 分布更加均匀有序,一方面,是因为 CTAB 作为可增强表面活性的物质在反应体系中形成胶束,在胶束中亲水基团和亲油基团的共同作用下,TiO_2 的生长过程排列趋于有序化,形成更加规则的材料;另一方面,在材料合成过程中 CTAB 吸附在纳米颗粒的表面,形成了很多带正电颗粒,因此,在电荷的作用下,纳米 TiO_2 由于相互之间的斥力导致材料内部达到稳定、均匀的状态,这抑制了团聚现象的发生。同时,还可观察到 $TiO_2/g-C_3N_4$(添加 CTAB)样品中均匀分布着许多的纳米孔洞,这能够优化材料在液相反应中的传质过程。经过局部放大,图 2.115(c)为 $TiO_2/g-C_3N_4$(添加 CTAB)的 HRTEM 图,图中出现清晰的格子条纹。经过测量间距为 0.352nm,这与锐钛矿型 TiO_2 的(101)晶面间距的理论值相符合,也印证了 XRD 的结果,说明 CTAB 作用下 TiO_2 与 $g-C_3N_4$ 结合非常紧密,结晶性良好,形成均匀稳定的异质结,这有助于催化剂受光照激发后载流子的分离,提高在废水降解体系中催化氧化的能力。

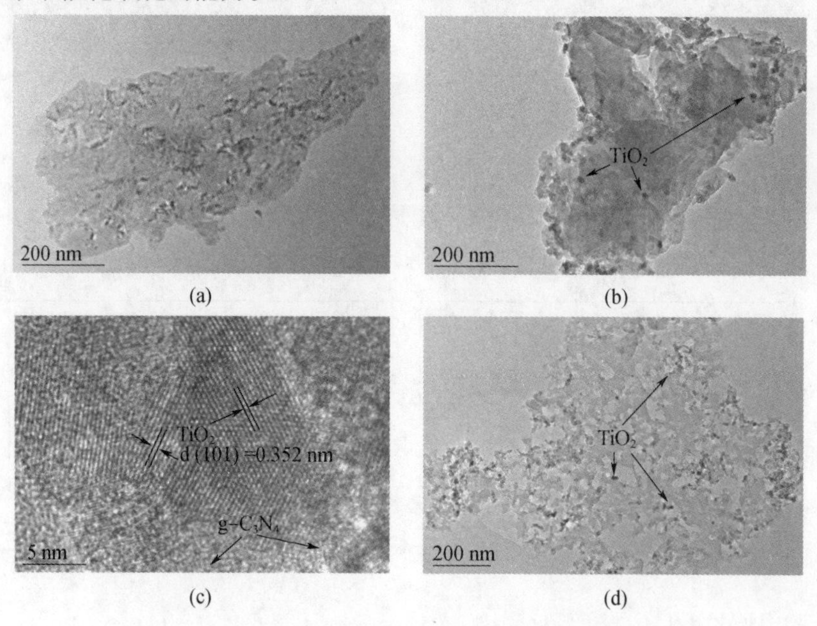

图 2.115　$g-C_3N_4$(a)、$TiO_2/g-C_3N_4$(b)、$TiO_2/g-C_3N_4$(添加 CTAB)(c)、(d)样品的 HRTEM 图

5）BET-BJH 分析

图 2.116 是纯 TiO_2、g-C_3N_4 和 TiO_2/g-C_3N_4、TiO_2/g-C_3N_4（添加 CTAB）样品的氮气吸附-脱附曲线，样品在图中的吸附-脱附等温线均体现为Ⅳ型等温线（按 BDDT 分类），该型等温线的最大特点是存在滞回环，说明样品中均有介孔的存在。当 p/p_0 达到一定值时达到最大吸附，其中 g-C_3N_4 为 H4 型滞回环（按 IUPAC 分类），主要是片层叠加形成狭缝状孔，TiO_2、TiO_2/g-C_3N_4 和 TiO_2/g-C_3N_4（添加 CTAB）的滞回环类型则为 H2 型，这与孔的毛细凝聚作用有关，这表明该样品存在多孔结构，孔中的缩合或蒸发过程有助于形成该结构，或者是网状结构导致的结果。

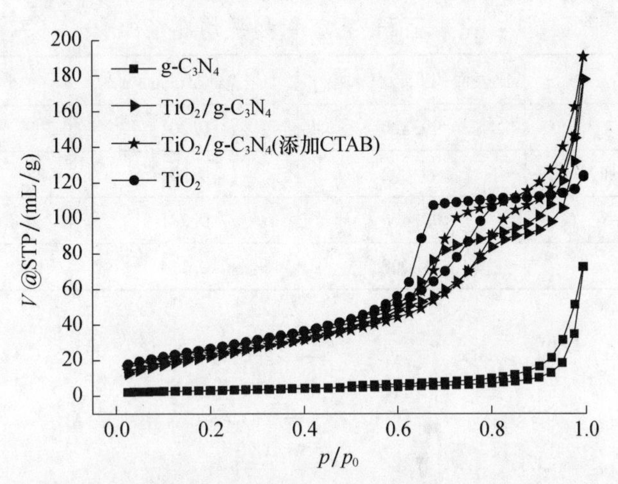

图 2.116　g-C_3N_4、TiO_2/g-C_3N_4、TiO_2/g-C_3N_4（添加 CTAB）、TiO_2 的氮气吸附-脱附曲线（见书末彩图）

表 2.8 比较了样品的比表面积、孔容积和平均孔径，g-C_3N_4 比表面积为 11.008m^2/g，TiO_2/g-C_3N_4 和 TiO_2/g-C_3N_4（添加 CTAB）的比表面积相比于 g-C_3N_4 均有较大提升，未添加 CTAB 制备的 TiO_2/g-C_3N_4 比表面积为 90.496m^2/g，而 TiO_2/g-C_3N_4（添加 CTAB）的比表面积更是达到了 99.092m^2/g，接近钛酸丁酯水热条件下生长的纯相 TiO_2，高于未添加 CTAB 的 TiO_2/g-C_3N_4 材料，同时孔容积达到 0.301cm^3/g。加入 CTAB 合成的产物比表面积得到明显提升，这可能是 CTAB 作为模板剂在合成过程中形成胶束，对纳米颗粒的团聚起到抑制作用，使得颗粒分散得更加均匀，形成更加均一的孔洞，这表明 CTAB 的引入优化了材料的孔结构。

图 2.117 是采用 BJH 方法获取的纯 TiO_2、g-C_3N_4、TiO_2/g-C_3N_4 和 TiO_2/g-C_3N_4（添加 CTAB）样品的孔径分布曲线，从图中可以发现，TiO_2/g-C_3N_4 样品孔

径分布的宽峰主要是 $g-C_3N_4$ 内部的介孔及大孔结构形成的,窄峰则主要是在 $g-C_3N_4$ 表面及孔结构中的纳米 TiO_2 聚集形成的。水热法制备的 TiO_2 孔径分布较为集中,主要分布在 5.8nm 附近,未添加 CTAB 制备的 $TiO_2/g-C_3N_4$ 孔径分布也主要集中在 5.8nm 附近,在 CTAB 作用下制备的 $TiO_2/g-C_3N_4$,平均孔径略有增大,孔径分布主要集中在 6.7nm 附近,推测 CTAB 在体系中充当了分散剂的作用,减小了纳米材料的团簇效应,有效改善了材料的表面分布情况。同时,CTAB 在合成过程中吸附在 TiO_2 表面使其带正电,因此粒子间存在相互作用的斥力,对材料的孔径大小也产生了影响。

表 2.8 $g-C_3N_4$、$TiO_2/g-C_3N_4$、$TiO_2/g-C_3N_4$(添加 CTAB)、TiO_2 的比表面积、孔容积和平均孔径

样品	比表面积 S_{BET}/(m^2/g)	孔容积/(cm^3/g)	平均孔径/nm
TiO_2	99.420	0.201	5.809
$TiO_2/g-C_3N_4$(添加 CTAB)	99.092	0.301	6.796
$TiO_2/g-C_3N_4$	90.496	0.281	5.811
$g-C_3N_4$	11.008	0.114	3.938

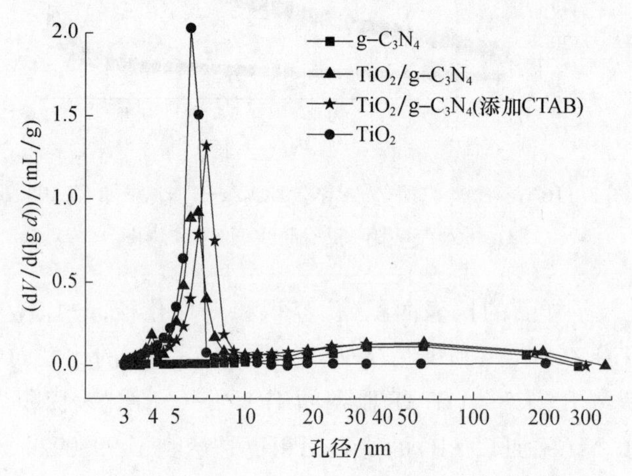

图 2.117 $g-C_3N_4$、$TiO_2/g-C_3N_4$、$TiO_2/g-C_3N_4$(添加 CTAB)、TiO_2 样品的孔径分布曲线(见书末彩图)

6) FT-IR 分析

图 2.118 为 $g-C_3N_4$、$TiO_2/g-C_3N_4$、$TiO_2/g-C_3N_4$(添加 CTAB)、TiO_2 样品的 FT-IR 光谱图,位于 3400~2900cm^{-1} 范围内的特征吸收为 $g-C_3N_4$ 上残留的部分 N—H 和引入的 O—H 或是吸附少量水的结果,位于 1700~1250cm^{-1} 的强峰

则是由于芳香型碳氮杂环中 C—N 及 C ═N 键产生的伸缩振动导致的,分布在 800cm^{-1} 处的吸收峰则可归属为三嗪结构的简正振动。纯 TiO_2 的出峰主要是在 1600cm^{-1} 处和 400~600cm^{-1} 处,其中 1600cm^{-1} 处是受空气中的二氧化碳气体的影响,在 400~600cm^{-1} 处出现的峰则是因为 Ti—O—Ti 键。TiO_2/g-C_3N_4 和 TiO_2/g-C_3N_4(添加 CTAB)的红外曲线中,表现为 TiO_2 和 g-C_3N_4 的吸收峰的叠加,表明复合材料由 g-C_3N_4 与 TiO_2 构成。另外,在 TiO_2/g-C_3N_4(添加 CTAB)的红外曲线中,在 2900cm^{-1} 附近并未检测到季铵盐的相关特征峰,表明了 CTAB 在高温焙烧过程中被完全除尽,未造成材料中其他杂质的引入。

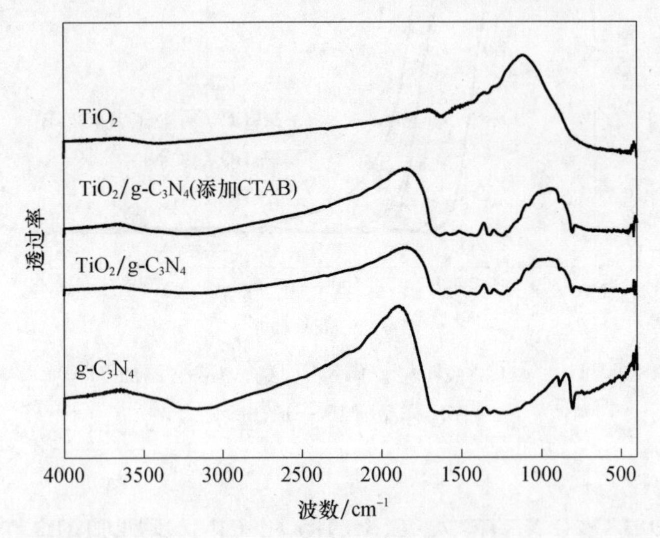

图 2.118 g-C_3N_4、TiO_2/g-C_3N_4、TiO_2/g-C_3N_4(添加 CTAB)、TiO_2 样品的 FT-IR 光谱图

7) UV-vis DRS 分析

图 2.119 是 g-C_3N_4、TiO_2/g-C_3N_4、TiO_2/g-C_3N_4(添加 CTAB)、TiO_2 样品的紫外-可见漫反射吸收光谱图。由光谱图可知,纯 g-C_3N_4、TiO_2 的吸收阈值分别为 462nm、391nm,采用带隙能公式 $E_g = 1239.7/\lambda_g$ 进行估算,对应带隙分别为 2.68eV、3.17eV,很接近 g-C_3N_4 的理论值 2.7eV、纳米 TiO_2 的理论值 3.2eV。

TiO_2/g-C_3N_4 和 TiO_2/g-C_3N_4(添加 CTAB)的 DRS 结果比较接近,光响应范围均介于 g-C_3N_4 和 TiO_2 之间。对有无 CTAB 条件下制备的 TiO_2/g-C_3N_4 材料进行对比,TiO_2/g-C_3N_4、TiO_2/g-C_3N_4(添加 CTAB)的吸收阈值分别为 441nm、450nm,对应带隙为 2.81nm、2.76nm,这标志着在 CTAB 作用下制备的材料的光吸收带边发生了红移,CTAB 在一定程度上延拓了 TiO_2/g-C_3N_4 对于可见光吸收的范围,说明 CTAB 的引入优化了 TiO_2/g-C_3N_4 的结构,增强了材料

对可见光的吸收利用。同时，相比未添加 CTAB 的 $TiO_2/g-C_3N_4$ 复合材料，$TiO_2/g-C_3N_4$（添加 CTAB）的吸收曲线幅度存在更大拖尾现象，这说明材料内部可能存在更多的缺陷，缺陷的引入能够促进光生载流子的分离，提升光催化过程的量子效率。

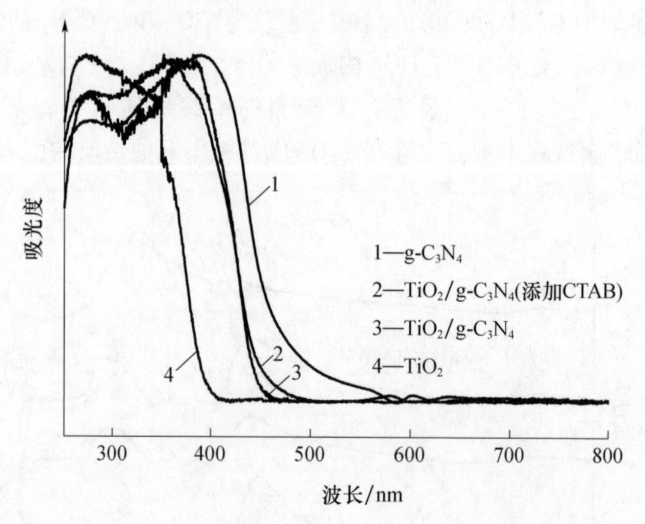

图 2.119　$g-C_3N_4$、$TiO_2/g-C_3N_4$、$TiO_2/g-C_3N_4$（添加 CTAB）、TiO_2 样品的 UV-vis DRS 图

8）PL 分析

图 2.120 是 $g-C_3N_4$、$TiO_2/g-C_3N_4$、$TiO_2/g-C_3N_4$（添加 CTAB）、TiO_2 样品的 PL 光谱图，激发波长为 315nm。由图可知，TiO_2 的发射峰在 390nm 附近，$g-C_3N_4$ 和 $TiO_2/g-C_3N_4$、$TiO_2/g-C_3N_4$（添加 CTAB）的荧光曲线形状较为类似，发射峰均分别在 459nm、440nm、450nm 处，这与 UV-vis DRS 结果是一致的。$TiO_2/g-C_3N_4$ 复合材料中 TiO_2 与 $g-C_3N_4$ 形成异质结，荧光强度与 $g-C_3N_4$ 相比明显地减弱，在 CTAB 作用下制备的 $TiO_2/g-C_3N_4$ 荧光强度降低更为明显，说明 CTAB 作用下形成了更加优异的异质结，使得光生载流子相互分离以避免复合。

2. 对光催化降解偏二甲肼废水性能的影响

1）紫外线下降解偏二甲肼废水

图 2.121 是紫外线下 $g-C_3N_4$、$TiO_2/g-C_3N_4$、$TiO_2/g-C_3N_4$（添加 CTAB）、TiO_2 样品催化偏二甲肼的降解率曲线。可以发现，在紫外线条件下 $g-C_3N_4$ 和 TiO_2 对偏二甲肼的去除性能十分相似。着重比对 $TiO_2/g-C_3N_4$ 和 $TiO_2/g-C_3N_4$（添加 CTAB）两个复合材料，发现在反应 80min 后偏二甲肼去除率基本达到稳定，两者对偏二甲肼的去除率均明显高于 $g-C_3N_4$ 和 TiO_2，无论是否添加 CTAB，

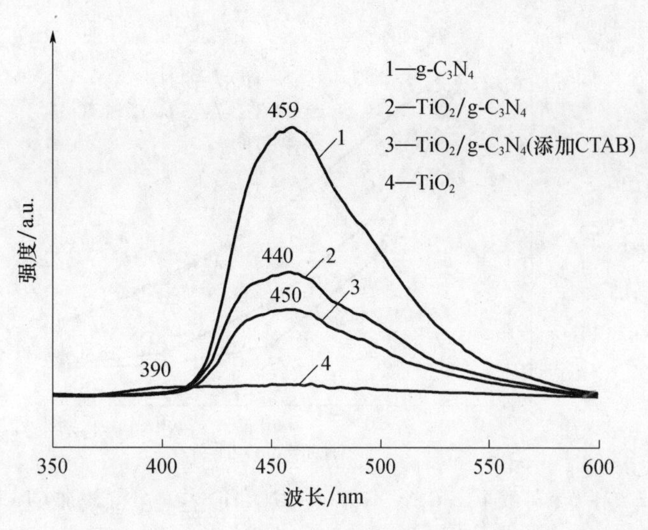

图 2.120 g-C_3N_4、TiO_2/g-C_3N_4、TiO_2/g-C_3N_4(添加 CTAB)、TiO_2 样品的 PL 光谱图

对偏二甲肼的去除率均达到 98%左右。但在反应前、中期,TiO_2/g-C_3N_4 和 TiO_2/g-C_3N_4(添加 CTAB)对偏二甲肼的去除性能的差异比较明显,反应 40min,CTAB 作用下制备的 TiO_2/g-C_3N_4 样品对偏二甲肼的去除率达到 91.9%,比未添加 CTAB 的 TiO_2/g-C_3N_4 样品提高了 13.1%。

偏二甲肼的降解遵循一级反应动力学过程,图 2.122 是紫外线下 g-C_3N_4、TiO_2/g-C_3N_4、TiO_2/g-C_3N_4(添加 CTAB)、TiO_2 样品降解偏二甲肼的表观速率常数。TiO_2/g-C_3N_4(添加 CTAB)在紫外线下对偏二甲肼降解的表观速率常数为 0.055min^{-1},高于 TiO_2/g-C_3N_4(0.048min^{-1}),是直接热聚合制备 g-C_3N_4(0.023min^{-1})的 2.4 倍。

2)可见光下降解偏二甲肼废水

图 2.123 是在可见光条件下 g-C_3N_4、TiO_2/g-C_3N_4、TiO_2/g-C_3N_4(添加 CTAB)、TiO_2 样品催化偏二甲肼的降解率曲线。可以发现,相比于纯相的 g-C_3N_4 和 TiO_2,TiO_2/g-C_3N_4 和 TiO_2/g-C_3N_4(添加 CTAB)复合材料对偏二甲肼的去除性能均有较大提升,这与紫外线条件下结果一致。对比 TiO_2/g-C_3N_4 和 TiO_2/g-C_3N_4(添加 CTAB)两种材料的光催化活性,相比于紫外线条件下,在可见光下两者的催化性能的差异更为显著,TiO_2/g-C_3N_4(添加 CTAB)的催化活性明显高于其他催化剂。反应 120min,TiO_2/g-C_3N_4(添加 CTAB)对偏二甲肼的去除率达到 83.2%,比未添加 CTAB 制备的 TiO_2/g-C_3N_4 提升了 13.7%。图 2.124 为一级反应动力学对偏二甲肼降解过程拟合的表观速率常数,拟合的表观速率常数 k(TiO_2/g-C_3N_4(添加 CTAB))= 0.01463min^{-1}>k(TiO_2/g-C_3N_4)=

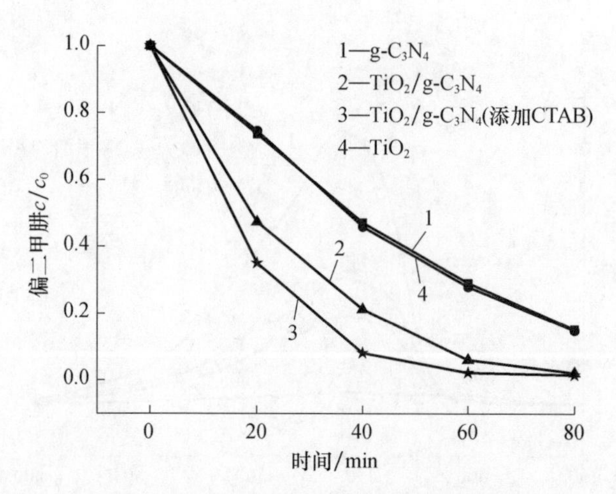

图 2.121 紫外线下 $g-C_3N_4$、$TiO_2/g-C_3N_4$、$TiO_2/g-C_3N_4$(添加 CTAB)、TiO_2 样品催化偏二甲肼的降解率曲线

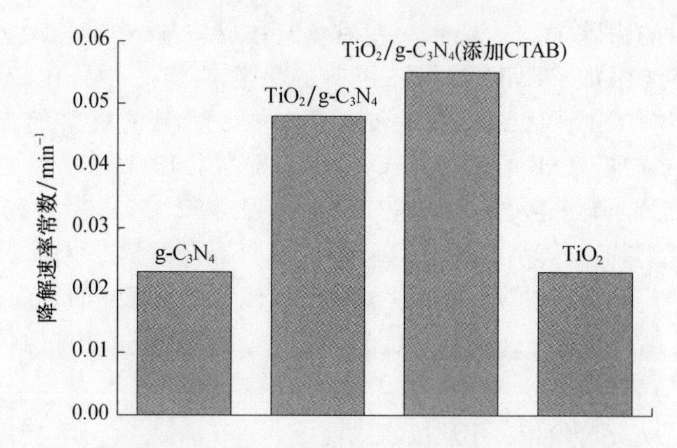

图 2.122 紫外线下 $g-C_3N_4$、$TiO_2/g-C_3N_4$、$TiO_2/g-C_3N_4$(添加 CTAB)、TiO_2 样品降解偏二甲肼速率常数

$0.00980min^{-1}>k(g-C_3N_4)=0.00546min^{-1}>k(TiO_2)=0.00117min^{-1}$。结果表明,在 CTAB 作用下制备的 $TiO_2/g-C_3N_4$,表观动力学常数是未添加 CTAB 制备的 $TiO_2/g-C_3N_4$ 的 1.5 倍,是 $g-C_3N_4$ 的 2.7 倍。

结果表明,在不同类型光源下,$TiO_2/g-C_3N_4$(添加 CTAB)的光催化活性均高于其他光催化体系,表现出最佳的光催化性能。可见在复合材料制备过程中 CTAB 的引入对最终产物的催化活性具有一定的影响,主要原因可能是在 CTAB 条件下制备的复合材料的形貌相对优异,CTAB 对材料的结构具有优良的导向作用,使得 TiO_2 粒子分散更均匀,形貌更规则,能够增加

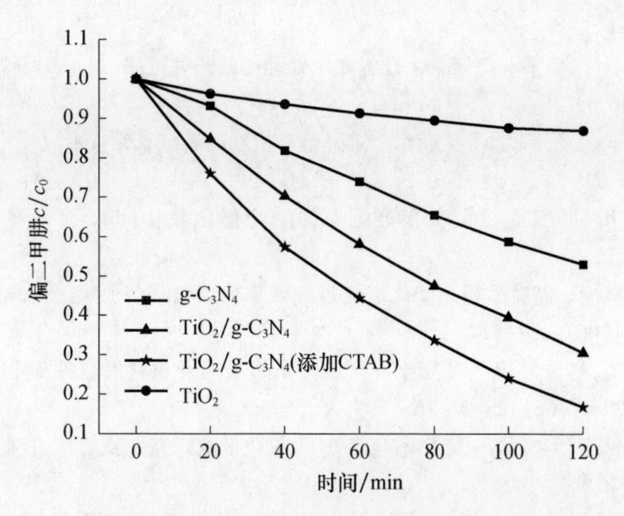

图 2.123 可见光下 $g-C_3N_4$、$TiO_2/g-C_3N_4$、$TiO_2/g-C_3N_4$(添加 CTAB)、TiO_2 样品催化偏二甲肼的降解率曲线

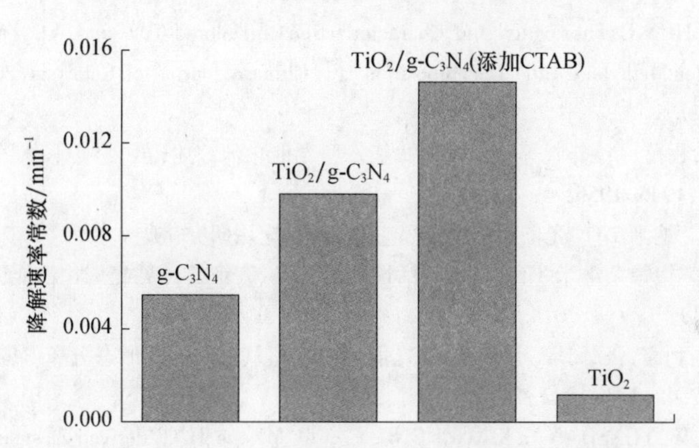

图 2.124 可见光下 $g-C_3N_4$、$TiO_2/g-C_3N_4$、$TiO_2/g-C_3N_4$(添加 CTAB)、TiO_2 降解偏二甲肼速率常数

反应活性点位和对光的吸收利用效率,进而提升 $TiO_2/g-C_3N_4$ 的光催化降解偏二甲肼的活性[83]。

参考文献

[1] 胡春,王怡中,汤鸿霄. 多相光催化氧化的理论与实践发展[J]. 环境科学进展,1995

(01):55-64.
[2] 江传春,肖蓉蓉,杨平. 高级氧化技术在水处理中的研究进展[J]. 水处理技术,2011,37(07):12-16,33.
[3] 孙晓君,冯玉杰,蔡伟民,等. 废水中难降解有机物的高级氧化技术[J]. 化工环保,2001(05):264-269.
[4] 魏宏斌,李田,严煦世. 水中有机污染物的光催化氧化[J]. 环境科学进展,1994(03):50-57.
[5] 付贤智,李旦振. 提高多相光催化氧化过程效率的新途径[J]. 福州大学学报(自然科学版),2001(06):104-114.
[6] 尹奇异,杨蕾,刘文方,等. 窄带半导体敏化 TiO_2 光催化材料的制备及性能研究[J]. 广东化工,2020,47(06):25-26,16.
[7] 汤晓蕾,董延茂,袁妍,等. 染料敏化 TiO_2 光催化剂的研究进展[J]. 工业水处理,2021,41(10):1-10.
[8] 魏子栋,殷菲,谭君,等. TiO_2 光催化氧化研究进展[J]. 化学通报,2001(02):76-80.
[9] 向全军. 二氧化钛基光催化材料的微结构调控与性能增强 [D]. 武汉:武汉理工大学,2012.
[10] WON-CHUN O. Fabrication and Characterization of Tailored TiO_2 and WO_3/MWCNT Composites for Methylene Blue Decomposition[J]. Chinese Journal of Catalysis,2011,32(06):926-932.
[11] 戚克振,程蓓,余家国,等. 二氧化钛基 Z 型光催化剂综述(英文)[J]. 催化学报,2017,38(12):1936-1955.
[12] 陈建军. 纳米 TiO_2 光催化剂的制备、改性及其应用研究 [D]. 长沙:中南大学,2001.
[13] 康宏平. 银掺杂纳米 TiO_2 与负载活性炭的制备、表征及可见光催化性能研究 [D]. 武汉:武汉理工大学,2014.
[14] 王丹,赵利霞,张辉,等. 二氧化钛光催化产生超氧自由基的形态分布研究[J]. 分析化学,2017,45(12):1882-1887.
[15] ZHIBIN W,YUNSHAN L,XINGZHONG Y,et al. MXene Ti_3C_2 derived Z-scheme photocatalyst of graphene layers anchored TiO_2/g-C_3N_4 for visible light photocatalytic degradation of refractory organic pollutants[J]. Chemical Engineering Journal,2020,394:124921.
[16] YAN Z,ANRAN S,MEIYU X,et al. TiO_2/BiOI p-n junction-decorated carbon fibers as weavable photocatalyst with UV-vis photoresponsive for efficiently degrading various pollutants[J]. Chemical Engineering Journal,2021,415:129019.
[17] HUMMERS JR W S,OFFEMAN R E. Preparation of graphitic oxide[J]. Journal of the american chemical society,1958,80(6):1339.
[18] CHEN J,QIU F,XU W,et al. Recent progress in enhancing photocatalytic efficiency of TiO_2-based materials[J]. Applied Catalysis A:General,2015,495:131-140.
[19] LI X,SHEN R,MA S,et al. Graphene-based heterojunction photocatalysts[J]. Applied Surface Science,2018,430:53-107.

[20] HUNGE Y M, YADAV A A, DHODAMANI A G, et al. Enhanced photocatalytic performance of ultrasound treated GO/TiO_2 composite for photocatalytic degradation of salicylic acid under sunlight illumination[J]. Ultrasonics Sonochemistry, 2020, 61: 104849.

[21] KAVIMANI V, SOORYA PRAKASH K, THANKACHAN T, et al. Synergistic improvement of epoxy derived polymer composites reinforced with Graphene Oxide (GO) plus Titanium di oxide (TiO_2) [J]. Composites Part B: Engineering, 2020, 191: 107911.

[22] ALAMELU K, JAFFAR ALI B M. Sunlight driven photocatalytic performance of a Pt nanoparticle decorated sulfonated graphene - TiO_2 nanocomposite [J]. New Journal of Chemistry, 2020, 44(18): 7501-7516.

[23] TRAPALIS A, TODOROVA N, GIANNAKOPOULOU T, et al. TiO_2/graphene composite photocatalysts for NOx removal: A comparison of surfactant-stabilized graphene and reduced graphene oxide[J]. Applied Catalysis B: Environmental, 2016, 180: 637-647.

[24] JIANG G, LIN Z, CHEN C, et al. TiO_2 nanoparticles assembled on graphene oxide nanosheets with high photocatalytic activity for removal of pollutants[J]. Carbon, 2011, 49(8): 2693-2701.

[25] QIU B, XING M, ZHANG J. Mesoporous TiO_2 nanocrystals grown in situ on graphene aerogels for high photocatalysis and lithium-ion batteries[J]. J Am Chem Soc, 2014, 136(16): 5852-5.

[26] NAWAZ M, MIRAN W, JANG J, et al. One-step hydrothermal synthesis of porous 3D reduced graphene oxide/TiO_2 aerogel for carbamazepine photodegradation in aqueous solution [J]. Applied Catalysis B: Environmental, 2017, 203: 85-95.

[27] GORGOLIS G, GALIOTIS C. Graphene aerogels: a review [J]. 2D Material, 2017, 4 (4): 032001.

[28] PETIT C, MENDOZA B, BANDOSZ T J. Reactive adsorption of ammonia on Cu-based MOF/graphene composites[J]. Langmuir, 2010, 26(19): 15302-15309.

[29] KHALID N R, AHMED E, HONG Z, et al. Cu-doped TiO_2 nanoparticles/graphene composites for efficient visible-light photocatalysis[J]. Ceramics International, 2013, 39(6): 7107-7113.

[30] ASHRAF M A, LIU Z, PENG W-X, et al. Combination of sonochemical and freeze-drying methods for synthesis of graphene/Ag-doped TiO_2 nanocomposite: A strategy to boost the photocatalytic performance via well distribution of nanoparticles between graphene sheets[J]. Ceramics International, 2020, 46(6): 7446-7452.

[31] CHEN Y S, CHAO B K, NAGAO T, et al. Effects of Ag particle geometry on photocatalytic performance of Ag/TiO_2/reduced graphene oxide ternary systems [J]. Materials Chemistry and Physics, 2020, 240: 122216.

[32] JIN Z, DUAN W, LIU B, et al. Fabrication of efficient visible light activated Cu-P25-graphene ternary composite for photocatalytic degradation of methyl blue[J]. Applied Surface Science, 2015, 356: 707-718.

[33] HAN Y, CHEN Z L, SHEN J M, et al. The role of Cu(II) in the reduction of N-nitrosodimethylamine with iron and zinc[J]. Chemosphere, 2017, 167: 171.

[34] REDDY N L, KUMAR S, KRISHNAN V, et al. Multifunctional Cu/Ag quantum dots on TiO_2 nanotubes as highly efficient photocatalysts for enhanced solar hydrogen evolution[J]. Journal of Catalysis, 2017, 350: 226-239.

[35] 郭锴, 柳松年, 陈建峰, 等. 超重力工程技术应用的新进展[J]. 化工进展, 1997(01): 1-4.

[36] 邹海魁, 邵磊, 陈建峰. 超重力技术进展——从实验室到工业化[J]. 化工学报, 2006, 57(8): 1810-1816.

[37] 侯静涛. MnO_2 基催化剂的微结构调控及其催化净化 VOCs 性能[D]. 武汉: 武汉理工大学, 2014.

[38] QUAN F, HU Y, ZHANG X, et al. Simple preparation of Mn-N-codoped TiO_2 photocatalyst and the enhanced photocatalytic activity under visible light irradiation[J]. Applied Surface Science, 2014, 320: 120-127.

[39] HASHEM T M, ZIRLEWAGEN M, BRAUN A M. Simultaneous photochemical generation of ozone in the gas phase and photolysis of aqueous reaction systems using one VUV light source[J]. Water Ence & Technology, 1997, 35(4): 41-48.

[40] SZETO W, LI J, HUANG H, et al. VUV/TiO_2 photocatalytic oxidation process of methyl orange and simultaneous utilization of the lamp-generated ozone[J]. Chemical Engineering Science, 2018, 177: 380-390.

[41] CHANG F, ZHANG J, XIE Y, et al. Fabrication, characterization, and photocatalytic performance of exfoliated g-C_3N_4-TiO_2 hybrids[J]. Applied Surface Science, 2014, 311(30): 474-581.

[42] JIAXIN N, WEI W, DONGMEI L, et al. Oxygen vacancy-mediated sandwich-structural TiO_{2-x}/ultrathin g-C_3N_4/TiO_{2-x} direct Z-scheme heterojunction visible-light-driven photocatalyst for efficient removal of high toxic tetracycline antibiotics[J]. Journal of Hazardous Materials, 2021, 408(15): 124978.

[43] 董志勇. C_3N_4/por 改性 TiO_2 基光催化剂及其可见光催化性机能的研究[D]. 广州: 华南理工大学, 2019.

[44] 王娟, 王国宏, 程蓓, 等. 光降解刚果红的 S 型硫掺杂 g-C_3N_4/TiO_2 异质结光催化剂(英文)[J]. Chinese Journal of Catalysis, 2021, 42(01): 56-68.

[45] 唐立平, 贾晶晶, 胡莹莹, 等. g-C_3N_4 光催化剂的制备及改性研究进展[J]. 化工新型材料, 2022(03): 1-12.

[46] SWETA G, FREDERIC D, SHASHANK M, et al. High surface area g-C_3N_4 and g-C_3N_4-TiO_2 photocatalytic activity under UV and Visible light: Impact of individual component[J]. Journal of Environmental Chemical Engineering, 2021, 9(4): 105587.

[47] MA H A, JIA X P, CHEN L X, et al. High-pressure pyrolysis study of $C_3N_6H_6$: a route to preparing bulk C_3N_4[J]. Journal of Physics Condensed Matter, 2002, 14(44): 11269.

[48] LI C, CAO C B, ZHU H S. Graphitic carbon nitride thin films deposited by electrodeposition[J]. Materials Letters, 2004, 58(12/13): 1903-1906.

[49] HAN Q, WANG B, ZHAO Y, et al. A Graphitic-C_3N_4"Seaweed" Architecture for Enhanced Hydrogen Evolution[J]. Angewandte Chemie, 2015.

[50] GROENEWOLT M, ANTONIETTI M. Synthesis of g-C_3N_4 Nanoparticles in Mesoporous Silica Host Matrices[J]. Advanced Materials, 2005, 17(14): 1789-1792.

[51] GOETTMANN F, FISCHER A, ANTONIETTI M, et al. Chemical Synthesis of Mesoporous Carbon Nitrides Using Hard Templates and Their Use as a Metal-Free Catalyst for Friedel-Crafts Reaction of Benzene[J]. Angewandte Chemie International Edition, 2006, 45(27): 4467-4471.

[52] GHOSH K, KUMAR M, WANG H, et al. Facile Decoration of Platinum Nanoparticles on Carbon-Nitride Nanotubes via Microwave-Assisted Chemical Reduction and Their Optimization for Field-Emission Application[J]. The Journal of Physical Chemistry C, 2010, 114(11): 5107-5112.

[53] TAHIR M, CAO C, MAHMOOD N, et al. Multifunctional g-C_3N_4 nanofibers: a template-free fabrication and enhanced optical, electrochemical, and photocatalyst properties[J]. Acs Applied Materials & Interfaces, 2014, 6(2): 1258-1265.

[54] GUO Q, YI X, WANG X, et al. Characterization of well-crystallized graphitic carbon nitride nanocrystallites via a benzene-thermal route at low temperatures[J]. Chemical Physics Letters, 2003, 380(1-2): 84-87.

[55] CUI Y, DING Z, FU X, et al. Construction of Conjugated Carbon Nitride Nanoarchitectures in Solution at Low Temperatures for Photoredox Catalysis[J]. Angewandte Chemie, 2012, 51(47): 11814-11818.

[56] JUN Y S, LEE E Z, WANG X, et al. From Melamine-Cyanuric Acid Supramolecular Aggregates to Carbon Nitride Hollow Spheres[J]. Advanced Functional Materials, 2013, 23(29): 3661-3667.

[57] LIAO Y, ZHU S, MA J, et al. Tailoring the Morphology of g-C_3N_4 by Self-Assembly towards High Photocatalytic Performance[J]. Chemcatchem, 2014, 6(12): 3419-3425.

[58] VINU A, ARIGA K, MORI T, et al. Preparation and Characterization of Well-Ordered Hexagonal Mesoporous Carbon Nitride[J]. Advanced Materials, 2005, 17(13): 1648-1652.

[59] ZHAO Z, DAI Y. Nanodiamond/carbon nitride hybrid nanoarchitecture as an efficient metal-free catalyst for oxidant- and steam-free dehydrogenation[J]. Journal of Materials Chemistry A, 2014, 2(33): 13442-13451.

[60] YAN H. Soft-templating synthesis of mesoporous graphitic carbon nitride with enhanced photocatalytic H_2 evolution under visible light[J]. Chemical Communications, 2012, 48(28): 3430-3432.

[61] YONG, WANG, JINSHUI, et al. Boron- and Fluorine-Containing Mesoporous Carbon Nitride Polymers: Metal-Free Catalysts for Cyclohexane Oxidation[J]. Angewandte Chemie International Edition, 2010, 49(19): 3356-3359.

[62] PING N, ZHANG L, GANG L, et al. Graphene-Like Carbon Nitride Nanosheets for Improved

Photocatalytic Activities[J]. Advanced Functional Materials,2012,22(22):4763-4770.

[63] YU H,SHI R,ZHAO Y,et al. Photocatalysis:Alkali-Assisted Synthesis of Nitrogen Deficient Graphitic Carbon Nitride with Tunable Band Structures for Efficient Visible-Light-Driven Hydrogen Evolution (Adv. Mater. 16/2017) [J]. Advanced Materials, 2017, 29 (22):1605148.

[64] WANG J,GUAN Z,HUANG J,et al. Enhanced Photocatalytic Mechanism for the Hybrid g-C_3N_4/MoS_2 Nanocomposite[C]中国化学会第十二届全国量子化学会议,太原,2014.

[65] CAO S W,YUAN Y P,FANG J,et al. In-situ growth of CdS quantum dots on g-C_3N_4 nanosheets for highly efficient photocatalytic hydrogen generation under visible light irradiation[J]. International Journal of Hydrogen Energy,2013,38(3):1258-1266.

[66] LIU W,WANG M,XU C,et al. Significantly enhanced visible-light photocatalytic activity of g-C_3N_4 via ZnO modification and the mechanism study[J]. Journal of Molecular Catalysis A Chemical,2013,368-369:9-15.

[67] A H X,A J Y,A Y X,et al. Novel visible-light-driven AgX/graphite-like C_3N_4(X=Br,I) hybrid materials with synergistic photocatalytic activity[J]. Applied Catalysis B:Environmental,2013,129(2):182-193.

[68] SHIXIONG,MIN,GONGXUAN,et al. Enhanced Electron Transfer from the Excited Eosin Y to mpg-C_3N_4 for Highly Efficient Hydrogen Evolution under 550nm Irradiation[J]. The Journal of Physical Chemistry C,2012,116(37):19644-19652.

[69] YUAN B,WEI J,HU T,et al. Simple synthesis of g-C_3N_4/rGO hybrid catalyst for the photocatalytic degradation of rhodamine B[J]. Chinese Journal of Catalysis,2015,36(7):1009-1016.

[70] YUAN B,HAO Q,HAO S,et al. Enhanced photochemical oxidation ability of carbon nitride by π—π stacking interactions with graphene[J]. Chinese Journal of Catalysis, 2017,38(2):278-286.

[71] LEI,GE,CHANGCUN,et al. Enhanced visible light photocatalytic hydrogen evolution of sulfur-doped polymeric g-C_3N_4 photocatalysts - ScienceDirect[J]. Materials Research Bulletin,2013,48(10):3919-3925.

[72] LI X H,WANG X,ANTONIETTI M. Mesoporous g-C_3N_4 Nanorods as Multifunctional Supports of Ultrafine Metal Nanoparticles:Hydrogen Generation from Water and Reduction of Nitrophenol with Tandem Catalysis in One Step[J]. Chemical Science,2012,3(6):2170-2174.

[73] DATTA K,REDDY B,ARIGA K,et al. Gold nanoparticles embedded in a mesoporous carbon nitride stabilizer for highly efficient three-component coupling reaction[J]. Angew Chem Int Ed Engl,2010,122(34):6097-6101.

[74] ZHENXING,ZENG,KEXIN,et al. Fabrication of highly dispersed platinum-deposited porous g-C_3N_4 by a simple in situ photoreduction strategy and their excellent visible light photocatalytic activity toward aqueous 4-fluorophenol degradation[J]. Chinese Journal of Catalysis,2017.

[75] HONGJIAN, YAN, HUANG. Polymer composites of carbon nitride and poly(3-hexylthiophene) to achieve enhanced hydrogen production from water under visible light[J]. Chemical communications(Cambridge,England),2011,47(14):4168-4170.

[76] LEI G,HAN C,JING L,et al. Enhanced visible light photocatalytic activity of novel polymeric g-C_3N_4 loaded with Ag nanoparticles[J]. Applied Catalysis A General,2011,409(none):215-222.

[77] XINCHEN, WANG, XIUFANG, et al. Metal-Containing Carbon Nitride Compounds: A New Functional Organic-Metal Hybrid Material[J]. Advanced Materials, 2009, 21(16):1609-1612.

[78] YUE B,LI Q,IWAI H,et al. Hydrogen production using zinc-doped carbon nitride catalyst irradiated with visible light[J]. Science & Technology of Advanced Materials, 2011, 12(3):034401.

[79] 李欣蔚,张会均,文莉,等. K 掺杂 g-C_3N_4 的原位合成、禁带结构解析及其可见光催化性能增强机制[J]. 科学通报,2016,61(24):2707-2716.

[80] LIU G,NIU P,SUN C,et al. Unique Electronic Structure Induced High Photoreactivity of Sulfur-Doped Graphitic C_3N_4[J]. Journal of the American Chemical Society,2010,132(33):11642-11648.

[81] YAN S C,LI Z S,ZOU Z G. Photodegradation of Rhodamine B and Methyl Orange over Boron-Doped g-C_3N_4 under Visible Light Irradiation[J]. Langmuir,2010,26(6):3894-3901.

[82] 曾宝平,贾瑛,许国根,等. CTAB 作用下 TiO_2/g-C_3N_4 的制备及光催化降解偏二甲肼废水[J]. 材料工程,2019,47(09):139-144.

[83] 曾宝平,许国根,贾瑛,等. TiO_2/g-C_3N_4 的制备及光催化降解偏二甲肼废水[J]. 应用化工,2018,47(04):771-779.

第3章 吸附材料的应用

吸附法是处理液体推进剂废液的一种常用方法，它是利用活性炭及其他吸附剂通过物理吸附及化学吸附，对废水中的污染物进行吸附而使废水得到净化。

吸附法中吸附剂应具备良好的吸附性、较大的比表面积、良好的再生能力和耐磨强度、来源丰富、成本低廉等条件。对于水处理领域，常用的吸附剂有活性炭、硅藻土、氧化铝、合成沸石、白土、硅胶和分子筛等，其中活性炭是应用领域最广的重要吸附剂。

3.1 有机酸改性炭质材料的吸附性能

多孔炭质材料在有机物的废水、废气净化中应用广泛，但直接使用的炭质材料对污染物的去除主要是物理吸附，存在吸附速率慢、吸附量低以及吸附牢固性较差等问题[1]。有机酸与偏二甲肼反应之后可以生成盐类，相对来说稳定性更好[2]，而用有机酸（乙酸、草酸、柠檬酸以及α-酮戊二酸等）改性炭质材料可能会使得炭质材料表面的羧基增多，并在一定程度上对炭质材料进行蚀刻，从而在吸附量以及吸附热两个方面提高炭质材料对于偏二甲肼的特定吸附效果。

3.1.1 材料的制备与改性

首先通过低温膨胀法制备实验所用的膨胀石墨，测定其膨胀体积，选用合适的一部分进行后续操作。之后将炭质材料通过预处理去除灰分以及表面附着的一些杂质，再采用浸渍法制备有机酸改性炭质材料。

1. 膨胀石墨[3]的制备

取5g鳞片石墨，按照石墨：高锰酸钾：硝酸：磷酸=1：1.5：1.4：5.6的比例，先将硝酸和磷酸制成混酸，然后依次加入锥形瓶中，于60℃水浴搅拌80min，用去离子水洗至中性并于布氏漏斗中真空抽滤15min，得到一次插层可膨胀石墨；取一定量的一次可膨胀石墨，按照可膨胀石墨：高锰酸钾：饱和磷酸氢二钠溶液=1：1.5：3依次加入锥形瓶中，于60℃水浴搅拌80min，用去离子水洗至中性，并于布氏漏斗中真空抽滤15min，得到二次插层可膨胀石墨；将其放到带盖表面皿中置于鼓风干燥箱中，于50℃干燥24h，然后密封放到避光干燥器中备用。

称取W_g的二次可膨胀石墨放到瓷坩埚中，于马弗炉中500℃膨胀3min，即可制得膨胀石墨。用量筒测量可膨胀石墨的体积VmL，算出其膨胀容积E（单位为mL/g）。平行制备三次，测定后取平均值。

2. 材料的预处理

取一定质量的炭质材料，加入过量的蒸馏水煮沸30min后，倒出上清液，加入过量蒸馏水清洗3~5次，将其放入鼓风干燥箱中于80℃烘干（约12h），密封备用。

3. 酸浸渍改性炭质材料的制备

配置浓度为0.05mol/L的酸液，取一定量预处理过的炭质材料放入烧杯中，加入过量酸液（液固比约为5mL：1g，活性炭纤维需再多加一些蒸馏水以确保完全浸没），用保鲜膜封口后，将烧杯放入30℃水浴摇床中振荡5h，倒出上清液，用过量蒸馏水清洗3~5次，之后放入鼓风干燥箱中于80℃烘干（约12h），即得酸改性炭质材料[4]。

样品的编号规则如下：颗粒活性炭样品前缀为AC；活性炭纤维样品前缀为ACF；膨胀石墨样品前缀为EG。炭质材料原样后缀为0；经过乙酸、草酸、柠檬酸、α-酮戊二酸改性之后的样品依次加后缀1~4。即最终样品编号为AC0~EG4共15个样品。

3.1.2　材料的性能表征

酸改性之后会对炭质材料的表面形貌、比表面积等性能造成改变，并且会在一定程度上增加炭质材料表面的含氧官能团[5]。由于材料主要是用来对偏二甲肼进行净化，其性能优劣的最终评价指标是其对于偏二甲肼的净化效能，因此对于制备的材料，采用物理化学吸附仪分析其比表面积以及孔容、孔径分布情况，通过Boehm滴定法分析其表面含氧官能团[6]的变化情况，最后采用偏二甲肼废水净化实验综合分析各种不同的有机酸改性后材料对偏二甲肼废水处理能力的变化情况。

3.1.3 吸附性能

1. 反应时间探究

进行对比反应之前，首先对偏二甲肼废水净化实验进行探究，以确定反应的最佳时间。图3.1为颗粒活性炭原样净化偏二甲肼废水时偏二甲肼的净化率[7]；图3.2为AC0样品对偏二甲肼废水的吸附量。

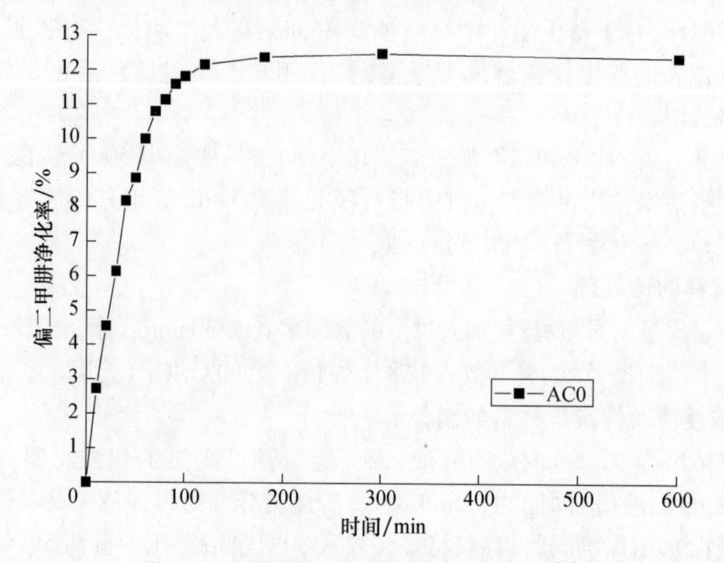

图3.1 AC0净化偏二甲肼废水的净化率[8]

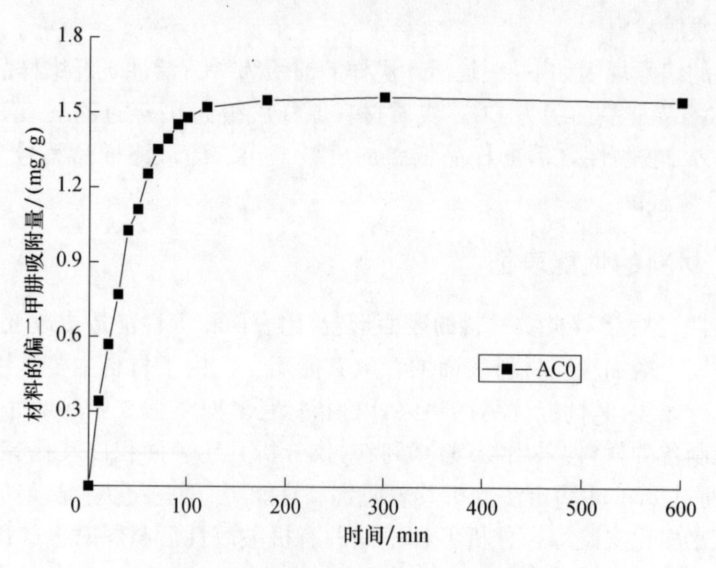

图3.2 AC0净化偏二甲肼废水的吸附量[8]

从图 3.1 中可以看出,反应刚开始时,废水的偏二甲肼净化率迅速升高,于 120min 时达到 12.15%,之后净化基本停滞,反应 600min 时偏二甲肼的净化率较 120min 时仅提高了 0.2%左右,说明在 30℃的搅拌条件下,活性炭原样对于废水中偏二甲肼的净化基本在 2h 之内完成;反应 90min 时,废水的偏二甲肼净化率达到 11.58%,反应进行已超过 95%。图 3.2 中显示的材料的偏二甲肼吸附量是由废水偏二甲肼净化率计算得到的,总体趋势与图 3.1 一致。根据反应结果,确定之后的实验取测定反应前 90min 的数据。

2. 系列酸改性活性炭净化偏二甲肼废水[9]

图 3.3、图 3.4 分别为系列有机酸改性颗粒活性炭处理偏二甲肼废水的净化曲线。从图中可以看出,颗粒活性炭在经过有机酸改性后对偏二甲肼废水的处理能力有很大提升。尤其是柠檬酸改性活性炭,40min 时其对废水中偏二甲肼的净化率较活性炭原样提高了 14.3%;样品在 90min 时对偏二甲肼的净化量从原样的 1.45mg/g 提高到 3.40mg/g。乙酸改性活性炭样品对偏二甲肼的处理能力提升最小,而草酸和 α-酮戊二酸改性之后材料对偏二甲肼废水的处理能力相近。

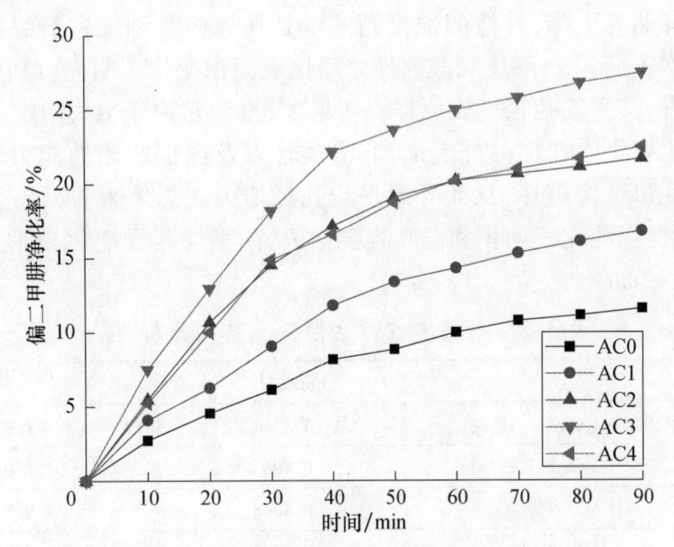

图 3.3　系列酸改性活性炭净化偏二甲肼废水的净化率[8]

表 3.1 为有机酸改性活性炭样品的孔结构分析表。从表 3.1 中可以看出,活性炭样品的比表面积和总孔容在经过有机酸改性之后均有不同程度的提升。其中,草酸改性和柠檬酸改性后活性炭样品的比表面积分别达到 1105.852m^2/g 和 1195.336m^2/g,孔容则达到 0.5038mL/g 和 0.5635mL/g;结合平均孔径分析结果可以发现,草酸改性对样品的蚀刻更倾向于点蚀刻,其蚀刻后平均孔径较

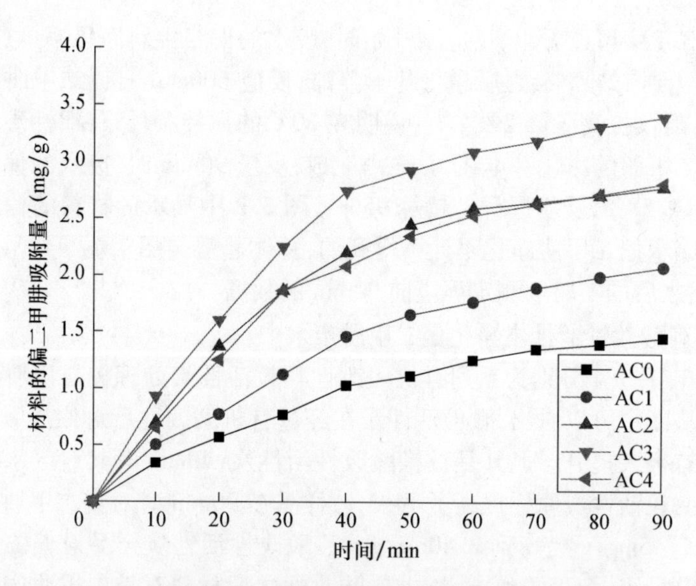

图 3.4　系列酸改性活性炭净化偏二甲肼废水的吸附量[8]

活性炭原样略有下降，柠檬酸蚀刻则基本是在原样基础上进行纵深蚀刻，平均孔径基本不变。α-酮戊二酸改性之后比表面积变化不明显，总孔容则较原样有所提升，其平均孔径也较原样有所增加，推测是由于α-酮戊二酸对活性炭的蚀刻主要集中在样品外表面，其渗透性以及内部蚀刻的能力稍差，因此造成微孔孔口结构破坏，从而导致平均孔径增大。总体来看，经过有机酸改性之后，活性炭的比表面积和总孔容会增大，而平均孔径变化较小，仍处于微孔范围内(<2nm)[10]。

表 3.1　系列酸改性活性炭孔结构分析表[8]

样品	分析项目		
	BET 比表面积/(m^2/g)	总孔容/(mL/g)	平均孔径/nm
AC0	864.821	0.4045	1.87078
AC1	903.139	0.4348	1.92580
AC2	1105.852	0.5038	1.82225
AC3	1195.336	0.5635	1.88566
AC4	885.234	0.4414	1.99435

除了对表面孔结构分布造成影响以外，有机酸改性活性炭更主要是对其表面的含氧官能团比如羟基、羧基以及内酯基等造成影响。而含氧官能团中的羧基则可以直接和偏二甲肼发生酸碱中和反应生成盐类，从而提高材料对偏二甲

肼的净化处理能力。

图 3.5 为样品表面含氧官能团情况。从图中可以看出,活性炭样品表面的含氧官能团总量在经过有机酸改性之后有了很大提升,含氧官能团的增多主要以羧基为主。

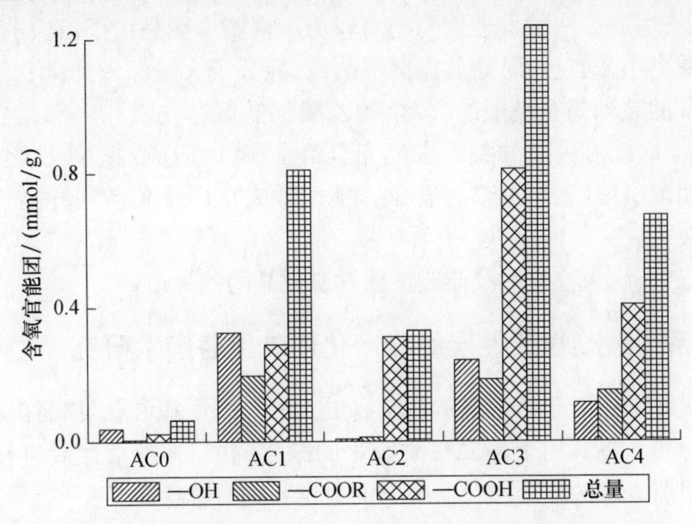

图 3.5 系列酸改性活性炭样品表面含氧官能团[8]

柠檬酸改性之后样品表面的含氧官能团增加最多,其羧基由原样的 0.0230mmol/g 增加为 0.8117mmol/g,结合比表面积分析以及偏二甲肼废水净化结果,推测柠檬酸浸渍改性活性炭样品时,表面蚀刻与含氧官能团负载作用同时发生,因柠檬酸属于三元有机强酸,蚀刻时其上的一个或者两个羧基与炭质反应结合,从而形成内酯基以及外露的羧基。从表面孔结构变化来看,柠檬酸主要增大样品的比表面积、总孔容,而对平均孔径影响较小,可以增大其吸附面积以及饱和吸附容积;从含氧官能团变化情况来看,柠檬酸改性之后表面羧基增幅很大,对偏二甲肼的化学吸附能力增强。因此,柠檬酸浸渍改性活性炭可以有效提高其对偏二甲肼的净化能力[9]。

草酸和 α-酮戊二酸都是二元有机酸,草酸的酸性更强。二者浸渍改性活性炭之后,均增加了活性炭样品表面的含氧官能团浓度,α-酮戊二酸的增幅能力较草酸要强。结合样品表面孔结构分析结果,草酸属于线性强酸,可以深入微孔内部进行蚀刻,因此主要是以蚀刻作用为主,且因是纵深蚀刻,只有一端的羧基进行了反应,外露的羧基使得其含氧官能团主要以羧基为主;而 α-酮戊二酸酸性较弱,且其为环形结构,难以深入微孔内部进行蚀刻,主要以表面蚀刻为主,其环形两端的羧基受位阻效应影响较小,均可与活性炭发生反应,因此其表面含氧官能团中内酯基比例较其他几个样品偏高。样品对偏二甲肼废水的净化处理能力是孔结构吸附于表面含氧官能团结合两个因素联合的结果,草酸改性和α-酮戊二酸改性之后虽然孔结构以及含氧基团变化情况不同,但二者对偏二甲肼废水的处理能力相近。

乙酸改性之后活性炭样品表面含氧官能团增幅较大,且其孔结构的变化较好,但对偏二甲肼废水的处理能力相对较弱。推测可能是由于乙酸的体积相较其他三种酸更小,通过长时间的振荡浸渍,乙酸分子大量深入到微孔结构内部,而微孔内部的蚀刻是有极限的,多余的乙酸仍然留存在微孔内部,之后在样品清洗时,由于时间和强度的关系未能完全清洗,从而造成乙酸改性之后样品的含氧官能团增量偏高,但这部分含氧官能团并未牢固地负载到样品表面,因而综合效果较差。

综合以上,认为柠檬酸浸渍改性活性炭样品的效果最好。

3.1.4 系列酸改性活性炭纤维净化偏二甲肼废水研究

活性炭纤维相较于活性炭颗粒具有更大的比表面积和孔容,且其孔径更倾向于微孔分布。将其用于偏二甲肼废水的净化,并与颗粒活性炭进行对比,可以为偏二甲肼废水的吸附净化研究方向提供一定借鉴意义[11]。

图3.6、图3.7分别为有机酸改性黏胶基毡状活性炭纤维处理偏二甲肼废水的净化曲线。从图中可以看出,经过有机酸浸渍改性之后,活性炭纤维对于偏二甲肼废水的净化效果有了很大的提升。柠檬酸改性之后活性炭纤维对于偏二甲肼废水的净化效果最好。反应进行50min时,所有净化反应均已进行超过90%;活性炭纤维原样对偏二甲肼废水的净化率达到34.59%,柠檬酸改性之后,同时期偏二甲肼净化率达到62.16%;其次是草酸改性,达到51.03%;乙酸改性与α-酮戊二酸改性之后提升幅度较小,但也分别比原样提高了9.07%和10.64%。说明有机酸改性之后活性炭纤维对于偏二甲肼废水的处理能力有了明显改善,尤其是柠檬酸改性,反应90min时,材料对于偏二甲肼的吸附量由原样的3.90mg/g提升为6.70mg/g,将近提升了一倍[12]。

活性炭纤维与颗粒活性炭均属于微孔材料,其对于偏二甲肼的吸附能力也取决于样品表面的孔分布以及样品表面的含氧官能团分布情况;由于活性炭纤维的孔结构更多集中于表面,且相较而言其微孔的平均孔径更小,其改性情况较颗粒活性炭又有不同。表3.2为有机酸改性之后活性炭纤维的表面孔结构变化情况。从表3.2中可以看出,除α-酮戊二酸浸渍改性之外,其他三种有机酸改性之后活性炭纤维的比表面积以及总孔容均有一定量的提高;α-酮戊二酸改性之后活性炭纤维的比表面积由原样的1695.174m^2/g降低为1062.351m^2/g,总孔容也由原样的0.7635mL/g降为0.7033mL/g。推测可能是由于相较于其他

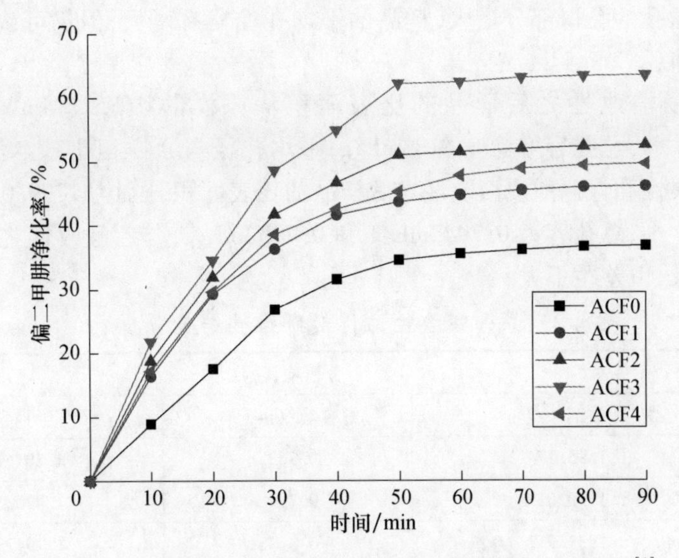

图 3.6　系列酸改性活性炭纤维净化偏二甲肼废水的净化率[8]

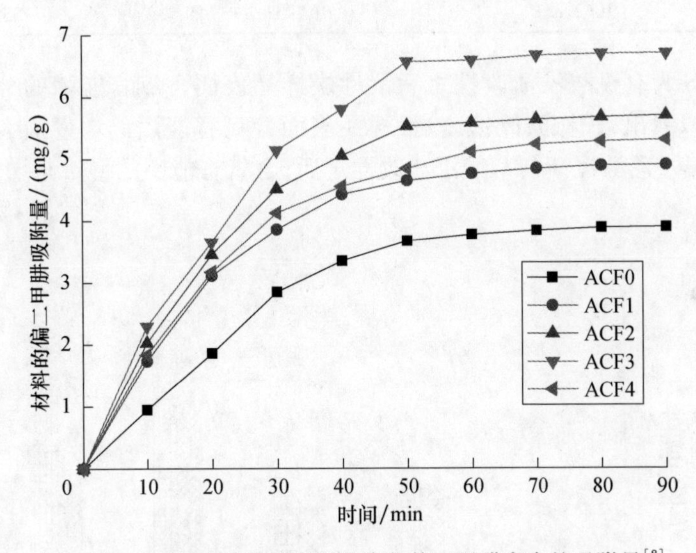

图 3.7　系列酸改性活性炭纤维净化偏二甲肼废水的吸附量[8]

三种有机酸，α-酮戊二酸酸性较弱、溶解度较低，且分子结构决定了其空间占比更大，难以进入微孔内进行纵深蚀刻，仅可以在活性炭纤维表面进行蚀刻反应，反应之后分子结构附着在活性炭纤维表面，而其本身分子间发生了粘连，使得冲洗时难以完全去除，导致活性炭纤维表面一部分微孔的堵塞，使得比表面积与总孔容均下降；另外，α-酮戊二酸的蚀刻可能更多发生在原先微孔的外边缘，从而使得微孔的孔口部分增大，样品的平均孔径略有增大，但仍可认为其主要为微孔分布（< 2nm）。

草酸浸渍改性之后样品的比表面积从原样的 1695.174m^2/g 增加为 1931.912m^2/g，总孔容增为 0.8183mL/g，平均孔径与原样相比基本没有改变。乙酸浸渍改性和柠檬酸浸渍改性之后样品的比表面积分别为 1799.013m^2/g 和 1869.512m^2/g，总孔容为 0.7942mL/g 和 0.7932mL/g，与乙酸改性之后的样品虽稍有不及，但差距不大。

表 3.2 系列酸改性活性炭纤维孔结构分析表[8]

样品	分析项目		
	BET 比表面积/(m^2/g)	总孔容/(mL/g)	平均孔径/nm
ACF0	1695.174	0.7635	1.801612
ACF1	1799.013	0.7942	1.820054
ACF2	1931.912	0.8183	1.794231
ACF3	1869.512	0.7932	1.852432
ACF4	1062.351	0.7033	2.011352

图 3.8 为有机酸浸渍改性之后活性炭样品表面含氧官能团的分布情况。从图中可以看出，柠檬酸改性之后，样品表面含氧官能团的增量最大；其次为 α-酮戊二酸；乙酸浸渍与草酸浸渍改性之后，含氧官能团的增量与增长情况都非常相似。

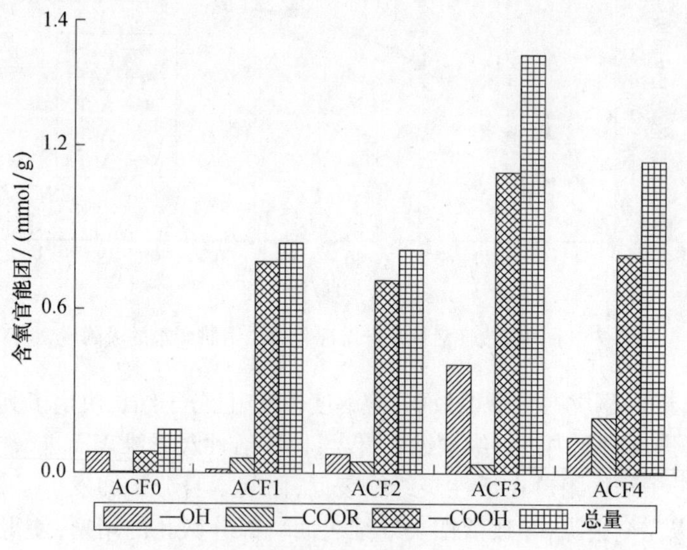

图 3.8 系列酸改性活性炭纤维样品表面含氧官能团[8]

乙酸浸渍改性之后，纤维样品表面的含氧官能团总量从原样的0.158mmol/L增为0.842mmol/L，有了很大的提升。样品表面的羟基（—OH）含量从原样的0.0758mmol/L降为0.0137mmol/L；与此同时，内酯基（—COOR）与羧基（—COOH）均较原样有所增长，尤其是羧基，从原样的0.0780mmol/L增长为0.7742mmol/L。推测是由于活性炭纤维表面本身存在一定量的羟基与羧基，乙酸浸渍时，乙酸与样品表面的一部分羟基反应形成酯基，从而使得表面羟基减少、内酯基增多；一部分乙酸与活性炭纤维表面的杂质发生黏合，另外，由于乙酸的结晶性能较好，还有一部分乙酸会在进入微孔之后发生结晶沉积，常规的冲洗难以对沉积的乙酸进行彻底清洗，从而导致乙酸浸渍改性之后样品表面的羧基增量很大。

草酸改性与乙酸改性相比，含氧官能团总量差别不大，但羟基含量较高；与原样相比，羟基含量变化不大，羧基与内酯基则有增加。同时，草酸改性之后样品的比表面积与总孔容增幅最大，而孔径变化非常小。推测是由于草酸分子的酸性较强，且其线性相对较好，可以沿微孔进入孔内进行纵深蚀刻，也可以在样品表面蚀刻，从而加剧蚀刻效果。草酸分子与活性炭纤维上的杂质或者碳原子反应之后连接到基体上，从而在其表面生成内酯基，并且由于草酸分子的水溶性很好，其结晶能力与黏合能力较弱，因此其表面的羧基增量主要来自发生反应的草酸分子上另一个羧基。

柠檬酸浸渍改性之后样品表面的含氧官能团增量最大，从原样的0.1580mmol/L增加为1.5336mmol/L，其中主要为羟基和羧基，分别从原样的0.0758mmol/L和0.0780mmol/L增加为0.3987mmol/L和1.1022mmol/L。柠檬酸相较于草酸，分子结构多一个羧基，但其分子线性较草酸分子要差，结合表面孔结构情况，柠檬酸改性比草酸改性之后比表面积增量小，可能是由于柠檬酸分子更大，难以深入微孔内进行纵深蚀刻，但其酸性更强，因此在表面发生的蚀刻更加剧烈，因此也可以大幅度改善活性炭纤维表面的孔结构分布；柠檬酸分子上的一个羧基与活性炭纤维基体反应之后，该分子还可以提供两个羧基，因此柠檬酸改性之后羧基增量很大。

α-酮戊二酸的酸性较弱，但其分子上含有两个羧基，且其分子的黏合性较强，经过α-酮戊二酸浸渍改性之后，活性炭纤维表面的各类含氧基团均有大幅提升。由于α-酮戊二酸分子较大，难以深入微孔内部进行纵深蚀刻，主要是在表面进行蚀刻；另外，由于分子上两个羧基距离较远，可能会同时与活性炭纤维表面不同部位发生反应，主要会增加内酯基的量；羧基一部分来自仅反应了一端的α-酮戊二酸分子，还有一部分来自附着在表面的完整的分子。

综合考虑，采用柠檬酸浸渍改性活性炭纤维之后，材料的各项性能以及其对偏二甲肼废水的处理效果最好。

3.1.5 系列酸改性膨胀石墨净化偏二甲肼废水研究

采用分步插层法制备低温膨胀石墨[13],制得的样品通过万分之一电子天平测定质量,通过量筒大致测量体积。表 3.3 为实验制得的膨胀石墨膨胀体积。由表可知,实验制得的膨胀石墨的膨胀体积约为 162.18mL/g,属于没有过度膨胀的低膨胀体积膨胀石墨,符合后续实验要求。

表 3.3 实验制得的膨胀石墨膨胀体积表[8]

样品	分析项目			
	样品质量/g	膨胀后体积/mL	膨胀体积/(mL/g)	平均膨胀体积/(mL/g)
EG0	0.4762	77.1	161.91	162.18
EG1	0.4844	78.05	161.13	
EG2	0.5211	85.21	163.52	

膨胀石墨具有较大的比表面积,且由于其表面的亲油疏水性,被广泛用于水体的浮油污染净化。将其采用有机酸浸渍改性之后用于偏二甲肼废水净化,图 3.9、图 3.10 为改性膨胀石墨处理偏二甲肼废水的净化曲线。由图可知,经过有机酸浸渍改性之后,活性炭纤维材料对偏二甲肼废水的净化效果改变不大。总体上看,有机酸浸渍改性之后,样品的偏二甲肼吸附量略有升高,α-酮戊二酸改性之后的性能提升相对明显。

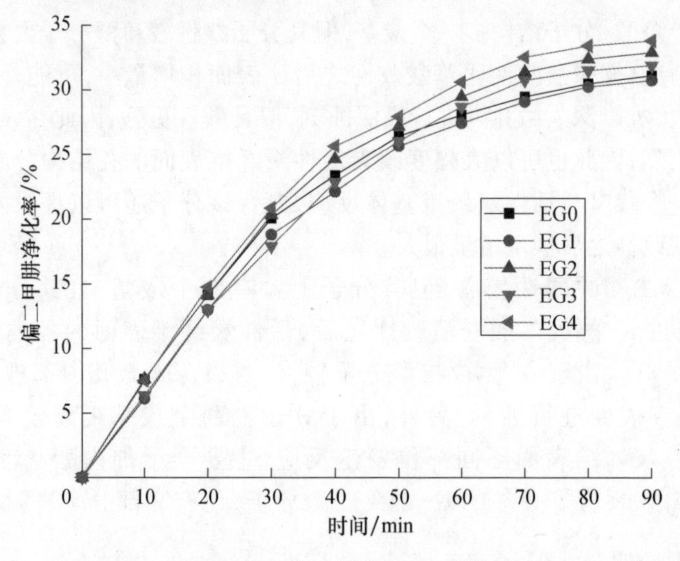

图 3.9 系列酸改性膨胀石墨净化偏二甲肼废水的净化率[8](见书末彩图)

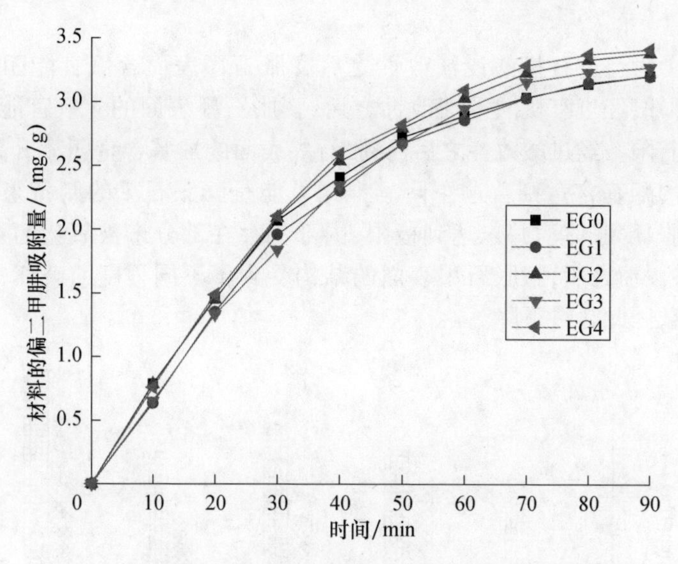

图 3.10 系列酸改性膨胀石墨净化偏二甲肼废水的吸附量[8]

表 3.4 为水煮预处理之后采用不同有机酸浸渍改性的膨胀石墨样品的表面孔结构情况。由于采用 DFT 方法分析总孔容,总孔容仅计算孔径小于 150nm 的孔。从表中可以看出,实验制备的膨胀石墨比表面积较小,但其总孔容(<150nm)并不低于其他两种多孔炭质材料,且平均孔径远大于其他两种材料。膨胀石墨经过有机酸浸渍改性之后,表面孔结构变化不大。经乙酸以及柠檬酸浸渍改性之后,样品的比表面积稍有下降。而 α-酮戊二酸浸渍改性之后,样品的比表面积和总孔容有小幅提升,且平均孔径变化不大。

表 3.4 系列酸改性的膨胀石墨样品的表面孔结构情况表[8]

样品	分析项目		
	BET 比表面积/(m^2/g)	总孔容/(mL/g)	平均孔径/nm
EG0	30. 371	0. 5495	32. 6077
EG1	27. 332	0. 5541	37. 4439
EG2	31. 094	0. 5579	34. 2831
EG3	29. 448	0. 5387	35. 5521
EG4	34. 028	0. 5508	32. 4439

在制备膨胀石墨时,添加了高锰酸钾以及硝酸对鳞片石墨进行氧化和插层。高锰酸钾以及浓硝酸的强氧化性会对石墨的表面进行一定程度的氧化改性,从而使得石墨表面含氧官能团含量升高。后续进行水煮处理时,可以对表面残留的游离酸和高锰酸钾进行清洗,但对于表面已经固载化的含氧官能团破

坏较小。

图 3.11 为经过有机酸浸渍改性之后膨胀石墨表面含氧官能团的分布情况。由图可知,经过有机酸浸渍改性之后,膨胀石墨表面的含氧官能团有所增长,但增幅有限。经过酸改性之后,膨胀石墨表面的羧基含量明显升高,而羟基增幅不大,内酯基含量则普遍下降。推测可能是膨胀石墨的制备采用分步插层、低温膨胀,膨胀体积并未达到极限,内部仍存在部分未被氧化的石墨空位。经过有机酸浸渍之后,膨胀石墨表面的结构受到了不同程度的破坏,造成内酯基部分脱落,因此含量下降。

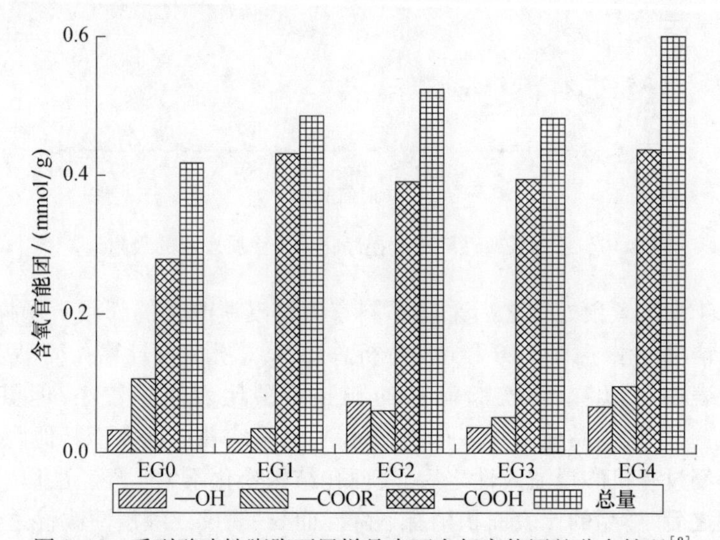

图 3.11 系列酸改性膨胀石墨样品表面含氧官能团的分布情况[8]

综合来看,膨胀石墨采用有机酸改性的意义不大,无论是表面孔结构还是含氧官能团含量,经过改性之后提升都不大,且其应用性能也没有明显改善。

3.1.6 综合对比分析

颗粒活性炭以及毡状黏胶基活性炭纤维[14]采用柠檬酸浸渍改性之后对偏二甲肼废水的净化性能最好,膨胀石墨则没有明显改善。将三种材料对于偏二甲肼废水的净化性能作图进行比对,为保证实验条件的一致性,采用柠檬酸改性的三种材料进行比对。图 3.12、图 3.13 为三种柠檬酸改性炭质材料处理偏二甲肼废水的净化曲线。

由图可知,柠檬酸改性活性炭纤维处理偏二甲肼废水的净化效果最好,反应 50min 时,吸附过程已基本完成,偏二甲肼的净化率达到 62.161%;膨胀石墨

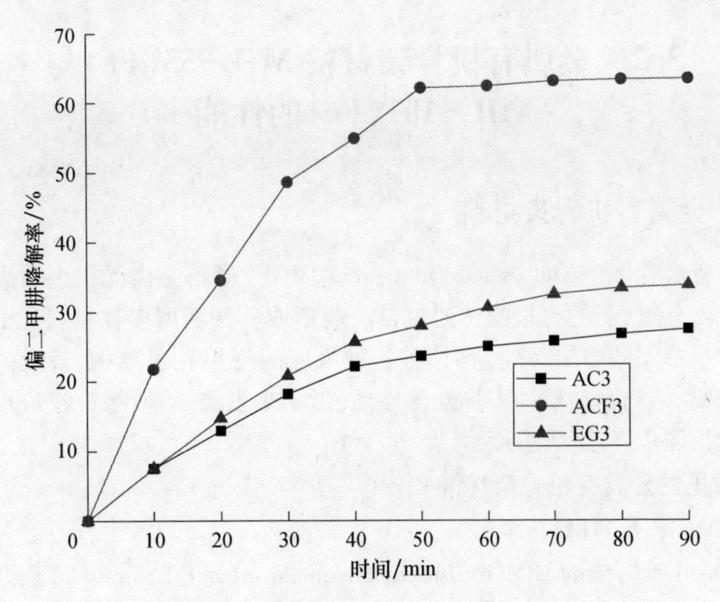

图 3.12　柠檬酸改性炭质材料净化偏二甲肼废水的净化曲线[8,12]

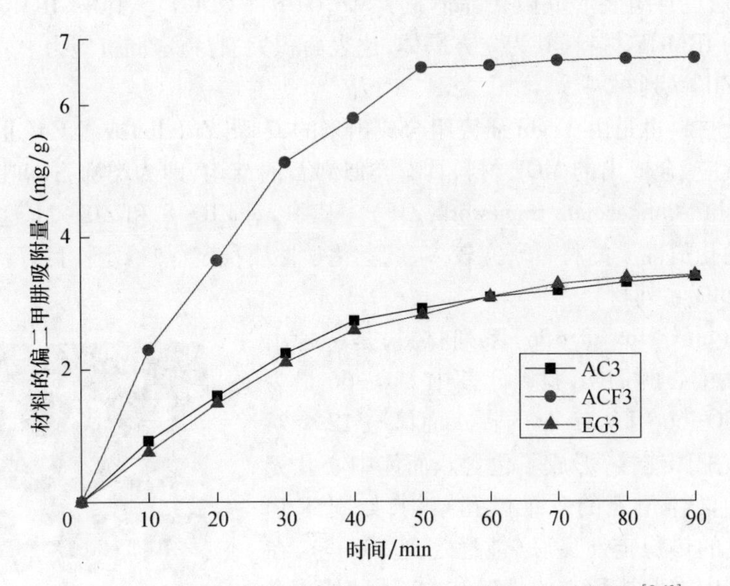

图 3.13　柠檬酸改性炭质材料净化偏二甲肼废水的吸附量[8,12]

的净化效果较颗粒活性炭要好，但两种材料在实验中对于偏二甲肼的吸附量基本一样。

综合来看，柠檬酸改性后活性炭纤维样品处理偏二甲肼废水的效果最好。

3.2 金属有机骨架材料 MIL-53(Fe)与 MIL-101(Fe)的性能

3.2.1 金属有机骨架材料

金属有机骨架(metal organic framework,MOF)材料是由无机金属离子或者金属簇与含有氮、氧的有机配体通过自组装形成一种新型多孔材料。由于不同的二级构筑单元的组装,该材料具有各种尺度的规整孔道结构、较大的比表面积和孔隙率、结构和功能的多样性等性质,近年来发展迅速,被广泛应用于气体储存、吸附、催化、传感等方面[15]。

1. 常见的金属有机骨架材料

1) IRMOF 系列材料[16]

由 Yaghi 等合成的 IRMOF(isoreticular metal organic framework)系列是一类最具有代表意义的 MOF 材料。它由次级结构单元$[Zn_4O]^{6+}$无机基团与芳香羧酸配体,通过自组装形成微孔晶体材料 $Zn_4O(R1-BDC)_3$。其中,IRMOF-1 是最简单的 IRMOF 材料,其为立方晶体,比表面积大,有一定储氢能力。

2) ZIF 系列材料[17]

这类材料也是由 Yaghi 研究组合成出来的,利用 Zn(Ⅱ)或者 Co(Ⅱ),与咪唑配体反应,合成出的 MOF 材料具有类似沸石的结构,即为类沸石咪唑酯骨架材料(zeolitic imidazolate framework,ZIF)。其中,对 ZIF-8 和 ZIF-11 这两种具有永久的孔道性质的材料研究较多,二者化学性质稳定,热稳定性良好。

3) UiO 系列材料[18-19]

UiO(university of oslo)系列材料,是一种由 Zr 为金属中心的 MOF 材料。其中 UiO-66 最为典型。UiO-66 用含有 Zr 的正八面体与 12 个对苯二甲酸配体连接,形成了包含八面体中心孔笼和八个四面体角笼的三维微孔结构,如图 3.14 所示。它的热稳定性良好(能稳定到 500℃),在多种溶剂中能保持稳定的骨架结构不坍塌,适合作为分离材料。UiO-66 在 CO_2/CH_4 分离方面,表现出较高的工作容量和良好的选择性。

图 3.14 UiO-66 材料的晶体结构

4) MIL 系列材料[20]

MIL(materials of institute lavoisier)系列材料是由法国凡尔赛大学的 Ferey

课题组合成报道的。该课题组在2002年合成的MIL-53(Cr),具有特殊的一维菱形孔道结构。MIL系列材料主要是采用不同的过渡金属元素和不同的二羧酸配体,合成不同的MIL材料。此类材料最突出的特点在于它的骨架具有柔韧性,在外界条件的影响刺激下,出现"呼吸现象",即结构会在大孔和窄孔两种形态之间变化。MIL-101材料(图3.15)具有极大的比表面积和较好的骨架结构稳定性,在气体吸附存储上有一定前景。

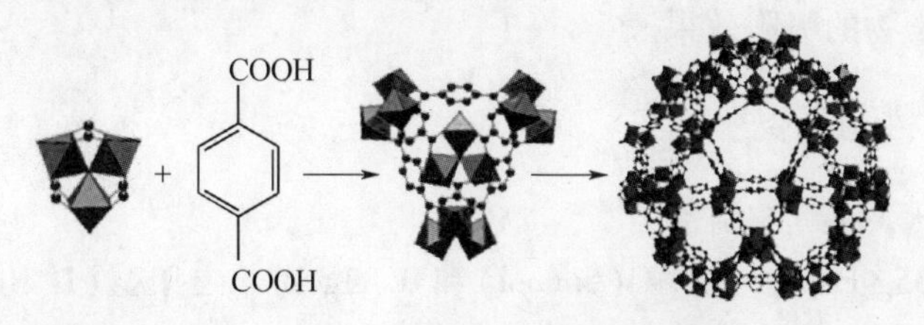

图3.15 MIL-101(Cr)合成及结构图

5) CPL系列材料[21]

CPL(coordination pillared-layer)材料是由Kitagawa研究所合成的。该类材料具有独特的层状结构。其特点在于,CPL材料吸附客体分子时,在一个吸附临界点,材料的孔道结构明显改变,吸附客体分子的能力也会发生巨大的变化,这一特性称为"gate-opening"现象。

6) 孔笼-孔道结构的MOF材料[22]

这一类具有代表性的材料,是由Williams合成的HKUST-1,又称Cu-BTC。其具有"孔笼-孔道"(pocket-channel)结构,孔径大小在9.5×9.5左右,孔道为三维交叉的正方形。这类材料每个金属中心与四个有机配体连接,每个有机配体和三个金属中心连接,改变不同的配体,可得到多种具有孔笼-孔道结构的MOF材料。

7) PCN系列材料[23]

美国的A&M大学Zhou课题组合成了PCN(porous coordination network)系列材料。PCN材料含有多个立方八面体纳米孔笼,PCN-14比表面积可达到2000m^2/g以上,是在气体存储方面最有代表性的PCN材料。

8) 混合MOF材料和混合配体MOF材料[22]

混合MOF材料是指含有多种金属作为金属簇的MOF材料。这种混合金属材料可利用不同金属的不同配位,调控材料的结构。

将多种不同有机配体混合进行合成,可得到混合配体MOF材料。Thompson等将ZIF-7、ZIF-8、ZIF-90的配体采用不同比例在反应液中混合,制备了一组ZIF-7-8和ZIF-8-90的杂化材料。

MIL-53和MIL-101均属于金属有机骨架材料中的MIL系列材料,MIL-53

和 MIL-101 中常见的金属配体有 Al、Cr、Fe 等。MIL-53(Fe)和 MIL-101(Fe)具有良好水稳定性，吸附能力强，可吸附处理水中的有机污染物和离子。这两类材料均是以金属铁为中心，对苯二甲酸为有机配体通过自组装形成的多孔材料。

NH_2-MIL-53(Fe)和 NH_2-MIL-101(Fe)是 MIL-53(Fe)和 MIL-101(Fe)氨基改性后的材料。将配体替换为 2-氨基对苯二甲酸引入氨基，可以提高材料对废水中污染物的吸附效果。

3.2.2 材料制备

1) MIL-53(Fe)的制备[24]

称取 1.35g $FeCl_3 \cdot 6H_2O$(5mmol)和 0.83g 对苯二甲酸(H_2BDC,5mmol)，加入 50mL DMF，搅拌使其充分溶解；转移至内衬聚四氟乙烯的反应釜中，150℃反应 15h，在空气中自然冷却至室温。离心过滤，此时得到 MIL-53(Fe)的粗产物。用 DMF 和无水乙醇洗涤固体数次，除去多余的金属离子和配体。并将固体置于 100mL 去离子水中搅拌 8h，充分除去 DMF。过滤后将固体 80℃烘干过夜，得到黄色粉末 MIL-53(Fe)。

2) NH_2-MIL-53(Fe)的制备[24]

称取 1.35g $FeCl_3 \cdot 6H_2O$(5mmol)和 0.905g 2-氨基对苯二甲酸(5mmol)，溶解于 50mL DMF 中，混合后转移至内衬聚四氟乙烯的反应釜中，其他步骤同上，最后得到产物为褐黄色粉末。

3) MIL-101(Fe)的制备[25]

称取 0.675g 的 $FeCl_3 \cdot 6H_2O$(2.5mmol)和 0.207g(1.25mmol)的对苯二甲酸，加入 15mL 的 DMF，充分溶解。溶解完全后将溶液转移至内衬聚四氟乙烯的反应釜中，110℃下，加热反应 24h。反应结束后，自然冷却至室温。离心分离得到淡黄色固体，用 DMF 清洗固体，以除去多余的配体和金属离子，离心分离；再用无水乙醇清洗固体，将材料孔道中高沸点的 DMF 溶剂置换出来，离心分离后固体在 60℃下烘干，研磨。

4) NH_2-MIL-101(Fe)的制备[25]

分别称取 0.675g 的 $FeCl_3 \cdot 6H_2O$(2.5mmol)和 0.226g(1.25mmol)的 2-氨基对苯二甲酸，各溶解于 7.5mLDMF 中，混合后转移至内衬聚四氟乙烯的反应釜中，其他步骤同上。

3.2.3 材料表征

图 3.16(a)为 MIL-53(Fe)和 NH_2-MIL-53(Fe)的 XRD 图。MIL-53(Fe)

的衍射峰峰形尖锐,结晶度良好。主要出峰位置在 2θ=9.20°、12.61°、17.56°、18.15°、18.48°、25.43°、27.20°和30.13°,与之前文献报道比较一致[26]。NH_2-MIL-53(Fe)衍射峰出峰位置与MIL-53(Fe)一致,这是因为两种材料都是以Fe为金属中心和有机配体(分别是对苯二甲酸和2-氨基对苯二甲酸)通过配位形成的结构。因为MIL-53(Fe)和NH_2-MIL-53(Fe)的晶体结构相同,所以衍射峰相同。但是氨基改性后,衍射峰强度下降,说明NH_2-MIL-53(Fe)晶体完整度不如MIL-53(Fe)。

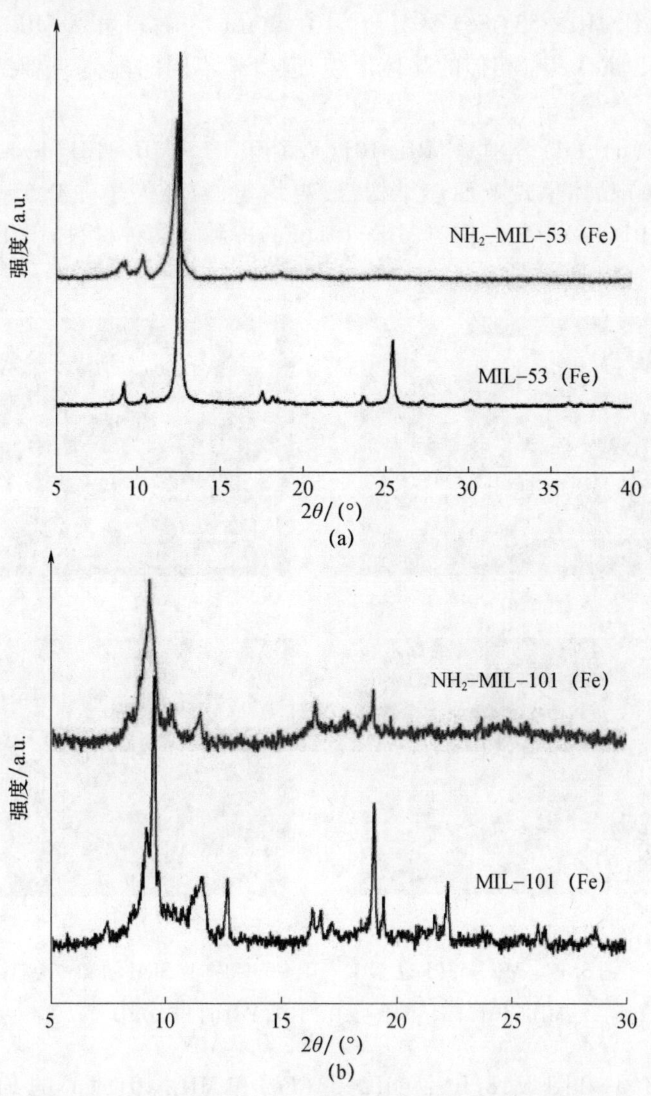

图3.16 MIL-53(Fe)、NH_2-MIL-53(Fe)的XRD图[24]和MIL-101(Fe)、NH_2-MIL-101(Fe)的XRD图[25]

图 3.16(b)为 MIL-101(Fe)和 NH_2-MIL-101(Fe)的 XRD 图。MIL-101(Fe)和 NH_2-MIL-101(Fe)在 2θ 在 5°~25°之间出特征峰。由图可知,MIL-101(Fe)峰形较为尖锐,说明结晶度较好,与文献报道相似[27]。NH_2-MIL-101(Fe)虽然与 MIL-101(Fe)出峰位置相似,但峰高和尖锐度明显下降。可看出,不同的配体对于合成材料的结晶度有一定影响。

图 3.17(a)、(b)分别是 MIL-53(Fe)和 NH_2-MIL-53(Fe)的 SEM 图。MIL-53(Fe)呈棒状,长度在 50μm 左右,宽度在 5~10μm 之间。NH_2-MIL-53(Fe)的长度比 MIL-53(Fe)要短,在 10~20μm 左右。虽然 MIL-53(Fe)和 NH_2-MIL-53(Fe)具有相似的晶体形貌,但由于不同的配体,导致晶体的大小有异。

图 3.17(c)、(d)分别是 MIL-101(Fe)和 NH_2-MIL-101(Fe)的 SEM 图。MIL-101(Fe)晶体呈现八面体结构,形貌均匀,粒径大小在 0.5~1μm 左右;NH_2-MIL-101(Fe)形貌结构与 MIL-101(Fe)一致。两种材料与 MIL-101 系列其他材料形貌相似。

图 3.17 MIL-53(Fe)、NH_2-MIL-53(Fe)的 SEM 图和[24]、MIL-101(Fe)、NH_2-MIL-101(Fe)的 SEM 图[25]

图 3.18(a)和图 3.18(b)是 MIL-53(Fe)和 MIL-101(Fe)的 EDS 图,可看出材料含有 Fe、C、O 三种元素,分别来自金属中心和配体。

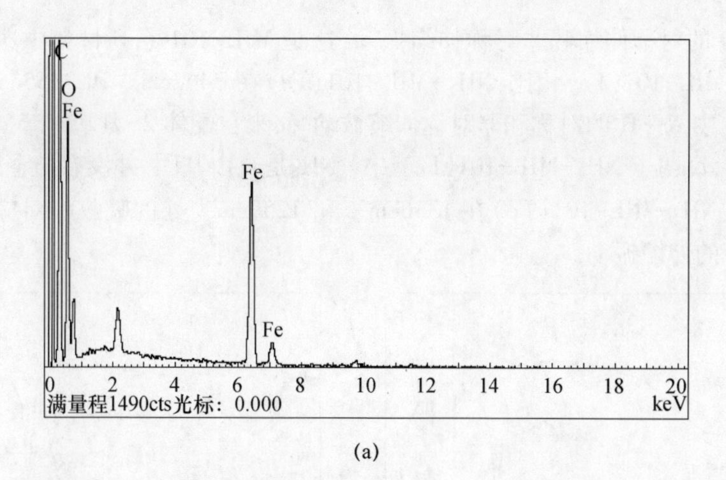

(a)

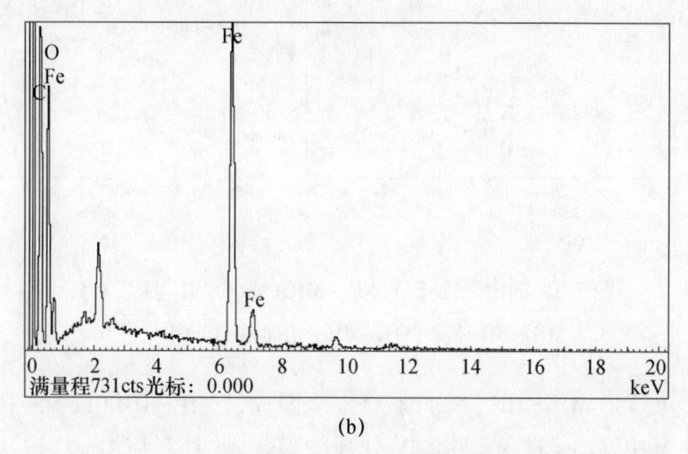

(b)

图 3.18　MIL-53(Fe)和 MIL-101(Fe)的 EDS 图[24-25]

图 3.19(a)是 MIL-53(Fe)和 NH_2-MIL-53(Fe) 的红外光谱图。MIL-53(Fe)的特征吸收峰分别在 $1693cm^{-1}$,$1535cm^{-1}$,$1390cm^{-1}$,$749cm^{-1}$ 和 $547cm^{-1}$ 处。在 $1693cm^{-1}$ 对应的 C ═O 键的伸缩振动;$1535cm^{-1}$ 和 $1390cm^{-1}$ 则分别是—O—C—O—的非对称和对称振动吸收峰,证明了在 MOF 的框架结构中,二羧酸起着连接作用;$749cm^{-1}$ 对应于苯环上 C—H 的伸缩振动,$547cm^{-1}$ 对应于 Fe—O 伸缩振动,表明无机金属 Fe 和有机配体形成了铁氧簇。与 MIL-53(Fe)相比,NH_2-MIL-53(Fe)在 $1331cm^{-1}$ 和 $1258cm^{-1}$ 处,对应的是—NH_2 与苯环连接时 C—N 的伸缩振动;$3459cm^{-1}$ 和 $3361cm^{-1}$ 处是 N—H 的对称和非对称伸缩振动峰。

图 3.19(b)是 MIL-101(Fe)和 NH_2-MIL-101(Fe)的红外光谱图。$555cm^{-1}$ 处的峰是 Fe—O 的伸缩振动;$1394cm^{-1}$ 和 $1384cm^{-1}$ 处的强吸收峰是

O—C—O 的对称伸缩和非对称伸缩振动，这是 MIL-101 系列材料中典型的吸收峰；与 MIL-101(Fe)相比，NH_2-MIL-101(Fe)在 3462cm^{-1} 和 3355cm^{-1} 处具有—NH_2 中 N—H 的对称和非对称伸缩振动峰，来自配体 2-氨基对苯二甲酸中的—NH_2，说明了 NH_2-MIL-101(Fe) 中 -NH_2是自由基团，并没有与金属 Fe 发生配位。NH_2-MIL-101(Fe)在 1336cm^{-1} 和 1259cm^{-1} 处的吸收峰对应苯环上的 C—N 的伸缩振动。

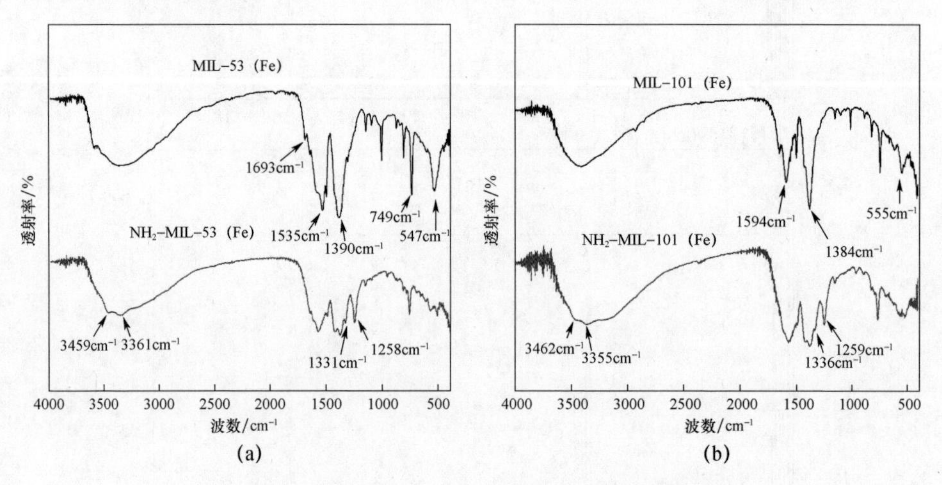

图 3.19 MIL-53(Fe)、NH_2-MIL-53(Fe)IR 图[24]和 MIL-101(Fe)、NH_2-MIL-101(Fe)IR 图[25]

图 3.20(a)是 MIL-101(Fe)的 XPS 全图谱。MIL-101(Fe)含有 Fe、C、O 三种元素。其中，C 1s 峰在 284.8eV 处强度很强，此处对应 C—C 键；C 1s 峰在 288.75eV 处则对应 C ═O 键。O 1s 在 531.8eV 处出强峰。而在 711.55eV 和 725.25eV 处，Fe 2p 出现了两个峰，归属于 Fe $2p_{3/2}$和 Fe $2p_{1/2}$，这说明三价铁的存在[28]。

图 3.20(b)是 NH_2-MIL-101(Fe)的 XPS 图谱，NH_2-MIL-101(Fe)含有 Fe、C、O、N 四种元素。对这四种元素进行窄谱分析，结果如图 3.20(c)~(f)所示。在 284.8eV、286.1eV、288.8eV 处的峰，对应的是 C—C、C—O 和 C ═O；531.9eV 处是 O 1s 的峰；在 711.8eV 和 725.4eV 处是 Fe 2p 的两个峰，对应的是 Fe $2p_{3/2}$和 Fe $2p_{1/2}$，710.3eV 处的伴峰同样证明了材料含有 Fe(Ⅲ)。与 MIL-101(Fe)相比，NH_2-MIL-101(Fe)最大的不同是在 399.4eV 处，出现了 N1s 峰，N 元素来自配体对氨基对苯二甲酸中的氨基。

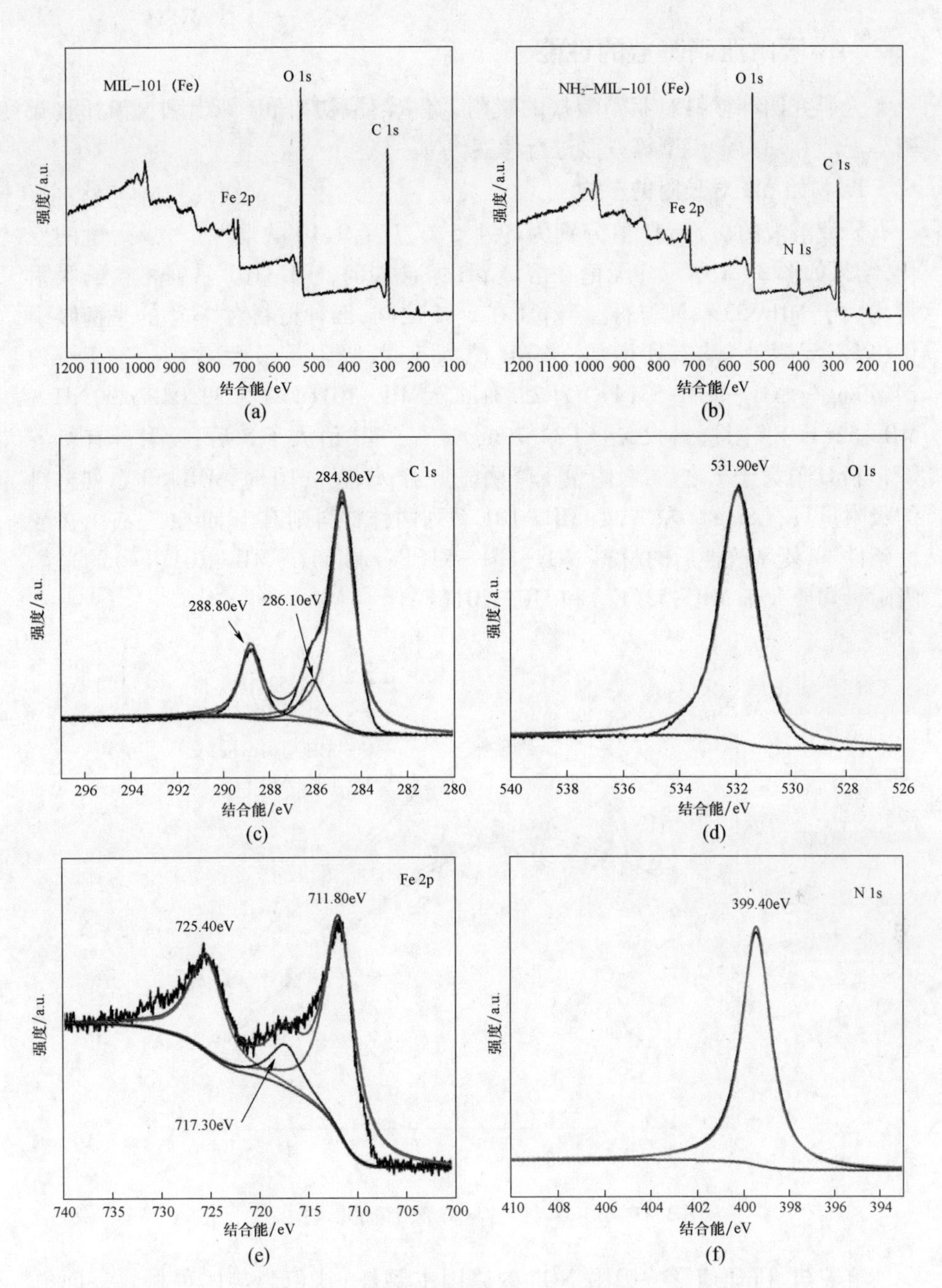

图 3.20　MIL-101(Fe)XPS 谱图[25]

(a)MIL-101(Fe)的 XPS 全谱图;(b)NH_2-MIL-101(Fe)的 XPS 全谱图;

NH_2-MIL-101 各元素 XPS 高分辨率谱图:C 1s(c),O 1s(d),Fe 2p(e),N 1s(f)。

3.2.4 吸附亚硝基盐的性能

为研究四种材料对亚硝酸盐的吸附,将从溶液初始 pH、吸附平衡时间、吸附等温线和动力学模型等方面进行考察[29]。

1. 初始 pH 对吸附的影响

研究溶液的初始 pH 值分别为 3、4、5、6、7、8、9、10 的情况下,吸附量的变化,结果如图 3.21 所示。无论在溶液 pH 条件如何,MIL-101 系列材料的吸附量均大于 MIL-53 系列材料。当 pH 在 3~5 之间,四种材料对 NO_2^- 的平衡吸附量(以氮元素计)均有所增加,当 pH 值为 5 时,吸附量最大,MIL-53(Fe)为 24.40mg/g,NH_2-MIL-53(Fe)为 25.31m/g,MIL-101(Fe)为 33.04mg/g,NH_2-MIL-53(Fe)吸附量最大,达到 34.79mg/g。当 pH 值大于 5 后,吸附量有所下降;当 pH 值大于 7 之后,吸附量下降明显。当 pH 值为 10 时,MIL-53 系列材料的吸附量只有 8mg/g 左右,而 MIL-101 系列两种材料则有 12mg/g 左右。在酸性条件下,氨基改性后的材料 NH_2-MIL-53(Fe)和 NH_2-MIL-101(Fe)的平衡吸附量均要大于 MIL-53(Fe)和 MIL-101(Fe)。

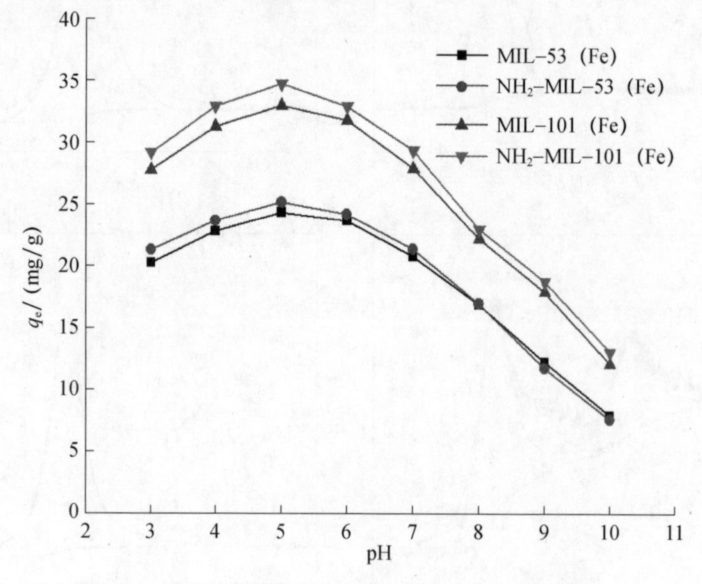

图 3.21 pH 值对四种材料吸附量的影响[24-25]

溶液初始 pH 值影响吸附 NO_2^- 的原因主要是 pH 值影响四种材料表面电荷。溶液 pH 值小,意味着溶液有大量 H^+,而 H^+ 可以与 NO_2^- 形成 HNO_2,这样带负电的 NO_2^- 减少,与 MOF 材料中带正电的金属位点结合减少,故而影响了吸附量。当 pH 值高时,OH^- 浓度大,吸附剂表面带负电,与同样带负电的 NO_2^- 产生了排斥,而且 OH^- 会与 NO_2^- 产生竞争吸附,减少了 NO_2^- 和金属位点的结合。而氨基改性后的材料在酸性条件下比相应 MIL 材料吸附量大的原因主要是:酸性条件下,配体上带有的—NH_2 与 H^+ 结合形成—NH_3^+,带正电吸引了 NO_2^-。后续实验均调节 pH 在 5 左右完成。

2. 吸附时间的影响

为得到吸附平衡时间,考察了在溶液初始 pH 值为 5、吸附温度为 298K、亚硝酸盐溶液初始浓度为 50mg/L 时,连续吸附一段时间后吸附量的变化。MIL-53 系列两种材料吸附量随时间变化如图 3.22(a)所示,当吸附 16h 后,吸附达到平衡,MIL-53(Fe)和 NH_2-MIL-53(Fe)的平衡吸附量分别是 24.40mg/g

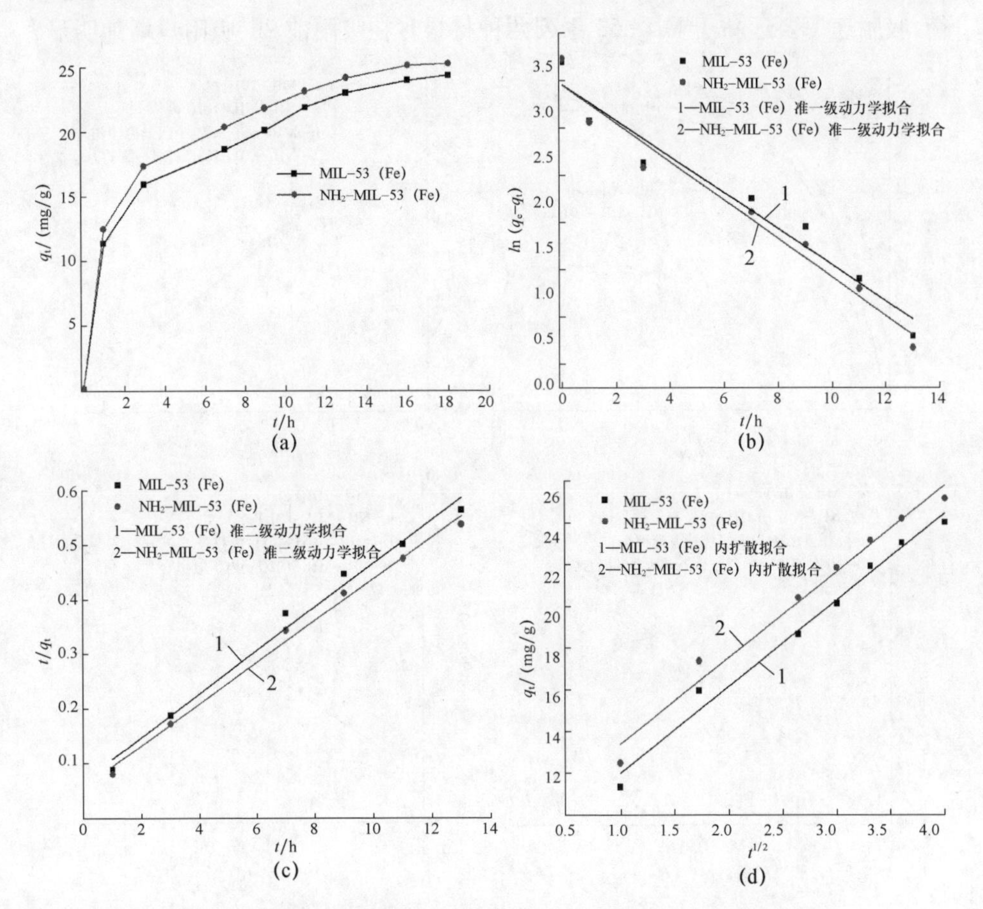

图 3.22 MIL-53(Fe)和 NH_2-MIL-53(Fe)吸附动力学规律[24]

(a)MIL-53(Fe)和 NH_2-MIL-53(Fe)对 NO_2^- 吸附量随时间的变化;

(b)准一级动力学模型拟合曲线;(c)准二级动力学模型拟合曲线;(d)内扩散模型拟合曲线。

和25.31mg/g。在吸附前3h内，吸附量增幅明显，吸附速率较高，在3h时达到15mg/g左右。吸附初始阶段溶液NO_2^-浓度高、吸附剂上的吸附位点多，吸附位点与NO_2^-碰撞的概率高，所以吸附速率最快。之后在3~14h之内，吸附速率较之前阶段变慢，这是因为吸附初始阶段快速吸附后，吸附位点减少，溶液中NO_2^-浓度降低，吸附位点和NO_2^-碰撞的概率降低，吸附驱动力减弱。在第三阶段，吸附16h后吸附量基本没有变化，这是达到吸附平衡，吸附速率与解吸速率相接近，吸附-解吸处于一种动态平衡。

MIL-101系列两种材料吸附量随时间变化如图3.23(a)所示，MIL-101(Fe)和NH_2-MIL-101(Fe)达到吸附平衡时间较短，吸附4h即可达到吸附平衡，吸附速率要远高于MIL-53系列两种材料。在吸附前2h，吸附量增加明显，

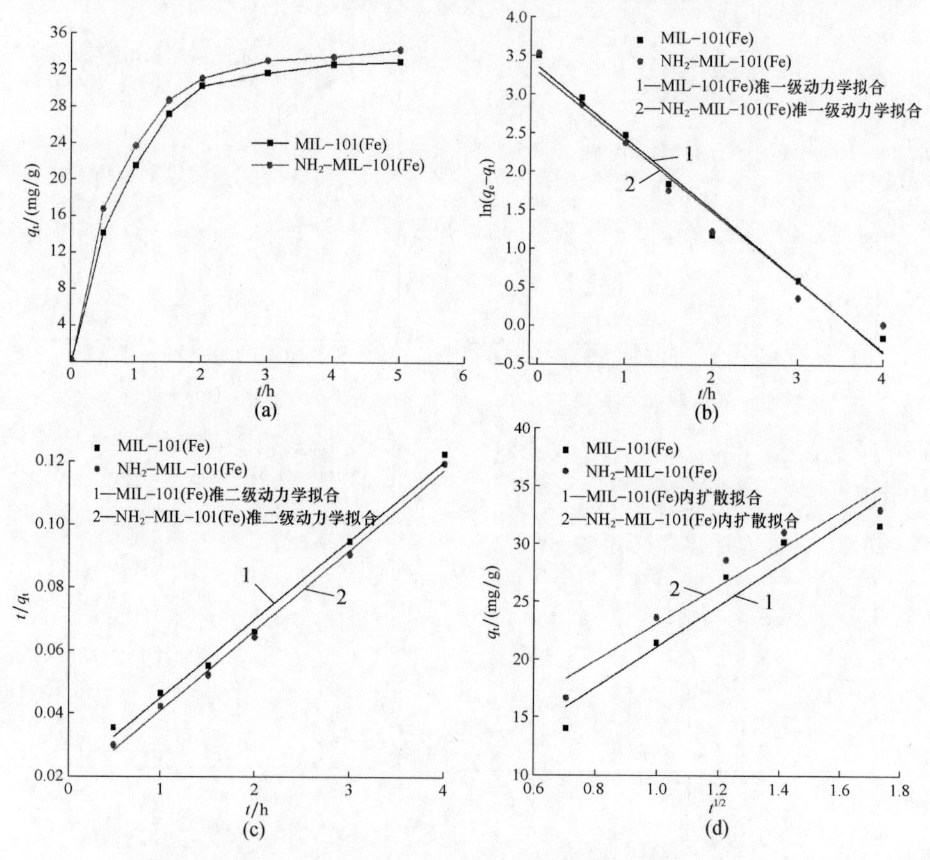

图3.23 MIL-101(Fe)和NH_2-MIL-101(Fe)吸附动力规律[25]

(a)MIL-101(Fe)和NH_2-MIL-101(Fe)对NO_2^-吸附量随时间的变化；
(b)准一级动力学模型拟合曲线；(c)准二级动力学模型拟合曲线；(d)内扩散模型拟合曲线。

2h 时 MIL-101(Fe)和 NH_2-MIL-101(Fe)吸附量分别达到 30.23mg/g 和 31.07mg/g,分别为平衡吸附量的 91.83%和 90.71%,可以说主要的吸附行为都是在吸附前 2h 发生的。2h 后吸附速率明显变慢,增幅不明显,这说明材料的吸附位点被基本占据,NO_2^- 浓度降低,吸附驱动力下降。吸附 4h 达到吸附平衡,平衡吸附量分别为 32.93mg/g 和 34.25mg/g。无论是平衡吸附量还是吸附时间,MIL-101 系列两种材料均优于 MIL-53 系列两种材料。与其他吸附材料,如无烟煤、壳聚糖相比,合成的 MOF 材料具有更大的吸附容量,优势明显。

3. 动力学模型拟合

为了研究这四种材料对 NO_2^- 的吸附动力学,根据材料对 NO_2^- 的吸附量随时间的变化,分别绘制 $\ln(q_e-q_t)$ 对 t 的准一级动力学拟合曲线;t/q_t 对 t 的准二级动力学拟合曲线;q_t 对 $t^{1/2}$ 的内扩散拟合曲线。根据线性模拟,计算各个方程的动力学相关参数和系数,结果如表 3.5 所列。

准一级动力学模型是常用的分析固液吸附体系的一种模型,该模型用来解释吸附过程的初始阶段,建立在吸附由扩散步骤控制的假设上。其吸附方程线性式为

$$\ln(q_e - q_t) = \ln q_e - k_1 t \tag{3.1}$$

式中:q_e为平衡吸附量(mg/g);q_t 为 t 时刻的吸附量(mg/g);t 为时间(h);k_1 为准一级动力学模型的速率常数(h^{-1})。

准二级动力学模型是假设吸附剂表面上未被占有的吸附空位数目的平方,决定了吸附速率。准二级动力学模型描述吸附的整个过程,包括内扩散、外扩散和反应吸附。该吸附方程的线性表达式为

$$\frac{t}{q_t} = \frac{t}{q_e} + \frac{1}{k_2 q_e^2} \tag{3.2}$$

式中:k_2 为准二级动力学模型的速率常数(g/(mg · h))。

内扩散模型的线性表达式为

$$q_t = k3t^{\frac{1}{2}} + C \tag{3.3}$$

式中:k_3 为内扩散模型反应速率常数(mg/(g · $h^{1/2}$));C 为常数。

从表 3.5 中可以看出,对于 MIL-53 系列两种材料,三种模型的相关系数 R^2 值都大于 0.94,说明三种模型均可解释吸附动力学。MIL-53(Fe)的准二级 R^2(0.9848)>内扩散 R^2(0.9829)>准一级 R^2(0.9480),NH_2-MIL-53(Fe)准二级的 R^2(0.9923)>内扩散 R^2(0.9770)>准一级 R^2(0.9571)。如果内扩散模型拟合曲线呈线性关系并通过原点,则内扩散是唯一的速率控制步骤,拟合曲线

不通过原点,内扩散在吸附过程中,但不是速率控制步骤。

同准一级动力学模型相比,准二级动力学模型计算出的平衡吸附量与实验所得的平衡吸附量更接近,说明该吸附过程更符合准二级动力学模型。MIL-53(Fe)和 NH_2-MIL-53(Fe)准二级动力学计算出的平衡吸附量分别为 25.07mg/g 和 26.18mg/g,与准一级动力学相比,准二级动力学与实验所得的 24.40mg/g 和 25.31mg/g 更加接近。

对于 MIL-101(Fe) 和 NH_2-MIL-101(Fe)吸附 NO_2^- 准一级和准二级动力学模型拟合较好,R^2 值均大于 0.96,而内扩散拟合曲线的相关系数较差,只有 0.89 和 0.91。MIL-101(Fe) 和 NH_2-MIL-101(Fe)准二级动力学拟合的 R^2 更接近于 1,平衡吸附量的计算值分别为 35.84mg/g 和 36.56mg/g,与实验值更加接近。故而准二级反应动力学可以更恰当地反映吸附动力学过程。

表 3.5 动力学模型拟合参数[24-25]

材料	准一级动力学模型			
	$q_{e,exp}$/(mg/g)	k_1/h^{-1}	$q_{e,cal}$/(mg/g)	R^2
MIL-53(Fe)	24.40	0.1904	19.18	0.9480
NH_2-MIL-53(Fe)	25.31	0.2031	19.13	0.9571
MIL-101(Fe)	32.93	0.9237	28.79	0.9776
NH_2-MIL-101(Fe)	34.25	0.9020	26.78	0.9610
材料	准二级动力学模型			
	$q_{e,exp}$/(mg/g)	k_2/(g/(mg·h))	$q_{e,cal}$/(mg/g)	R^2
MIL-53(Fe)	24.40	0.04459	25.07	0.9848
NH_2-MIL-53(Fe)	25.31	0.04857	26.18	0.9923
MIL-101(Fe)	32.93	0.06344	35.84	0.9910
NH_2-MIL-101(Fe)	34.25	0.07629	36.46	0.9962
材料	内扩散模型			
	k_3/(mg/(g·$h^{1/2}$))		c/(mg/g)	R^2
MIL-53(Fe)	4.148		7.844	0.9829
NH_2-MIL-53(Fe)	4.136		9.266	0.9770
MIL-101(Fe)	17.70		3.416	0.8917
NH_2-MIL-101(Fe)	16.20		6.933	0.9071

4. 吸附等温线

图 3.24 为 25℃下,MIL-53(Fe)和 NH_2-MIL-53(Fe)的吸附等温线。吸附量随平衡质量浓度的增大而增大。这是因为随着溶液中 NO_2^- 浓度增加,吸附剂

周围的NO_2^-离子变多,使得吸附驱动力也增大。低质量浓度时曲线的斜率较大,随着平衡质量浓度的增加,斜率逐渐减小,曲线趋于平缓,表明吸附逐渐达到饱和。图3.25为MIL-101(Fe)和NH_2-MIL-101(Fe)的吸附等温线,与图3.24的曲线变化趋势是一致的。

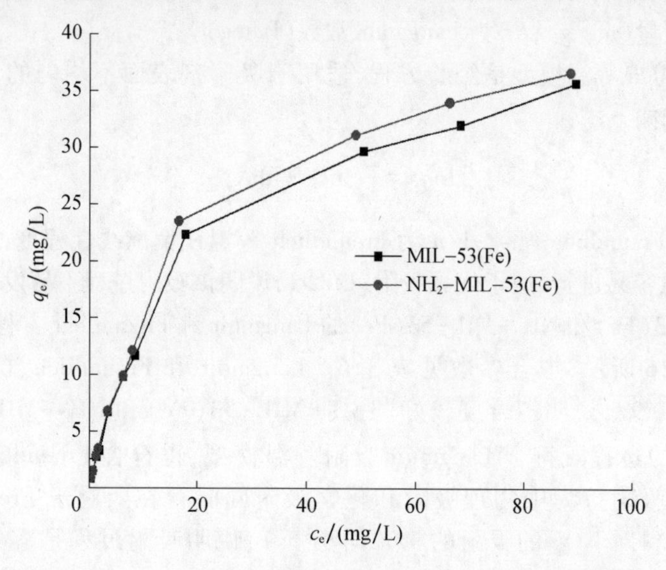

图3.24 25℃下MIL-53(Fe)和NH_2-MIL-53(Fe)吸附等温线[24]

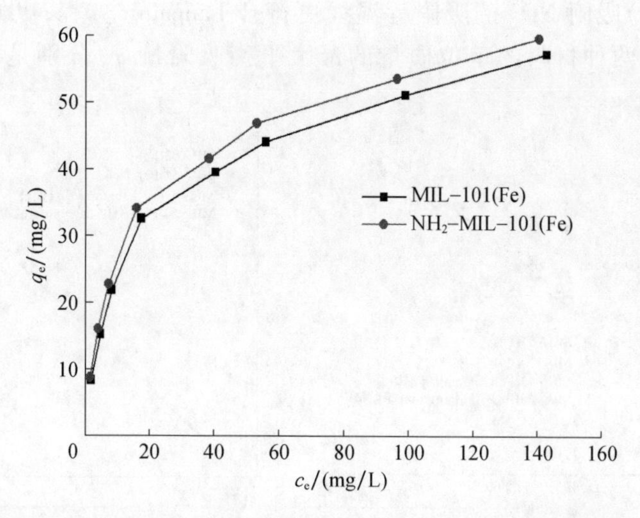

图3.25 25℃下MIL-101(Fe)和NH_2-MIL-101(Fe)吸附等温线[25]

Langmuir和Freundlich等温吸附方程常用来描述等温吸附作用。Langmuir等温模型是一种理想模型,其假设吸附剂表面是均匀的且各处吸附能都相同的单分子层吸附。Langmuir 线性拟合方程如下式所示。

$$\frac{c_e}{q_e} = \frac{1}{q_0}c_e + \frac{1}{K_L q_0} \tag{3.4}$$

式中：c_e 为吸附平衡时溶液中 NO_2^- 的浓度（mg/L）；q_e 为平衡吸附量（mg/g）；q_m 为最大吸附量（mg/g）；K_L 为 Langmuir 常数（L/mg）。

Freundlich 等温模型是经验方程，适用于吸附剂表面不均匀的多层吸附。经验方程式如下式：

$$\ln q_e = \frac{1}{n}\ln c_e + \ln K_F \tag{3.5}$$

式中：K_F 为 Freundlich 常数；$1/n$ 为 Freundlich 等温线偏离线性程度（其中 $1/n<1$，说明吸附容易进行，属于优惠吸附；$1/n>1$，说明该吸附过程不易发生）。

MIL-53（Fe）和 NH_2-MIL-53（Fe）的 Langmuir 和 Freundlich 方程的拟合曲线如图 3.26 所示，拟合参数见表 3.6。Langmuir 和 Freundlich 方程拟合度 R^2 均大于 0.97，说明拟合度较好。说明 MIL-53（Fe）和 NH_2-MIL-53（Fe）吸附 NO_2^- 的过程既符合 Langmuir 吸附等温模型，也符合 Freundlich 吸附等温模型，则吸附行为中物理吸附和化学吸附同时存在。对于 Freundlich 方程，两种材料对 NO_2^- 的吸附的 $1/n$ 均小于 1，说明吸附过程是容易进行的。Langmuir 方程的拟合度均大于 Freundlich 方程，说明 MIL-53（Fe）和 NH_2-MIL-53（Fe）吸附 NO_2^- 的吸附等温线更符合 Langmuir 方程，更倾向于单分子层吸附。两种材料的单位质量的最大平衡吸附量 q_m 分别是 41.20mg/g 和 42.92mg/g。

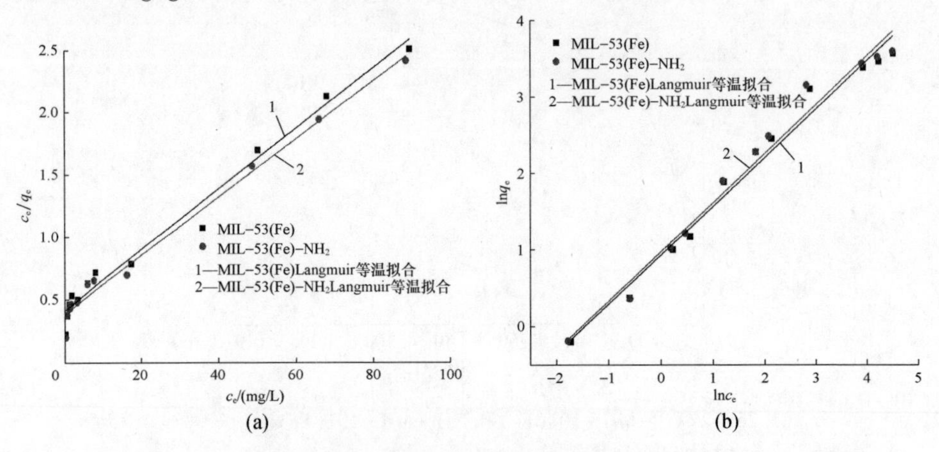

图 3.26　MIL-53（Fe）和 NH_2-MIL-53（Fe）的 Langmuir 和 Freundlich 方程拟合曲线[24]
（a）Langmuir 拟合曲线；（b）Freundlich 拟合曲线。

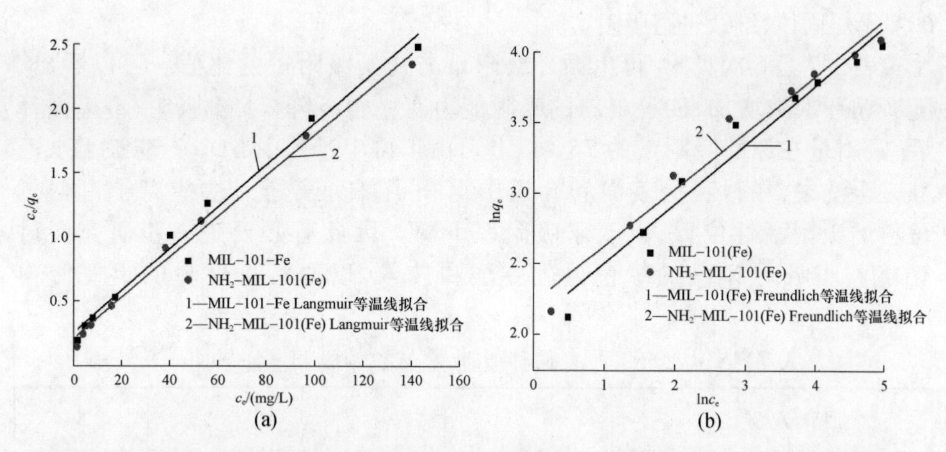

图 3.27　MIL-101(Fe)和 NH_2-MIL-101(Fe)的 Langmuir 和 Freundlich 等温拟合曲线
(a)Langmuir 等温拟合曲线；(b)Freundlich 等温拟合曲线[25]。

MIL-101(Fe)和 NH_2-MIL-101(Fe)的 Langmuir 和 Freundlich 方程的拟合曲线如图 3.27 所示，拟合参数见表 3.6。可知两种材料的 Langmuir 方程拟合相关系数均大于 0.984，曲线线性良好，同 MIL-53(Fe)和 NH_2-MIL-101(Fe)一样，更倾向于 Langmuir 吸附。MIL-101(Fe)和 NH_2-MIL-101(Fe)的单位质量的最大平衡吸附量 q_m 分别是 61.39mg/g 和 63.21mg/g，氨基改性后，NH_2-MIL-101(Fe)的吸附能力更强。

表 3.6　Langmuir 和 Freundlich 等温线拟合参数[24-25]

吸附质	Langmuir			Freundlich		
	q_m/(mg/g)	K_L/(L/mg)	R^2	K_F	$1/n$	R^2
MIL-53(Fe)	41.20	0.05830	0.9849	2.548	0.6390	0.9781
NH_2-MIL-53(Fe)	42.92	0.05987	0.9869	2.664	0.6433	0.9766
MIL-101(Fe)	61.39	0.06293	0.9900	8.092	0.4189	0.9602
NH_2-MIL-101(Fe)	63.21	0.07370	0.9909	10.09	0.4007	0.9633

5. 吸附剂再生

将吸附平衡后的混合液离心分离，除去上层溶液，将固体材料浸泡于盛放无水乙醇的烧杯中,将烧杯放入超声波清洗器中,超声辅助 2h。离心分离后 60℃干燥固体,继续进行吸附实验。

表 3.7 是 5 次吸附/再生循环吸附量与初始吸附量的比值。可以看出,随着循环次数增加,四种材料的吸附能力有一定下降。5 次吸附/再生循环后,吸附量在原始吸附量的 75%以上。由于再生过程中 NO_2^- 不能被无水乙醇完全洗去,在材料的表面和孔道中沉积了部分离子。这些离子占据了材料的吸附活性位置,以至于吸附率下降。因此有必要进一步研究探讨 MOF 材料吸附 NO_2^- 的绿色再生方法和技术,以便解决材料的重复使用问题。

表 3.7　5 次吸附/再生循环吸附量与初始吸附量的比值[24-25]

循环次数	1	2	3	4	5
MIL-53(Fe)	93%	90%	87%	83%	81%
NH_2-MIL-53(Fe)	91%	87%	84%	80%	79%
MIL-101(Fe)	90%	86%	81%	80%	77%
NH_2-MIL-101(Fe)	87%	85%	83%	80%	77%

6. 吸附机理分析

MOF 材料作为吸附剂,吸附的主要机理有静电相互作用、酸碱作用、π—π共轭作用、氢键作用和呼吸效应等。

将吸附前后的 MIL-101(Fe)材料利用 XPS 进行表征,考察前后元素变化,结果如图 3.28 所示。吸附之前,MIL-101(Fe)基本不含氮元素,但是在吸附后的 XPS 谱图中,在 400.2eV 左右,出现了一个新的峰,这属于 N 的峰。而 XPS 是一种表面分析技术,可以证明在 MIL-101(Fe)的表面成功吸附了 NO_2^-。根据前人研究,金属有机骨架材料中,金属中心往往因为配位不饱和而带有正电荷。对于 MIL-53(Fe)和 MIL-101(Fe),Fe 作为金属中心带有正电荷。故而推测,金属位点 Fe 可以与带负电的 NO_2^- 通过静电相互作用结合,实现对 NO_2^- 的吸附。除此之外,MIL-101(Fe) 具有更大的比表面积和孔隙,这样增加了吸附活性位点和表面 NO_2^- 的传质效率,从而提高了吸附量。

酸性条件下,MIL-53(Fe)和 MIL-101(Fe) 的氨基质子化,使得材料表面带有正电荷,增加了与 NO_2^- 匹配的吸附位点,吸附质与吸附剂间发生很强的静电吸引作用,使吸附量增加。

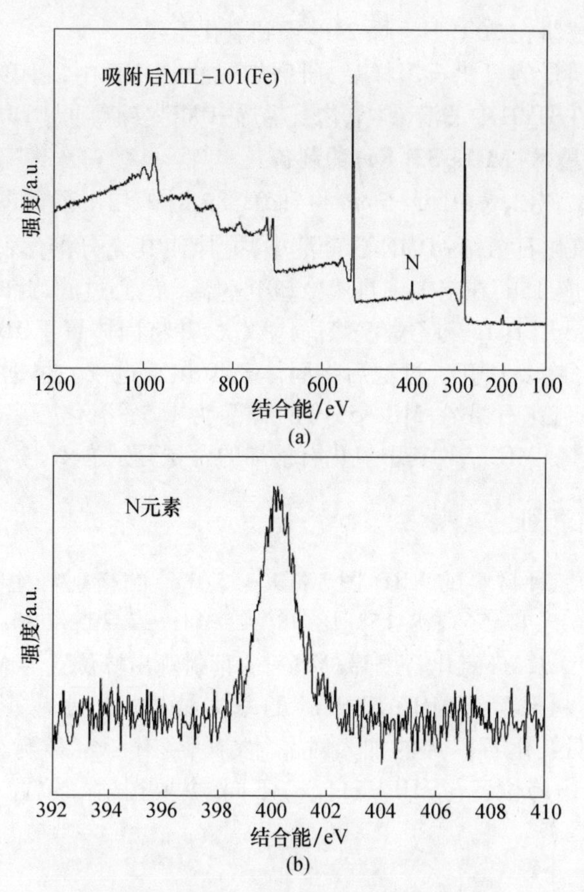

图 3.28 吸附后 MIL-101(Fe)XPS 谱图[25]
(a)吸附后 MIL-101(Fe)XPS 全谱图;(b)吸附后 MIL-101(Fe)XPS N 元素谱图。

3.3 氧化石墨烯-MIL-53(Fe)的制备与去除 NO_2^-

3.3.1 材料制备

1. 氧化石墨烯-MIL-53(Fe)复合材料的制备[24]

在冰水浴下,将 4g 鳞片石墨加入 100mL 浓硫酸中,充分混合;混合后加入 17g 高锰酸钾,搅拌,在水浴温度 10~15℃下反应 2h。反应后将混合液转移至 35℃恒温水浴,搅拌 0.5h。然后缓慢加入 400mL 去离子水,控制反应温度在 80℃左右,反应 20min。然后向反应液中缓慢滴加 8mL 的 30%浓度的 H_2O_2,直到无气泡在溶液中生成。趁热过滤后,用去离子水和 5%的盐酸洗涤滤饼,直到滤液呈中性。滤饼在70℃下干燥24h,得到氧化石墨。

称取一定质量的氧化石墨样品,研磨细,加入DMF中,超声剥离。即得氧化石墨烯分散在DMF中的溶液(氧化石墨烯-DMF溶液)。

2. 氧化石墨烯-MIL-53(Fe)的制备

称取1.35g $FeCl_3 \cdot 6H_2O$(5mmol)和0.83g对苯二甲酸(H_2BDC,5mmol),加入到50mL氧化石墨烯-DMF混合液中,搅拌使其充分溶解;转移至反应釜中,150℃下反应15h,在空气中自然冷却至室温。离心过滤,此时得到MIL-53(Fe)的粗产物。用DMF和乙醇洗涤固体数次,并将固体置于100mL去离子水中搅拌8h,充分除去DMF。过滤后将固体80℃烘干过夜。根据氧化石墨烯含量的不同,记录氧化石墨烯-MIL-53(Fe)样品为1.5%氧化石墨烯-MIL-53和2.5%氧化石墨烯-MIL-53,其中氧化石墨烯的含量分别为1.5%和2.5%。

3.3.2 材料表征

图3.29为三种材料的XRD图。MIL-53(Fe)的衍射峰主要出峰位置在2θ=9.20°、12.61°、17.56°、18.15°、18.48°、25.43°、27.20°和30.13°处,峰形尖锐,结晶度良好。1.5%氧化石墨烯-MIL-53衍射峰出峰位置与MIL-53(Fe)相似,说明复合材料保存了MIL-53(Fe)的基本结构。但是峰形不如MIL-53(Fe)尖锐,说明氧化石墨烯的加入对晶体结晶度有一定影响。2.5%氧化石墨烯-MIL-53出峰位置与MIL-53(Fe)不同,主要衍射峰位置在2θ为9.38°

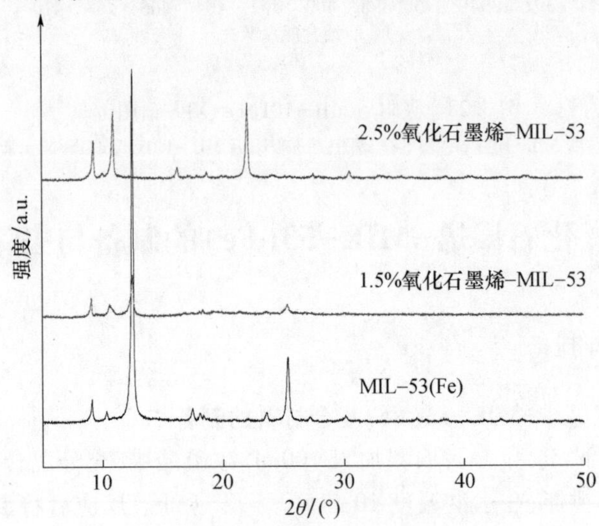

图3.29 MIL-53(Fe)、1.5%氧化石墨烯-MIL-53和2.5%氧化石墨烯-MIL-53的XRD图[24]

和 11.03°处，与 MIL-53(Fe)相比出现了前移，另外在 22.10°处出现了一个较强的新峰，说明氧化石墨烯的加入导致了 MIL-53(Fe)晶格结构发生了变化，这些变化在其他氧化石墨烯-MOF 复合材料[30]中也有所体现。但是复合材料并没有出现氧化石墨烯的衍射峰，其原因在于：①氧化石墨烯的含量比较少，最高只有 2.5%，XRD 检测出来的峰形太弱；②氧化石墨烯在 DMF 溶液中高度分散，合成的氧化石墨烯-MIL-53(Fe)中的氧化石墨烯也高度分散，所以测试不出来。

图 3.30(a)、(b)是氧化石墨烯的 SEM 图，可看出氧化石墨烯是薄片状的，并有一定的卷曲；图 3.30(c)、(d)分别是 1.5%氧化石墨烯-MIL-53 和 2.5%氧化石墨烯-MIL-53 的 SEM 图，可看出，加入氧化石墨烯改变了 MIL-53(Fe)的晶体形貌，影响了 MIL-53(Fe)的结晶[31]。MIL-53(Fe)颗粒变小，大部分粒径在 200~500nm 之间，MIL-53(Fe)负载在片状的氧化石墨烯上。

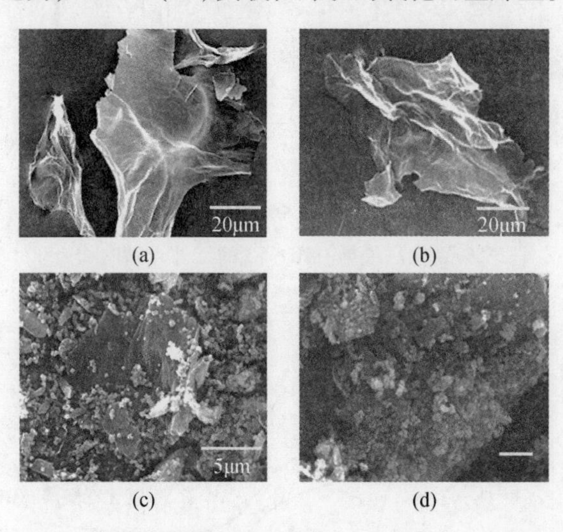

图 3.30　三种材料的 SEM 图[24]

(a)、(b)氧化石墨烯；(c)1.5%氧化石墨烯-MIL-53；(d)2.5%氧化石墨烯-MIL-53。

由图 3.31 可知，三种材料的红外光谱相似，说明复合氧化石墨烯并不会引起材料的官能团的变化。

利用紫外可见漫反射(UV-vis DRS)光谱分析 MIL-53(Fe)、1.5%氧化石墨烯-MIL-53 和 2.5%氧化石墨烯-MIL-53 的吸光能力。如图 3.32 所示，MIL-53(Fe)既可吸收紫外线，亦可吸收可见光。显然 MIL-53(Fe)在 400nm 波长以下吸光度较高，所以 MIL-53(Fe)吸收利用紫外线的能力更强。MIL-53(Fe)的光吸收阈值为 509nm，根据公式 $E_g = 1240/$波长，计算出相应的带隙宽度为 2.43eV，而 1.5%氧化石墨烯-MIL-53 和 2.5%氧化石墨烯-MIL-53 吸收边出现了红移,说明材料复合氧化石墨烯后,利用可见光能力增强。三种材料在紫外线区和可见光区均有较好的吸收,复合氧化石墨烯后,材料可见光区吸收能力大为提高,尤其是1.5%氧化石墨烯-MIL-53。故而可推测,氧化石墨烯-MIL-53(Fe)可充分利用可见光催化降解一些污染物。

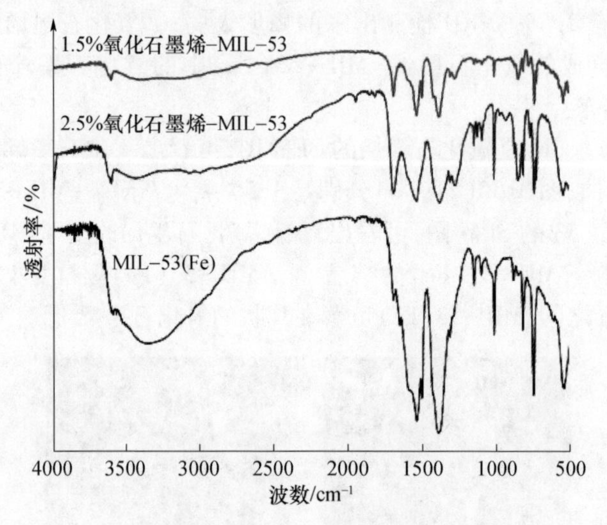

图3.31 MIL-53(Fe)、1.5%氧化石墨烯-MIL-53和2.5%氧化石墨烯-MIL-53的红外光谱图[24]

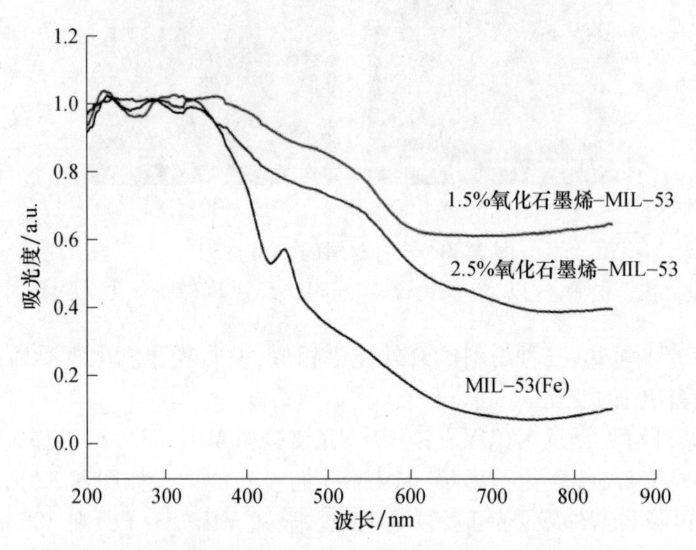

图3.32 MIL-53(Fe)、1.5%氧化石墨烯-MIL-53和2.5%氧化石墨烯-MIL-53的UV-vis DRS的光谱图[24]

通过 PL 表征，比较不同氧化石墨烯含量的复合材料光生载流子的迁移和复合。图 3.33 是三种材料的 PL 谱图。320nm 激光激发后，MIL-53(Fe) 发射光谱在 430nm 和 467nm 处出现了两个主要的强吸收峰；在 418nm 和 467nm 处，氧化石墨烯-MIL-53(Fe) 也出现两个强吸收峰，但吸收峰的强度均比 MIL-53(Fe) 要弱。说明了复合氧化石墨烯有利于光生载流子的迁移，抑制电子和空穴的再结合。1.5%氧化石墨烯-MIL-53 的吸收峰最弱，说明此氧化石墨烯含量对电子-空穴结合的抑制能力强，如果再增加氧化石墨烯含量，对电子-空穴的分离反而不利，过量的氧化石墨烯传导电子的同时，有可能促进电子-空穴的再结合。

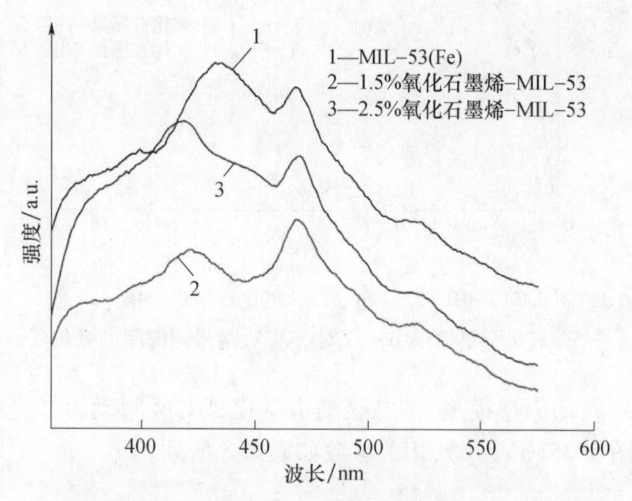

图 3.33 MIL-53(Fe)、1.5%氧化石墨烯-MIL-53 和 2.5%氧化石墨烯-MIL-53 的 PL 谱图[24]

3.3.3 NO_2^- 的吸附研究

氧化石墨烯具有极大的比表面积，对离子有一定的吸附能力，故而考察了 1.5%氧化石墨烯-MIL-53 和 2.5%氧化石墨烯-MIL-53 对 NO_2^- 的吸附。

1. 吸附动力学

图 3.34 显示了 MIL-53(Fe)、1.5%氧化石墨烯-MIL-53 和 2.5%氧化石墨烯-MIL-53 对 NO_2^- 的吸附作用。可看出，复合氧化石墨烯后，对 NO_2^- 的吸附量得到提高。复合材料中氧化石墨烯含量越多，吸附量越大，这是因为氧化石墨烯具有大的比表面积，并且氧化石墨烯表面的亲水基团会增加 MIL-53(Fe) 的分散性，促进离子在材料表面的传质。2.5%氧化石墨烯-MIL-53 的平衡吸附量为 26.27mg/g，1.5%氧化石墨烯-MIL-53 的平衡吸附量为 25.45mg/g，与 MIL-53 平

衡吸附量 24.40mg/g 相比，增加幅度不大，这是由于复合的氧化石墨烯含量较少，对平衡吸附量影响较小。吸附前 3h 吸附速率较高，吸附 16h 达到吸附平衡。MIL-53(Fe)、1.5%氧化石墨烯-MIL-53 和 2.5%氧化石墨烯-MIL-53 对 NO_2^- 吸附的平衡时间相同，说明复合氧化石墨烯并不会影响吸附平衡时间。

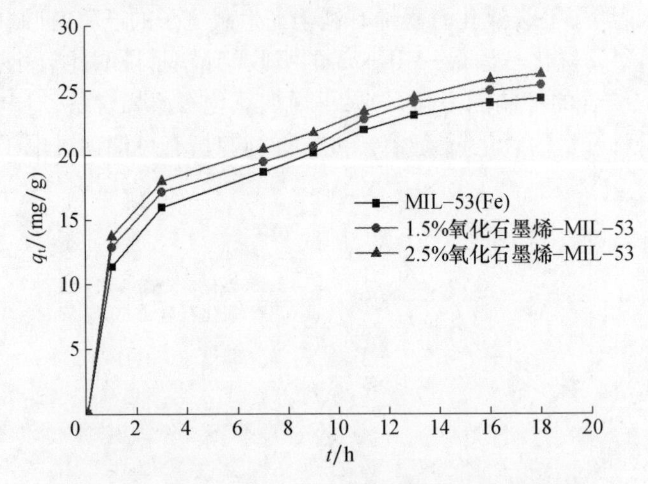

图 3.34　MIL-53(Fe)、1.5%氧化石墨烯-MIL-53 和 2.5%氧化石墨烯-MIL-53 对 NO_2^- 吸附量随时间的变化[24]

通过准一级动力学模型、准二级动力学模型对吸附动力学进行拟合，两种拟合曲线见图 3.35(a)、(b)，相关参数如表 3.8 所列。

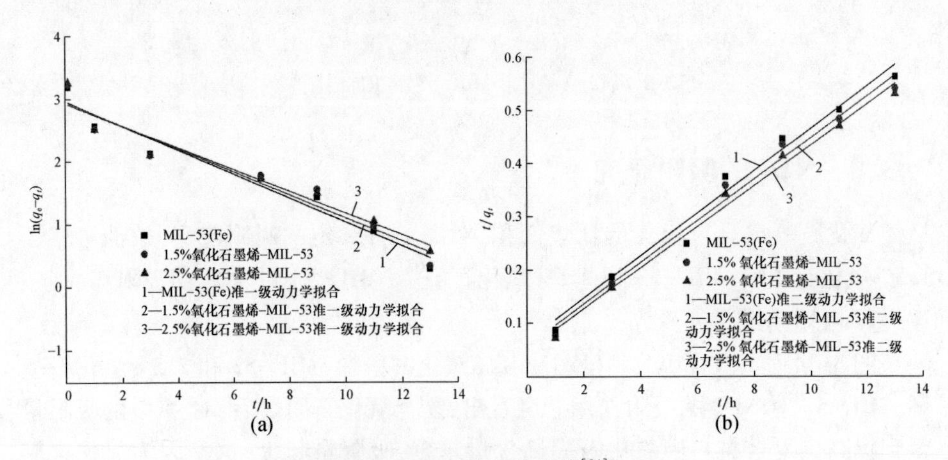

图 3.35　两种拟合曲线[24]

(a) MIL-53(Fe)、1.5%氧化石墨烯-MIL-53 和 2.5%氧化石墨烯-MIL-53 对 NO_2^- 吸附的准一级动力学模型拟合曲线；(b) MIL-53(Fe)、1.5%氧化石墨烯-MIL-53 和 2.5%氧化石墨烯-MIL-53 对 NO_2^- 吸附的准二级动力学模型拟合曲线。

表 3.8　氧化石墨烯复合材料的动力学模型拟合参数[24]

材料	准一级动力学模型			
	$q_{e,exp}$/(mg/g)	k_1/h^{-1}	$q_{e,cal}$/(mg/g)	R^2
MIL-53(Fe)	24.40	0.1904	19.18	0.9480
1.5%氧化石墨烯-MIL-53	25.45	0.2125	19.06	0.9228
2.5%氧化石墨烯-MIL-53	26.27	0.2139	18.56	0.9292
材料	准二级动力学模型			
	$q_{e,exp}$/(mg/g)	k_2/(g/(mg·h))	$q_{e,cal}$/(mg/g)	R^2
MIL-53(Fe)	24.40	0.04459	25.08	0.9842
1.5%氧化石墨烯-MIL-53	25.45	0.04217	25.58	0.9815
2.5%氧化石墨烯-MIL-53	26.27	0.05384	25.99	0.9885

可看出,与准一级动力学模型相比,氧化石墨烯复合材料的准二级动力学模型的拟合度更接近于1,且计算所得的理论平衡吸附量与实验吸附量更加接近。与 MIL-53(Fe)一样,1.5%氧化石墨烯-MIL-53 和 2.5%氧化石墨烯-MIL-53 准二级动力学模型能够更好地解释吸附过程。

2. 吸附等温线

三种材料在25℃下的吸附等温线如图 3.36 所示,利用 Langmuir 和 Freundlich 等温吸附方程进行拟合,拟合曲线见图 3.37,相关参数见表 3.9。

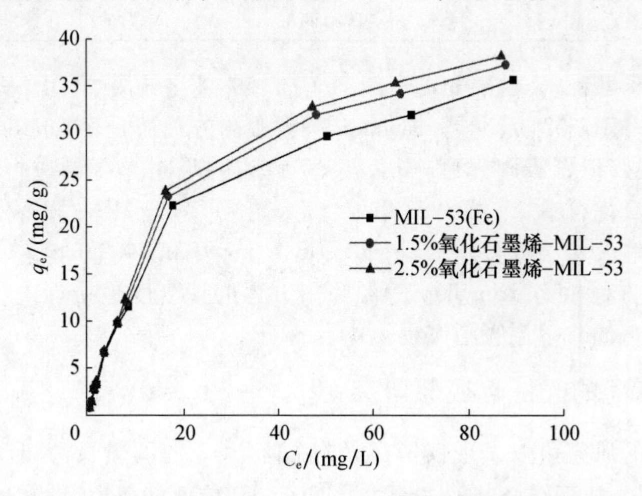

图 3.36　25℃下 MIL-53(Fe)、1.5%氧化石墨烯-MIL-53 和 2.5%氧化石墨烯-MIL-53 对 NO_2^- 的吸附等温线[24]

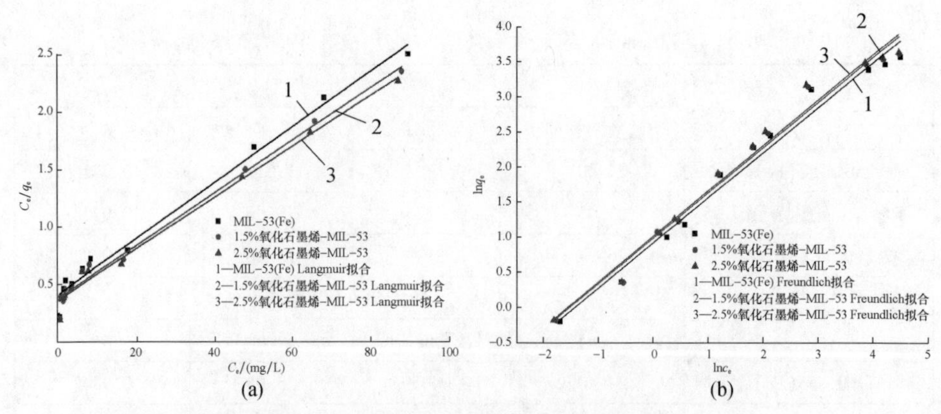

图 3.37　MIL-53(Fe)、1.5%氧化石墨烯-MIL-53 和 2.5%
氧化石墨烯-MIL-53 的 Langmuir 和 Freundlich[24] 拟合曲线
(a) Langmuir 拟合曲线;(b) Freundlich 拟合曲线。

表 3.9　氧化石墨烯复合材料的 Langmuir 和 Freundlich 等温拟合曲线参数[24]

吸附质	Langmuir			Freundlich		
	q_m/ mg/g	K_L/ (L/mg)	R^2	K_F	$1/n$	R^2
MIL-53(Fe)	41.20	0.05830	0.9849	2.548	0.6390	0.9781
1.5%氧化石墨烯-MIL-53	43.61	0.06017	0.9860	2.724	0.6419	0.9780
2.5%氧化石墨烯-MIL-53	44.92	0.06054	0.9865	2.796	0.6450	0.9779

从表 3.9 可看出,对于 MIL-53(Fe)、1.5%氧化石墨烯-MIL-53 和 2.5%氧化石墨烯-MIL-53,无论是 Langmuir 等温吸附方程还是 Freundlich 等温吸附方程,都能很好拟合吸附过程。$1/n$ 小于 1,说明吸附是容易进行的;MIL-53(Fe)、1.5%氧化石墨烯-MIL-53 和 2.5%氧化石墨烯-MIL-53 的单位质量的最大平衡吸附量 q_m 分别是 41.20mg/g,43.61mg/g 和 44.92mg/g。与 Freundlich 等温吸附方程相比,Langmuir 等温吸附方程的拟合度更接近 1,说明吸附行为更符合 Langmuir 等温吸附方程。

3.3.4　NO_2^- 的光催化还原研究

从以上的研究可以发现仅依靠吸附去除 NO_2^-,时间较长,并且材料的吸附能力是有限的,故而结合其他方法去除 NO_2^-。从前面的研究可知,MIL-53(Fe) 复合氧化石墨烯后,吸光能力增强,且电子-空穴的再结合被抑制。NO_2^- 可在光催化剂的作用下被还原成 N_2 和副产物 NH_4^+。故而利用紫外线和可见光的照射,光催化还原 NO_2^-[32]。

1. 紫外线光催化

紫外线光催化实验操作同前，利用 *N*-(1-萘基)-乙二胺光度法测定亚硝酸盐氮浓度，紫外分光光度法测定硝酸盐氮浓度，纳氏试剂光度法测定氨氮浓度，分析 NO_2^- 的降解效果与反应产物。NO_2^- 降解率、氮气选择性分别由下式计算。

$$\begin{cases} \alpha = \dfrac{c_0(NO_2^-) - c_t(NO_2^-)}{c_0(NO_2^-)} \\ \beta = \dfrac{c_0(NO_2^-) - c(NO_2^-) - c(NO_3^-) - c(NH_4^+)}{c_0(NO_2^-) - c(NO_2^-)} \times 100\% \end{cases} \tag{3.6}$$

紫外线光催化还原 NO_2^- 的结果如图 3.38(a)所示。紫外线照射 2.5h 后，MIL-53(Fe)对 NO_2^- 降解率为 43.90%，相同的时间内，2.5%氧化石墨烯-MIL-53 则为 61.13%；相比前两者，1.5%氧化石墨烯-MIL-53 的光催化能力提高明显，对 NO_2^- 的降解率最高，达到了 73.56%。这说明并不是氧化石墨烯含量越高，对 NO_2^- 光催化还原的效果就越好。

实验过程中测得的 NO_3^- 浓度较低，可忽略不计，说明在甲酸作为空穴捕获剂的作用下，氧化反应基本不存在，以还原反应为主。还原产物主要是 N_2 和 NH_4^+，NH_4^+ 浓度变化见图 3.38(b)。1.5%氧化石墨烯-MIL-53 还原的 NH_4^+ 浓度最高，这是因为 1.5%氧化石墨烯-MIL-53 降解的 NO_2^- 最多，反应最彻底。副产物 NH_4^+ 浓度在 5mg/L 以下，比 GB 8978—1996《污水综合排放标准》中的一级排放标准(15mg/L)低。通过计算，MIL-53(Fe)、1.5%氧化石墨烯-MIL-53 和 2.5%氧化石墨烯-MIL-53 的氮气选择性分别为 65.19%、77.08% 和 74.29%，说明氧化石墨烯的加入有利于提高氮气选择性。

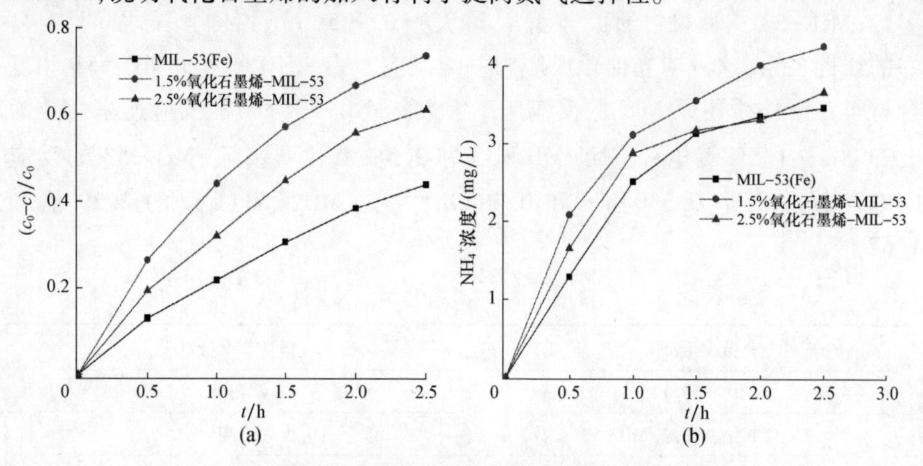

图 3.38 紫外线下 NO_2^- 降解规律[24-25]

(a)紫外线下 NO_2^- 降解曲线；(b)NH_4^+浓度随时间变化。

为研究光催化反应的动力学,根据式(3.4),利用 Langmuir-Hinshelwood 动力学方程,进行拟合,结果见图 3.39。

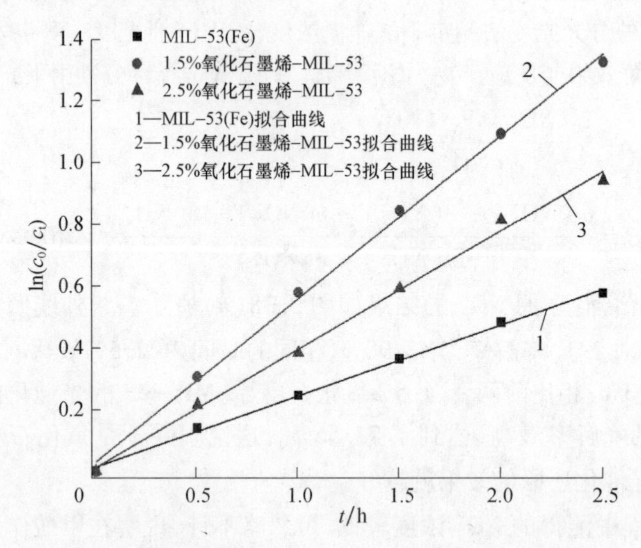

图 3.39 紫外线光催化还原 NO_2^- 反应动力学拟合曲线[24-25]

其公式为

$$\ln(c_0/c_t)=Kt+b \tag{3.7}$$

式中:K 为表观反应速率常数;c_0 为 NO_2^--N 的初始浓度;c_t 为 NO_2^--N 在 t 时刻的浓度。

从图 3.39 可知,MIL-53(Fe)、1.5%氧化石墨烯-MIL-53 和 2.5%氧化石墨烯-MIL-53 三种材料的拟合度 R^2 均大于 0.995, $\ln(c_0/c_t)-t$ 之间具有良好的线性关系,这说明光催化反应为一级反应。表 3.10 展示了 MIL-53 和复合材料在紫外线还原 NO_2^- 的反应速率常数。MIL-53(Fe)的反应速率常数为 0.2308h^{-1},1.5%氧化石墨烯-MIL-53 和 2.5%氧化石墨烯-MIL-53 的反应速率常数分别是 0.5304h^{-1}和 0.3849h^{-1},是 MIL-53(Fe)的 2.29 倍和 1.67 倍。

表 3.10 紫外线光催化反应速率常数表[24-25]

光催化剂	反应速率常数/h^{-1}
MIL -53(Fe)	0.2308
1.5%氧化石墨烯-MIL-53	0.5304
2.5%氧化石墨烯-MIL-53	0.3849

2. 可见光催化还原

对于 NO_2^- 的光催化还原多利用紫外线为光源，成本相对较高。如果能充分利用太阳光中43%的可见光降解 NO_2^-，既节约成本，在实际应用中又方便。可见光催化反应采用300W、波长大于420nm的氙灯光源，实验操作同前。由于MIL-53(Fe)能有效利用可见光，且复合氧化石墨烯后，对可见光吸收增加明显，所以对可见光催化还原 NO_2^- 进行研究，结果如图3.40所示。经过4h的可见光照射，MIL-53(Fe)对 NO_2^- 的降解率为37.21%。4h内，2.5%氧化石墨烯-MIL-53降解了59.25%的 NO_2^-；1.5%氧化石墨烯-MIL-53光催化能力最强，对 NO_2^- 的降解率达到了72.34%。可见，无论是紫外线下还是可见光下，降解率均是1.5%氧化石墨烯-MIL-53>2.5%氧化石墨烯-MIL-53>MIL-53(Fe)，这与UV-vis DRS光谱中的吸光度强弱和PL光谱中的电子-空穴再结合的抑制效果的变化是一致的。

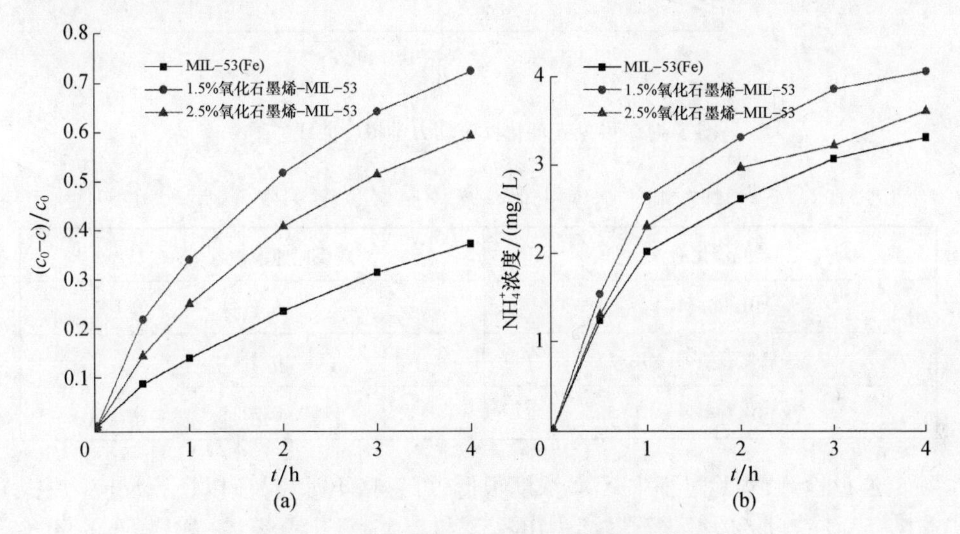

图3.40　紫外线光催化还原 NO_2^- 实验结果[24-25]

(a)可见光下 NO_2^- 降解曲线；(b) NH_4^+ 浓度随时间变化曲线。

同样利用Langmuir-Hinshelwood动力学方程进行拟合，结果如图3.41、表3.11所示。$\ln(c_0/c_t)-t$ 呈线性关系。MIL-53(Fe)可见光还原 NO_2^- 的反应速率常数为 $0.1144h^{-1}$，1.5%氧化石墨烯-MIL-53和2.5%氧化石墨烯-MIL-53的反应速率常数分别是 $0.3145h^{-1}$ 和 $0.2225h^{-1}$，是MIL-53(Fe)的2.75倍和1.94倍。与紫外线相比，复合氧化石墨烯后的材料在可见光下催化还原 NO_2^- 的反应速率常数提升更明显，降解优势更突出。

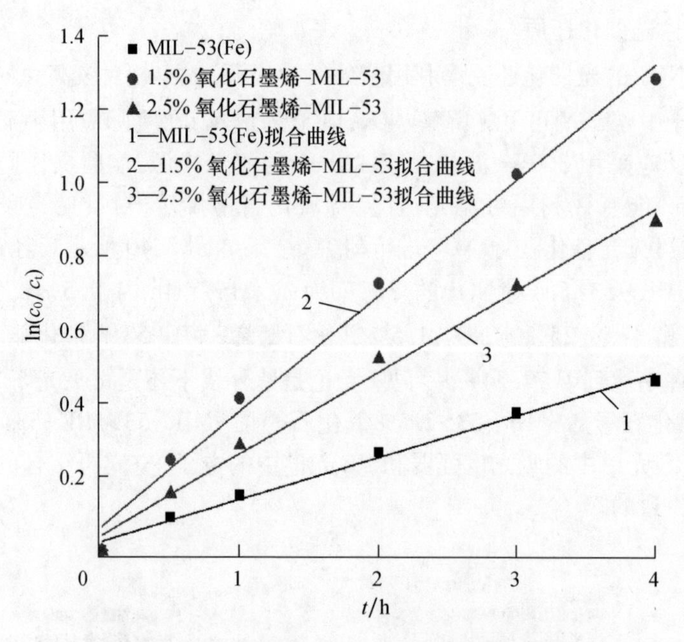

图 3.41　可见光催化反应动力学拟合曲线[24-25]

表 3.11　可见光催化反应速率常数表[24-25]

光催化剂	反应速率常数/h^{-1}
MIL -53(Fe)	0.1144
1.5%氧化石墨烯-MIL-53	0.3145
2.5%氧化石墨烯-MIL-53	0.2225

通过检测,实验过程中 NO_2^- 浓度很低,可忽略不计,反应以还原反应为主。MIL-53(Fe)、1.5%氧化石墨烯-MIL-53 和 2.5%氧化石墨烯-MIL-53 的氮气选择性分别为 69.16%、76.41%、74.74%。

3. 光催化剂重复使用稳定性

为了探究光催化剂的稳定性,以光催化还原效果最好的 1.5%氧化石墨烯-MIL-53 作为研究对象,分别于紫外线和可见光下连续还原 50mg/L 的亚硝酸盐氮溶液。图 3.42(a)和(b)分别为紫外线下和可见光下 1.5%氧化石墨烯-MIL-53 进行 4 次循环催化还原 NO_2^- 的曲线。由图可知,经过 4 次循环催化还原实验,1.5%氧化石墨烯-MIL-53 依然有较好的催化效果,光催化剂的活性减弱幅度较小,说明 1.5%氧化石墨烯-MIL-53 具有可重复使用性。

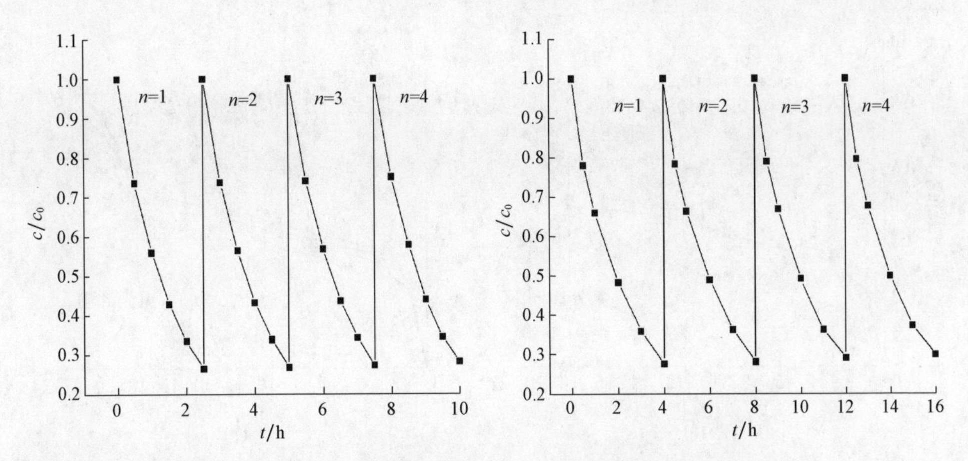

图 3.42　1.5%氧化石墨烯-MIL-53 4 次循环降解 NO_2^- 曲线[24-25]

(a)紫外线;(b)可见光。

3.3.5　吸附-光催化去除 NO_2^- 研究

1. 吸附后光催化去除 NO_2^-

仅仅利用 MOF 材料吸附处理废水中的 NO_2^-,时间过长,吸附饱和需要 16h,且去除率较低[33],吸附效果最好的 2.5%氧化石墨烯-MIL-53 也仅能除去 52.55%的 NO_2^-。在吸附饱和后的溶液中加入甲酸作空穴捕获剂,并在紫外线下再照射 2.5h 后,紫外线光催化降解加上之前的吸附,MIL-53(Fe)对 NO_2^- 的去除率达到 71.23%,1.5%氧化石墨烯-MIL-53 达到 87.03%,2.5%氧化石墨烯-MIL-53 为 81.52%。吸附后可见光照射 4h 后,MIL-53(Fe)、1.5%氧化石墨烯-MIL-53 和 2.5%氧化石墨烯-MIL-53 对 NO_2^- 的去除率分别为 67.81%、86.44% 和 80.63%,结果如图 3.43(a)、(b)所示。

2. 吸附光催化同时去除 NO_2^-

先吸附再进行光催化还原,虽然去除率较高,但是时间太长,为提高速率,将复合材料加入 NO_2^- 溶液中,同时加入甲酸,紫外线或可见光照射,同时进行吸附-光催化,考察去除效果。结果如图 3.44 所示。

由图 3.44(a)可知,在搅拌的情况下,紫外线照射 3h,通过吸附-光催化同时进行,MIL-53(Fe)对 NO_2^- 的去除率达到 69.31%,是单纯吸附 3h 去除率的 1.89 倍。1.5%氧化石墨烯-MIL-53 的效果最好,去除率达到 95.29%,而 2.5%氧化石墨烯-MIL-53 为 83.52%,分别是单纯遮光吸附的 2.55 倍和 2.15 倍。吸附-光催化同时进行,去除效果同吸附饱和后紫外线光催化 2.5h 相当,但是时间

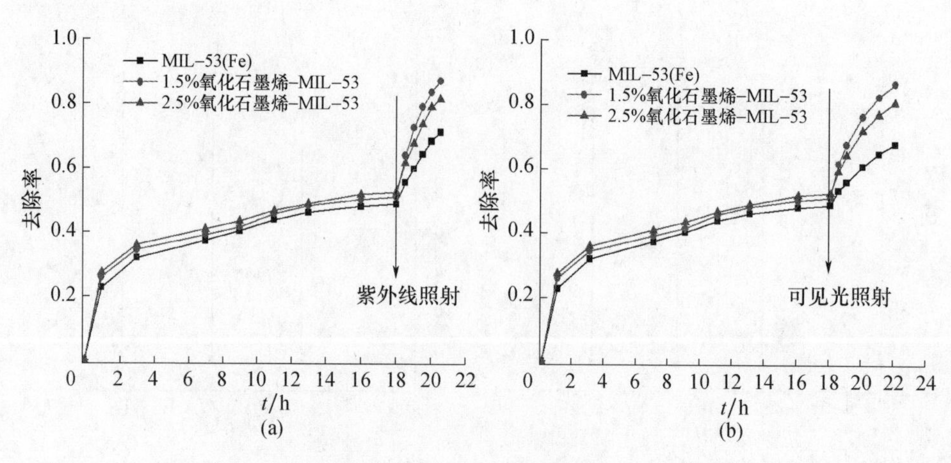

图 3.43　吸附后光催化 NO_2^- 去除率随时间变化[24-25]

(a)紫外线;(b)可见光。

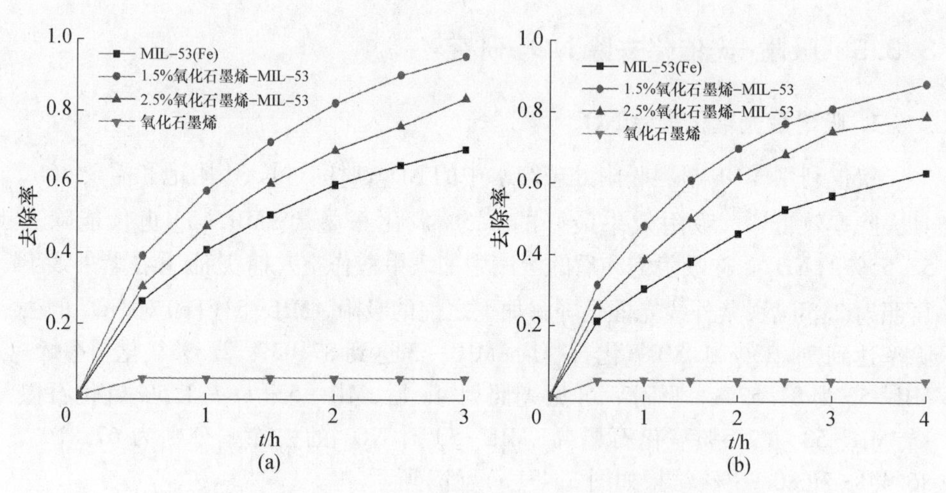

图 3.44　吸附-光催化同时进行 NO_2^- 去除率随时间变化[24-25]

(a)紫外线;(b)可见光。

大大缩短。单纯的氧化石墨烯去除效果较低,去除主要在前 0.5h 中进行,其原因在于氧化石墨烯不具有催化还原 NO_2^- 的能力,而 NO_2^- 浓度降低是由于氧化石墨烯对 NO_2^- 具有吸附作用。

图 3.44(b)是可见光下,三种材料吸附-光催化去除 NO_2^- 的效果。同样照射 3h 后,MIL-53(Fe)、1.5%氧化石墨烯-MIL-53 和 2.5%氧化石墨烯-MIL-53 对 NO_2^- 的去除率分别为 56.72%、81.18%、74.80%,氧化石墨烯-MIL-53(Fe)能够充分利用可见光降解 NO_2^-,同 ZnO-TiO_2 相比,去除率优势明显。

溶液中 NH_4^+ 浓度的变化如图 3.45 所示。1.5%氧化石墨烯-MIL-53 生成的 NH_4^+ 绝对量最多,这是因为它去除的 NO_2^- 也最多。同时刻下,紫外线照射下生成的 NH_4^+ 浓度比可见光照射下 NH_4^+ 的浓度要高,这是因为本身在紫外线照射下催化还原 NO_2^- 比在可见光下更容易进行,反应更彻底。

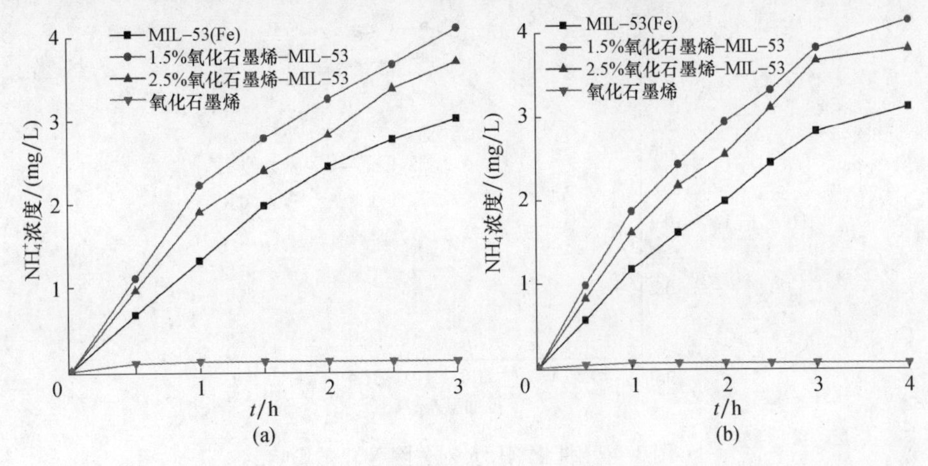

图 3.45 (a)吸附-光催化同时进行 NH_4^+浓度随时间变化[24-25]

(a)紫外线;(b)可见光。

无论是在紫外线还是可见光照射下,反应前 0.5h 的 NO_2^- 去除速率最快,1.5%氧化石墨烯-MIL-53 的去除率分别为 36.07%和 28.45%,这是因为初期吸附起了很大作用,NO_2^- 浓度较高,材料上的吸附位点没有被占据,吸附驱动力较强,NO_2^- 被迅速吸附固定到材料上面;同时反应初始阶段的甲酸的浓度较高,产生的 HCO_2^- 迅速将 NO_2^- 还原成 N_2。

3. 反应条件对去除效果的影响

为实现吸附-光催化去除 NO_2^- 的最佳效果,以 1.5%氧化石墨烯-MIL-53 作为研究对象,考察材料投加量、溶液 pH、甲酸使用量对去除效果的影响。吸附-光催化时间均为 3h。

1) 材料投加量对去除 NO_2^- 的影响

改变材料的投加量,考察对去除 NO_2^- 的影响。材料投加量少时,吸附位点少,光催化反应中电子和空穴的数量不足;而材料投加量多时,虽然增加了吸附位点,有利于 NO_2^- 的吸附,但是悬浮在溶液中的材料会影响对光的吸收,不利于光催化反应进行。

由图 3.46 可知材料投加量变化对于吸附-光催化同时进行时,去除 NO_2^- 的影响。

紫外线下和可见光下的去除率变化趋势是一致的。在一定范围内，随着材料投加量增加，NO_2^- 的去除率提高，当投加量为 1.2g/L 时，降解率最高，紫外线下为 97.04%，可见光下达到 90.02%。当光催化剂过量时，光催化剂颗粒悬浮于溶液中遮挡光，反而造成了去除率下降。

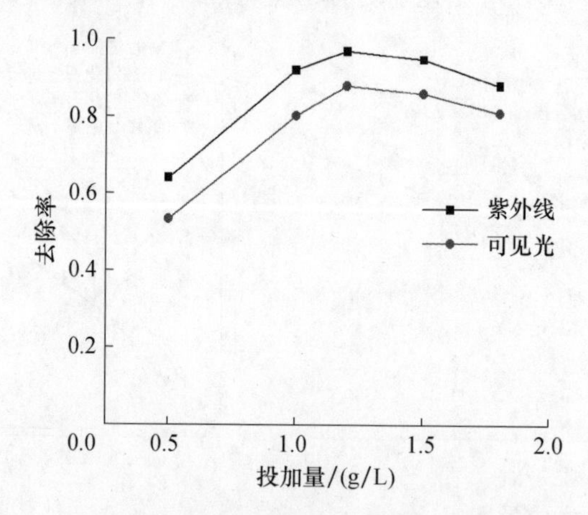

图 3.46　催化剂用量对去除 NO_2^- 的影响

2）溶液 pH 值对去除 NO_2^- 效果的影响

溶液 pH 值对于去除效果的影响较大，结果见图 3.47。在酸性条件下，对 NO_2^- 的去除效果良好，而碱性条件下较差。这是因为碱性条件下，溶液中过多的 OH^- 与 NO_2^- 在材料表面产生竞争吸附，不利于材料吸附 NO_2^- 和光催化反应的进行。当 pH 值为 5 时，NO_2^- 降解率达到最佳效果。

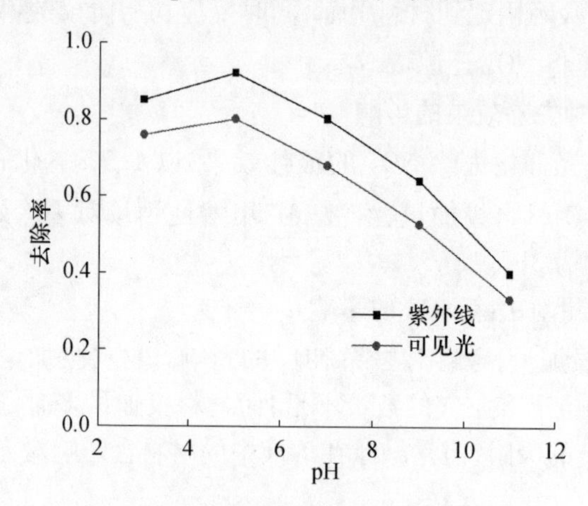

图 3.47　溶液 pH 值对去除 NO_2^- 的影响

3）甲酸用量对去除 NO_2^- 效果的影响

甲酸作为空穴捕捉剂，其浓度大小对光催化降解率也有一定影响。实验中采用0.03mol/L浓度的甲酸，考察不同甲酸加入量对降解率的影响，其结果见图3.48。当加入0.2mL甲酸时，降解率达到最佳值。增加甲酸浓度，即增加了 $HCOO^-$，增加了对光生空穴的捕获，从而促进了 NO_2^- 的降解。而酸性条件下，催化剂金属中心Fe带正电，吸引负离子，若甲酸浓度过高，使得 NO_2^- 和 $HCOO^-$ 在催化剂上产生竞争吸附，则不利于催化效率。甲酸用量过高过低均会影响催化效果。

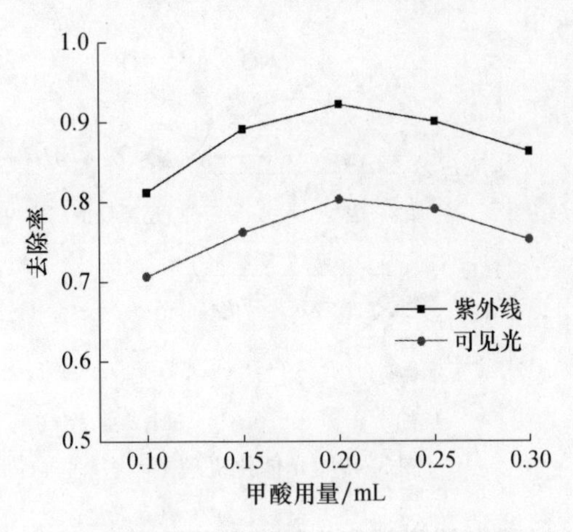

图3.48　甲酸用量对去除 NO_2^- 的影响

4. 光催化还原 NO_2^- 的机理

根据相关文献与实验结果表明，在甲酸（HCOOH）作为空穴捕捉剂的条件下，当光催化剂在光照射下，价带电子被激发，从价带跃迁至导带，从而产生电子和空穴。空穴能够和水反应生成 h^+，也可以将HCOOH氧化，得到还原能力更强的 $CO_2^-\cdot$。h^+ 可与 NO_2^- 反应，也可以抑制电子-空穴对的再结合。在 $HCOO^-$、$CO_2^-\cdot h^+$、光生电子的作用下，NO_2^- 被还原，发生的主要的反应如下：

$$光催化剂 \xrightarrow{光照} h^+ + e^- \tag{3.8}$$

$$HCOO^- + h^+ \longrightarrow H^+ + CO_2^-. \tag{3.9}$$

$$2H_2O + 4h^+ \longrightarrow 4H^+ + O_2 \tag{3.10}$$

$$8H^+ + 2NO_2^- + 6e^- \longrightarrow N_2 + 4H_2O \tag{3.11}$$

$$8H^+ + 2NO_2^- + 6CO_2^-. \longrightarrow N_2 + 4H_2O + 6CO_2 \tag{3.12}$$

$$5H^+ + 2NO_2^- + 3HCOO^- \longrightarrow N_2 + 4H_2O + 4H_2O \tag{3.13}$$

NO_2^- 理想的还原产物是 N_2、CO_2 和 H_2O,但是在还原反应的过程中存在着副反应,产生副产物 NH_4^+,副反应反应式如下:

$$8H^+ + NO_2^- + 6e^- \longrightarrow NH_4^+ + 2H_2O \tag{3.14}$$

$$8H^+ + NO_2^- + 6CO_2^{-}. \longrightarrow NH_4^+ + 6CO_2 + 2H_2O \tag{3.15}$$

$$5H^+ + NO_2^- + 3HCOO^- \longrightarrow NH_4^+ + 3CO_2 + 2H_2O \tag{3.16}$$

在光催化还原 NO_2^- 的过程中,除了 NO_2^- 的去除率之外,还要尽量提高氮气选择性,将 NO_2^- 转化为无毒无害的氮气,避免副产物 NH_4^+的生成。反应机理如图 3.49 所示。

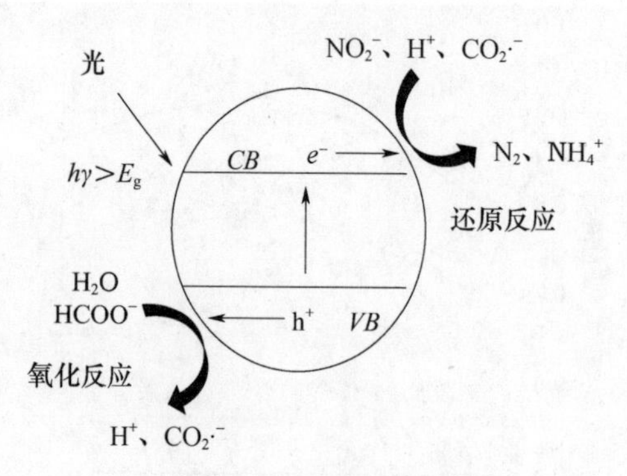

图 3.49　光催化机理图

5. 氧化石墨烯增强光催化剂催化效率的机理

将氧化石墨烯引入 MIL-53(Fe)中,首先,提高了 MOF 材料的吸附能力,能快速吸附固定目标物;其次,当光照射之后,MIL-53(Fe)上产生的电子-空穴对,电子通过 MIL-53(Fe)和氧化石墨烯形成的界面从 MIL-53(Fe)上传递到氧化石墨烯上,而由 π—π 共轭体系构成的氧化石墨烯二维平面结构能很快地将电子转移到目标物上,抑制电子-空穴对的再结合,从而提高光催化效率[34]。

但是,从实验结果可知,不是氧化石墨烯含量越高,光催化效率就越高。当复合材料中氧化石墨烯的含量大于最佳值时,光催化效率就会下降,正如 2.5%氧化石墨烯-MIL-53(Fe)的催化效率不如 1.5%氧化石墨烯-MIL-53。其原因在于:①氧化石墨烯过量时候,它传导电子的时候同样也会促进电子和空穴的复合,导致光降解效率变低:②氧化石墨烯和 MIL-53(Fe)对光的吸收具有竞争关系。当氧化石墨烯的含量比例在复合材料中变多时,氧化石墨烯会对光有更多的吸收,导致被光催化剂吸收的光变少,产生的电子和空穴就会变少,所以光催化效率会降低。

3.4 氧化石墨烯/双金属氢氧化物复合吸附材料及性能

层状双金属氢氧化物(LDH)是水滑石(HT)与类水滑石(HTLc)的统称。自1842年首次在片岩矿层中发现,并提出其具有双层结构模型的假想。直到1969年通过对LDH单晶结构测定才确定其层状结构。水滑石在结构上与$Mg(OH)_2$类似,均为八面体结构单元格,氧原子在八面体的顶点处,八面体的中心为镁原子,单元层通过氢键进行缔合。而类水滑石是由于三价金属阳离子将二价镁离子取代,此时只有补充一些负电荷才能将多余正电荷平衡。由于层状双金属氢氧化物的特殊结构使得其在性能上有优异之处[35]。

1. 具有酸碱两性

层状双金属氢氧化物碱性由其层间氢氧根决定,但金属阳离子的种类决定着碱性强弱,通常碱性的强弱以二价阳离子氢氧化物来衡量。因为LDH比表面积有限,因此碱性较低。但经过煅烧后层状双金属氢氧化物生产双金属氧化物,其比表面积增大,碱性也得到增强。层状双金属氢氧化物的酸性与层板以及层间离子有关,层间阴离子分布与金属阳离子氢氧化物碱性一起影响着层状双金属氢氧化物的酸碱性。

2. 具有结构记忆性

当层状双金属氢氧化物受到一定温度煅烧后,层板上的羟基水分子和层间碳酸根等阴离子被除去,从而使得结构被破坏,生成双金属氧化物。若再将双金属氧化物投入含有无机阴离子、有机阴离子、络合阴离子、放射性元素等溶液中,其将被双金属氧化物吸附,层状结构恢复。但其吸附过程受到较多因素的影响,其主要有M^{2+}/M^{3+}的摩尔比、溶液pH值、溶液初始浓度等。

3. 具有良好热稳定性

层状双金属氢氧化物在常温下不易分解,但在过高温度下会失去层间水分子、碳酸根等阴离子。由于不同金属的组成,其热稳定性也不同,在200℃下层状双金属氢氧化物仅仅会失去层间水分子。当温度继续升高后,层状结构将会破坏,层间阴离子及层板羟基水分子会受热脱离。此时便生成了双金属氧化物,能够更有效地吸附其他阴离子。但当温度上升超过600℃后,会生成其他杂相,比表面积下降,从而失去对其他阴离子的吸附效应[36]。

3.4.1 材料制备

1. 氧化石墨烯的制备

将35mL的浓硫酸缓慢地加入烧杯中,在保持搅拌均匀的同时加入1g石墨粉,加入冰块使得温度降至0℃,并将3.5g高锰酸钾加入。插层搅拌30min,然后将冰水浴移去,将水浴锅温度调节至35℃并将上述混合物置于其中继续搅拌2h,使其被充分氧化。取出后加入150mL蒸馏水,并调节水浴锅温度至98℃,使温度缓慢上升,保持静止状态下15min,最后加入30mL过氧化氢和133mL蒸馏水,趁热过滤,并用5%盐酸洗涤数次,直到将硫酸根离子全部去除并用钡离子检验,过滤后将所得到的滤饼使用超声技术进行剥离,得到均匀的氧化石墨烯分散液。经过剥离的分散液放置在恒温干燥箱中,在45℃的条件下烘干待用[37]。

2. 氧化石墨烯与镁铝双氢氧化物复合

采用一步水热法将氧化石墨烯与镁铝双氢氧化物进行复合。首先称取0.03mol硝酸镁、0.01mol硝酸铝、0.1mol尿素并溶于一定量的氧化石墨烯水溶液中,然后加入蒸馏水配置成160mL溶液,将混合溶液放置在磁力搅拌锅中搅拌20min后倒入高压水热反应釜中,在140℃下反应14h[38]。待高压水热反应釜冷却至室温后将反应得到的产物用无水乙醇和蒸馏水洗涤多次并抽滤过滤。最后将产物放置于干燥箱中60℃干燥8h得到氧化石墨烯/镁铝双氢氧化物复合材料。

3.4.2 材料表征

图3.50是镁铝双氢氧化物材料、氧化石墨烯镁铝双氢氧化物复合材料的SEM图。从图3.50(a)中可以发现,所制备的镁铝双氢氧化物材料出现了一定程度的团聚。这可能是因为所制得的粒子拥有较大的比表面积从而使得

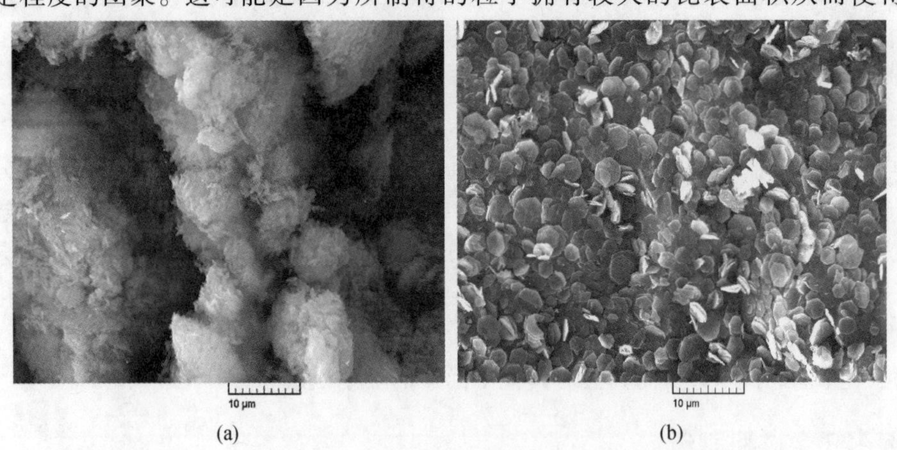

图3.50 样品的SEM图
(a)镁铝双氢氧化物材料;(b)复合材料。

其处于不稳定的热力学状态。由于粒子会向着降低体系自由焓的趋势运动,使得粒子发生团聚现象,同时在热处理时,粒子的表面活性较高也导致粒子团聚。图 3.50(b)中氧化石墨烯/镁铝双氢氧化物材料在氧化石墨烯引入后镁铝双氢氧化物的团聚现象得到了一定的减轻,晶粒均匀,多孔状明显增加了氧化石墨烯/镁铝双氢氧化物材料的比表面积,氧化石墨烯与镁铝双氢氧化物各自的材料特点优势得到了有效地释放,从而使得吸附效果进一步增强。

图 3.51(a)是所制备的镁铝双氢氧化物材料,由图中可以看到在 $2\theta=43.2°$、21.4°、32.2°、39.5°、43.2°处有明显的衍射峰,对照镁铝双氢氧化物的标准谱图,说明制备的材料主要以晶型存在。图 3.51(b)是氧化石墨烯/镁铝双氢氧化物材料的 XRD 图,发现加入氧化石墨烯后特征衍射峰明显加强,对于晶型结晶度而言,衍射峰越高结晶度越好。说明氧化石墨烯有助于提高晶体的结晶度,缓解团聚现象的出现。

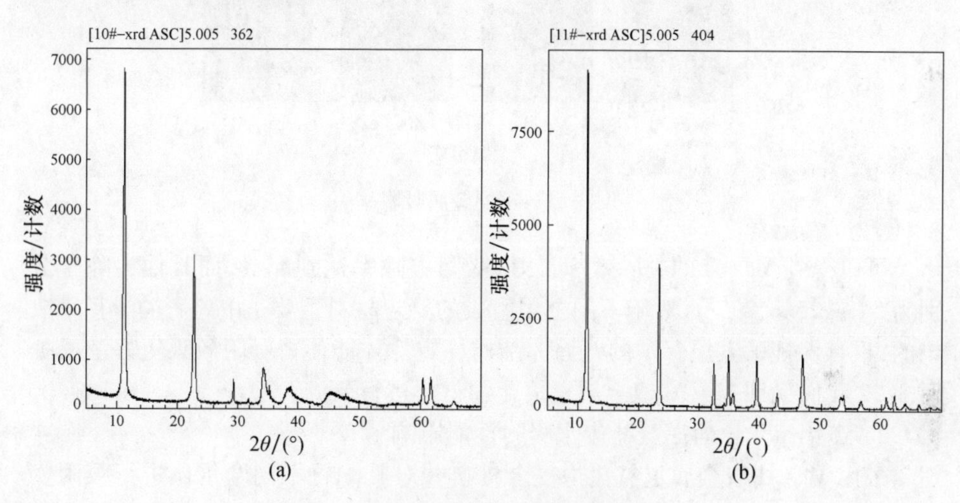

图 3.51 样品的 XRD 图

(a)镁铝双氢氧化物材料;(b)复合材料。

3.4.3 复合材料对硝酸盐废水的吸附性能

1. 复合材料组成的影响

1) 不同金属组成对硝酸盐废水吸附性能影响

称取适量的金属盐,其中选用 3 种不同的金属 Mg、Al、Fe,并全部按照二价与三价金属离子摩尔比为 3∶1。通过一步水热法制备得到一定量的层状双金属氢氧化物,然后将制得的层状双金属氢氧化物各取 150mg,分别加入到含有 100mL 的氮元素含量为 100mg/L 的废水中。并对锥形瓶封口后放置在摇床上振荡 24h，而后取出静置 30min，取上清液经 0.45μm 微孔滤膜过滤各取 1mL，稀释 50 倍后用紫外线分光光度计测量。

不同金属的吸附率如图 3.52 所示。

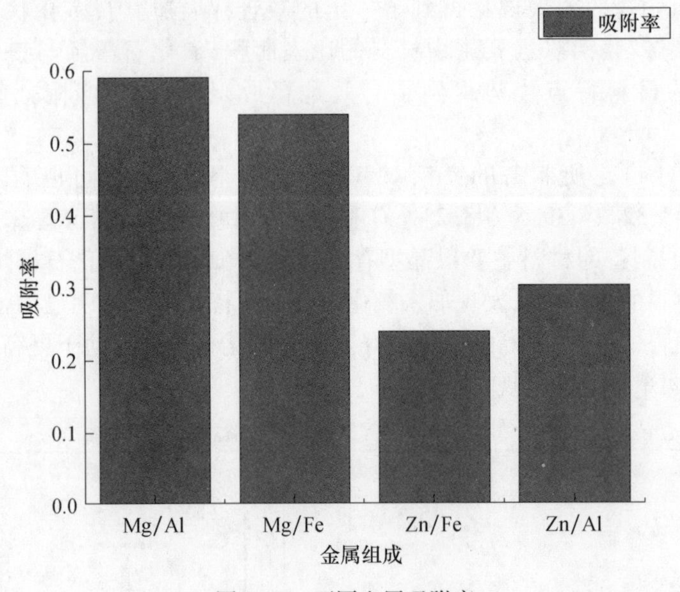

图 3.52　不同金属吸附率

可以得到 Mg/Al 的去除效率最好，吸附去除率达到 59%，而其他去除率分别为 54%、25%、29%。对于不同金属组成的复合材料主要是由离子的半径来决定的，只有保证了其层板中的八面体结构稳定性才能使得吸附效果更好。根据图 3.52 我们采用 Mg/Al 双金属氢氧化物材料进行研究。

2）镁铝摩尔比对硝酸盐废水吸附性能影响

采用 Mg/Al 双金属氢氧化物复合材料并对其配置不同摩尔比进行吸附实验。Mg/Al 摩尔比分别为 1∶1、2∶1、3∶1、4∶1、5∶1 并保持其他条件一定的情况下对氮元素含量为 100mg/L 的废水进行吸附，并在 24h 后将样品取出静置 30min 后测量其去除效果。

由图 3.53 可以得到，当摩尔比为 3∶1 时效果最好。从理论上来说，摩尔比越小所带的正电荷也越多。但是，当镁铝双氢氧化物在煅烧过程中层间结构被破坏，层间距变小，对其他阴离子的吸附和交换效果降低。因此在下面实验中采用 Mg/Al 摩尔比为 3∶1 的材料进行吸附实验的研究和探讨。

3）氧化石墨烯加入量

经过上述实验的研究，对于采用何种金属材料及摩尔比已经有了一个初步的选择。接下来将对氧化石墨烯和镁铝双氢氧化物进行复合得到新的复合材料对硝酸盐废水进行处理，分别加入 50mg、100mg、150mg、150mg、200mg、250mg 的氧化石墨烯并采用一步水热法将两种材料复合。将得到的复合材料各取 150mg 加入氮元素含量为 100mg/L 的废水进行吸附。得到如图 3.54 所示的氧化石墨烯/镁铝双氢氧化物复合材料对废水的吸附率。

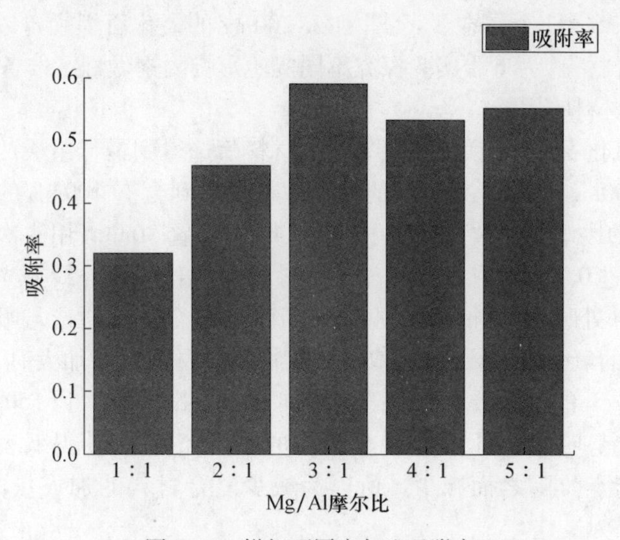

图 3.53　镁铝不同摩尔比吸附率

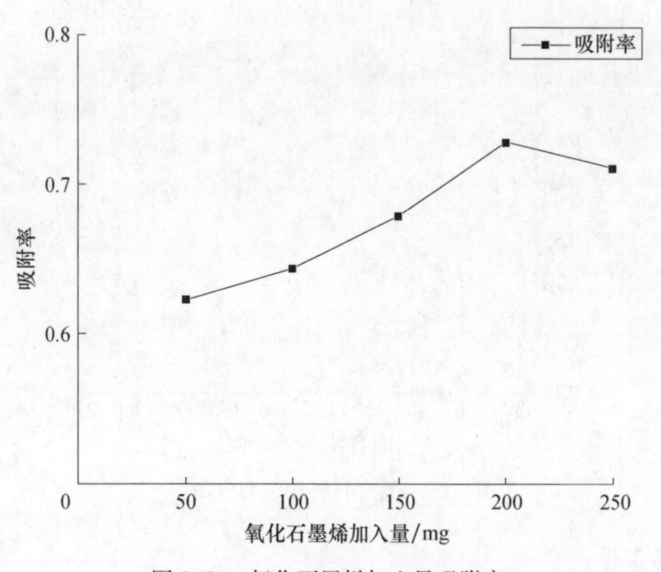

图 3.54　氧化石墨烯加入量吸附率

从图 3.54 中可以清晰地得到,吸附率随着氧化石墨烯量的增加而不断地增加,吸附率依次为 62.3%、64.4%、67.9%、72.8%、71.1%。当氧化石墨烯的量达到 200mg 时,复合材料中氧化石墨烯的量达到了饱和,吸附率不再随氧化石墨烯的量增加而增加,此时吸附率达到 72.8%。

通过对金属的组成、金属的摩尔比以及对复合材料中氧化石墨烯的加入量研究,当采用 Mg/Al 金属在 3∶1 并加入 200mg 的氧化石墨烯可以得到吸附效果最好的复合材料,为下步实验探究不同实验影响因素做好了准备。

4) 复合材料的用量

在上述氧化石墨烯/镁铝双氢氧化物材料筛选得到最佳组成的基础上分别称取 50mg、100mg、150mg、200mg 的复合材料投入到含有 100mL 的氮元素含量为 100mg/L 的废水中。放入摇床中反应 24h 后静置 30min,用一次性注射器将上清液取出,过 0.45μm 孔径滤膜过滤后稀释 50 倍,用紫外线分光光度计测量溶液在 220nm 处吸光度,得到如图 3.55 所示的复合材料用量与吸附率。可以发现,当投入的氧化石墨烯/镁铝双氢氧化物复合材料逐渐加大时,对于氮元素含量为 100mg/L 的废水吸附率也随之增加。但当投入量达到 150mg 后去除百分比增加的趋势明显减弱,这是由于颗粒的聚集度过高,使得低表面能点位增加而高表面能点位随之而减少。所以为减少复合材料的加入量,当投入量为 150mg 时效果为最佳。

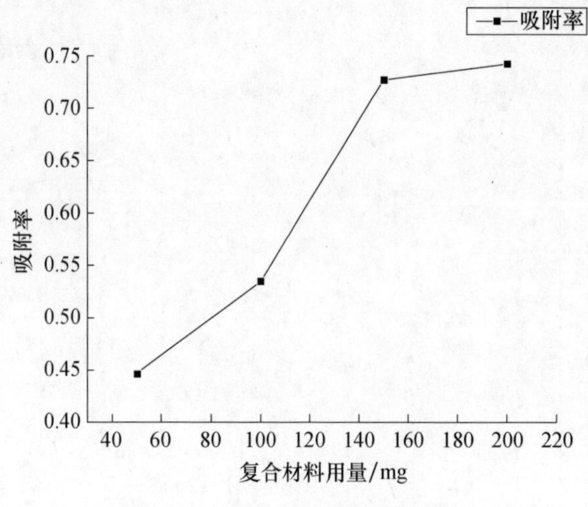

图 3.55 复合材料用量与吸附率

2. 实验条件

1) 初始 pH 值

pH 值是影响溶液效果的一个重要因素。在室温下,向 pH 值分别为 4、6、8、

10 的废液中加入 150mg 由上述实验得到的最佳复合材料，并按照以上相同处理方法，得到不同 pH 值条件下的去除率。

由图 3.56 可得，当 pH 值逐渐增大时吸附的效率也逐渐增大，但总体上对吸附率的贡献不高，说明氧化石墨烯/镁铝双氢氧化物复合材料对溶液 pH 值的变化有缓冲作用，因此在一定范围内 pH 值对吸附效果影响不大。为方便实验可以取 pH 值为 7 时的效果点为最佳点处。

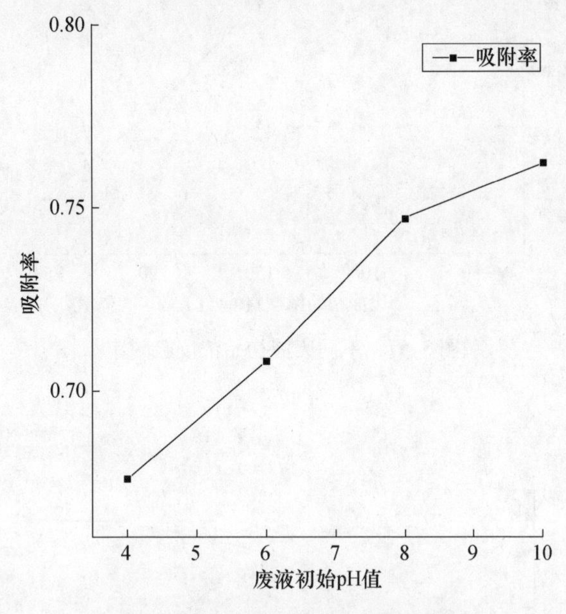

图 3.56　不同初始 pH 值吸附率

2）硝酸盐废水初始浓度

制备氮元素初始浓度为 50mg/L、100mg/L、150mg/L、200mg/L、300mg/L 的废液。分别加入 150mg 复合材料，搅拌 24h，取上清液过滤测量得到相应的去除率如图 3.57 所示。

图 3.57 直观地表达了废水在不同初始浓度条件下的吸附率。随着初始废液中氮元素的增加，吸附率逐渐降低，表明在 100mL 废液中加入 150mg 氧化石墨烯/镁铝双氢氧化物复合材料，当废液中氮元素浓度为 100mg/L 时吸附率最高，当废液中氮元素浓度继续增加时，复合材料吸附达到饱和，吸附率直线下降。

3）反应时间

将一定量的复合材料加入废水中反应，在 1h、2h、3h、4h、5h、6h 分别测量其吸光度，得到不同反应时间吸附率如图 3.58 所示。

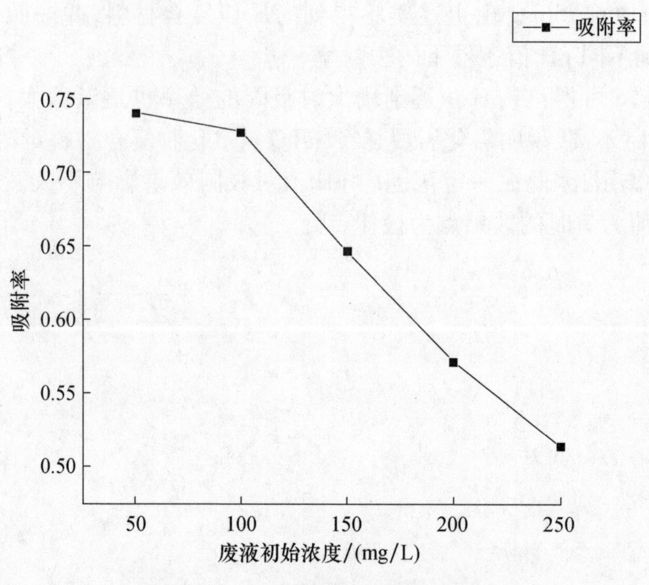

图 3.57　不同废液初始浓度吸附率

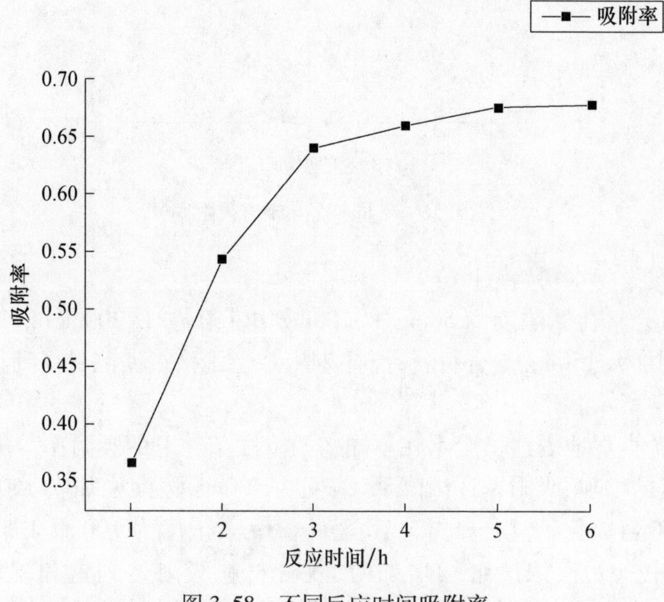

图 3.58　不同反应时间吸附率

从图 3.58 中可以清晰地得到,吸附率随着时间的延长而增大,当吸附到 4h 时,吸附效率随时间的变化明显减小。由此可以推断当吸附到 4h 时达到吸附平衡。

3.5 凹凸棒石黏土吸附材料及性能

凹凸棒石黏土,英文名为 Attapulgite clay,通常将其称作凹土,用途十分广泛,根据其成分加以分析,可以将其视作一种独特的豁土矿物,呈现出含水富镁铝硅酸盐纤维状,被称为“万土之王”。有部分学者将其称为坡缕石,“坡缕石”这一概念出现于 1862 年,由俄国学者隆夫钦科夫提出,他还发现了这种黏土矿物为层链状结构。1931 年在美国奥特堡地区和法国的莫尔摩隆地区的漂白土中也发现了这种土,第拉白连特在 1935 年将其命名为 Attapulgite。目前其在国内被统称为“凹凸棒石”,这是由学者许冀泉提出的,国内于 1976 年首次在江苏省六合区竹镇小盘山发现该矿[39]。

3.5.1 凹凸棒石黏土结构及特点

从黏土性状来看,凹凸棒石黏土矿主要呈现出土块状结构,多为浅绿色、浅黄色、灰白色以及青灰色。其具备较强的吸水性能,在干燥状态下收缩性能较差,因此不必考虑龟裂情况的发生,处于潮湿状态的时候,具备一定的可塑性以及黏性,密度相对较小;具备较大的比表面积,且内部具有许多孔道,其摩尔硬度为 2~3 级。由于其具有的独特的孔道结构,且孔道吸附性较好,因此能够吸附大量的水分子、有机分子以及阳离子;另外,它还具有较为出众的化学活性以及吸附活性。从环境保护角度来看,凹凸棒石黏土的发展前景是十分光明的,主要因为其独特的纳米材料属性,且成本相对较低,获取较为便捷。

凹凸棒石黏土的理论分子式为 $Mg_5Si_8O_{20}(OH)_2(OH_2)_4 \cdot 4H_2O$。化学成分理论值为 MgO 占 23.83 %,$SiO_2$ 占 56.96 %,H_2O 占 19.21%。但实际上核心组分以 SiO_2、MgO、$A1_2O_3$ 为主,其中含有一定量的 Fe_2O_3、MnO 等。Christ 及 Drits 进一步验证了其结构模型,并提出了更为合理的晶体化学式,即

$$Mg_{5-y-x}R^{3+}\Delta z(Si_{8-x}R_x^{3+})O_{20}(OH)_2(OH_2)_4E^{2+}_{(x-y+2z)/2}(H_2O)_4$$

在此晶体化学式中,E^{2+} 用来表示可交换阳离子,R^{3+} 用来表示 Al^{3+} 以及 Fe^{3+},Δ 则表示的是八面体空位[40]。

凹土矿物的晶体结构单元层主要表现为如下结构,即通过八个 Si—O 四面体以 2∶1 型层状排列。将凹凸棒石晶体形态加以放大,放大倍数为四万倍,在这种状态下对其形态加以观测,可以发现,其呈现出纤维状或是棒状的不对称外形,长 0.5~5μm,宽 0.05~0.15μm,产出时一般呈束状集合体,延伸方向沿 c 轴。在由氧及 OH^- 构成的配位八面体位中,充填了以 Mg 为代表的阳离子,在 $[Si_4O_{10}]$ 带间还有平行于 c 轴的孔道,横截面半径一般在 $(3.7\sim6.4)\times10^{-10}$m,

与此同时,沸石水也充填在孔道间[41]。1940 年,Bradley 率先提出了凹凸棒石黏土晶体结构示意图,如图 3.59 所示。

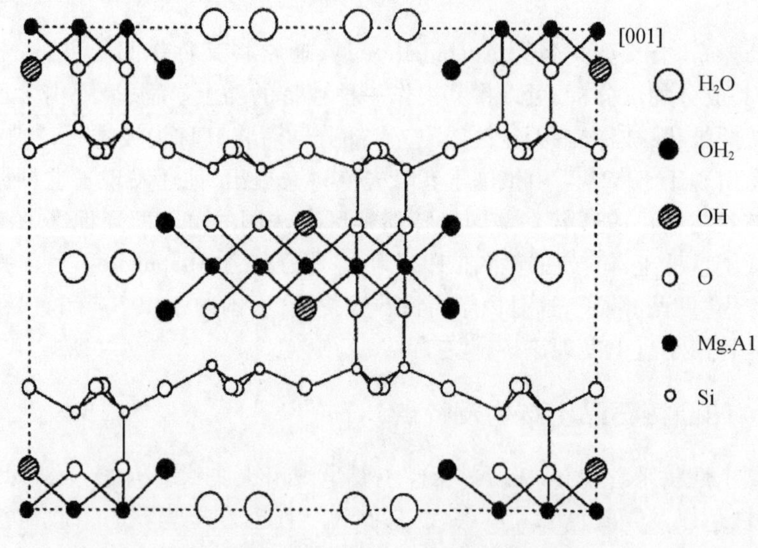

图 3.59　凹凸棒石黏土晶体结构示意图

3.5.2　材料制备

研究采用产自安徽滁州的凹土,粉碎后过 50 目筛,装入塑封袋后备用。根据实际情况,采用的改性方法[42]有以下几种。

1. 马弗炉焙烧

马弗炉焙烧温度及时间设置见表 3.12。

表 3.12　马弗炉焙烧温度及时间设置

编号	1	2	3	4	5	6	7	8	9	10
时长/h	3	3	3	3	3	3	3	3	3	3
温度/℃	250	300	350	400	450	500	550	600	650	700

2. 超声处理

将凹土与去离子水充分混合,配制成 5%的悬浊液,超声振荡 1.5h 后,静置 5h,放于鼓风干燥箱内,温度设置成 105℃,烘至全干,研磨,过 50 目筛,封存备用。

3. 酸活化处理

称取凹土 50g,倒入 1mol/L 盐酸 200mL,匀速搅拌 4h,用去离子水洗涤至 pH 值约为 7。再倒入 1mol/L 草酸 100mL,匀速搅拌 2h,然后静置 10h,抽滤,将获得的固体物用去离子水洗涤 3~5 次，直至 pH 值约为 7。将此固体物放于鼓风干燥箱内，在 105℃条件下烘干，取出研磨，过 50 目筛，封存备用。

3.5.3　材料表征

图 3.60、图 3.61、图 3.62、图 3.63 分别是未处理、350℃高温焙烧、超声波处理、酸活化处理后的凹土样品的 SEM 图。从图中可以看出，未经处理的凹土颗粒大多团聚在一起，且团聚形成的颗粒较大。高温焙烧、酸活化处理和超声处理都能一定程度上减轻团聚，减小颗粒直径，增大材料的比表面积，有利于提高凹土的吸附能力。

图 3.60　凹土原矿的 SEM 图[42]

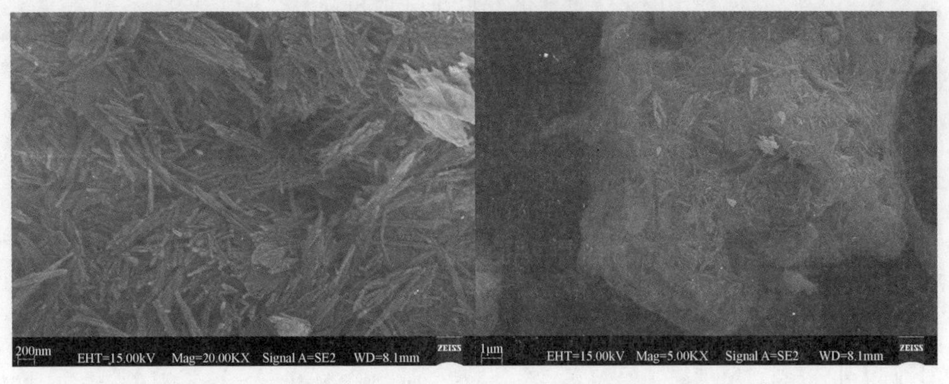

图 3.61　高温焙烧后凹土的 SEM 图[42]

图 3.64 是未经处理凹土的 EDS 图，从图中可以看出，凹土含有的元素主要有钙(Ca)、镁(Mg)、硅(Si)、碳(C)、氧(O)、铝(Al)等。这与相关文献中提到的凹凸棒黏土是一种以凹凸棒石为主要组分的、具有特殊纤维状晶体结构形态的含水富镁铝硅酸盐矿物的说法一致。

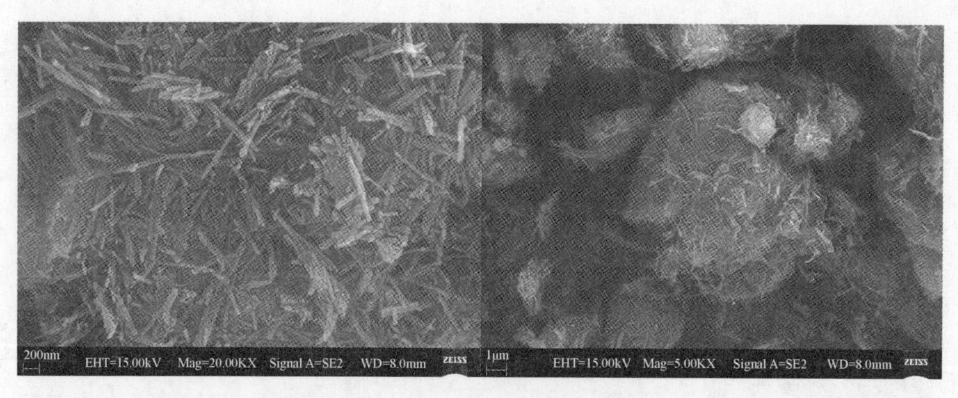

图 3.62　超声波处理后凹土的 SEM 图[42]

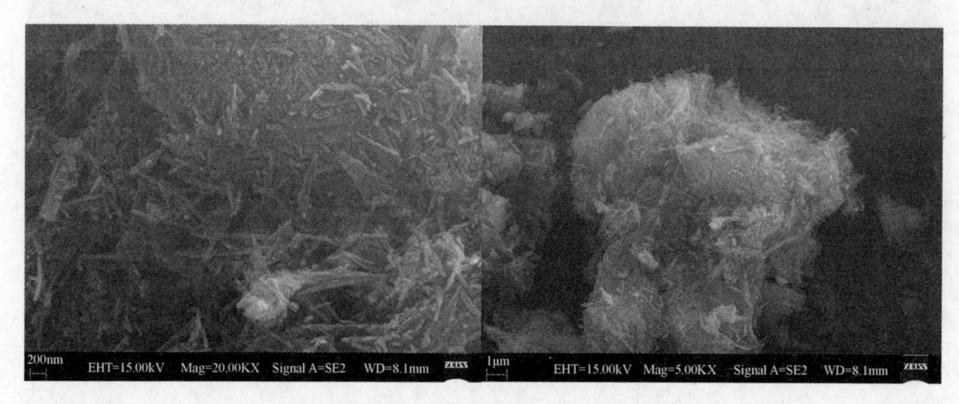

图 3.63　酸活化处理后凹土的 SEM 图[42]

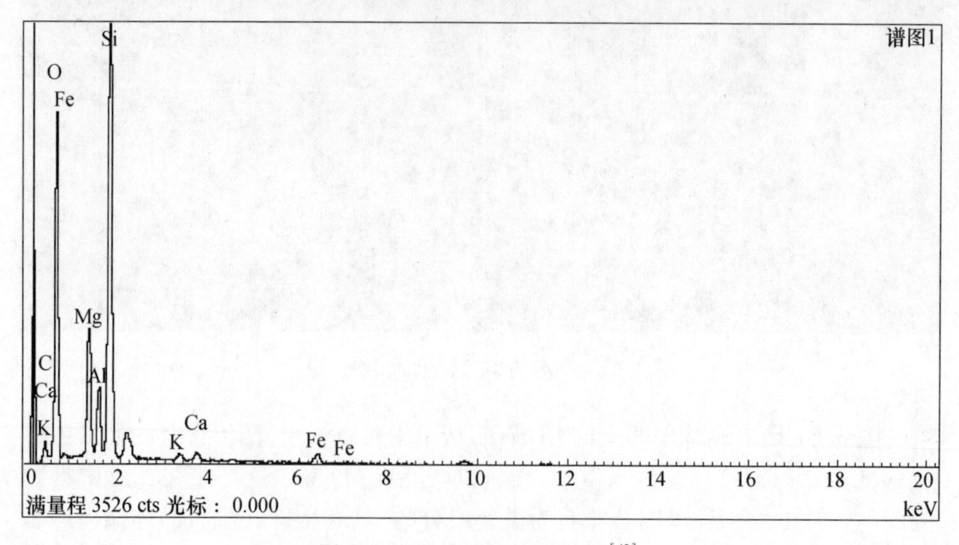

图 3.64　凹土原矿的 EDS 图[42]

图 3.65 是超声波处理后凹土的 EDS 图,与图 3.64 比较,并没有较为明显的改变。这说明超声波处理并不会对凹土的元素构成造成大的改变。

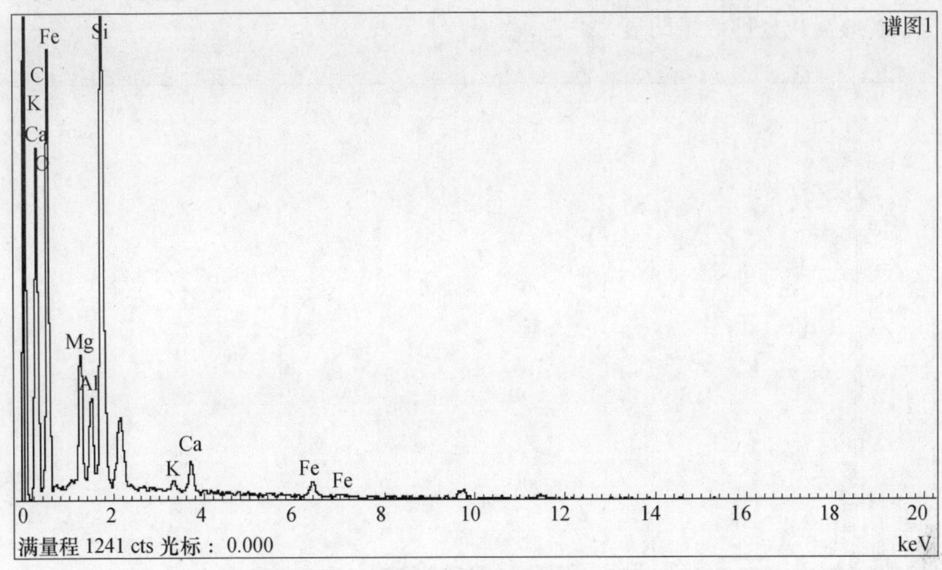

图 3.65　超声波处理后凹土的 EDS 图[42]

图 3.66 为高温焙烧过后凹土的 EDS 图。与图 3.64 比较可以看出,高温焙烧的凹土 C 元素的含量减少了。造成这种改变可能的原因是高温将凹土当中的 C 元素灼烧掉一部分。

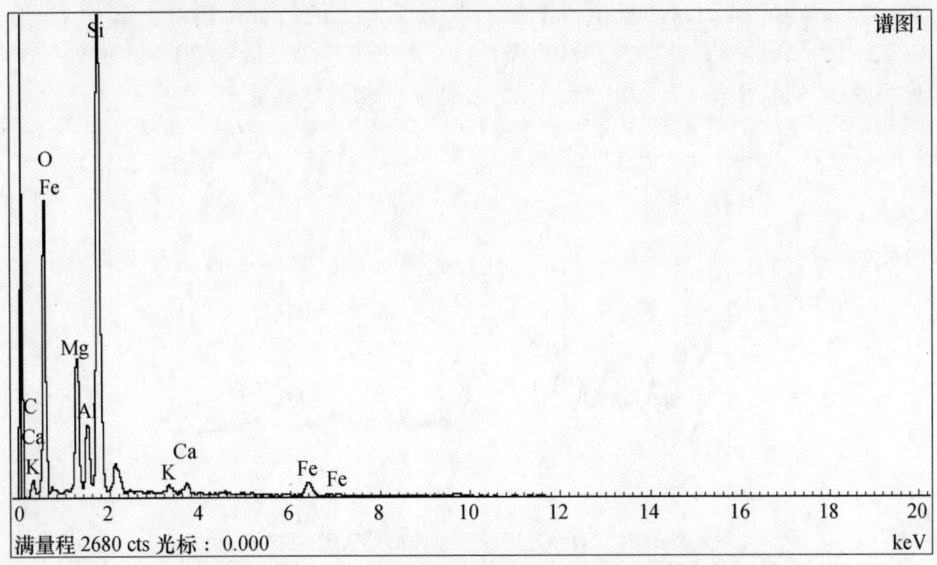

图 3.66　高温焙烧后凹土的 EDS 图[42]

图 3. 67 表明,酸活化的过程中,凹土原矿中的 $CaCO_3$ 被溶解到酸中并洗出,导致了 Ca 元素的流失,除此之外在元素构成上并未产生其他变化,未引入杂质,酸活化处理效果明显。

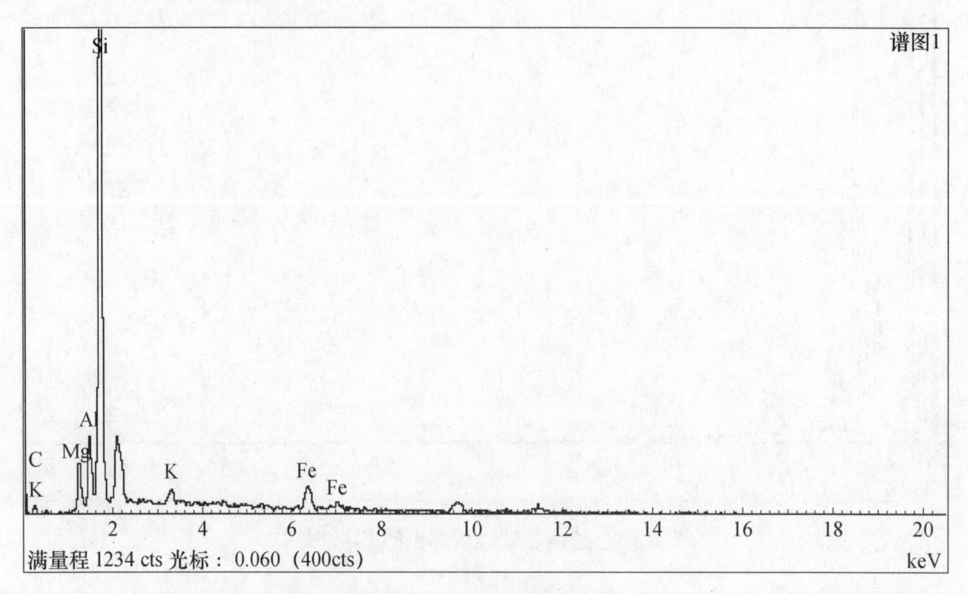

图 3. 67　酸活化处理后凹土的 SEM 图[42]

图 3. 68 是未经处理的凹土原矿的 XRD 图谱。2θ 为 8. 32°、13. 6°、19. 82°、20. 80°、26. 56°和 31. 02°处出现的强吸收峰是凹土的特征衍射峰。其中 2θ 为 8. 32°、13. 6°、19. 82°处是硅酸镁以及铝盐的特征衍射峰,2θ 为 20. 80°和 26. 56°处是 SiO_2 的特征衍射峰,2θ 为 20. 80°是钙氧化物的特征峰。

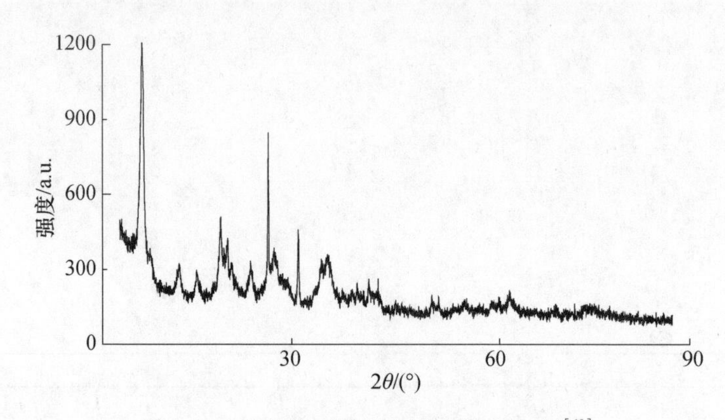

图 3. 68　未经处理的凹土原矿的 XRD 图[42]

图 3.69 是超声波处理后凹土与未处理的黏土 XRD 对比图,由图可以看出,超声波处理后的凹土和未处理的凹土相比特征峰出现的位置完全相同,说明超声波处理对凹土的晶型结构并没有改变。

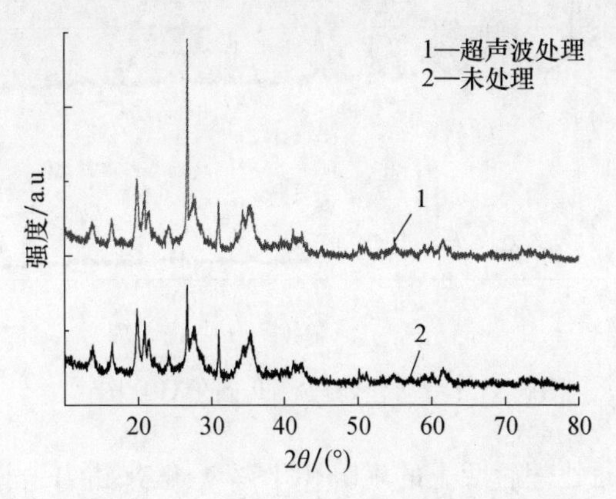

图 3.69 超声波处理后凹土与未处理的黏土 XRD 对比图[42]

图 3.70 是高温焙烧后凹土的 XRD 图。当焙烧温度为 400℃时,凹土原有的特征峰依然存在,说明 400℃焙烧并未改变凹土本身结构,黏土结构完整。而当焙烧温度达到 500℃时,其中 2θ 为 8.32°处的特征峰几乎消失,可能的原因是高温破坏了凹土中所含的硅酸盐和铝盐的晶体结构。

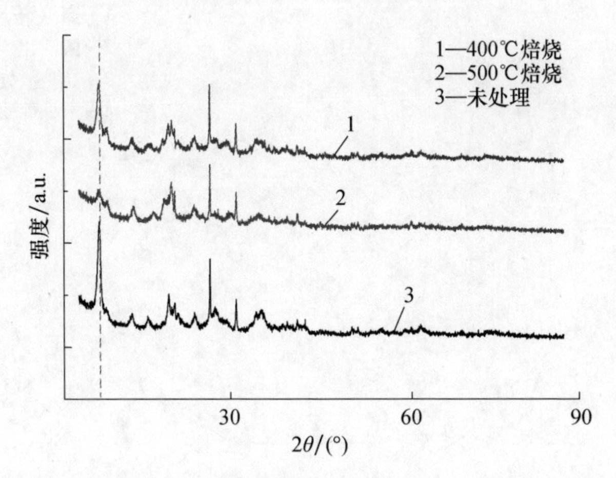

图 3.70 高温焙烧后凹土的 XRD 图[42]

图 3.71 是酸活化处理后凹土的 XRD 图。酸活化处理后,2θ 为 31.02°处的特征峰几乎消失,证明钙氧化物结构遭到破坏,这一结论与 EDS 的结果相同。

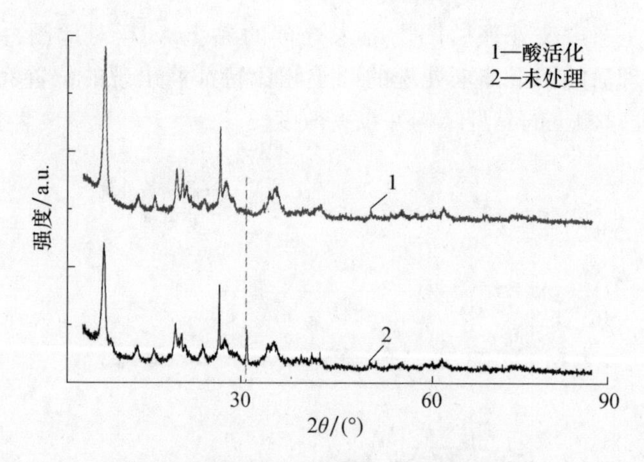

图 3.71　酸活化处理后凹土的 XRD 图[42]

图 3.72 为不同处理后凹土的 FT-IR 图。一般来讲,凹凸棒土的红外图谱中分别在 3615cm^{-1}、3582cm^{-1}、3551cm^{-1}、3412cm^{-1} 处有四种—OH 特征峰,1655cm^{-1} 处的峰为水的羟基变动振动吸收峰,其波数偏高可能是水与凹土中 Mg、Al 等离子偶合作用导致,1100cm^{-1} 和 1200cm^{-1} 之间的吸收峰主要是凹土四面体层结构的 Si—O 键以及 Mg—O 键造成,是凹凸棒石的特征峰,1448cm^{-1}、881cm^{-1} 处为 CO_3^{2-} 的特征吸收峰,1026cm^{-1}、984cm^{-1} 处则为两种 Si—O 的峰,

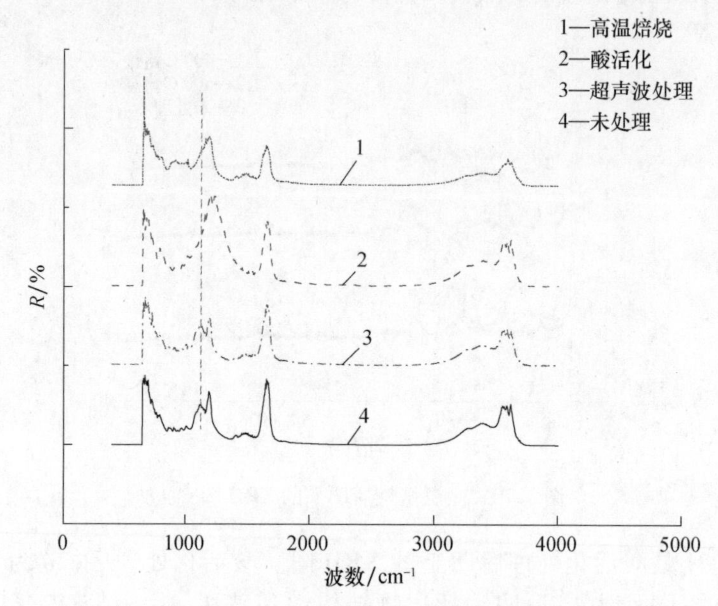

图 3.72　不同处理后凹土的 FT-IR 图[42]

655cm^{-1} 处的吸收峰应该来自 Mg—O 键变形振动。由实验结果可知，高温焙烧以及超声波处理过后的材料红外光谱与未处理的相比，基本变化不大。经过酸活化处理的材料在 1448cm^{-1}、881cm^{-1}、1026cm^{-1} 和 984cm^{-1} 处的峰发生变化，这说明酸活化破坏了凹土中的碳酸根以及部分硅氧键结构。

3.5.4 偏二甲肼废水处理研究

室温条件下，称取一定量的凹土放入 25mL 的具塞比色管，然后加入 25mL 自制的一定浓度偏二甲肼废水，振荡形成悬浊液，静置于实验台，并用遮光布遮光，在无光条件下进行吸附处理实验。每隔一段时间取出微量溶液，离心后稀释固定倍数（25~100 倍不等），先后加入 1mL pH 值为 4.8 缓冲溶液以及 1mL 0.15%的 TPF 显色剂，放在 30℃的水浴锅中水浴加热 1h，取出后测定溶液的吸光度（标记为 A），波长设定为 500nm，计算去除率 η。

1. 预处理方式与吸附量关系

图 3.73 为高温焙烧凹土处理 30mg/L 偏二甲肼废水的效果图。凹土的用量为 0.75g，处理废水量 25mL。在没有光照和吸附材料的条件下，短时间内偏二甲肼不会自动分解。从图中看出未经焙烧的凹土原矿吸附效果最差，24h 后去除率为 44.59%；350℃焙烧处理的凹土效果最好，24h 去除率可达 59.66%。凡是经过焙烧的样品，吸附速率均有所提升，都能在 30min 内达到最终吸附效果的 70%，在 2h 内达到最终效果的 85%以上。而未经处理的样品吸附速率较慢，在 9h 左右才能完成最好吸附效果的 80%。

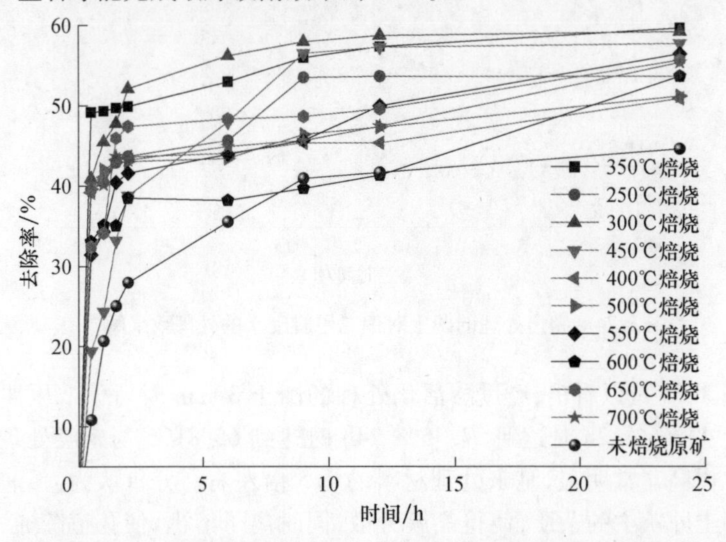

图 3.73 高温焙烧凹土处理 30mg/L 偏二甲肼废水的效果图[42]

350℃焙烧处理的凹土在30min内对偏二甲肼废水吸附处理的去除率达到49.20%,2h内去除率达49.90%,24h后,去除率达59.66%。而30min时未经处理的凹土材料对偏二甲肼的去除率仅为10.83%,2h后的去除率为27.94%,24h后去除率为44.59%,无论是去除率还是去除速率,均低于焙烧过后的材料。而当焙烧温度超出一定程度时,材料吸附能力开始降低,例如焙烧温度600℃时去除率降为50.6%。

分析认为,高温焙烧处理能使凹土脱水并改变内孔结构,高温焙烧的过程中,矿物中的水大量流失,而且可能产生了桥氧键断裂,引起了凹土晶体结构的塌陷和折叠变化,有利于吸附能力的提升。当焙烧温度过高,达到500℃以上时,晶体开始遭受破坏,降低了材料的吸附能力。

由图3.74可知,经过超声波处理的凹土30min时对偏二甲肼的去除率达到了40.13%,2h时达到41.74%,24h时达到58.89%,与未经处理的凹土材料相比有显著的提高。分析认为,超声波振荡产生了局部的强冲击波,使凹土的棒状晶束迅速解离分散,增大了材料的比表面积,使得吸附能力提高。

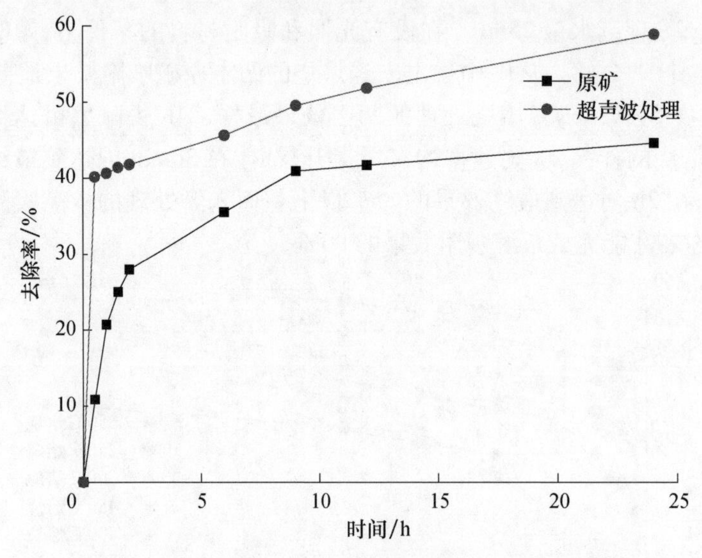

图3.74 超声处理的凹土对偏二甲肼废水的处理效果图[42]

由图3.75可以看出,经过酸活化处理的凹土30min时对偏二甲肼的去除率达到了43.66%,2h时达到57.35%,24h时达到65.81%,与未经处理的凹土材料相比提高非常明显,是未处理材料的1.5倍左右。分析认为,强酸的加入去除了凹土原矿中的杂质,使得晶簇分散,同时离子溶出,使孔道疏通,比表面积和孔隙率增加,从而使去除率升高。

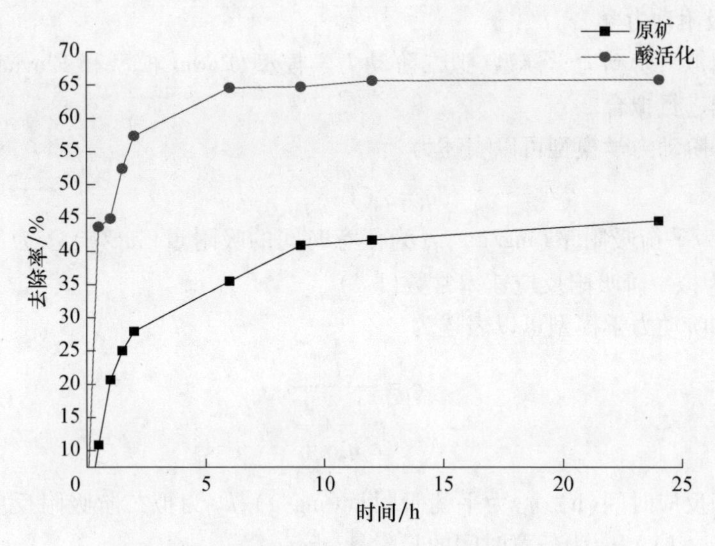

图 3.75 酸活化凹土处理偏二甲肼废水效果图[42]

2. 水土比对处理效果影响

实验采用的是经350℃焙烧处理过后的凹土。由图3.76可以看出,随着投加量的增大,凹土对偏二甲肼的去除率在升高。当加入量从水土质量比100∶2增大到100∶4时,去除率从49.01%升高到了60.66%。但是水土比为100∶3时,去除率已经达到了59.66%。即当水土质量比从100∶3变为100∶4的过程当中,去除率的上升已经不再明显。综合经济成本等因素,水土质量比为100∶3是较为合适的吸附剂投加量。

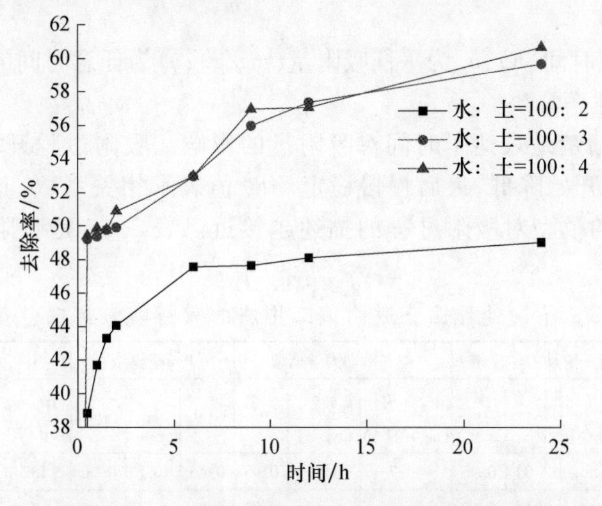

图 3.76 不同水土比处理偏二甲肼废水效果图[42]

3. 吸附动力学

采用拟一阶动力学模型、拟二阶动力学模型、Power 模型和 Elovich 模型对实验数据进行拟合。

拟一阶动力学模型可以表述为

$$q_{t}=q_{e}(1-e^{k_{1}t}) \tag{3.17}$$

式中：q_e 为平衡吸附量（mg/g）；q_t 为任意时间的吸附量（mg/g）；t 为反应时间（h）；k_1 为拟一阶吸附反应速率常数（h^{-1}）。

拟二阶动力学模型可以表述为

$$q_{t}=\frac{t}{\frac{1}{k_{2}q_{e}^{2}}+\frac{t}{q_{e}}} \tag{3.18}$$

式中：t 为反应时间（h）；q_e 为平衡吸附量（mg/g）；k_2 为拟二阶吸附反应速率常数（g/(mg·h)）；q_t 为任意时间的吸附量（mg/g）。

Elovich 模型可以表述为

$$q_{t}=\frac{\ln t+\ln(\alpha\beta)}{\beta} \tag{3.19}$$

式中：t 为反应时间（h）；q_t 为任意时间的吸附量（mg/g）；α 为初始吸附速率常数（mg/g·h）；β 为脱附速率常数（g/mg）。

Power 模型可以表述为

$$\ln q_{t}=\ln(kq_{e})+\frac{1}{m}\ln t \tag{3.20}$$

式中：t 为反应时间（h）；q_e 为平衡吸附量（mg/g）；q_t 为任意时间的吸附量（mg/g）；k 为反应速率常数。

图 3.77 清楚地表达了时间对吸附量的影响。吸附过程开始时，吸附速率较高，而后开始降低，最后慢慢稳定。R^2 值表示相关系数，其大小越接近 1，证明相应的模型对吸附过程的描述越接近。表 3.13 是吸附动力学拟合参数。

表 3.13　不同处理凹土吸附偏二甲肼的吸附动力学拟合参数[42]

材料	拟一阶动力学模型			拟二阶动力学模型			Power 模型			Elovich 模型		
	q_e/(mg/g)	K_1	R^2	k_2/(g/(mg·h^{-1}))	$q_{/}e$ (mg/g)	R^2	$k\cdot q_e$	m	R^2	α/(mg/(g·h))	β/(g/mg)	R^2
350℃焙烧	0.56	2.03	0.96	4.37	0.59	0.95	0.46	10.8	0.90	132.0	25.45	0.95
未处理凹土	0.41	0.61	0.98	1.19	0.46	0.99	0.21	3.81	0.90	2.4	14.61	0.99

续表

材料	拟一阶动力学模型			拟二阶动力学模型			Power 模型			Elovich 模型		
	q_e/(mg/g)	K_1	R^2	k_2/(g/(mg·h^{-1}))	q_e/(mg/g)	R^2	$k \cdot q_e$	m	R^2	α/(mg/(g·h))	β/(g/mg)	R^2
超声波处理	0.48	2.85	0.87	4.87	0.51	0.50	0.40	9.55	0.90	268.6	21.46	0.98
酸活化处理	0.63	1.56	0.95	3.53	0.67	0.91	0.49	9.04	0.84	664.8	18.17	0.87

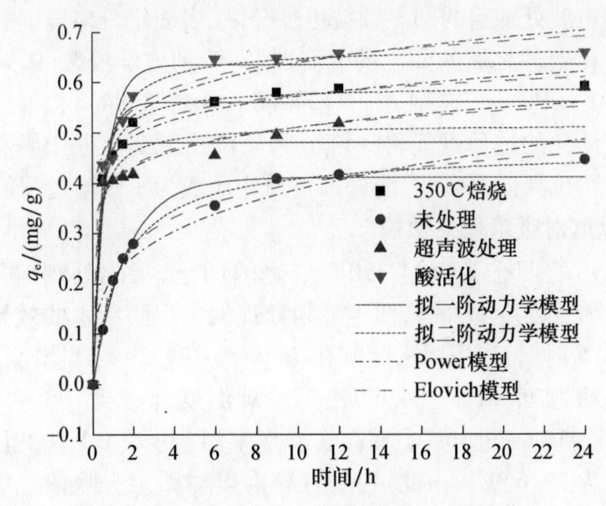

图 3.77　不同处理凹土吸附偏二甲肼废水吸附动力学图[42]（见书末彩图）

拟一阶动力学方程常用来描述吸附的初始阶段，建立在吸附过程受扩散步骤控制的假设之上，拟二阶动力学方程描述整个吸附过程，包括外扩散、内扩散以及反应吸附，它建立在吸附速率受化学吸附机理控制的基础上。Power 模型[43]适用于表面含不同吸附能位点吸附材料的吸附行为。Elovich 模型[44]是根据大量数据建立的经验式，能一定程度上揭示数据的不规则性。它描述了包括一系列反应机制的过程，比如溶质的扩散、表面的活化作用等，适用于非均向扩散、反应活化能较大的过程，常用在描述土壤和沉积物界面上的过程，能体现一系列反应机制。

未经处理的凹土采用四种吸附动力学模型拟合后，R^2 值均大于 0.90，Elovich 模型(0.99)=拟二阶动力学模型(0.99)>拟一阶动力学模型(0.98)>Power 模型(0.90)。四种模型都能比较好地描述凹土吸附偏二甲肼的过程，但是 Elovich 模型和拟二阶动力学模型最为符合。这可能说明外部传质作用对吸附过程有一定作用，但是化学吸附速率控制着是凹土吸附偏二甲肼的过程。

经过 350℃高温焙烧过后的凹土的 R^2 值均大于 0.90，其中拟一阶动力学模型(0.96)>拟二阶动力学模型(0.95)= Elovich 模型(0.95)>Power 模型

(0.90)。这可能说明经350℃高温焙烧过后的凹土吸附过程化学吸附作用明显,但是外部传质和内部扩散对吸附的控制作用更加显著。

经过超声波处理之后的凹土的 R^2 值 Elovich 模型(0.98)>Power 模型(0.90)>拟一阶动力学模型(0.87)>拟二阶动力学模型(0.50)。Elovich 模型和 Power 模型的拟合效果较好,这可能是由于经过超声波处理之后的凹土化学吸附作用明显,且表面分布有不同吸附能的活性位点,造成吸附能不同的原因可能是经过超声波处理后的凹土颗粒更加分散,表面组分多样。

经过酸活化处理之后的凹土的 R^2 值拟一阶动力学模型(0.95)>拟二阶动力学模型(0.91)>Elovich 模型(0.87)>Power 模型(0.84),拟一阶动力学模型效果最好。酸活化的过程可能将一部分物质洗出脱离了凹土颗粒,组分减少,化学吸附的作用也降低,物理吸附外部传质作用成为了吸附过程的控制步。

4. 反应温度对吸附效果影响

实验中采用的凹土为经过350℃焙烧的凹土,吸附处理时间为24h。由图3.78可知,随着温度的升高,凹土吸附处理偏二甲肼废水的效果也会随之提升。在温度30℃时,偏二甲肼去除率在75.91%~79.59%;当温度为50℃时,偏二甲肼去除率约为79.61%~84.67%;当处理温度升高至70℃时,偏二甲肼去除率达到了86.95%~89.36%。而在实验室室温(约15℃)条件下时,24h偏二甲肼去除率仅为59.66%。由此可见,处理温度对凹土去除偏二甲肼的效果有显著影响,随着温度的升高,凹土对偏二甲肼废水的处理能力大幅提升。

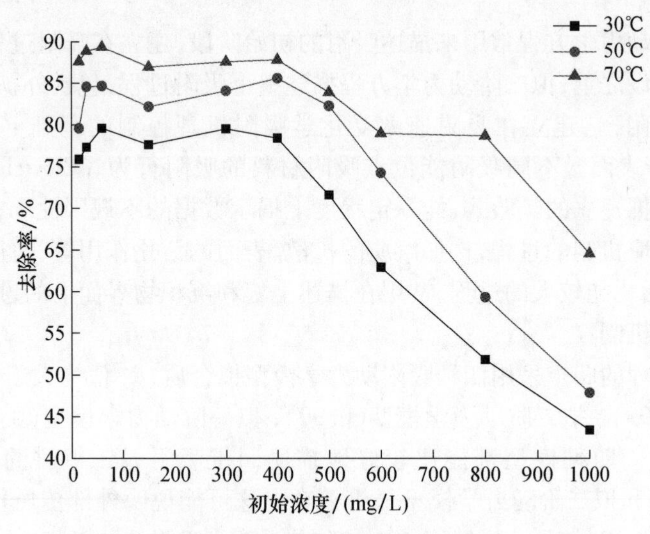

图3.78 不同温度条件下处理偏二甲肼废水效果图[42]

5. 吸附平衡等温曲线

Freundlich 等温吸附模型可以表述为

$$q_e = K_f c_e^{\frac{1}{n}} \tag{3.21}$$

式中：c_e 为溶液中吸附溶质的平衡浓度；K_f 为 Freundlich 常数，与吸附剂吸附能力相关；n 为表示吸附的难易。

Langmuir 等温吸附模型可以表述为

$$q_e = \frac{bq_m c_e}{1 + bc_e} \tag{3.22}$$

式中：q_m 为单位吸附剂的最大吸附容量，大小取决于吸附剂性质；b 为与吸附能有关的 Langmuir 常数。

Langmuir 等温吸附模型参数 R_L 可以表述为

$$R_L = \frac{1}{1+bc_0} \tag{3.23}$$

式中：c_0 为反应液中吸附溶质初始浓度；R_L 为表明吸附等温线的类型，R_L 小于 1 说明吸附过程属于优惠吸附。

所用凹土均经过 350℃焙烧处理，凹土用量为 0.75g，在 30℃、50℃、70℃条件下，分别处理初始浓度为 15mg/L、30mg/L、60mg/L、150mg/L、300mg/L、400mg/L、500mg/L、600mg/L、800mg/L、1000mg/L 的偏二甲肼废水。利用 Langmuir 和 Freundlich 等温模型对数据进行拟合，结果如图 3.79 所示和表 3.14 所列。

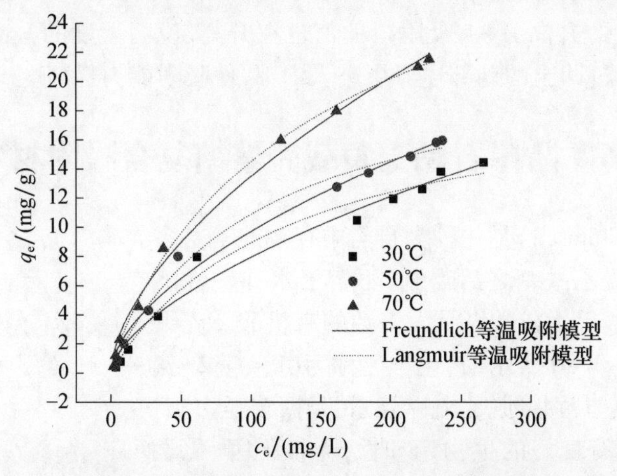

图 3.79 不同温度下凹土处理偏二甲肼废水吸附平衡等温曲线图[42]

表 3.14　不同温度下凹土处理偏二甲肼废水吸附等温线拟合参数[42]

处理温度/℃	Freundlich 等温吸附模型			Langmuir 等温吸附模型		
	K_f/((mg·g^{-1})/(mg·h^{-1}))	$1/n$	R^2	q_e/(mg/g)	b/(L/mg)	R^2
30	0.486	0.607	0.974	20.399	0.008	0.977
50	0.677	0.578	0.986	23.261	0.011	0.991
70	0.903	0.587	0.993	39.632	0.012	0.998

Langmuir 等温吸附模型是一种理想情况下的模型,前提条件为吸附剂表面均匀且吸附点位类型相同。Freundlich 吸附等温模型是一种经验模型,是一种吸附剂表面不均匀且具有不同类型吸附点位情况下得到的经验式。在利用 Langmuir 和 Freundlich 等温吸附模型对凹土吸附处理偏二甲肼废水的吸附过程进行数据拟合时,Langmuir 和 Freundlich 等温吸附模型的 R^2 值相差不大,30℃时 Langmuir 型 R^2 值略小于 Freundlich 型,50℃和 70℃时 Langmuir 型 R^2 值都略大于 Freundlich 型,且都非常接近于 1。这并不能是说凹土对偏二甲肼模拟废水的吸附过程就是 Langmuir 型,而恰恰反映了凹土对偏二甲肼模拟废水的吸附过程是非常复杂的。在废水吸附实验中,完全符合 Langmuir 型理论的不常见。这是由于固体吸附剂的表面本身是非常不均匀的,吸附活性位数最多且吸附能不一样,吸附过程非常复杂,不能用简单的单分子层吸附来解释,而是单分子层吸附和多分子层吸附同时存在,两个模型的 R^2 值相近也印证了这一点。因此本文更倾向于凹土吸附处理偏二甲肼废水的吸附过程符合 Freundlich 等温模型。Freundlich 等温吸附模型中参数 n 值大于 1,这说明了凹土吸附偏二甲肼的过程属于多分子层吸附。

随着温度的升高,最大吸附量的值也在升高,说明温度的升高更有利于偏二甲肼分子通过凹土的外部边界层进入内部,使吸附能力提高。

3.6　凸棒石黏土负载壳聚糖复合吸附材料

壳聚糖(Chitosan)是一种大自然中存在的氨基多糖,由甲壳素脱乙酰基之后得到,不溶于水和碱性溶液,可溶于乙酸等无机酸以及大多数的有机酸。壳聚糖结构式如图 3.80 所示,其化学名称为(1,4)-2-氨基-β-D-葡萄糖,别名脱乙酰甲壳素、壳糖胺等。

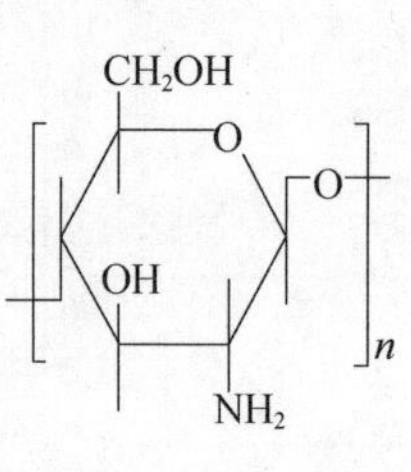

图 3.80　壳聚糖结构式

壳聚糖具有良好的生物亲和性,无毒无害,化学改性容易。壳聚糖分子表面有大量的氨基和羟基,与很多的有机物都有很好的相容性,它表面的氨基转化为铵根离子后还能与很多负电荷物质相互吸引进而产生吸附、絮凝作用,因此壳聚糖被大量运用到废水的处理当中。但是壳聚糖本身价格较高,不利于大规模应用[45]。

3.6.1 材料制备

凹土负载壳聚糖材料的制备[46]:

方法一:称取一定量的壳聚糖,溶解于质量分数为3%的冰乙酸(CH_3COOH)溶液中,在50℃水浴条件下搅拌3h,然后加入一定量的凹土,搅拌2h后,放于115℃恒温干燥箱中烘干,用研钵研磨过后过50目筛,封装后备用。

方法二:称取1.00g、2.00g、3.00g、4.00g、6.00g壳聚糖分别放置于5个500mL烧杯中,然后每个烧杯中加入200mL质量分数为3%的乙酸溶液,在50℃的条件下匀速搅拌3h,获得质量分数分别为0.5%、1.0%、1.5%、2.0%和3.0%的壳聚糖溶液。

称取2.50g凹土置于50mL坩埚中,加入5mL配制好的壳聚糖溶液,充分搅拌,静置30min,然后放于恒温干燥箱中115℃烘干,研磨过50目筛后备用。

3.6.2 样品表征

图3.81图为不同方法凹土负载壳聚糖SEM图。从图中可以看出,使用方法一制成的凹土负载壳聚糖,颗粒团聚,颗粒直径甚至达10μm。方法二负载壳聚糖后,颗粒较方法一小,且颗粒表面较方法一更粗糙。从表观现象来看,负载方法二的效果可能好于方法一[47]。

(a) (b)

图3.81 不同方法凹土负载壳聚糖SEM图[46]

(a)方法一;(b)方法二。

图 3.82 为凹土负载壳聚糖前后的 SEM 图。从图中可以看出,负载壳聚糖后,原来大小不一的凹土团聚颗粒变为大小较为相近、结构较为松散的颗粒,负载使颗粒形貌发生了较大变化。

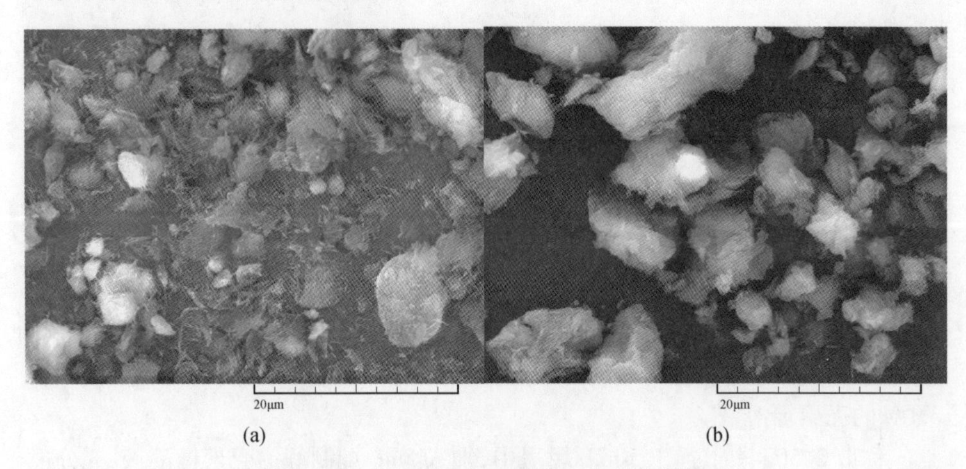

图 3.82 凹土负载壳聚糖前后 SEM 图[46]

(a)负载壳聚糖前的 SEM 图;(b)负载壳聚糖后的 SEM 图。

图 3.83 为凹土负载壳聚糖的凹土前后 EDS 图。负载后与负载前相比,Ca 元素的含量大幅增加。这可能是由于制备壳聚糖的主要原料是水产加工厂废弃的虾壳以及蟹壳,其中含有碳酸钙。在制备壳聚糖的过程中虽然需要脱钙,但是钙元素并不能被完全脱除,所使用的壳聚糖原料中依然含有少量的钙元素。

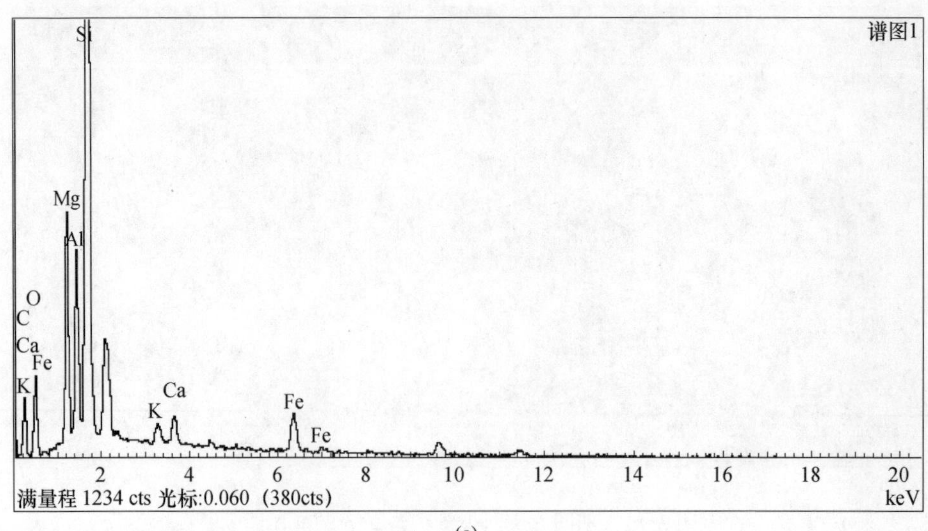

(a)

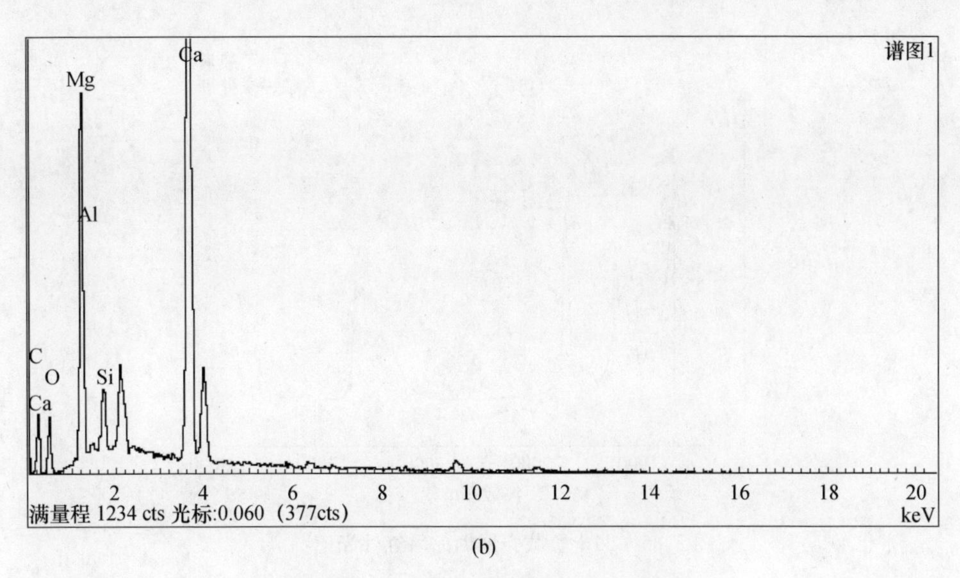

(b)

图 3.83 凹土负载壳聚糖前后 EDS 图[46]

(a)未负载壳聚糖的凹土 EDS 图;(b)负载壳聚糖后。

从图 3.84 中可以看出,负载壳聚糖后的 XRD 图谱与未经处理的凹土原矿的 XRD 图谱特征峰均为 2θ 为 8.32°、19.82°、20.80°和 26.56°处,出现的强吸收峰均是凹土的特征衍射峰。即负载壳聚糖不会改变凹土本身所具有的晶型。

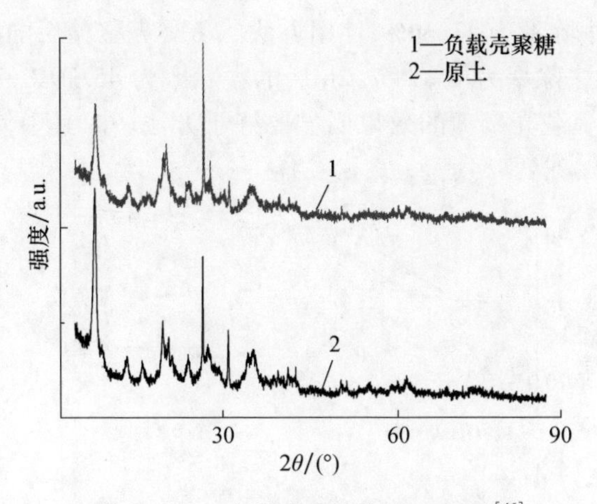

图 3.84 凹土负载壳聚糖前后 XRD 图[46]

如图 3.85 所示,负载壳聚糖后与原材料相比,在 $1575cm^{-1}$ 和 $1427cm^{-1}$ 处出现了新的吸收峰,这两处吸收峰是壳聚糖的特征吸收峰,谱图结果表明负载成功。

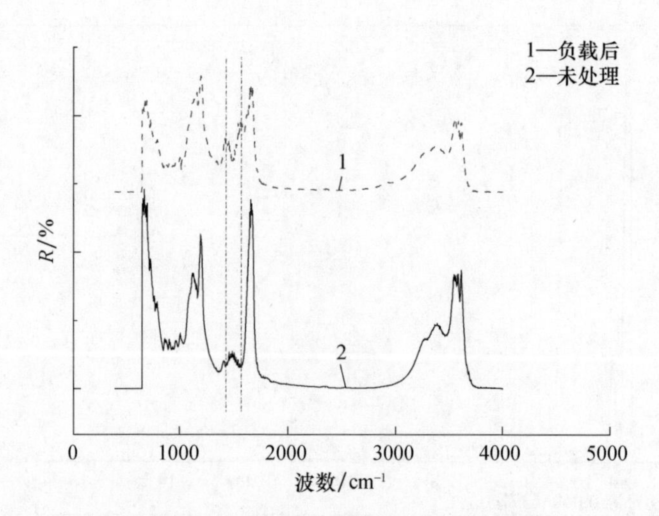

图 3.85 凹土负载壳聚糖前后红外光谱图[46]

3.6.3 偏二甲肼废水处理研究

1. 负载方法对处理效果影响

由图 3.86 可以看出,30min 时凹土材料对偏二甲肼的去除率仅为 10.83%,2h 后的去除率为 27.94%,24h 后去除率为 44.59%;使用方法一负载壳聚糖后的凹土材料 30min 时对偏二甲肼的去除率为 26.29%,2h 后的去除率为 31.05%,24h 后去除率为 43.36%;使用方法二负载壳聚糖后的凹土材料 30min 时对偏二甲肼的去除率为 41.74%,2h 后的去除率为 45.79%,24h 后去除率为 50.43%,方法二负载壳聚糖的效果明显要好于方法一。其中使用方法一负载

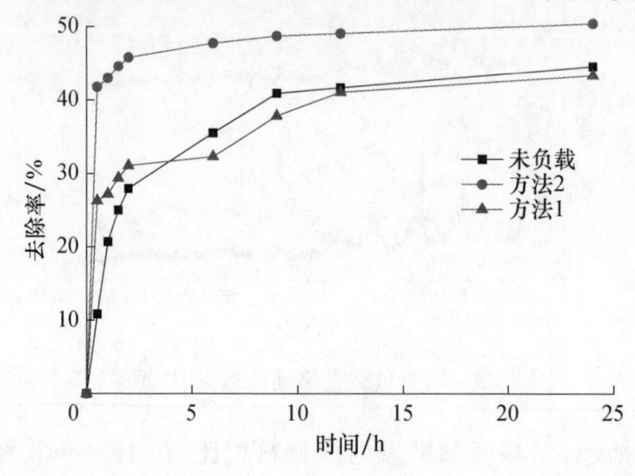

图 3.86 不同方法凹土负载壳聚糖处理偏二甲肼废水效果图[46]

壳聚糖的凹土材料虽然去除速率有所上升,但是去除率却有所下降。导致这种结果可能的原因是方法一造成了颗粒的团聚,虽然表面的壳聚糖材料吸附能力较强使得吸附速率上升,但是材料团聚导致凹土的吸附点位减少,最终使吸附效果变差,去除率略有降低。

2. 预处理方式对处理效果影响

图 3.87 为高温焙烧预处理凹土负载壳聚糖处理 30mg/L 偏二甲肼废水的效果图。凹土的用量为 0.75g,处理废水量 25mL。在没有光照和吸附材料的条件下,短时间内偏二甲肼不分解。

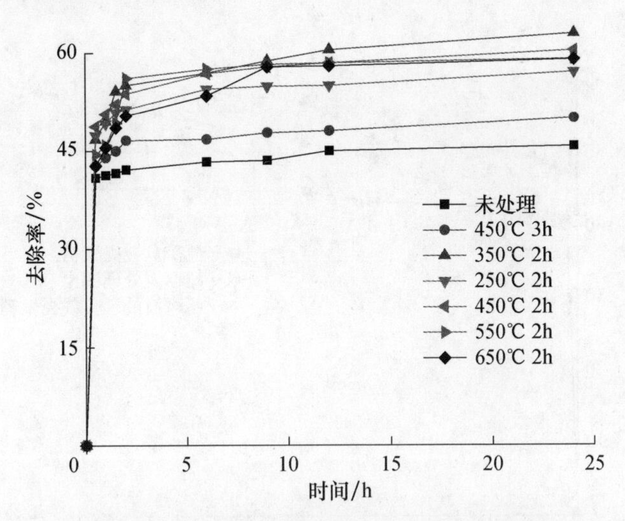

图 3.87 高温焙烧预处理凹土负载壳聚糖处理 30mg/L 偏二甲肼废水效果图[46](见书末彩图)

从图 3.87 中看出未经焙烧的凹土负载壳聚糖吸附效果最差,24h 后去除率为 45.66%;350℃ 焙烧处理的凹土负载壳聚糖效果最好,24h 去除率可达 62.89%。所有样品较未负载壳聚糖时,吸附速率均有所提升,都能在 30min 内达到最终吸附效果的 75%,在 2h 内达到最终效果的 90%以上。而未负载壳聚糖的样品吸附速率较慢,在 9h 左右才能完成最终吸附效果的 80%。

350℃焙烧处理的凹土负载壳聚糖 24h 去除率可达 62.89%,350℃焙烧 2h 处理的凹土吸附处理废水 24h 后,去除率 59.66%,最终去除率的提升不明显。但是 30min 时未经处理的凹土材料对偏二甲肼的去除率仅为 10.83%,2h 后的去除率为 27.94%,24h 后去除率为 44.59%;而 30min 未经焙烧的凹土负载壳聚糖去除率达 40.90%,2h 后的去除率为 42.13%,24h 后去除率为 45.66%。虽然去除率提高不大,但是去除速率提升显著。

当焙烧温度过高或者焙烧温度过长时,晶体开始遭受破坏,降低了材料的吸附能力。

由图 3.88 知，经过超声波处理的凹土 30min 时对偏二甲肼的去除率为 40.13%，2h 时达到 41.74%，24h 时达到 58.89%。未经超声处理的凹土负载壳聚糖 30min 时对偏二甲肼的去除率为 40.90%，2h 时达到 42.13%，24h 时达到 45.66%。而超声波处理过后的凹土负载壳聚糖对偏二甲肼的去除率为 47.51%，2h 时达到 49.97%，24h 时达到 61.66%。数据表明，经超声波处理后的凹土负载壳聚糖处理偏二甲肼废水去除率与未经处理的凹土负载壳聚糖材料相比有显著提高，与经超声波处理后的凹土相比，去除率和去除速率也有一定程度的提高。

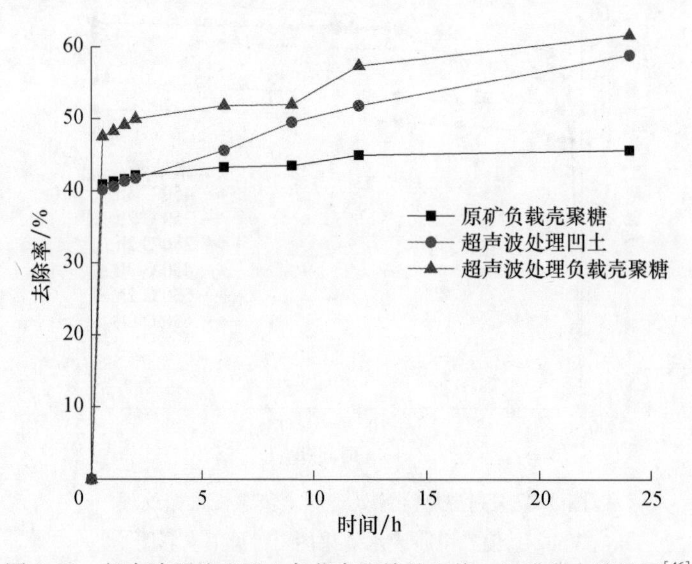

图 3.88　超声波预处理凹土负载壳聚糖处理偏二甲肼废水效果图[46]

由图 3.89 可以看出，未经处理的凹土负载壳聚糖 30min 时对偏二甲肼的去除率为 40.90%，2h 时为 42.13%，24h 时为 45.66%。经过酸活化处理的凹土 30min 时对偏二甲肼的去除率为 43.66%，2h 时达到 57.35%，24h 时为 65.81%。经过酸活化处理的凹土负载壳聚糖 30min 时对偏二甲肼的去除率为 45.90%，2h 时达到 64.58%，24h 时为 67.79%。比较得出，酸活化对凹土的作用非常明显，酸活化后的凹土负载壳聚糖与未负载时相比，30min 去除率提高 2.24%，2h 去除率提高 7.23%，24h 去除率提高 1.98%，去除速率和去除率均有小幅度提升。

3. 负载量对处理效果影响

由图 3.90 可以看出，未负载壳聚糖时，凹土材料对偏二甲肼的去除率 30min 仅为 10.83%，2h 后的去除率为 27.94%，24h 后去除率为 44.59%。随着

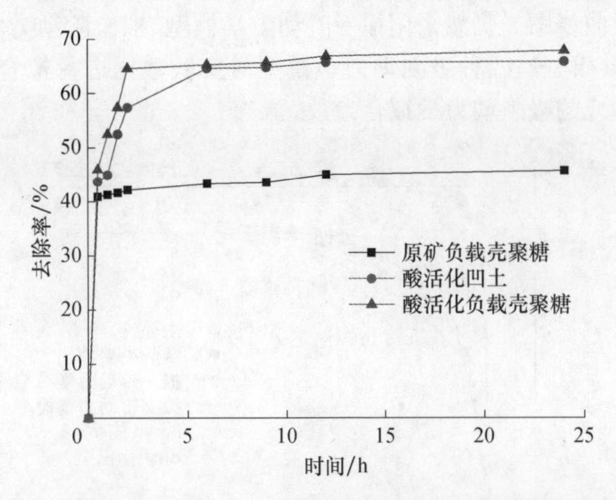

图 3.89 酸活化预处理凹土负载壳聚糖处理偏二甲肼废水效果图[46]

负载量的上升,壳聚糖-凹土材料对偏二甲肼的去除率也逐渐上升。当负载量为40mg/g时,壳聚糖-凹土对偏二甲肼的去除率30min为42.74%,2h后的去除率为46.59%,24h后去除率为49.07%。当负载量为60mg/g时,壳聚糖-凹土对偏二甲肼的去除率30min时为41.64%,2h后的去除率为45.79%,24h后去除率为50.43%。由此可见,负载量60mg/g与负载量40mg/g的处理效果较为相近,甚至在某些时刻已经出现降低的势头。这可能是由于负载量过大时壳聚糖分子阻塞了凹土的天然孔道。加上对成本方面的考虑,较为合适的负载量应该为40mg/g。

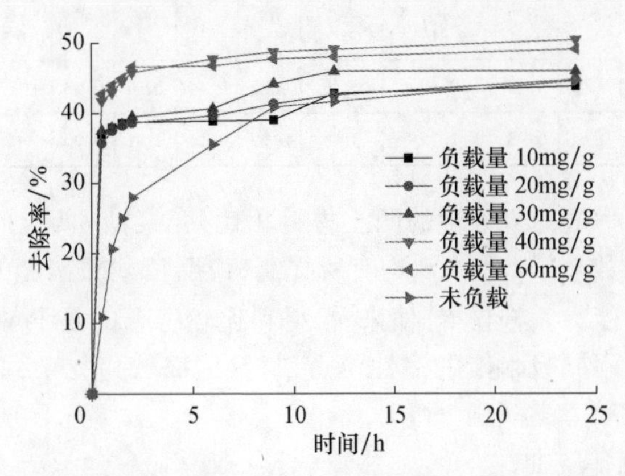

图 3.90 不同负载量凹土负载壳聚糖处理偏二甲肼废水效果图[46]

4. 处理时间对处理效果影响

图3.91是壳聚糖-凹土材料以及未经处理的凹土材料吸附偏二甲肼废水

的吸附动力学曲线图。仍然采用拟一阶动力学模型、拟二阶动力学模型、Power模型和 Elovich 模型这四种吸附动力学模型对实验数据进行拟合。表 3.15 为拟合过程中生成的吸附动力学拟合参数。

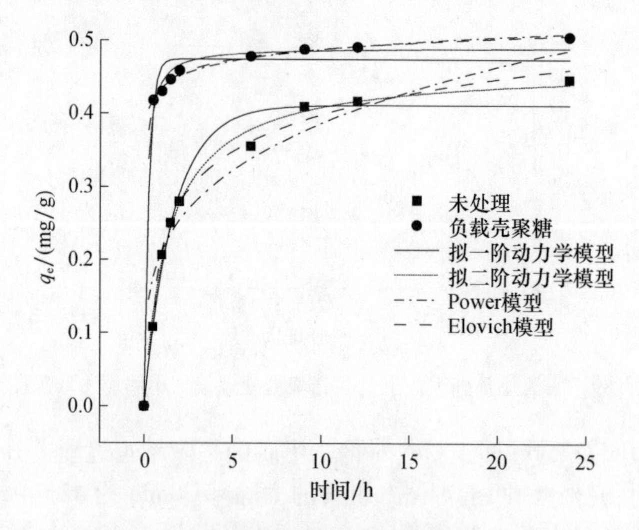

图 3.91　壳聚糖-凹土材料及未处理的凹土材料吸附偏二甲肼废水的吸附动力学曲线图[46]

表 3.15　凹土-壳聚糖吸附偏二甲肼的吸附动力学拟合参数[46]

材料	拟一阶动力学模型			拟二阶动力学模型			Power 模型			Elovich 模型		
	q_e/(mg/g)	K_1	R^2	k_2/(g/(mg·h^{-1}))	q_e/(mg/g)	R^2	$k \cdot q_e$	m	R^2	α/(mg/(g·h))	β/(g/mg)	R^2
壳聚糖-凹土	0.47	3.89	0.98	9.59	0.49	0.85	0.44	20.4	0.98	3.6	22.36	0.98
未处理凹土	0.41	0.61	0.98	1.19	0.46	0.99	0.21	3.81	0.90	2.4	14.61	0.99

由表 3.15 可知，与未处理的凹土材料相比，壳聚糖-凹土的平衡吸附量 q_e 以及反应速率常数 k_1、k_2、k、α、β 均有所提高，说明负载壳聚糖的方法有效地提高了材料的吸附能力。根据 R^2 值来看，材料比较符合的是 Power 模型，这说明材料表面分布有不同吸附能的活性位点，材料组成较为复杂，而未经处理的凹土更符合拟二阶动力学模型。

5. 吸附平衡等温曲线

利用 Langmuir 和 Freundlich 等温吸附模型对数据进行拟合，拟合结果如图 3.92 所示及表 3.16 所列。

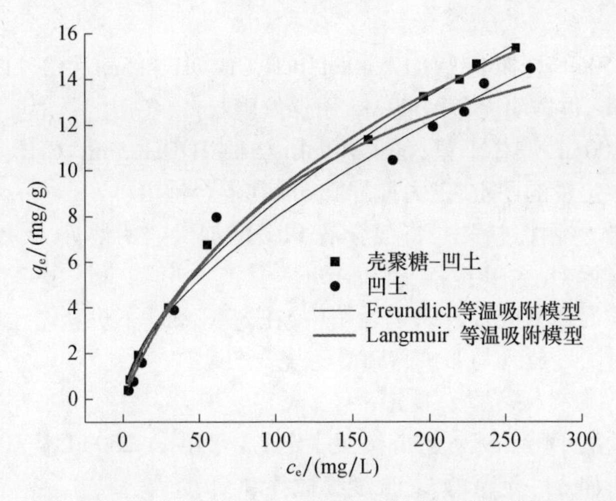

图3.92　壳聚糖-凹土处理偏二甲肼废水吸附平衡等温曲线图[46]

表3.16　凹土及壳聚糖-凹土处理偏二甲肼废水吸附等温线拟合参数[46]

材料	Freundlich 等温吸附模型			Langmuir 等温吸附模型		
	K_f/((mg·g^{-1})/(mg·h^{-1}))	$1/n$	R^2	q_e/(mg/g)	b/(L/mg)	R^2
凹土	0.486	0.607	0.974	20.399	0.008	0.977
壳聚糖-凹土	0.494	0.621	0.995	41.036	0.008	0.997

由图3.92以及表3.16可见，在负载壳聚糖之后，Langmuir 和 Freundlich 等温吸附模型的 R^2 值都有所上升，分别上升至0.997及0.995，相差仍然不大，差值有缩小的趋势，说明壳聚糖-凹土吸附偏二甲肼废水的过程非常复杂，单分子层吸附和多分子层吸附同时存在。Freundlich 模型中参数 n 值仍然大于1，吸附过程属于优惠吸附。

壳聚糖-凹土与凹土相比，吸附速率和最大吸附量的值也有所升高，可能是由于壳聚糖的负载有利于材料表面吸附点位的增加并使吸附能产生了变化，使吸附能力提高。

3.7　凹土负载 TiO_2 复合材料

3.7.1　材料制备

凹土负载 TiO_2 的制备[46]：

方法一：

（1）取250mL烧杯1只，加入40mL CH_3CH_2OH 和5mL $[CH_3(CH_2)_3O]_4Ti$，磁力搅拌0.5h，得透明无色溶液A。用保鲜膜封口，备用。

（2）取100mL烧杯1只，加入40mL CH_3CH_2OH，5mL CH_3COOH，5mL去离子水以及一定量的凹土，磁力搅拌0.5h，得混合液B。

（3）在磁力搅拌过程中，将混合液B缓慢加入透明溶液A，用保鲜膜封口后继续磁力搅拌1h，停止搅拌，静置10h。

（4）上述混合物放入鼓风干燥箱中，在80℃条件下烘至全干，用研钵研磨成末，过50目筛后放入马弗炉，450℃焙烧2.5h。

方法二：

（1）将钛酸丁酯和无水乙醇按照一定的比例倒入250mL烧杯中混合，磁力搅拌1.5h后，加入一定量的凹土，继续搅拌0.5h。

（2）在上述混合液中，先滴入 CH_3COOH 10mL，再滴入去离子水10mL，继续磁力搅拌1h。

（3）将上述混合物静置10h后，放入鼓风干燥箱，在80℃下烘至全干，研磨，过50目筛，然后放入马弗炉中焙烧2.5h。

3.7.2 样品表征

图3.93为不同方法负载 TiO_2 的凹土材料SEM。比较得出：方法二所制备的材料凹土的棒状结构上附着的颗粒物更多，表观形貌的改变更大。

(a)

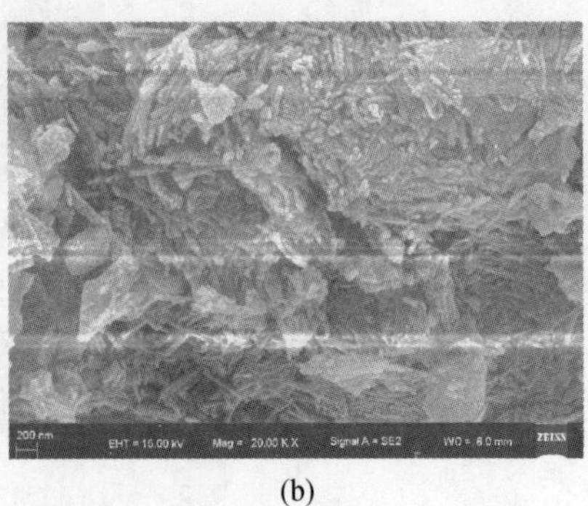

(b)

图3.93 不同方法制负载 TiO_2 的凹土材料SEM图[46]

（a）方法一负载 TiO_2 的凹土材料；（b）方法二负载 TiO_2 后的凹土。

图3.94为凹土负载 TiO_2 前后SEM图。图3.94（b）中可以明显地观察到凹土的棒状结构上出现了颗粒状物体，说明负载过程是成功的，且负载 TiO_2 改变了材料的表观形貌。

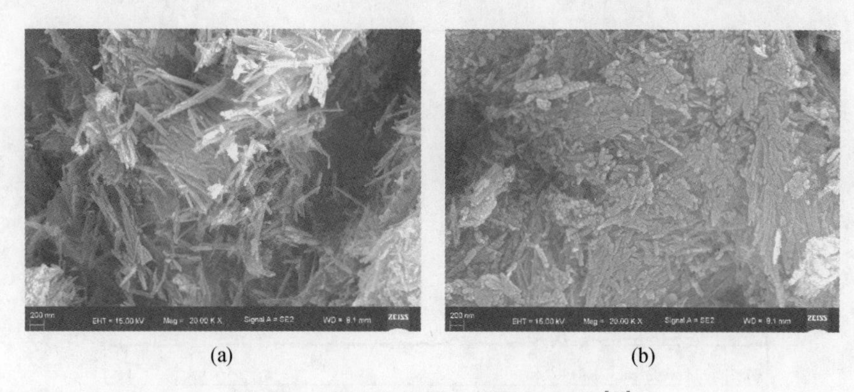

图 3.94 凹土负载 TiO_2 前后 SEM 图[46]

(a)未处理的凹土;(b)方法二负载改性后的凹土。

图 3.95(a)为使用方法一制备的凹土负载 TiO_2 材料,图 3.95(b)为方法二制备的凹土负载 TiO_2 材料,图 3.95(c)为未经处理的凹土。从 EDS 的结果看,两种负载方法制作的材料都出现了 Ti 元素以及 O 元素,说明负载是比较成功的,且方法二制作的材料 Ti 元素的峰更高,说明负载方法二制备 TiO_2-凹土材料的负载效果可能更好。

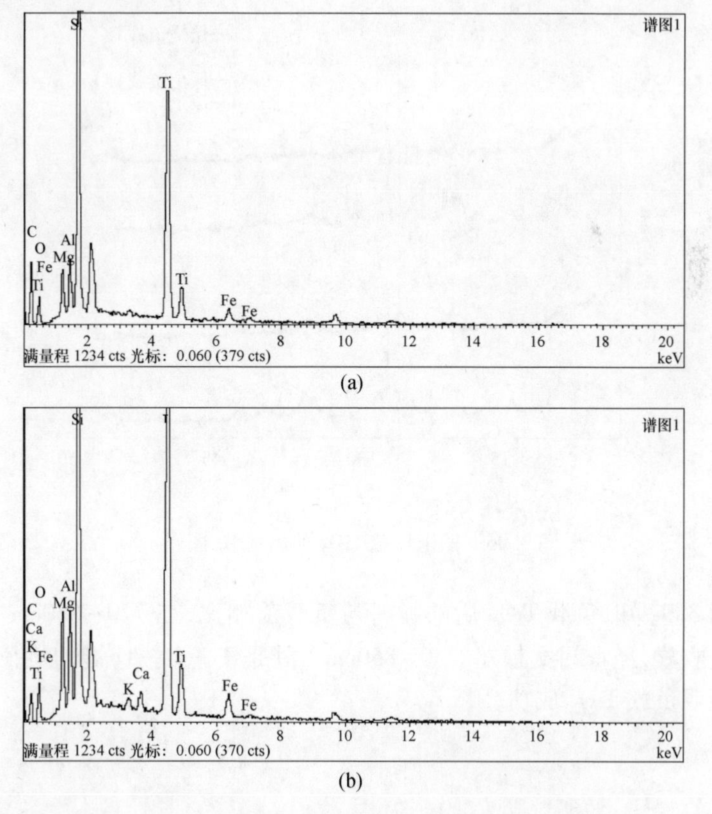

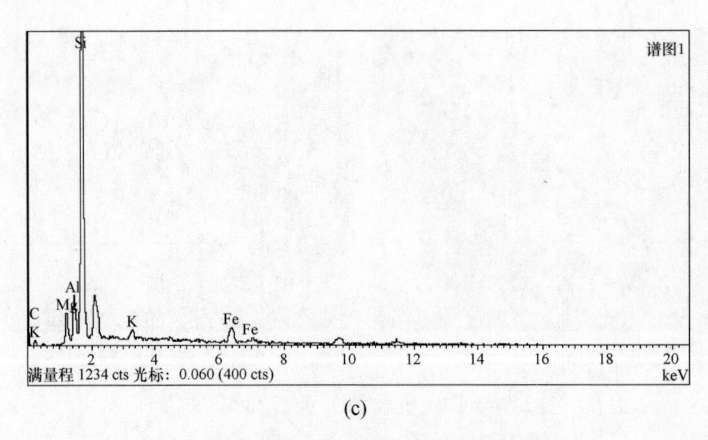

(c)

图 3.95　凹土负载 TiO_2 前后 EDS 图[46]

(a)方法一制备的凹土负载 TiO_2 材料;(b)方法二制备的凹土负载 TiO_2 材料;(c)未经处理的凹土。

从图 3.96 中可以看出,负载 TiO_2 过后的材料与未处理的凹土材料相比,除了原有的 2θ 为 8.32°、19.82°、20.80° 和 26.56° 处出现强吸收峰外,在 2θ 为 25.4° 处多出一处吸收峰。经查找,2θ = 25.4° 对应锐钛矿型 TiO_2 的 201 晶面,这证明了负载 TiO_2 成功,且负载后的凹土 TiO_2 的晶型为锐钛矿型。

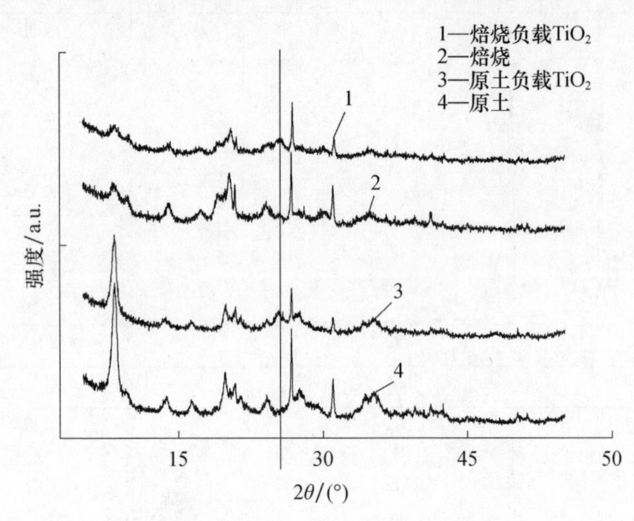

图 3.96　凹土负载 TiO_2 前后 XRD 图[46]

由图 3.97 知,负载 TiO_2 后的材料与负载前相比,在 770 ~ 850 cm^{-1} 处出现了新的吸收峰,经查阅文献知,750 ~ 850 cm^{-1} 处是 Ti—O—Ti 键的特征峰,该峰的出现说明负载 TiO_2 成功。

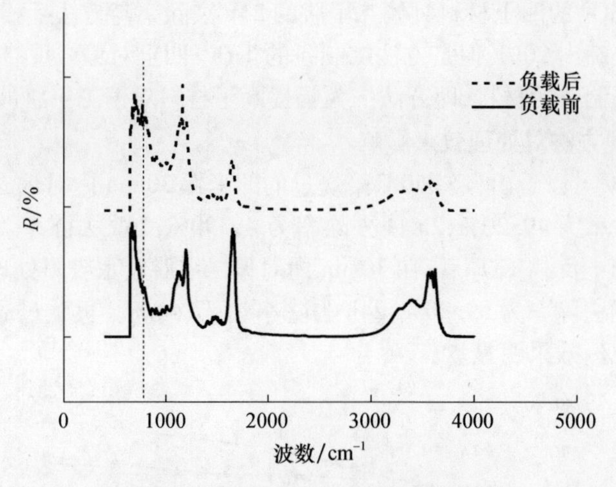

图 3.97 负载 TiO_2 前后红外光谱图[46]

3.7.3 偏二甲肼废水处理研究

1. 负载方法对处理效果影响

由图 3.98 可以看出,30min 时凹土材料对偏二甲肼的去除率仅为 10.83%,2h 后的去除率为 27.94%,24h 后去除率为 44.59%;使用方法一负载 TiO_2 后的凹土材料 30min 时对偏二甲肼的去除率为 10.67%,2h 后的去除率为 27.97%,24h 后去除率为 65.35%;使用方法二负载 TiO_2 后的凹土材料 30min 时对偏二甲肼的去除率为 10.75%,2h 后的去除率为 40.28%,24h 后去除率为 67.81%,

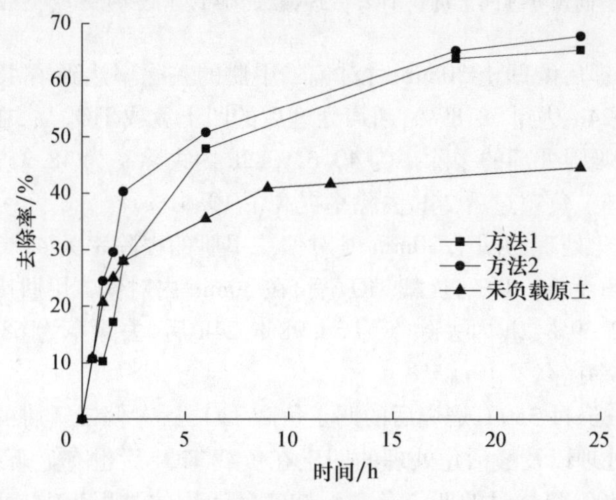

图 3.98 不同方法凹土负载 TiO_2 处理偏二甲肼废水效果图[46]

方法二负载 TiO_2 的凹土材料对偏二甲肼的 24h 去除率与方法一相差不大，均比未处理的凹土高出 20%；但是方法二制备的 TiO_2-凹土对偏二甲肼的 2h 去除率远大于方法一制备的材料，即方法二大幅提高了材料对偏二甲肼的去除速率。

2. 预处理方法对处理效果影响

由图 3.99 可以看出，经 350℃焙烧过的凹土在 30min 内对偏二甲肼废水吸附处理的去除率为 49.20%，2h 内去除率为 49.90%，24h 去除率为 59.66%；而焙烧处理的凹土负载 TiO_2 后，在 30min 内对偏二甲肼废水吸附处理的去除率为 44.63%，2h 内去除率为 59.20%，24h 去除率达 77.19%。负载过后 24h 去除率提高了 17.53%，效果明显。

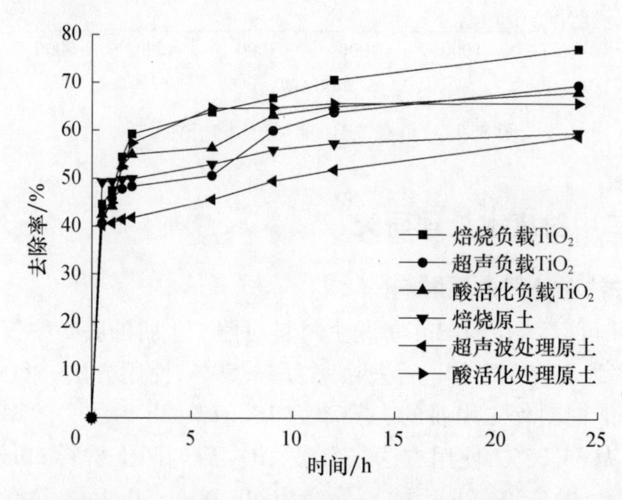

图 3.99 不同预处理凹土负载 TiO_2 处理偏二甲肼废水效果图[46]（见书末彩图）

超声波处理后的凹土 30min 时对偏二甲肼的去除率达到了 40.13%，2h 时达到 41.74%，24h 达到 58.89%；超声处理后的凹土负载 TiO_2 后，在 30min 内对偏二甲肼废水吸附处理的去除率为 40.61%，2h 内去除率为 48.31%，24h 后，去除率为 69.50%。负载过后 24h 去除率提高了 10.61%。

经过酸活化处理的凹土 30min 时对偏二甲肼的去除率为 43.66%，2h 时达到 57.35%，24h 为 65.81%；负载 TiO_2 后，在 30min 内对偏二甲肼废水吸附处理的去除率为 42.39%，2h 内去除率为 54.98%，24h 后，去除率为 68.18%。负载过后 24h 去除率提高了 10.85%。

综上所述，经过 350℃焙烧后的凹土负载 TiO_2 后对偏二甲肼的去除率提升最明显，超声处理以及酸活化处理的凹土在负载 TiO_2 后也有显著提升，但是提升效果逊于 350℃焙烧过的凹土负载。在实际运用的过程当中，可以采用焙烧作为预处理方式。

3. 负载量对处理效果影响

实验结果如图 3.100 所示。当负载量为质量比 $m_{钛酸丁酯}$ ：$m_{凹土}$ =1∶1 时，TiO_2-凹土材料在 30min 内对偏二甲肼废水吸附处理的去除率为 10.75%，2h 内去除率为 40.28%，24h 去除率为 67.81%。当负载量为质量比 $m_{钛酸丁酯}$ ：$m_{凹土}$ = 2∶3 时，TiO_2-凹土材料在 30min 内对偏二甲肼废水吸附处理的去除率为 10.14%，2h 内去除率为 31.52%，24h 去除率为 65.97%。当负载量为质量比 $m_{钛酸丁酯}$ ：$m_{凹土}$ =1∶3 时，TiO_2-凹土材料在 30min 内对偏二甲肼废水吸附处理的去除率为 10.00%，2h 内去除率为 26.91%，24h 去除率为 60.96%。当负载量为质量比 $m_{钛酸丁酯}$ ：$m_{凹土}$ =3∶2 时，TiO_2-凹土材料在 30min 内对偏二甲肼废水吸附处理的去除率为 10.08%，2h 去除率为 25.52%，24h 去除率为 61.35%。纯 TiO_2 的偏二甲肼去除率 30min 时为 12.13%，2h 去除率为 29.82%，24h 去除率为 46.90%。30min 时未经负载的纯凹土材料对偏二甲肼的去除率为 10.83%，2h 后的去除率为 27.94%，24h 后去除率为 44.59%。由此可见，当负载量为质量比 $m_{钛酸丁酯}$ ：$m_{凹土}$ =1∶1 时，TiO_2-凹土材料对废水中偏二甲肼的去除效果更好。

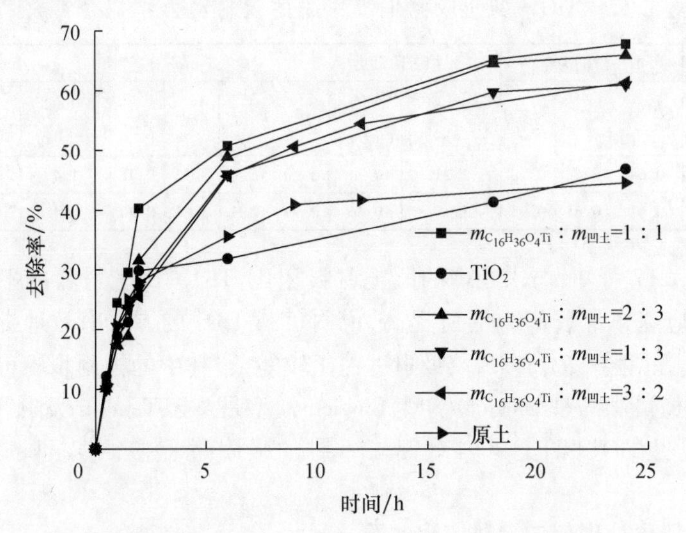

图 3.100 不同负载量凹土负载 TiO_2 处理偏二甲肼废水效果图[46]（见书末彩图）

4. 吸附时间对处理效果影响

图 3.101 为 TiO_2-凹土材料以及未经处理的凹土材料吸附偏二甲肼废水的吸附动力学曲线图。仍然采用拟一阶动力学模型、拟二阶动力学模型、Power 模型和 Elovich 模型这四种吸附动力学模型对实验数据进行拟合。表 3.17 为拟合过程中生成的吸附动力学拟合参数。

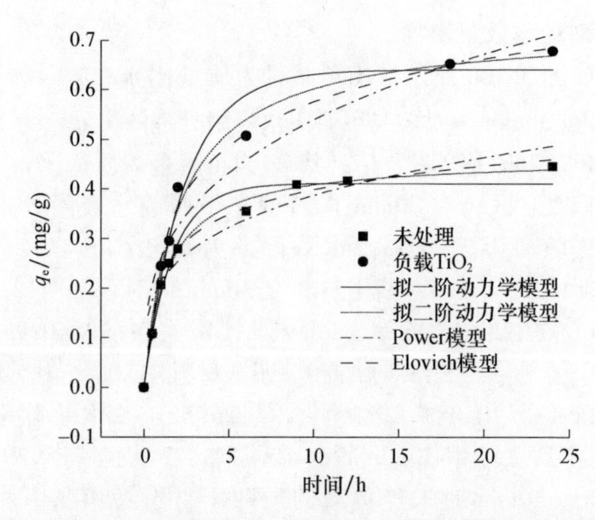

图 3.101　TiO_2-凹土材料以及未经处理的凹土材料吸附偏二甲肼废水的吸附动力学曲线图[46]

表 3.17　TiO_2-凹土吸附偏二甲肼的吸附动力学拟合参数[46]

材料	拟一阶动力学			拟二阶动力学			Power			Elovich		
	q_e/(mg/g)	K_1	R^2	k_2/(g/(mg·h^{-1}))	q_e/(mg/g)	R^2	$k\cdot q_e$	m	R^2	α/(mg/(g·h))	β/(g/mg)	R^2
TiO_2-凹土	0.64	0.42	0.98	1.21	0.73	0.98	0.26	3.15	0.91	1.4	8.19	0.99
未处理凹土	0.41	0.61	0.98	1.19	0.46	0.99	0.21	3.81	0.90	2.4	14.61	0.99

由表 3.17 可知，与未处理的凹土材料相比，TiO_2-凹土材料的平衡吸附量 q_e 以及反应速率常数 k_2 均有所提高，说明负载 TiO_2 的方法有效地提高了材料的吸附能力。根据 R^2 值来看，吸附过程比较复杂，其中的控制步骤可能是化学吸附。R^2 值最高的是 Elovich 模型，Elovich 模型是基于 Temkin 吸附等温方程的模型，这说明 TiO_2-凹土材料对偏二甲肼的吸附过程遵循 Temkin 吸附等温方程。

5. 光催化处理偏二甲肼废水实验

图 3.102 所示为 350℃ 焙烧的凹土以及 350℃ 焙烧的凹土负载 TiO_2 与纯 TiO_2 的光催化处理偏二甲肼效果对比图。

因 TiO_2 为纳米级材料，具有一定的吸附能力，无光条件下纯 TiO_2 对废水中的偏二甲肼也有一定的处理能力。在紫外线条件下，纯 TiO_2 在 0.5h 时对偏二甲肼的去除率为 14.82%，2h 后对废水中偏二甲肼的去除率为 30.46%。

在前面的实验过程中，已知无光条件下经 350℃ 焙烧过的凹土原土在 0.5h

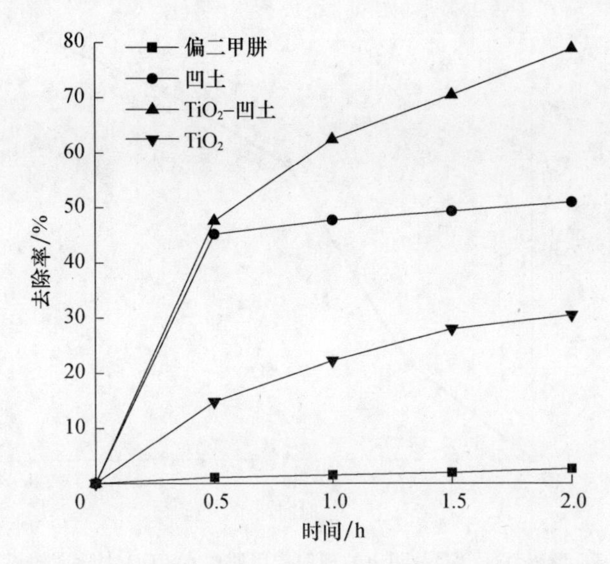

图 3.102 紫外线下 TiO_2-凹土处理偏二甲肼废水去除率[46]

内对偏二甲肼废水吸附处理的去除率达到 44.20%,2h 内去除率达 49.90%。而其在紫外线下对废水中的偏二甲肼 0.5h 去除率为 45.19%,2h 去除率为 50.97%。去除率微弱的提升基本与偏二甲肼在紫外线下的降解率相同。因此得出,凹土对偏二甲肼的光催化帮助不大,其对废水中偏二甲肼的去除依靠吸附能力。而在无光条件下,350℃焙烧的凹土负载 TiO_2 在 0.5h 内对偏二甲肼废水吸附处理的去除率为 44.63%,在 2h 后对废水中偏二甲肼的去除率为 59.20%。其在紫外线下 0.5h 后对废水中偏二甲肼的去除率为 47.62%,2h 去除率为 78.81%。紫外线下 TiO_2-凹土材料对偏二甲肼废水的处理能力与凹土材料相比高出 19.61%,提高明显。由此得出,紫外线的加入以及 TiO_2 的负载对凹土材料处理偏二甲肼的能力提高非常明显,其原因是,紫外线下 TiO_2 能产生空穴-电子对,使得 TiO_2 具有良好的光催化性能。TiO_2 的负载使制得的材料不仅仅靠吸附去除偏二甲肼,还获得了光催化的能力。

从图 3.103 中可以看出,处理过程的前 0.5h,COD 去除率较小,这可能是因为 0.5h 内偏二甲肼被分解成了一些有机的中间产物而不是直接被彻底分解成小分子的无机物。在 0.5~1h,这些有机中间产物被大量分解为无机小分子产物,使 COD 得以快速降低。降解 2h 后测得 COD 为 282.46mg/L, COD 的去除率为 60.41%。

由图 3.104 可知,和 COD 类似,在处理的前 0.5h,TOC 的去除速率较慢,0.5~1h 最快。处理 2h 后测得的 TOC 降至 47.91mg/L,去除率达到 69.86%。

从图 3.105 可以看出,在光催化反应之前,偏二甲肼废水光催化降解初期

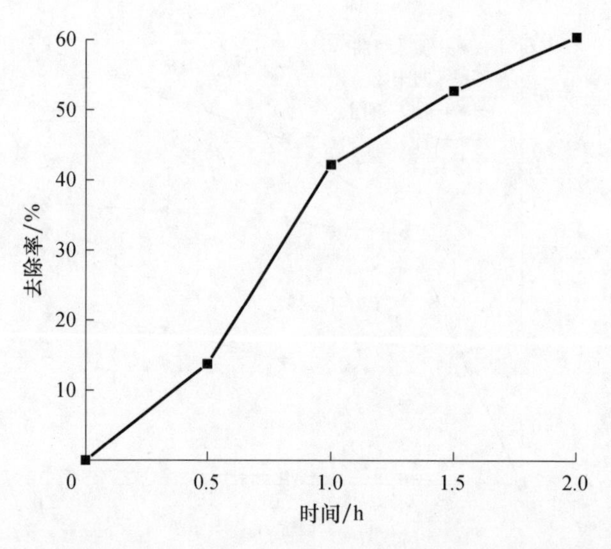

图 3.103 紫外线下 TiO_2-凹土处理偏二甲肼废水 COD 去除率效果图[46]

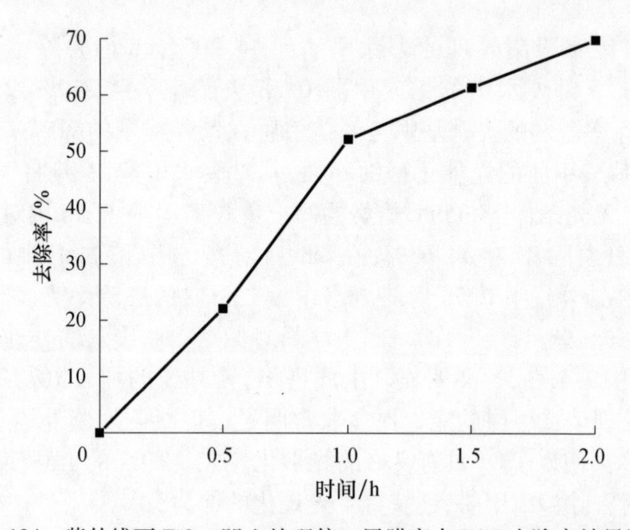

图 3.104 紫外线下 TiO_2-凹土处理偏二甲肼废水 TOC 去除率效果图[46]

在 200nm 附近会出现宽频吸收峰，这应该归属于未降解的偏二甲肼中的 N—C 和 N—H 的 $n\rightarrow\sigma^*$ 跃迁，n 电子来自 N 原子孤对电子，反键轨道 σ^* 源于 N—C 或 N—H。经过 30min 的光催化降解，在 220～240nm 附近出现吸收峰，可能是产生了偏腙。随着反应的进行，220～240nm 处的吸收峰消失，200nm 处的宽频峰也有降低，说明偏腙在光催化作用下被分解为无机小分子物质，偏二甲肼也被分解。

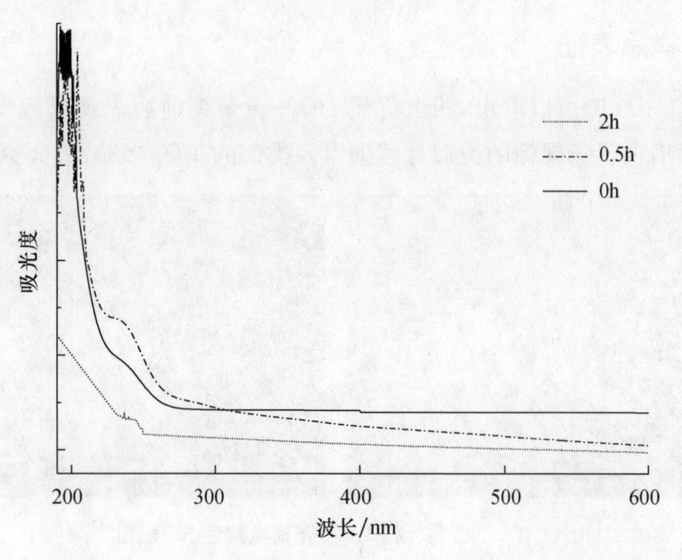

图 3.105 紫外线下 TiO_2-凹土催化降解偏二甲肼废水产物的紫外线吸收图[46]

3.8 凹土负载 TiO_2-壳聚糖复合材料

3.8.1 材料制备

根据前节偏二甲肼废水的处理结果，制备的 TiO_2/壳聚糖-凹土材料 TiO_2 负载量为 $m_{钛酸丁酯}:m_{凹土}=1:1$，壳聚糖负载量为 4.0mg/g。

(1) 将钛酸丁酯和无水乙醇按照 1∶3 的比例倒入 250mL 烧杯中混合，磁力搅拌 1.5h 后，加入与钛酸丁酯相同质量的凹土，继续搅拌 0.5h。

(2) 在上述混合液中，先加入冰乙酸 10mL，再加入去离子水 10mL，继续磁力搅拌 1h。

(3) 将上述混合物静置 10h 后，放入恒温鼓风干燥箱，在 80℃下烘干，研磨，过 50 目筛，然后放入马弗炉中焙烧 2.5h，取出备用。

(4) 称取 4.00g 壳聚糖分别置于 500mL 烧杯中，加入 200mL 质量分数为 3%的冰乙酸溶液，在 50℃的条件下匀速搅拌 3h，获得质量分数为 2.0%的壳聚糖溶液。

(5) 称取 2.50g 步骤(3)中制备好的 TiO_2-凹土放置于 50mL 坩埚中，加入 5mL 步骤(4)中配制好的壳聚糖溶液，充分搅拌后静置 30min，放于恒温干燥箱中 115℃烘干，研磨过 50 目筛后备用[46]。

3.8.2 样品表征

从图 3.106 中可以看出,凹土负载 TiO_2-壳聚糖前后表观形貌发生了较大变化,表面出现了壳聚糖的类似片状型以及类似的 TiO_2 颗粒,表面更加粗糙。

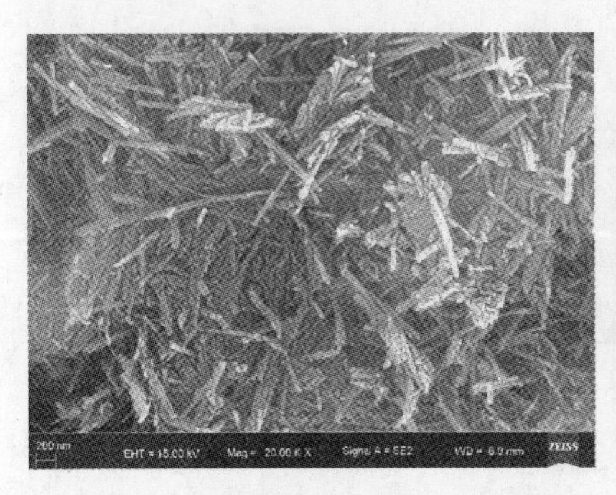

图 3.106 凹土负载 TiO_2-壳聚糖前后 SEM 图[46]

从图 3.107 中可以看出,经过负载后的材料 EDS 图谱出现了明显的 Ti 元素峰,从一定角度证明了负载 TiO_2 成功,且负载壳聚糖的操作并未导致 Ti 元素流失。

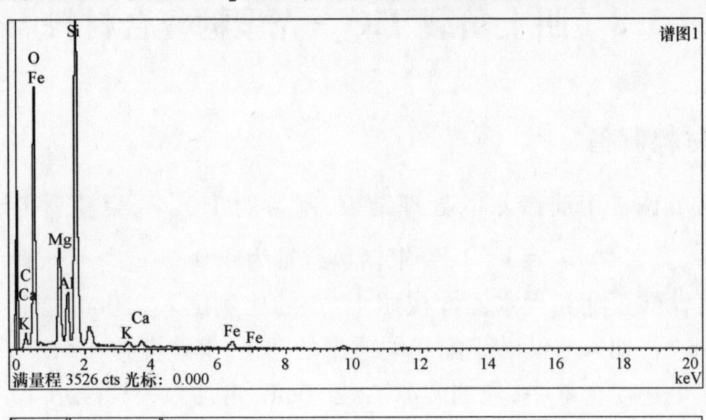

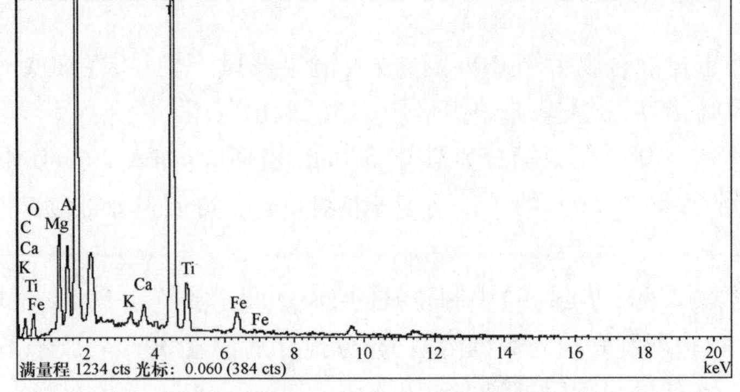

图 3.107 凹土负载 TiO_2-壳聚糖前后 EDS 图[46]

图 3. 108 为负载前后材料的 EDS 图。负载 TiO_2-壳聚糖后的材料与未处理的凹土材料相比，原有在 2θ 为 8. 32°、19. 82°、20. 80°和 26. 56°处出现的强吸收峰没有消失，说明负载不会改变凹土原有的晶型。在 2θ 为 25. 4°处出现对应锐钛矿型 $TiO_2$201 晶面的吸收峰，证明了负载过程形成的 TiO_2 晶型仍为锐钛矿型。

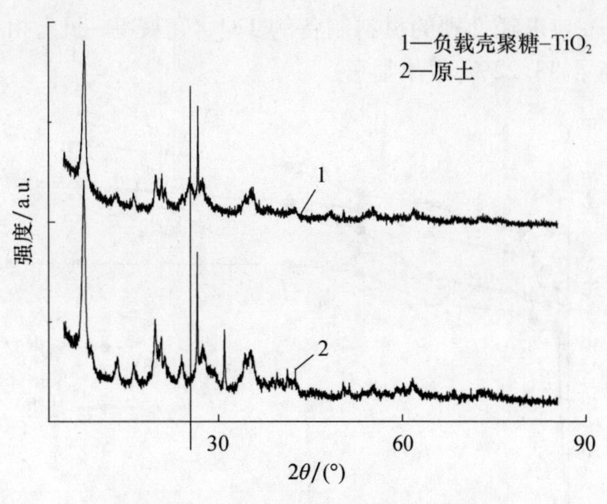

图 3. 108 负载前后材料的 EDS 图[46]

图 3. 109 为负载 TiO_2-壳聚糖前后 FT-TR 图。与未处理的凹土谱图相比，负载 TiO_2 和壳聚糖后的样品在 1427cm^{-1}、1575cm^{-1} 和 750～850cm^{-1} 处出现了新的吸收峰，其中 1575cm^{-1} 和 1427cm^{-1} 是羧甲基壳聚糖的特征吸收峰，750～850cm^{-1} 处是 Ti—O—Ti 键的特征峰。新吸收峰的出现证明了负载成功。

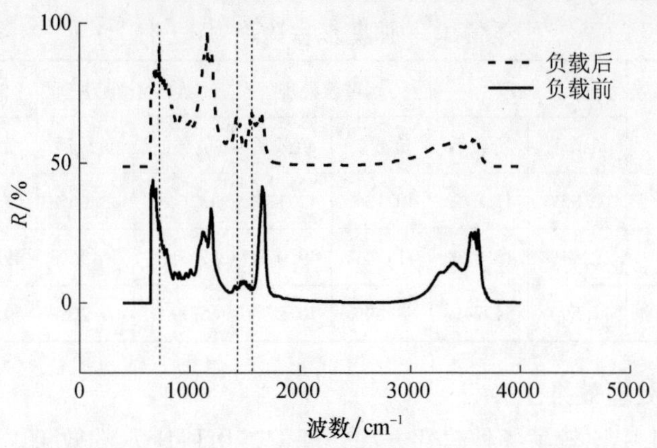

图 3. 109 负载 TiO_2-壳聚糖前后 FT-TR 图[46]

3.8.3 偏二甲肼废水处理研究

1. 不同预处理

实验结果如图 3.110、表 3.18 所示。可以看出,350℃高温焙烧处理的凹土负载 TiO_2-壳聚糖后对凹土处理偏二甲肼废水的能力提高最大,24h 后去除率达到了 77.81%,与未经处理的材料制备的 TiO_2/壳聚糖-凹土相比(24h 去除率 44.59%),提高了 33.22%,效果显著。

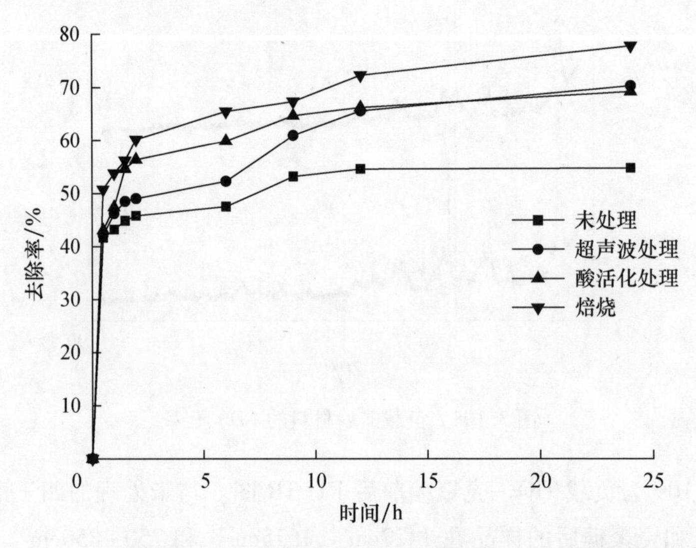

图 3.110 不同预处理凹土负载 TiO_2-壳聚糖处理偏二甲肼废水效果图[46]

表 3.18 不同预处理凹土负载 TiO_2-壳聚糖处理偏二甲肼废水去除率数据表[46]

时间	未处理		超声波处理		酸活化处理		350℃高温焙烧	
	负载前	负载后	负载前	负载后	负载前	负载后	负载前	负载后
0.5h 去除率	10.83%	41.67%	40.13%	42.13%	43.66%	43.06%	49.20%	50.73%
2h 去除率	27.94%	45.82%	41.74%	49.05%	57.35%	56.36%	49.90%	60.20%
24h 去除率	44.59%	54.74%	58.89%	70.27%	65.81%	69.20%	59.66%	77.81%

2. 吸附处理效果

图 3.111 中比较了各种改性方法处理偏二甲肼废水的效果。表 3.19 总结了不同方法改性凹土处理偏二甲肼废水的去除率。

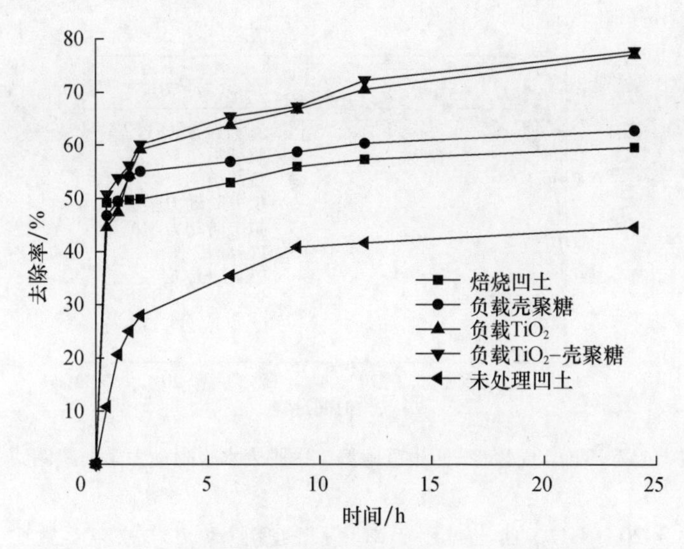

图 3.111 凹土负载 TiO_2-壳聚糖处理偏二甲肼废水效果图[46]

表 3.19 不同方法改性凹土处理偏二甲肼废水去除率[46]

时间	未处理	350℃焙烧	负载壳聚糖	负载 TiO_2	负载 TiO_2-壳聚糖
0.5h 去除率	10.83%	49.20%	46.74%	44.63%	50.74%
2h 去除率	27.94%	49.90%	55.05%	59.20%	60.20%
24h 去除率	44.59%	59.66%	62.89%	77.19%	77.81%

结合图表知，高温焙烧、负载壳聚糖、负载 TiO_2 以及负载 TiO_2-壳聚糖等改性方法均能有效地提高凹土材料对偏二甲肼废水吸附处理的能力。负载 TiO_2-壳聚糖 24h 对废水中偏二甲肼的去除率可达 77.81%；与未处理凹土、焙烧处理的凹土、负载壳聚糖的凹土相比分别提高了 33.22%、18.15%、14.92%；与负载的 TiO_2 凹土相比，对废水中偏二甲肼 24h 后的去除率提高不明显，但 0.5h 后的去除率提高了 6.11%，表明去除速率有所提高。

3. 吸附动力学

图 3.112 为 TiO_2/壳聚糖-凹土材料以及经 350℃焙烧处理的凹土材料吸附偏二甲肼废水的吸附动力学曲线对比图。仍然采用拟一阶动力学模型、拟二阶动力学模型、Power 模型和 Elovich 模型这四种吸附动力学模型对实验数据进行拟合。表 3.20 为拟合过程中生成的吸附动力学拟合参数。

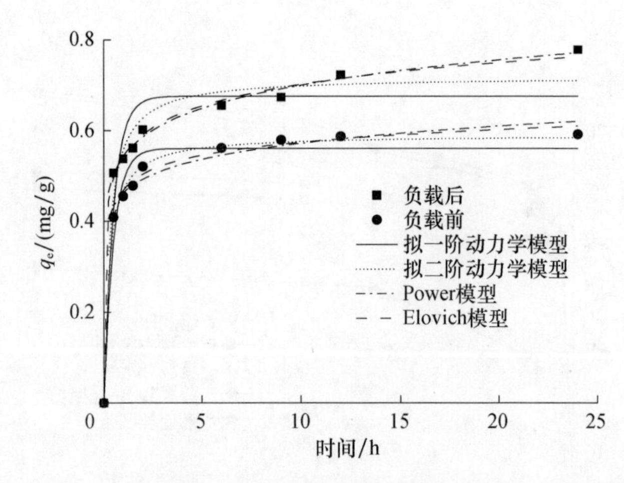

图 3.112　TiO_2/壳聚糖-凹土吸附偏二甲肼废水吸附动力学曲线图[46]

表 3.20　TiO_2-凹土吸附偏二甲肼的吸附动力学拟合参数[46]

材料	拟一阶动力学模型			拟二阶动力学模型			Power 模型			Elovich 模型		
	q_e/(mg/g)	K_1	R^2	k_2/(g/(mg/h))	q_e/(mg/g)	R^2	$k \cdot q_e$	m	R^2	α/(mg/(g·h))	β/(g/mg)	R^2
负载后	0.68	2.01	0.91	4.16	0.72	0.78	0.54	9.05	0.98	183.43	14.51	0.99

由图 3.112 知与仅经 350℃焙烧处理的凹土材料相比，TiO_2/壳聚糖-凹土材料的吸附能力有所提高，说明 TiO_2/壳聚糖的方法有效地提高了材料的吸附能力。根据四种吸附动力学的 R^2 值来看，吸附过程比较复杂。其中 R^2 值最高的是 Elovich 模型，Elovich 模型是基于 Temkin 吸附等温方程的模型，这说明 TiO_2-凹土材料对偏二甲肼的吸附过程遵循 Temkin 吸附等温方程。此外，利用 Power 模型拟合数据的 R^2 值也很高，这说明负载使材料组成变得更复杂，材料表面分布有大量不同吸附能的活性位点。

4. 光催化处理偏二甲肼废水实验

图 3.113 所示为 TiO_2/壳聚糖-凹土与其他材料光催化处理偏二甲肼效果对比图。表 3.21 列出了不同材料紫外线下对废水中偏二甲肼去除率。

表 3.21　TiO_2/壳聚糖-凹土及其他材料紫外线下对废水中偏二甲肼去除率[46]

时间	偏二甲肼	TiO_2	凹土	壳聚糖-凹土	TiO_2-凹土	TiO_2/壳聚糖-凹土
0.5h	1.06%	14.82%	45.20%	48.13%	47.63%	51.69%
2h	2.63%	30.47%	50.97%	57.82%	78.82%	81.82%

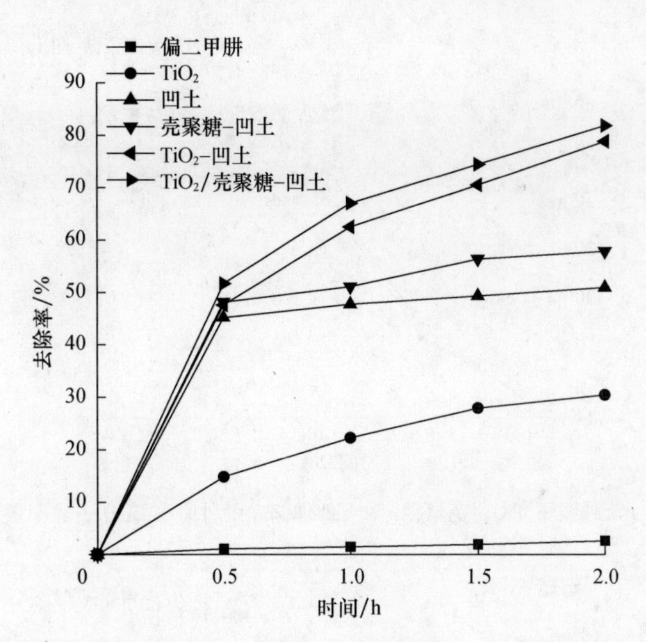

图 3.113 紫外线下 TiO_2/壳聚糖-凹土处理偏二甲肼废水效果图[46]

当没有光照时，壳聚糖-凹土对废水中偏二甲肼的去除率 0.5h 为 46.74%，2h 后的去除率为 55.05%；在紫外线条件下，其 0.5h 后对废水中偏二甲肼去除率为 48.13%，2h 后为 57.82%。由此可见，紫外线的加入对于壳聚糖-凹土处理偏二甲肼废水的能力基本没有帮助，壳聚糖不具备光催化氧化的能力。

TiO_2/壳聚糖-凹土对废水中偏二甲肼的去除率 0.5h 为 51.69%，2h 后的去除率为 81.82%，与未负载凹土、壳聚糖-凹土、TiO_2-凹土以及 TiO_2 相比均有提高；其中与未负载的凹土相比分别提高了 6.49% 和 30.85%，提高明显，证明改性手段对提高凹土处理偏二甲肼废水的能力有显著作用。

从图 3.114 中可以看出，前 0.5h COD 去除率较小，在 0.5~1h，COD 的值快速降低，降解 2h 后测得 COD 为 296.92mg/L，COD 的去除率为 58.38%。COD 略高于 TiO_2-凹土处理后的偏二甲肼废水，造成这种结果的原因可能是测定的液体中含有一定量的材料颗粒未除去干净，使 COD 值升高。

紫外线下 TiO_2/壳聚糖-凹土处理偏二甲肼废水 TOC 去除率效果图，如图 3.115 所示。降解 2h 后废水 TOC 为 60.05mg/L，去除率为 62.22%；TiO_2-凹土处理 2h 后的偏二甲肼废水测得的 TOC 降至 47.91mg/L，去除率为 69.86%。TOC 的值仍比 TiO_2-凹土处理后的废水高，造成这种结果的原因与造成 COD 偏高的原因应该是一致的，即废水中可能含有一定量的材料颗粒。

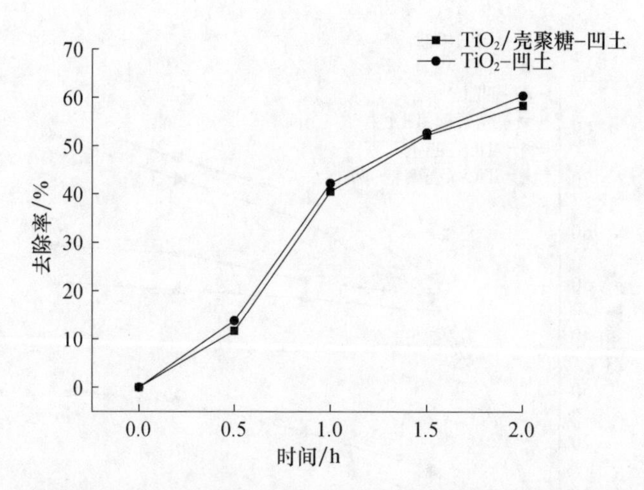

图 3.114　紫外线下 TiO_2/壳聚糖-凹土处理偏二甲肼废水 COD 去除率效果图[46]

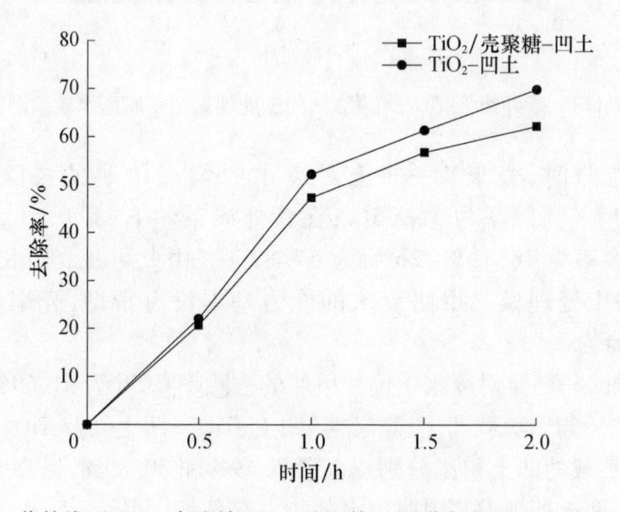

图 3.115　紫外线下 TiO_2/壳聚糖-凹土处理偏二甲肼废水 TOC 去除率效果图[46]

由图 3.116 可知，在 360nm 出现了一个吸收峰，说明实验产生了 $(CH_3)_2NN{=}CH{-}N{=}N(CH_3)_2^+$；220nm 到 240nm 附近出现微弱吸收峰，可能是产生了偏腙。降解 2h 后该峰消失，说明 $(CH_3)_2NN{=}CH{-}N{=}N(CH_3)_2^+$ 被降解为无机小分子。200nm 处的峰值 2h 后降低，证明偏二甲肼被分解。

5. 材料的重复使用

图 3.117、图 3.118、图 3.119 分别是材料使用前后的 SEM 图、EDS 图、XRD 图，从图上来看，使用前后的差别不大，说明光催化使用这个过程对材料的外观形貌、元素构成、晶型结构影响都不大。

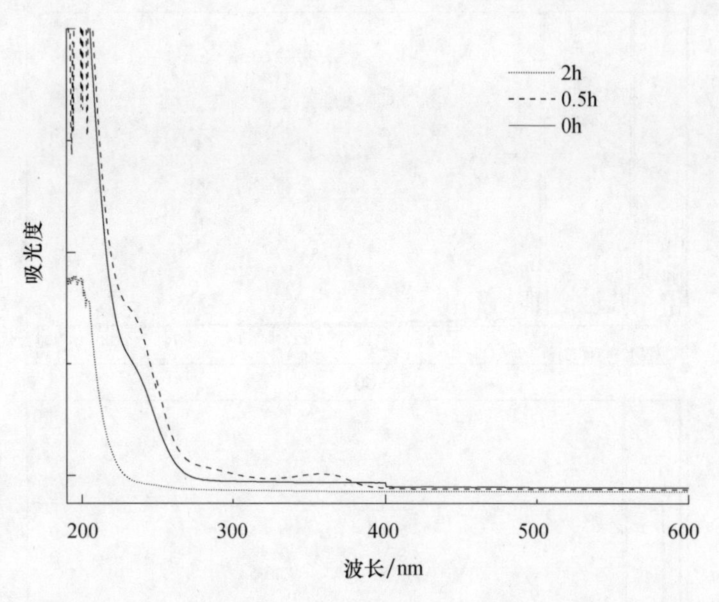

图 3.116 紫外线下 TiO_2/壳聚糖-凹土催化降解偏二甲肼废水产物的紫外线吸收图[46]

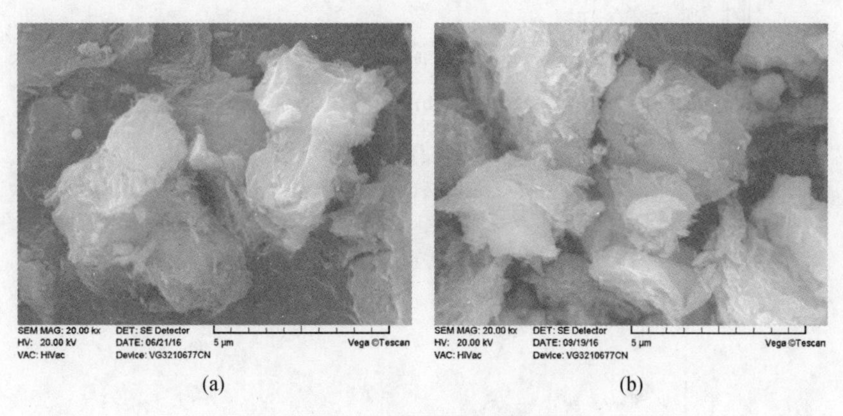

(a) (b)

图 3.117 材料使用前后 SEM 图[46]

(a)使用前;(b)使用后。

为了进一步研究材料的重复利用问题,将使用过的 TiO_2/壳聚糖-凹土材料回收,115℃烘干后研磨,过 50 目筛,再次用于在紫外线下催化降解 400mg/L 偏二甲肼废水,并与未使用过的材料进行处理效果对比,结果如图 3.120 所示。

由图 3.120 可知,二次使用的 TiO_2/壳聚糖-凹土材料光催化降解偏二甲肼降解率与初次使用时相比略低,但是差别不大,0.5h 对废水中偏二甲肼的去除

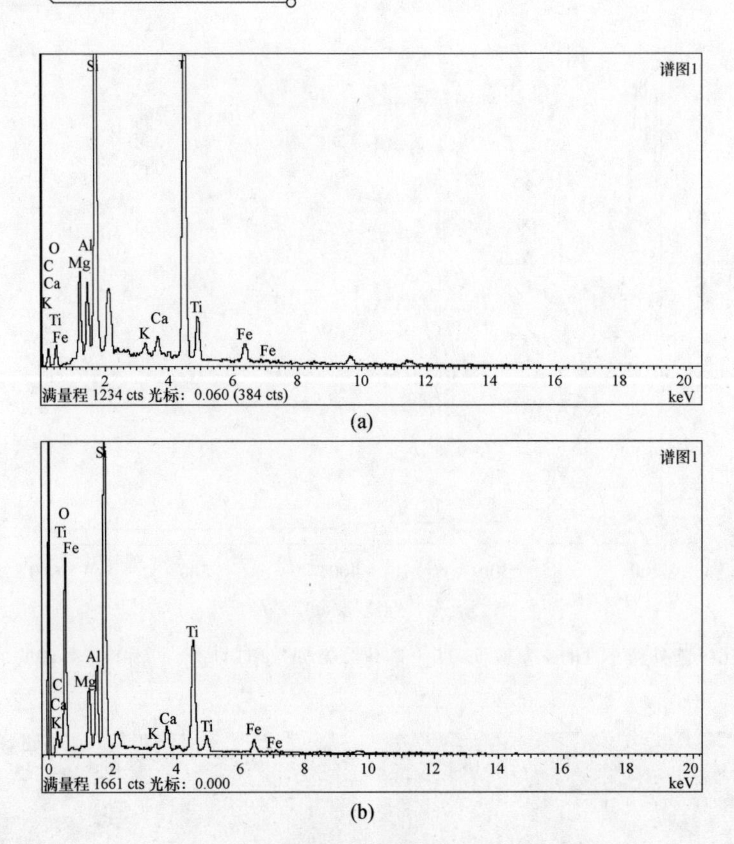

图 3.118　材料使用前后 EDS 图[46]

(a)使用前;(b)使用后。

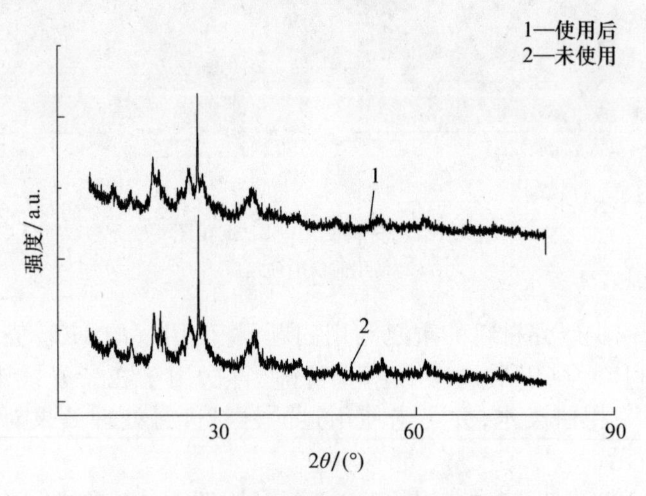

图 3.119　材料使用前后 XRD 图[46]

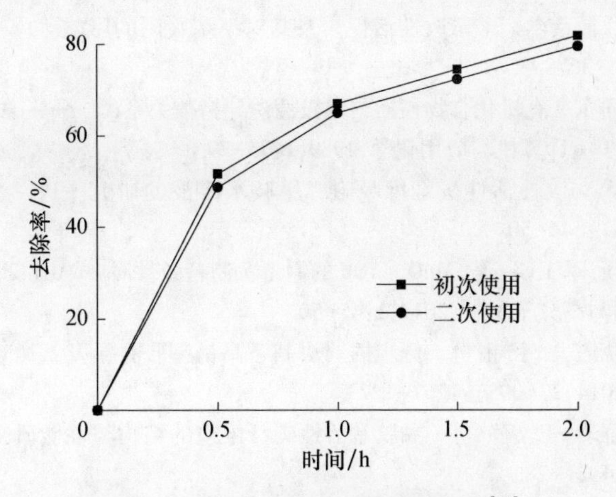

图 3.120 材料二次使用去除效果图[46]

率为 48.72%,2h 去除率为 79.49%。初次使用时,0.5h 去除率为 51.69%,2h 去除率为 81.82%,二次使用时仍能达到较好的效果。分析原因可能和凹土材料未达到吸附饱和,处理未破坏材料表面的 TiO_2 有关,但是也不排除是 115℃ 烘干处理的过程对材料有再生作用。

参考文献

[1] 梁鑫. 有机酸改性活性炭及其 VOCs 吸附行为研究 [D]. 长沙:中南大学,2014.

[2] BACK K C,PINKERTON M K,COOPER A B,et al. Absorption,distribution,and excretion of 1,1-dimethylhydrazine(UDMH) [J]. Toxicology & Applied Pharmacology,1963,5(4):401-413.

[3] 陈志刚,张勇,杨娟,等. 膨胀石墨的制备、结构和应用 [J]. 江苏大学学报(自然科学版),2005,03):248-252.

[4] 张洪国,张慧,牟春博. 无硫无灰分可膨胀石墨制备 [J]. 非金属矿,2007(02):32-33.

[5] 宋雪,倪诸希,王里奥,等. 不同种类酸改性椰壳活性炭吸附分离 CO_2 和 CH_4[J]. 环境科学与技术,2018,41(07):84-90.

[6] 毛磊,童仕唐,王宇. 对用于活性炭表面含氧官能团分析的 Boehm 滴定法的几点讨论 [J]. 炭素技术,2011(2):17-19.

[7] 张有智,李正莉,王煊军,等. 微量偏二甲肼检测技术研究进展 [J]. 化学推进剂与高分子材料,2008,6(003):20-23.

[8] 冯锐,贾瑛,许国根,等. 有机酸改性活性炭脱除气态偏二甲肼 [C]. 中国化学会第八届全国化学推进剂学术会议论文集,青岛,2017.

[9] 刘寒冰,杨兵,薛南冬．酸碱改性活性炭及其对甲苯吸附的影响［J］. 环境科学,2016,37(09):3670-3678.

[10] 邓森元,李向东．有机化合物性质与键极性诱导指数关系(二)——羧酸酸性与键极性诱导指数［J］. 计算机与应用化学,1989,1:75-79.

[11] 潘高峰,崔鹏．改性活性炭纤维吸附二甲胺水溶液的研究［J］. 离子交换与吸附,2008,24(06):544-50.

[12] 宋静涛,贾瑛,季玉晓,等．MnO_x/ACF 的制备及制备条件对 UDMH 降解性能影响［J］. 化学推进剂与高分子材料,2017,1:45-50.

[13] 赵纪金,李晓霞,郭宇翔,等．分步插层法制备高倍膨胀石墨及其微观结构［J］. 光学精密工程,2014,22(005):1267-1273.

[14] 申国栋,郭晓玲,王文静,等．黏胶基活性碳纤维毡的结构与性能研究［J］. 产业用纺织品,2012,4:21-28.

[15] WANG M,YU F. High-throughput screening of metal-organic frameworks for water harvesting from air［J］. Colloids and Surfaces A Physicochemical and Engineering Aspects,2021,624:126746.

[16] MAI Z,LIU D. Synthesis and Applications of Isoreticular Metal-Organic Frameworks IRMOF-n(n=1,3,6,8)［J］. Crystal Growth & Design,2019,78:457-460.

[17] 刘明明．基于类沸石咪唑酯骨架材料 ZIF-8 的催化性能研究［D］. 太原:太原理工大学,2014.

[18] 商鹏淏,贾瑛,戴津星．金属有机骨架材料 UiO-66 的制备及其对溶液中 NO 的吸附［J］. 化工环保,2018,38(006):710-715.

[19] 王苐学,王崇臣,王鹏,等．UiO 系列金属-有机骨架的合成方法与应用［J］. 无机化学学报,2017,(5):713-737.

[20] GORDON J,KAZEMIAN H,ROHANI S. MIL-53(Fe),MIL-101,and SBA-15 porous materials:potential platforms for drug delivery［J］. Materials Science & Engineering C,2015,47:172-179.

[21] 高碧轩．柱撑型金属—有机框架材料的制备及其气体吸附分离性能研究［D］. 杭州:浙江大学,2018.

[22] 曹轩铭,丛玉凤,黄玮,等．功能性 MOF 材料催化应用的研究进展［J］. 化工新型材料,2012,4:1-10.

[23] LUCENA S M P,MILEO P,SILVINO P,et al. Unusual adsorption site behavior in PCN-14metal-organic framework predicted from Monte Carlo simulation［J］. Journal of the American Chemical Society,2011,133(48):19282-19285.

[24] 商鹏淏,贾瑛,戴津星．MIL-53(Fe)吸附去除硝基氧化剂废水中的 NO_2^-［J］. 化学推进剂与高分子材料,2018,16(06):78-82.

[25] 商鹏淏,贾瑛,戴津星,等．MIL-101 的制备与吸附水中亚硝酸盐氮研究［J］. 工业水处理,2019(009):45-48.

[26] LLEWELLYN P L,HORCAJADA P,MAURIN G,et al. Complex Adsorption of Short Linear

Alkanes in the Flexible Metal-Organic-Framework MIL-53(Fe) [J]. Journal of the American Chemical Society,2010,131(36):13002-13008.

[27] COHEN,SETH,M. ,et al. MIL-101(Fe) as a lithium-ion battery electrode material:a relaxation and intercalation mechanism during lithium insertion [J]. Journal of Materials Chemistry A Materials for Energy & Sustainability,2015,3(8):4738-4744.

[28] 戴明锦. Ag/AgCl/MIL-101(Fe)可见光—芬顿催化降解亚甲基蓝的研究 [D]. 湘潭:湘潭大学,2018.

[29] 许嘉兴,晁京伟,李廷贤,等. 膨胀石墨/有机金属骨架复合吸附材料的制备及性能研究 [J]. 化工学报,2018,69(0z2):492-499.

[30] 刘国强,王明玺,黄正宏,等. GO/MOF 复合材料的制备及其吸附苯和乙醇性能 [J]. 新型炭材料,2015,30(006):566-571.

[31] 彭钦天,田海林,顾彦,等. MIL-53(Fe)/g-C_3N_4 复合材料的制备及其光催化性能 [J]. 环境化学,2020,39(08):91-99.

[32] 高远,徐安武,刘汉钦. 掺铁 TiO_2 用于 NO_2—光催化降解研究 [J]. 中山大学学报(自然科学版),2000,29(005):44-48.

[33] 杨成荫. 基于氨氮废水处理异烟酸系列 MOFs 的合成与性能研究 [D]. 太原:太原理工大学,2018.

[34] 贾雪梅. 掺杂型 $BiOBr_xI_{1-x}$ 光催化剂的制备、负载及其电子—空穴分离效率增强机制 [D]. 淮北:淮北师范大学,2016.

[35] 石永霞 高. 层状双金属氢氧化物吸附性能的研究进展 [J]. 现代盐化工,2020,195(05):24-25.

[36] 刘媛. 层状双金属氢氧化物的合成与应用 [J]. 工业催化,2005,12:531-534.

[37] 张亚飞,庆健,王海风. 氧化石墨烯制备方法的优化改进 [J]. 广州化工,2016(44):101-104.

[38] 曹楠. 层状双金属氢氧化物及其衍生复合氧化物制备及吸附效能的研究 [J]. 山东大学,2005,7:541-546.

[39] 董文凯,王文波,王爱勤. 凹凸棒石功能化及其吸附应用研究进展 [J]. 高分子通报,2018,232(08):92-103.

[40] 董玲玉,张婷,钱春园. 凹凸棒石基复合材料制备研究进展 [J]. 化工新型材料,2019,9:14-18.

[41] 张智宏,张少瑜,刘雪东,等. 不同活化条件对凹凸棒石黏土结构和特性的影响 [J]. 精细化工,2010,08:733-737.

[42] 季玉晓,贾瑛,李明,等. 改性凹凸棒石黏土吸附处理偏二甲肼废水研究 [J]. 化学推进剂与高分子材料,2017,1:59-65.

[43] 陈韶舒,李志军,刘磊,等. 基于 GT—POWER 的 NO_x 吸附还原催化器建模研究 [J]. 汽车工程,2015,37(004):387-390.

[44] 张增强,孟昭福,张一平. 对 Elovich 方程的再认识 [J]. 土壤通报,2000,05:208-209.

[45] 基于壳聚糖及其衍生物的金属离子吸附剂的研究进展 [J]. 离子交换与吸附,2004,

020(002):184-92.

[46] 崔虎,贾瑛,季玉晓．凹凸棒土负载 TiO_2-壳聚糖处理偏二甲肼废水研究[C]．中国化学会第八届全国化学推进剂学术会议论文集,青岛,2017.

[47] 杨蕊．壳聚糖衍生物的制备及其在水处理中的应用 [D]．沈阳:沈阳理工大学,2015.

第4章

非均相催化剂在高级氧化法的应用

由于相对高的活性、良好的稳定性，TiO_2 是典型的、广泛使用的光催化剂[1-3]。但是光生电子与空穴的复合导致 TiO_2 的光催化活性和光量子效率低，并且光催化过程反应速率慢，难以满足环境治理的实际需求[4-5]。因此，设计新的催化材料和光催化过程，放大光催化剂的光量子效率，提高光催化反应速率一直是化学家努力的方向。高级氧化反应与光催化过程的结合是目前提高光催化剂的光能利用效率和反应速率的最有效的尝试之一[6-9]。

自20世纪以来，与光化学有关的、新的氧化方法不断出现，如紫外线(UV)[10]、UV/H_2O_2、UV/O_3、$UV/H_2O_2/O_3UV/H_2O_2/UV$、$UV/H_2O_2/Fe^{2+}$ 方法等[11-15]。1987年，Glaze将这类反应定义为高级氧化过程[16]。

高级氧化过程的反应特点是在反应过程中能够产生羟基自由基(OH·)[17]。羟基自由基具有较高的氧化电位(+2.8V)，能氧化绝大多数有机物，是非选择性的氧化剂[18]。一般认为，高级氧化过程就是通过不同途径产生羟基自由基的过程。羟基自由基一旦产生，就会引发一系列如下的自由基链式反应[19-21]：

$$RH+OH\cdot \longrightarrow H_2O+R\cdot \tag{4.1}$$

$$2OH\cdot \longrightarrow H_2O_2 \tag{4.2}$$

$$R\cdot +H_2O_2 \longrightarrow ROH+OH\cdot \tag{4.3}$$

$$R\cdot +O_2 \longrightarrow ROO\cdot \tag{4.4}$$

$$ROO\cdot +RH \longrightarrow ROOH+R\cdot \tag{4.5}$$

在氧存在下的羟基自由基的进攻反应引发一系列的复杂反应，最终导致有机物的分解和矿化。例如氯代有机化合物首先被氧化为中间产物乙醛和乙酸，最终被氧化到 CO_2、H_2O 和氯离子[22]；有机氮通常氧化到硝酸盐或游离的 N_2；硫一般氧化到硫酸盐[23]。由于各有机化合物结构以及高级氧化过程的复杂性，许多有机物高级氧化过程的机理目前还不十分清楚。

与其他氧化法相比，高级氧化技术有以下特点[18,24-26]：

（1）可以产生大量非常活泼的羟基自由基·OH，·OH直接与污水中的有机污染物反应将其降解为H_2O、CO_2和无机盐，不会产生二次污染；

（2）可以在常温常压下操作，很容易控制反应进行；

（3）既可作为单独处理工艺，又可以和其他处理过程相匹配，如作为生化处理的前、后处理，可有效地降低处理成本，提高处理效率；

（4）属于游离基反应，反应速度快。

由于光催化反应也是通过羟基自由基等活性氧物种氧化有机物，因此，从某种意义上讲，半导体光催化也属于高级氧化类型。很明显，如果在光催化反应过程辅以一般意义的高级氧化反应，即化学氧化反应，使反应体系在瞬间产生高浓度的羟基自由基，那么光催化反应的量子效率将放大，反应速率加快。研究结果表明，这种高级氧化和光催化的结合，会产生化学增强作用，可以在一定程度上提高光催化反应效率和反应的动力学速率，尽管目前还远没有达到理想的境地。

4.1 紫外线-类 Fenton 方法处理偏二甲肼废水

4.1.1 紫外线-Fenton 反应处理废水的研究现状

1964 年加拿大学者 H. R. Eisenhauer 首次使用 Fenton 试剂研究处理烷基苯废水，开创了 Fenton 试剂应用于废水处理领域的先例[27]。1968 年，Enisov 利用 Fenton 试剂处理苯类废水，TOC 去除率达到 90% 以上[28]。Bishop 利用 Fenton 试剂对城市污水中难降解有机污染物进行了处理，并取得了较好效果[29]。1993 年 Ruppert 等将近紫外线引入 Fenton（UV-Fenton），并对 4-CP 的去除与无机化进行了考察，发现近紫外线和可见光的引入大大提高了反应速率，其后应用光助 Fenton 法处理有机废水的研究得到了广泛关注[30]。

紫外线辐射下的紫外线-Fenton 氧化法对难降解有毒有机废水的处理，在环保领域具有极大的应用前景，至今已有成功的工业应用实例[31]。20 世纪 90 年代中期以来，中科院感光所、武汉大学及南京大学等单位对 Photo-Fenton 氧化法中涉及的部分活性氧的测定及反应研究，以及 Fenton 试剂中还原态金属物种的选择等方面进行了研究，取得了很有意义的成果[30,32]。如紫外线-Fenton 法处理偶氮蓝染料模拟废水的研究表明，紫外线-Fenton 法对偶氮蓝染料废水可以有很好的处理效果，pH 值、光源、亚铁离子和过氧化氢及染料的初始浓度等因素对处理效果有影响,并由此确定了最佳处理操作条件[33]。在对模拟间甲酚废水处理的研究中运用了一系列紫外线-Fenton 的改进方法,比如在实验过程中加入 TiO_2,处理完之后再用 $Ca(OH)_2$ 絮凝,COD 去除率达到了92.5%[34]。在研究紫外线-Fenton 法降解三唑磷的过程中发现,降解三唑磷的反应遵循一级反应动力学,并采用 GC-MS 技术,鉴定了紫外线-Fenton 法降解三唑磷的主要产物,探讨三唑磷降解的可能途径[35]。在对水体中的甲基叔丁基醚(MTBE)进行的紫外线-Fenton 氧化降解试验中,发现初始摩尔浓度为1mmol/L 的 MTBE 在 30min 内可去除 99%;结果还显示 MTBE 的降解分两个阶段:第一阶段是在紫外线/Fe^{2+}/H_2O_2 下的快速降解;第二阶段由于 Fe^{2+} 的大量消耗而降解相对较慢[36]。文献还报道了硝基苯废水、DDNP 废水、酸性红等有机废水的紫外线-Fenton 法降解的研究[37-39]。

4.1.2 紫外线-类 Fenton 方法

虽然均相 Fenton 反应条件温和,不需要高温高压的环境,氧化性强,适用面广,可降解多种有毒有害的有机物,但是均相 Fenton 反应应用于工业实际还有很大的局限[40]:①反应 pH 范围较窄,通常只有在 pH 2.5~4.0 范围内才会有较高的效率,酸性的反应环境对于生产设备也有一定的腐蚀效果;②反应结束产生大量的铁泥固废,造成二次污染;③反应前的调酸和反应结束后的调碱中和大大增加了操作成本[41-43]。为了克服上述缺点,近年来的研究重点集中于非均相 Fenton 催化氧化反应,即采用任何一种使用不可溶性铁如含 Fe^{3+} 的天然铁氧化物或土壤母质中磁铁矿 Fe_3O_4[44]、针铁矿 α-Fe OOH[45]、赤铁矿 α-Fe_2O_3[46]、水铁矿 α-$Fe_{10}O_{15}\cdot 9H_2O$[47] 等作为催化 H_2O_2 的非均相催化剂,或者把 Fe 离子固定在载体上,如轻质碳材料、黏土、分子筛、天然矿物,以减少催化剂的流失,实现催化剂的循环利用,同时希望通过催化剂的负载以拓宽 Fenton 反应的 pH 值适用范围[48-50]。这类 Fenton 反应均称为类 Fenton 反应,有很大的应用工业价值,与其他氧化技术或者生物法联用处理工业废水,可以进一步降低操作成本,是很有发展前景的一种高级氧化方法[51-53]。

Fenton 反应中羟基自由基的产生已经通过自旋捕集实验得到证实。但是,有关类 Fenton 反应中羟基自由基的产生规律目前不是很清楚。图 4.1 为类 Fenton 反应中的 DMPO-OH 谱图(ESR 参数为 $g=2.0028$,$a_N=1.49\times10^{-3}$T,$a_H=2.74\times10^{-4}$ T)。由图可知,类 Fenton 反应的波谱由比例为 1∶2∶2∶1 的 4 条线组成,表现出典型的 DMPO-OH 谱图特征。可见,类 Fenton 反应中也产生羟基自由基,其峰高与 DMPO-OH 的浓度成正比[54]。

类 Fenton 反应中的光照使 Fe^{3+} 或 $Fe(OH)^{2+}$ 还原为 Fe^{2+},后者与 H_2O_2 反

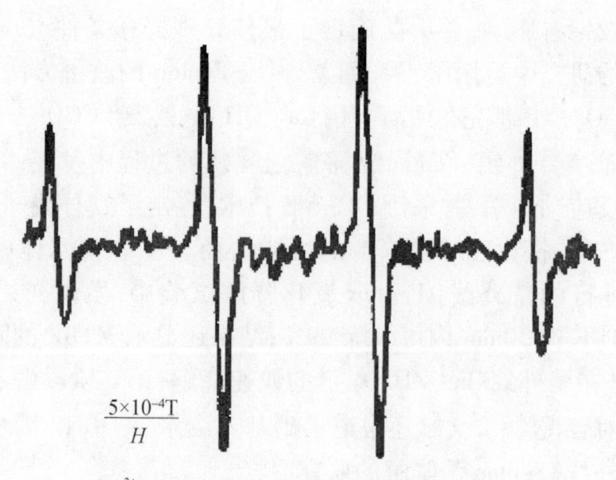

图 4.1　类 Fenton 反应中的 DMPO-OH 谱图

应,生成第二个羟基自由基和 Fe^{3+},反应在体系中循环;而且通过 Fe^{3+} 或 $Fe(OH)^{2+}$ 将反应体系的吸收光谱从紫外区拓展到可见光区,摩尔消光系数比较大,可以利用可见光进行光氧化和矿化反应。否则,因 H_2O_2 的吸收光谱在 300nm 以下,而且在超过 250nm 处的摩尔消光系数低,不能有效利用可见光。

4.1.3　紫外线-类 Fenton 方法处理偏二甲肼废水

1. 催化剂 Fe_3O_4 的制备及表征

采用改进的 Massart 方法碱性共沉淀法制备 Fe_3O_4 纳米颗粒:在 1L 三口烧瓶中加入 500mLH_2O 和乙醇,两者的比例为 5∶1,30℃水浴搅拌的条件下氮气鼓泡 20min,排除水体中氧气,按照 Fe^{2+}∶Fe^{3+} 在 1∶2 到 2∶1 的范围内加入一定量的硫酸亚铁和三氯化铁,搅拌溶解,缓慢加入 2.5%的稀氨水溶液,调节溶液 pH 值 9~11,升温到 80℃,晶化一段时间后停止反应,降到室温,磁力分离,乙醇、水清洗至近中性,真空 60℃干燥,研磨备用[55]。

对制备的催化剂进行用 TEM、XRD、氮气吸脱附曲线等测试分析,其结果分别如图 4.2~图 4.4 所示。

由 BET 方法测得合成 Fe_3O_4 纳米颗粒的比表面积为 53.9m^2/g,其吸脱附曲线如图 4.4 所示,有明显的回滞环,属于Ⅳ类吸附等温线,是介孔材料,在较低的相对压力下主要发生单分子层吸附,然后是多层吸附,当压力足够产生毛

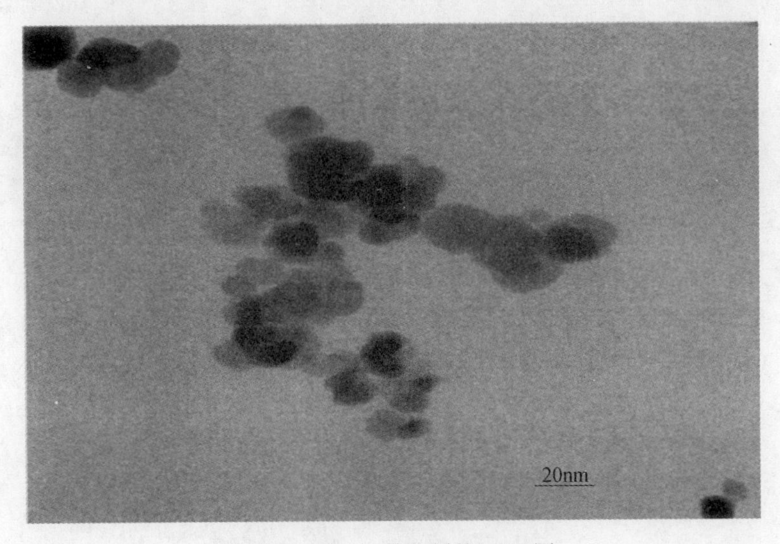

图 4.2 Fe_3O_4 催化剂的 TEM 图

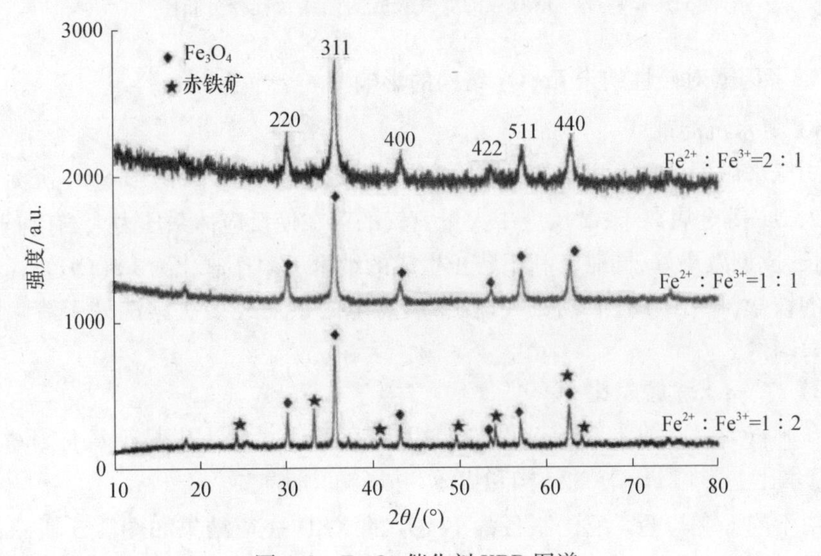

图 4.3 Fe_3O_4 催化剂 XRD 图谱

细管凝聚时,等温线上表现为一个突跃,当介孔孔径越大时,毛细管凝聚发生的压力越高,之后则是外表面吸附。从图中孔容-孔径分布图可以看出颗粒孔径尺寸较大且分布相对较宽,平均孔径为 21.5nm,由 XRD 及 TEM 结果可知,Fe_3O_4 颗粒本身尺寸只有 20nm 左右,因此 BET 测得的孔径应为 Fe_3O_4 颗粒团聚体的孔径结果,这也表明 Fe_3O_4 纳米颗粒存在一定的团聚现象,与 TEM 观察结果相符。

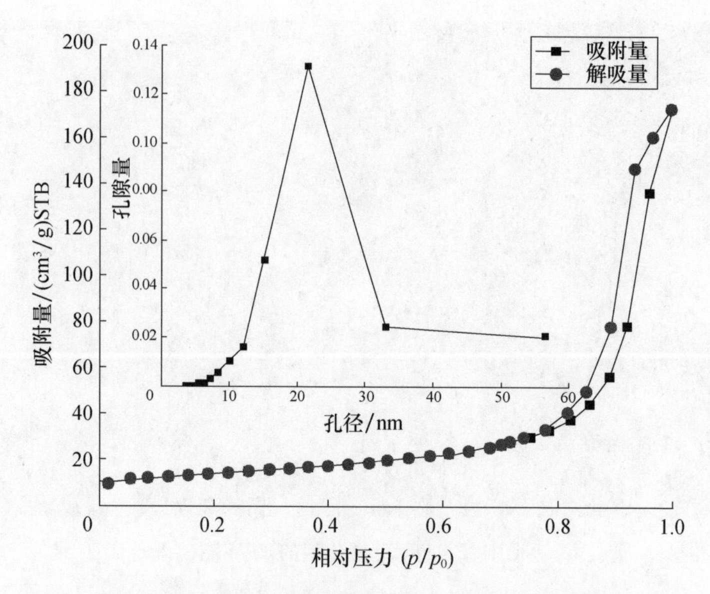

图 4.4 Fe_3O_4 颗粒的氮气吸脱附曲线及孔径分布图

2. 各因素对磁性纳米 Fe_3O_4 结构的影响

1）氨水沉淀剂

用氨水做沉淀剂有以下好处：①氨水能促进等份额的 $FeO \cdot Fe_2O_3$ 沉淀，不会引入 Na^+ 等金属离子；②反应中大量氨气的存在使反应体系压力大，有利于晶粒生长，成型效果好，同时有利于防止生成的纳米 Fe_3O_4 氧化为 $Fe(OH)_3$；③所产生的铵盐（NH_4Cl）易形成氨气逸出，产物中的杂质经多次漂洗易于清除，防止颗粒团聚。

2）Fe^{2+} ：Fe^{3+} 摩尔比

在制备 Fe_3O_4 纳米粒子过程中，因 Fe^{2+} 在空气氛围下极易被氧化，Fe^{2+} ：Fe^{3+} 摩尔比会影响 Fe_3O_4 的结构和组成，并影响其性能。

由不同 Fe^{2+} 与 Fe^{3+} 配比制备的 Fe_3O_4 的 XRD 表征结果如图 4.3 所示，当 Fe^{2+} 与 Fe^{3+} 按理论比 1：2 投加时，因 Fe^{2+} 被氧化而对产物纯度影响较大，合成产物中除 Fe_3O_4 晶体外，还存在 α-Fe_2O_3 的晶型；当 Fe^{2+} 与 Fe^{3+} 比为 1：1 过量加入时，合成的是较纯的 Fe_3O_4，其中在 $2\theta = 30.2°$、$35.5°$、$43.4°$、$53.7°$、$57.2°$、$62.8°$ 处的特征衍射峰分别对应 Fe_3O_4 标准谱图中（220）、（311）、（400）、（422）、（511）、（400）晶面，并无其他杂峰，表明合成的是典型的反尖晶石结构的 Fe_3O_4 颗粒；继续增加 Fe^{2+} 的比例，对于产物晶型影响不大，因此考虑选择 Fe^{2+}:Fe^{3+} 为 1：1 的比例合成 Fe_3O_4 催化剂。选择图中 Fe^{2+} ：Fe^{3+} 为 1：1 时

XRD 衍射最强峰(311)晶面通过 Debye-Scherrer 计算 Fe_3O_4 纳米粒子的平均粒径为20.8nm。由 Fe^{2+} 与 Fe^{3+} 比为1∶1 制备的 Fe_3O_4 催化剂的 TEM 如图4.2 所示,可以看出合成的 Fe_3O_4 颗粒呈近似圆形的片状结构,其中 Fe_3O_4 的颗粒尺寸在20nm 左右,与 XRD 中计算结果相符合。

3)晶化温度

图4.5 为总铁浓度为0.04mol/L,晶化时间为1h 条件下,改变晶化温度得到的 Fe_3O_4 粒子的 $d_{(0.5)}$ 值变化趋势图。$d_{(0.5)}$ 表示占50%体积的粒子粒径小于此数值。可以看出随着晶化温度的升高,Fe_3O_4 纳米粒子的粒径增大。

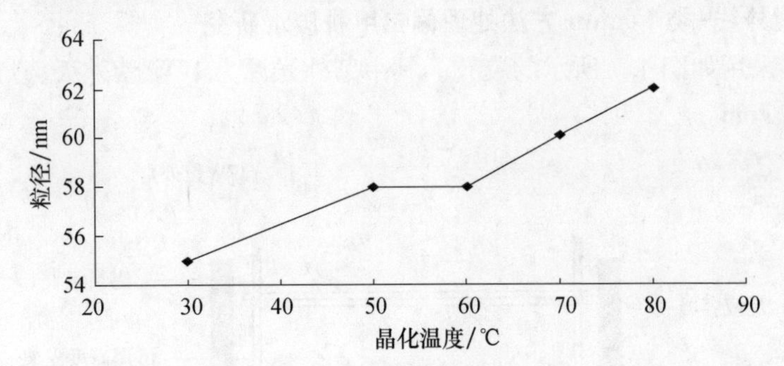

转速=400r/min; 晶化时间=1.5h; pH=9; $n(Fe^{2+})$∶$n(Fe^{3+})$=2∶3。

图4.5 晶化温度对粒径的影响

4)晶化时间

晶化时间对 Fe_3O_4 粒子粒径影响如图4.6 所示,随着晶化时间的延长,Fe_3O_4 纳米粒子的粒径增大。当晶化时间少于2h 时,Fe_3O_4 纳米粒子的粒径较小,粒径分布较宽。当晶化时间变长,小粒子逐渐长大,其粒径分布变窄。晶化时间继续延长时,其粒径分布变宽,大粒子增多。

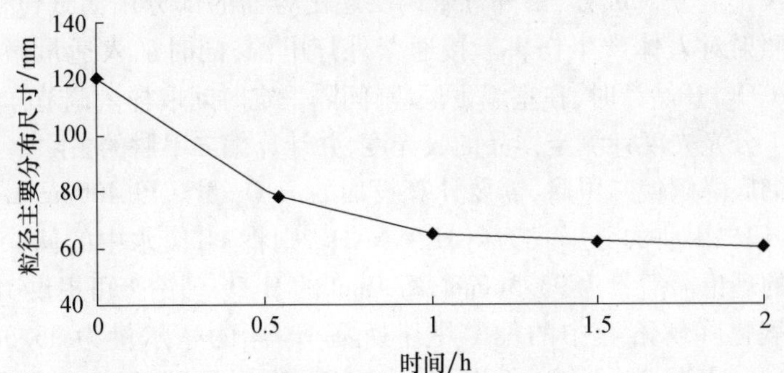

转速=400r/min; 晶化温度=60℃; pH=9; $n(Fe^{3+})$∶$n(Fe^{3+})$=2∶3。

图4.6 晶化时间对粒径的影响

5）无水乙醇

无水乙醇的加入可以降低水溶液的表面张力，使沉淀速度加快。通常水溶液中黑色沉淀出现在 pH 为 8 左右，而在乙醇溶液中黑色沉淀出现在 pH 为 5.6 左右。乙醇-水溶液较高的介电常数增加了初始颗粒间的静电排斥力，颗粒不容易发生聚集；在陈化的过程中，乙醇分子的乙氧基能取代胶团表面的非架桥羟基，减小颗粒间的吸引，从而减轻了粉体的团聚倾向，提高了粉体的分散性；在表面改性完毕之后通过多次醇洗可以除去颗粒表面多余的表面活性剂和吸附的无机盐。此外，乙醇还可起到助表面活性剂的作用，提高表面活性剂的改性能力。

3. 紫外线-类 Fenton 方法处理偏二甲肼废水研究

试验采用如图 4.7 所示的装置。其中紫外光源为 17W 紫外灭菌灯，特征波长为 253.7nm。

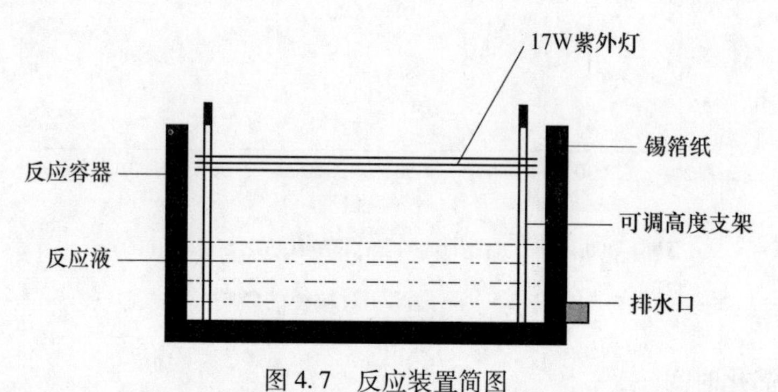

图 4.7　反应装置简图

试验的操作步骤如下：按照图示安装好实验装置，根据实验需要配置一定浓度的偏二甲肼模拟废水，加入反应容器中，搅拌使其充分溶解。用稀硫酸和氢氧化钠溶液调节废水 pH 值，并测定溶液的 pH 值。调整紫外灯位置，使紫外灯处于溶液正上方 5cm 处，紫外灯管两头超出容器的部分用锡纸包住，防止紫外光直接照射对人体产生伤害。接通紫外灯电源，同时加入适量微纳米级的 Fe_3O_4 及 H_2O_2，开始计时，在室温下反应，间隔一定时间取样。调节样品 pH 值，然后用 721 分光光度计测定样品的吸光度，并计算偏二甲肼的去除率。

为了彻底降解偏二甲肼，需要计算投加的 H_2O_2 量。以 400mg/L 偏二甲肼废水为例，偏二甲肼的分子式为 $(CH_3)_2NNH_2$，则将 1L 废水中的偏二甲肼全部氧化所需的理论需氧量为 93.3mmol，每 1mol 的 H_2O_2 理论上可提供 1mol 的氧，则要完全氧化降解溶液中的偏二甲肼所需 H_2O_2 的摩尔量为 93.3mmol。因 H_2O_2 的分子量为 34g/mol，所以需要 H_2O_2 的质量为 3.17g，即需要 30% H_2O_2 10.58g，根据 30% 的 H_2O_2 的密度（1.11g/mL）换算成体积为 9.53mL，即 1Qth = 9.53mL H_2O_2（30%）。不同偏二甲肼含量的废水中 H_2O_2 理论加入量以此推算[56]。

实验参数优化：

羟基自由基的产生受许多因素的影响，而且对于具有不同组分和成分的废水，紫外线-类 Fenton 反应体系的最佳处理操作条件不尽相同，因而，用此法来处理某一类具体的废水时，首先必须明确其最佳的操作工艺条件。为了确定最佳的实验条件，进行了正交试验。

对于一定浓度的偏二甲肼废水，用紫外线-类 Fenton 法处理时影响因素很多，其中包括：废水的 pH 值，H_2O_2 的浓度，催化剂（投加）量，光照强度，时间，温度，H_2O_2 投加方式等。在结合相关资料及大量前期试验结果后，研究选择了对处理固定浓度偏二甲肼废水影响最为显著的 4 个因素进行正交试验，即废水的 pH 值、H_2O_2 浓度、催化剂量、处理时间。研究中暂不考虑各个因素之间的交互作用，也不考虑混合水平，故选用 $L_9(3^4)$ 正交表。实验中偏二甲肼初始浓度取 400mg/L，H_2O_2 浓度和催化剂量根据试验的需要变化而改变。正交试验的因素水平表见表 4.1。

表 4.1 正交试验的因素水平表

水样(50mL)	A H_2O_2 （理论投加量 Qth）	B 催化剂量 （与 H_2O_2 的摩尔比）	C pH 值	D 光照时间/min
水平一	1Qth	1 : 10	2	13
水平二	1.5Qth	1 : 20	3.5	30
水平三	2.5Qth	1 : 40	5	45

按正交试验因素水平表的各参数值进行试验。

表 4.2 为正交试验的结果，图 4.8 为正交试验各因素的位级趋势图。从正交试验结果可知，CH_2O_2、催化剂量、pH 值、反应时间的极差分别为 12.7、2.6、4.9、1.8。因此，在偏二甲肼初始浓度固定的情况下（400mg/L），紫外线-类 Fenton 法降解偏二甲肼废水的显著水平为 CH_2O_2>pH 值>催化剂量>反应时间。从各因素位级趋势图可以看出本试验偏二甲肼降解的最佳处理工艺条件为 $A_1B_2C_2D_3$，即 H_2O_2 投加量为 2.5Qth，pH 值为 3.5，催化剂量：H_2O_2 = 1 : 20，反应时间为 45min。

表 4.2 正交试验的结果

试验号	H_2O_2	催化剂量	pH 值	时间/min	偏二甲肼去除率
1	1Qth	1 : 10	2	15	82.6%
2	1Qth	1 : 20	3.5	30	86.2%

续表

试验号	H_2O_2	催化剂量	pH 值	时间/min	偏二甲肼去除率
3	1Qth	1∶40	5	45	80.3%
4	1.5Qth	1∶10	3.5	45	99.2%
5	1.5Qth	1∶20	5	15	92.7%
6	1.5Qth	1∶40	2	30	92.5%
7	2.5Qth	1∶10	5	30	93.6%
8	2.5Qth	1∶20	2	45	97.3%
9	2.5Qth	1∶40	3.5	15	96.1%
K_{1j}/%	83	91.8	90.8	90.5	
K_{2j}/%	94.8	92.1	93.8	90.8	
K_{3j}/%	95.7	89.5	88.9	92.3	
R_j/%	12.7	2.6	4.9	1.8	

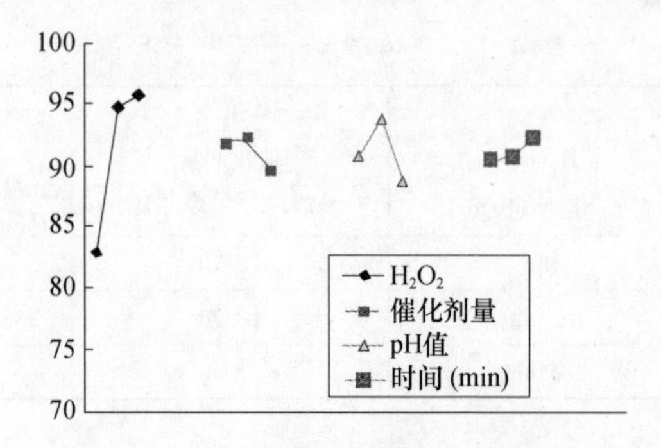

图 4.8　正交试验各因素的位极趋势图

4. 单因素实验

为了确定紫外线-类 Fenton 方法处理偏二甲肼废水的最佳工艺条件,也为了进一步验证正交试验的结果,在正交实验的基础上又进行了单因素实验。

1) H_2O_2 浓度的影响

室温下,取偏二甲肼模拟废水浓度为 400mg/L 水样于反应容器中,调节 pH 为 3.5,催化剂量与 H_2O_2 加入量的摩尔比为 1∶20,反应水样的体积每次均取 1L,加入不同量的 H_2O_2,在 0、5min、15min、25min、45min、65min 时提取反应液,调节试样 pH 值至 12 终止 Fenton 反应,取清液进行测定。选择偏二甲肼和 COD 的去除率作为两个检测指标。H_2O_2 加入量对偏二甲肼去除率的影响如图 4.9 所示。

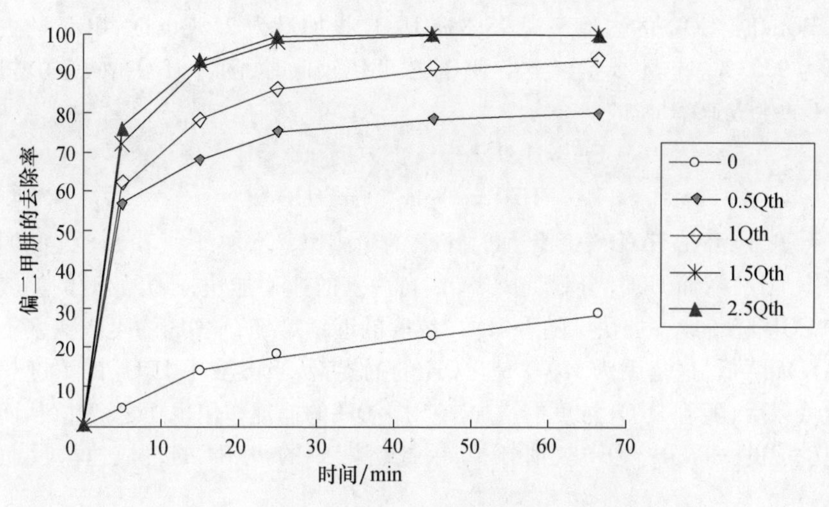

图 4.9 H_2O_2 加入量对偏二甲肼去除率的影响

不加 H_2O_2 时,即依靠单纯的紫外线照射作用,偏二甲肼的去除率很低,反应进行了 65min 之后偏二甲肼去除率仅为 28.6%。随着 H_2O_2 投加量的增大,偏二甲肼去除率也逐渐提高;H_2O_2 的加入量在 1.5Qth 左右时,经过 45min 偏二甲肼去除率已经达到 99%以上,此后,随着 H_2O_2 的加入量的继续增加,虽然偏二甲肼的初始去除速率略有增加,但是偏二甲肼的最终去除率不再变化。

45min 内,不同 H_2O_2 加入量对 COD 去除率的影响如图 4.10 所示。

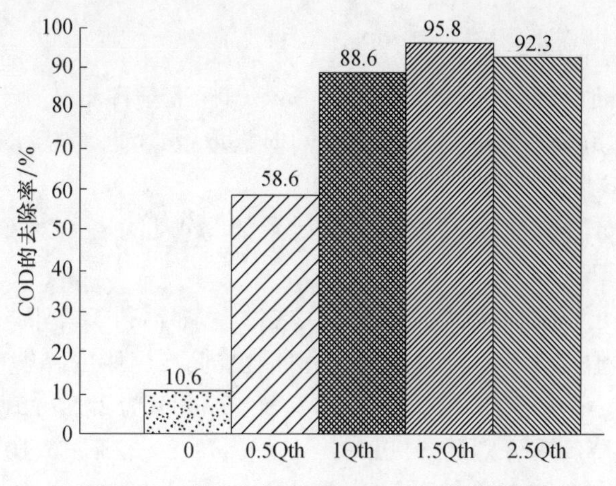

图 4.10 H_2O_2投加量对 COD 去除率的影响

反应中随着 H_2O_2 投加量的增大,COD 的去除率也逐渐提高,与对偏二甲肼去除率不同的是,若 H_2O_2 投加量过大,溶液的 COD 值不升反降,H_2O_2 投加量为 1.5Qth 时，COD 的去除率为 95.8%，H_2O_2 投加量为 2.5Qth 时，COD 的去除率降为 92.3%。这主要是由于当 H_2O_2 浓度比较低时，随着 H_2O_2 浓度的增加，·OH 的生成速率增加：

$$Fe^{2+}+H_2O_2 \longrightarrow Fe^{3+}+OH^-+\cdot OH \tag{4.6}$$

$$Fe^{3+}+H_2O_2 \longrightarrow Fe^{2+}+H^++HO_2\cdot \tag{4.7}$$

可见，刚开始 H_2O_2 浓度增加时，Fe^{3+} 的生成速率增加，Fe^{2+} 和 Fe^{3+} 之间的循环速率加快，从而 H_2O_2 分解生成·OH 自由基的速率加快，刚开始时的偏二甲肼和 COD 降解速率加快。随着 H_2O_2 浓度的继续增加，·OH 的生成速率不再升高反而降低，这是因为 H_2O_2 是·OH 的捕捉剂，当溶液中 H_2O_2 的浓度超过一定量以后，随着 H_2O_2 浓度的增加，它对·OH 的捕捉作用也随之增加，从而使反应生成的一部分·OH 被消耗掉，因此溶液中的·OH 的生成速率反而会降低：

$$\cdot OH+H_2O_2 \longrightarrow HO_2\cdot+H_2O \tag{4.8}$$

反应产生的过氧化羟基自由基 $HO_2\cdot$ 的氧化性能与·OH 相比较弱，并同时发生反应：

$$\cdot OH+HO_2\cdot \longrightarrow H_2O+O_2 \tag{4.9}$$

因为 H_2O_2 浓度增加，·OH 不再增加，而 H_2O_2 本身会提高系统的 COD，所以出现了 COD 不降反升的现象。

考虑以上原因及双氧水的价格等因素，H_2O_2 的最佳投加量取在 1.5Qth 左右。

2）初始 pH 值的影响

室温下，其他条件为正交实验结果所得的标准条件不变，调节不同的 pH 值，在 0、5min、15min、25min、45min、65min 时提取反应液，考察初始 pH 值对偏二甲肼的降解效果的影响。

不同初始 pH 值对偏二甲肼的降解效果如图 4.11 所示，对 COD 的去除率的影响如图 4.12 所示。

从图 4.12 可以看出，初始 pH 值过大或过小，都不利于紫外线-类 Fenton 反应的进行。pH 值在 3.5 附近时，降解速率最快，偏二甲肼的降解率在 65min 之后能达到 100%，COD 降解率达到 95.8%。而当 pH 值为 2、5、6.5、8、10 时，溶液中 COD 的最终降解率分别只有 90.5%、81.6%、48.8%、23.3%、10.5%。这与紫外线-Fenton 反应的机理是相吻合的，紫外线-Fenton 反应只适合在酸性条件下发生，pH 值过高，Fe^{2+} 不能有效催化 H_2O_2 产生·OH，甚至可以把 Fe^{2+} 转化成 $Fe(OH)_3$ 沉淀，不利于反应 $H_2O_2+Fe^{2+}\rightarrow Fe^{3+}+\cdot OH+OH^-$ 的进行。pH 值过低时，降解率也会降低，这是因为反应 $Fe^{3+}+H_2O_2\rightarrow Fe^{2+}+HO_2\cdot+H^+$ 受到了抑制，Fe^{3+}

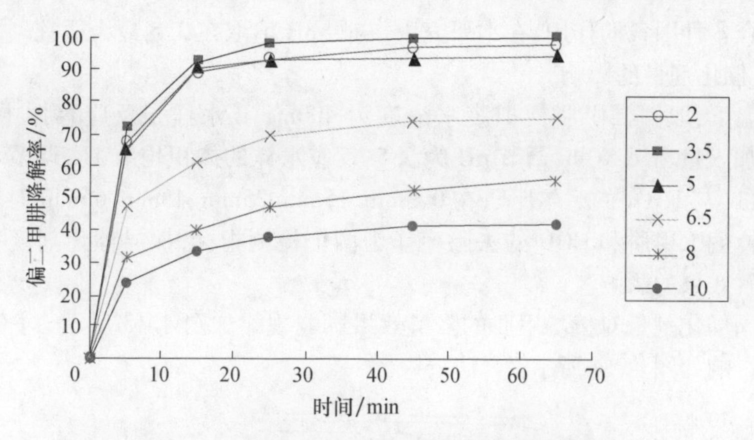

图 4.11 不同初始 pH 值对偏二甲肼降解的影响

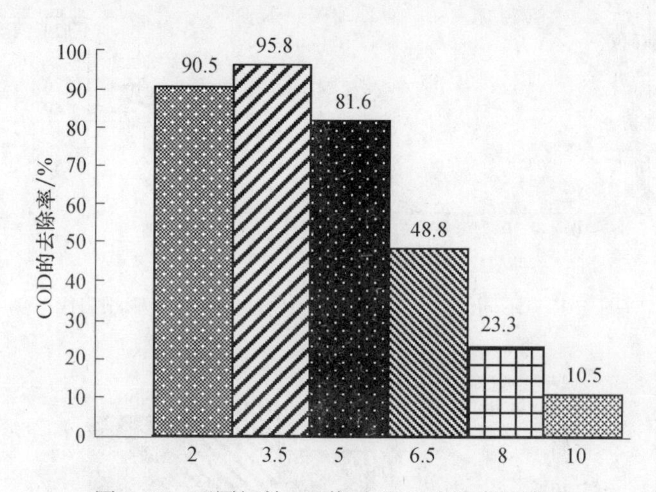

图 4.12 不同初始 pH 值对 COD 去除率的影响

不能被还原成 Fe^{2+}。

另外,据报道利用紫外线-Fenton 方法去除有机污染物具有双重功能,即羟基自由基的氧化作用和三价铁的混凝作用[57]。在反应中生成的三价铁离子与水有很强的水解-聚合-沉淀趋势,所以在其水解过程中部分有机污染物可通过混凝吸附除去。根据这一理论,pH 值越大,三价铁的混凝作用越强,羟基自由基的氧化作用越弱,通过混凝吸附除去的偏二甲肼所占的比例就要增多,虽然混凝也可以去除偏二甲肼,但是真正彻底氧化成了无机物的偏二甲肼就要减少,因而溶液的整体 COD 没有得到有效降解。比如 pH 值为 6.5 的紫外线-类 Fenton 体系,它的偏二甲肼最终降解率虽然达到了 74.8%,但是它真正的对偏二甲肼的氧化率肯定要比 74.8%低,因为 74.8%是氧化和混凝共同作用的结果。综合各种因素的作用,在本研究中,初始 pH 值取在 3.5 最为适宜。

3)催化剂量的影响

室温下,取偏二甲肼模拟废水浓度为 400mg/L 水样于反应容器中,H_2O_2(30%)加入量为 1.5Qth,调节 pH 为 3.5,反应水样的体积均取 1L,调节不同的催化剂量(与 H_2O_2 的摩尔比),在 0、5min、15min、25min、45min、65min 时取样分析。选择偏二甲肼和 COD 的去除率作为两个检测指标,探寻催化剂度对偏二甲肼降解效果的影响。

不同催化剂量对偏二甲肼的降解效果影响规律如图 4.13 所示,对 COD 去除率的影响如图 4.14 所示。

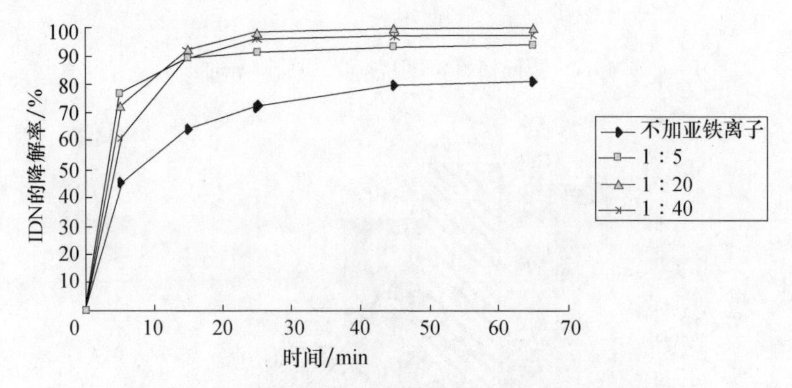

图 4.13　不同催化剂量对偏二甲肼的降解效果影响规律

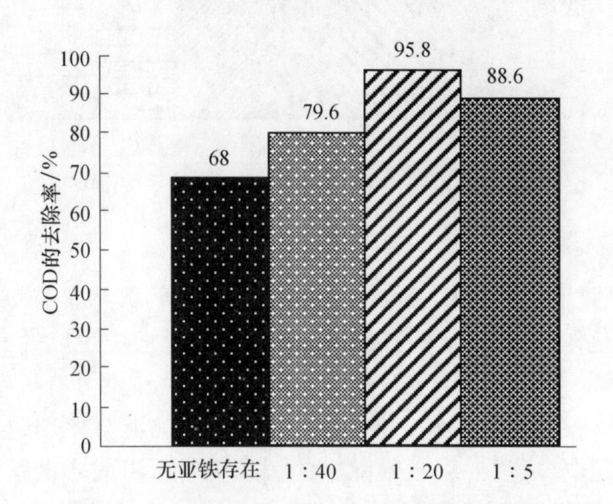

图 4.14　不同催化剂量对 COD 去除率的影响

催化剂投加量的影响虽然不如 H_2O_2 和 pH 值对偏二甲肼降解效果那么大,但是 Fe^{2+} 作为 Fenton 反应的催化剂,它的投加对羟基自由基的产率发挥着重要的作用。由图 4.13 可以看出，无催化剂存在的紫外线-H_2O_2 体系对偏二甲肼的降解效率比投加催化剂的体系要差很多。在有催化剂加入的溶液中，偏二甲肼初始降解速率明显加快，前 5min，催化剂量：[H_2O_2]=1：5、1：20、1：40 的溶液偏二甲肼去除率分别为 76.3%、72%、61%，而不加催化剂的溶液前 5min 偏二甲肼去除率只有 45.1%。

从图 4.14 可以看出，催化剂的加入对 COD 的去除率同样至关重要，催化剂量：[H_2O_2]=1：5、1：20、1：40 的溶液 COD 去除率分别为 88.6%、95.8%、79.6%，而不加催化剂的溶液 COD 的去除率只有 68%。

在加入催化剂的三组实验中，虽然催化剂量越大，溶液的初始降解速率越高，但是偏二甲肼最终降解率最高的却是催化剂量：[H_2O_2]=1：20 的那一组。这是因为催化剂量过量时，反应开始时 H_2O_2 中非常迅速地产生大量的活性·OH，而·OH 同偏二甲肼的反应不那么快，使未消耗的游离·OH 积聚，这些·OH 彼此相互反应生成水，致使一部分最初产生的·OH 被消耗掉，从而降低了 H_2O_2 的总体利用率。所以催化剂量过高也不利于·OH 的产生，而且实验观察到，催化剂量过高还会使水的色度增加。

综合偏二甲肼的最终降解率和 COD 的最终去除率两方面因素，催化剂量为 H_2O_2 的初始摩尔浓度的 1/20 时降解效果最佳。

4）反应时间的影响

室温下，取偏二甲肼模拟废水浓度为 400mg/L 水样于反应容器中，H_2O_2（30%）加入量为 1.5Qth，pH 为 3.5，催化剂量与 H_2O_2 加入量的摩尔比为 1：20，体系在 0、5min、15min、25min、45min、65min 时的偏二甲肼和 COD 的去除率如图 4.15 所示。

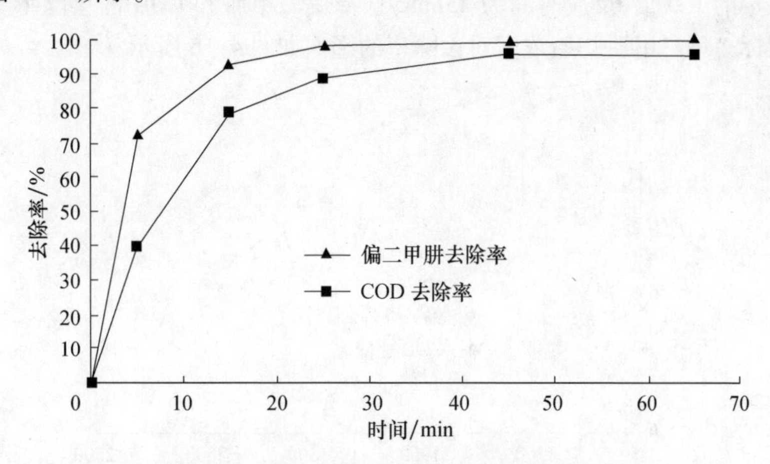

图 4.15 不同时间偏二甲肼和 COD 的去除率

从图 4.15 可以看出,经过 45min 的氧化,溶液中的偏二甲肼去除率为 99.6%,COD 的去除率达到 95.8%,当时间超过 45min,偏二甲肼和 COD 去除率基本维持稳定的状态,最后反应能全部去除偏二甲肼,但是对 COD 的去除率还不能达到 100%。

此外,由图 4.15 还可以发现整个反应基本在 45min 内完成,而且在前 5min 内,偏二甲肼的去除率已经达到了 70%以上,COD 的去除率也达到 40%以上,45min 后,延长反应时间对偏二甲肼的去除作用甚微。对比 COD 和偏二甲肼的降解曲线,发现虽然 COD 的降解在反应的开始阶段要稍微滞后于偏二甲肼的降解,但是并没有出现有些文献上报道的 COD 先上升后降低的这种情况[58]。这些现象说明:紫外线-类 Fenton 方法处理偏二甲肼的初始速度非常快,随着反应的进行,越来越多的反应试剂被消耗,氧化的速率逐步降低,在反应进行到 45min 后,偏二甲肼已经基本去除,但是反应过程中肯定也生成了少量的难以或不能被羟基自由基降解的中间体产物,以至于 COD 的去除率还不能达到 100%。

结合实验数据与分析结果,紫外线-类 Fenton 体系处理偏二甲肼要想使偏二甲肼和 COD 都得到很好的降解,最低反应时间为 45min。

5) 偏二甲肼初始浓度的影响

根据反应动力学原理,反应物的初始浓度对反应速率有着较大影响,为考察偏二甲肼的初始浓度与降解效率之间的关系,实验研究了不同偏二甲肼初始浓度为 100mg/L、400mg/L、500mg/L、800mg/L、1000mg/L、1500mg/L、2000mg/L 时的降解特性,实验条件按标准条件,每一组废液的 H_2O_2 投加量定为该废液理论投加量的 1.5 倍,反应时间为 45min,选择偏二甲肼和 COD 的去除率为两个检测指标。偏二甲肼初始浓度对去除率的影响如图 4.16 所示。

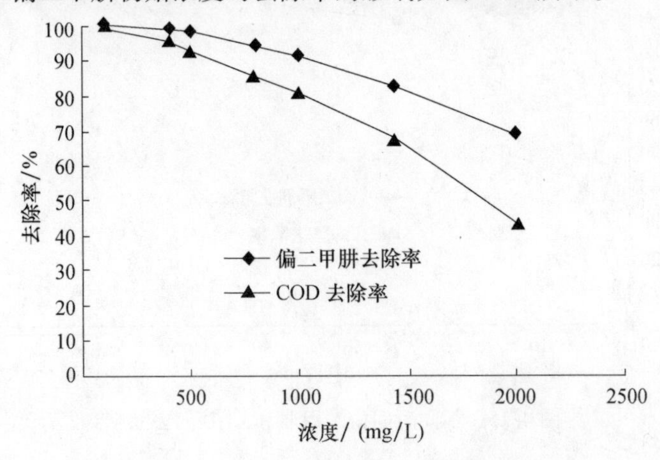

图 4.16　偏二甲肼初始浓度对去除率的影响

由图 4.16 中可以看出,随着偏二甲肼初始浓度的升高,偏二甲肼和 COD 的去除率都有所下降,COD 去除率的下降速率要大于偏二甲肼去除率的下降速率。偏二甲肼初始浓度为 100mg/L 的一组溶液,45min 内偏二甲肼和 COD 的降解率为 100%和 99.7%,而偏二甲肼初始浓度为 2000mg/L 的一组溶液,45min 内偏二甲肼和 COD 的降解率降低到 68.7%和 43.6%。

但是,随着初始浓度的增加,偏二甲肼的绝对降解量和降解速率却在增加,这是由于实验中 H_2O_2 初始投加量是按照理论投加量来投加的,浓度越大,H_2O_2 投加得越多,而且,偏二甲肼浓度越大,反应推动力越大,因此,偏二甲肼的绝对降解量也越高。

6) 温度的影响

为研究温度对紫外线-类 Fenton 体系降解偏二甲肼的影响,先将反应容器置于恒温水浴锅中恒温,温度设置为常温(25℃左右)和 40℃做对比试验,结果如图 4.17 所示。

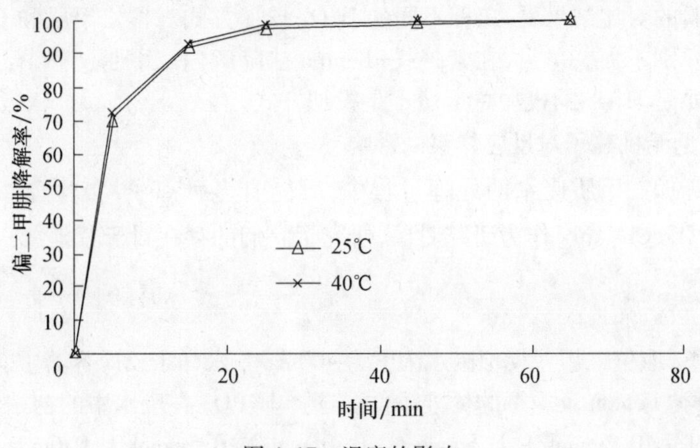

图 4.17 温度的影响

由图 4.17 可知,25~0℃范围内,温度对偏二甲肼的去除率影响很小,反应温度在 25℃和 40℃时偏二甲肼的降解规律基本相同,这是因为紫外线-类 Fenton 体系降解偏二甲肼是一个光化学反应过程。对于一般的化学反应,反应温度升高,反应物分子平均动能增大,反应速率会加快。光化学反应与普通的热力学反应不同,后者的活化能来源于分子碰撞,故反应速度的温度系数较大,一般温度升高 10℃,反应速度增加 2~4 倍;而光化学的活化能来源于光能,故反应的温度系数较小,温度升高 10℃,速度增加 0.1~1 倍。有研究表明光催化反应降解有机物反应速率与温度成阿累尼乌斯关系(即 $k = k_0 e^{-E/RT}$),且表观活化能(E)较低,故温度对光催化反应影响不大;如果温度过高,反而可能会出现

H_2O_2 的热裂解产生 O_2 和 H_2O，使 H_2O_2 的利用率降低，降低偏二甲肼的降解效率。

7）H_2O_2 投加方式的影响

以上实验中，H_2O_2 的投加方式均为一次性投加，有文献报道 H_2O_2 的分批投加可以充分利用 H_2O_2 提高催化氧化的效率。研究考察了 H_2O_2 在投加总量为 1.5Qth 不变的情况下三种不同投加方式对反应处理效果的影响：一次性投加、分三次投加、每 5min 投加一次的实验结果见表 4.3。

表 4.3　H_2O_2 投加方式对偏二甲肼降解的影响

实验号	H_2O_2 投加方式	偏二甲肼去除率/%	COD 去除率/%
1	一次性投加（0min）	99.6%	95.8%
2	三次投加（0，15min，30min）	98.8%	93.4%
3	每 5min 投加一次	98.7%	93.1%

从实验的对比结果看，三种不同的 H_2O_2 投加方式对偏二甲肼和 COD 的最终去除率差别不大。可见，在紫外线-Fenton 法降解偏二甲肼过程中，影响降解效率的主要是 H_2O_2 的投加总量而不是投加方式。

5. 常见无机离子对反应体系的影响

在实际偏二甲肼废水的处理过程中，可能有多种离子，实验选择了 SO_4^{2-}、NO_3^-、$H_2PO_4^-$、Cl^-、Cu^{2+} 作为研究对象，研究了它们的存在对于紫外线-类 Fenton 体系的影响。

1）$H_2PO_4^-$ 的影响

室温下，取偏二甲肼模拟废水浓度为 400mg/L 水样于反应容器中，其他条件取紫外线-类 Fenton 反应下的标准条件。选择 $H_2PO_4^-$ 在废水中的初始浓度分别为 0.1mmol/L、0.2mmol/L、0.3mmol/L、0.4mmol/L、0.5mmol/L、0.6mmol/L，反应时间为 45min。$H_2PO_4^-$ 对偏二甲肼废水中偏二甲肼及 COD 的去除率见图 4.18。

从图 4.18 可以看出 $H_2PO_4^-$ 对紫外线-类 Fenton 法降解偏二甲肼的抑制作用非常明显。溶液中不存在 $H_2PO_4^-$ 时偏二甲肼和 COD 的去除率分别为 99.6% 和 95.8%。$H_2PO_4^-$ 加入量为 0.05mmol/L 时，偏二甲肼和 COD 的去除率分别下降了 7.3%和 15.7%。其后，随着 $H_2PO_4^-$ 的浓度增加，偏二甲肼和 COD 的去除率继续下降。

这是因为 $H_2PO_4^-$ 对 Fe^{2+} 尤其是 Fe^{3+} 的络合作用，从而大大降低了催化剂的催化效率：

$$Fe^{2+} + H_2PO_4^- \longrightarrow FeH_2PO_4^+ \quad K_1 = 10^{2.75} \tag{4.10}$$

$$Fe^{3+} + H_2PO_4^- \longrightarrow FeH_2PO_4^{2+} \quad K_2 = 10^{5.84} \tag{4.11}$$

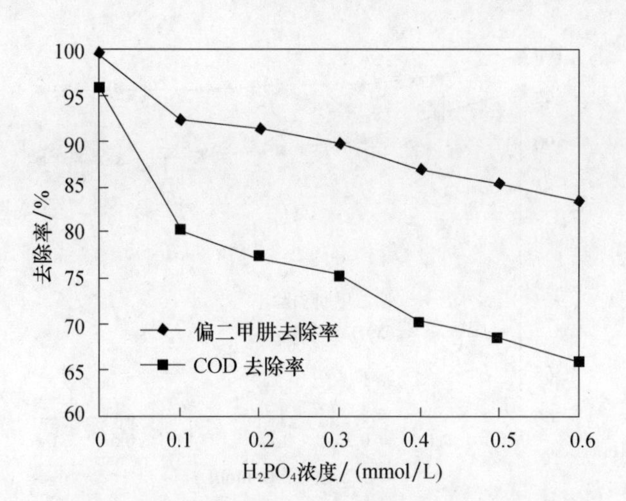

图 4.18　$H_2PO_4^-$对偏二甲肼和 COD 的去除率

Fe^{3+}被络合生成了稳定的 $FeH_2PO_2^{2+}$,从而失去其与 Fe^{2+} 的循环作用,减少了体系中羟基自由基的生成效率。

在实际废水处理的过程中,若废水含有 $H_2PO_4^-$ 浓度过大,可以采取措施以屏蔽它的影响。如利用 $H_2PO_4^-$ 对 Fe^{3+}的强烈络合作用,可在废水中先加入 Fe^{3+} 去除 $H_2PO_4^-$,或者在废水中投加铝盐,使之形成难溶的金属磷酸盐,通过沉淀,使它们与液相分开,以消除 $H_2PO_4^-$ 对类 Fenton 试剂催化能力的强烈抑制作用。

2）Cl^-的影响

室温下,取偏二甲肼模拟废水浓度为 400mg/L 水样于反应容器中,其他条件取紫外线-类 Fenton 反应下的标准条件。选择 Cl^-在废水中的初始浓度分别为 0.1mmol/L、0.2mmol/L、0.3mmol/L、0.4mmol/L、0.5mmol/L、0.6mmol/L,反应时间为 45min。Cl^-对偏二甲肼废水中偏二甲肼和 COD 的去除率如图 4.19 所示。

Cl^-对于紫外线-类 Fenton 法降解偏二甲肼也有一定的抑制作用,Cl^-刚开始加入时这种作用比较明显,但是随着 Cl^-的加入量的增大,抑制作用也趋于平缓。这主要是因为 Cl^-能和 Fe^{3+}形成不同的稳定性的络离子:

$$Fe^{3+}+Cl^- \xrightarrow{K_1=10} FeCl^{2+} \tag{4.12}$$

$$FeCl^{2+}+Cl^- \xrightarrow{K_2=135} FeCl_2^+ \tag{4.13}$$

$$FeCl_2^+ +Cl^- \xrightarrow{K_3=115} FeCl_3 \tag{4.14}$$

这些络离子的形成影响了 Fe^{3+} 和 Fe^{2+}之间的循环,抑制了催化剂的活性。但是,Cl^-对 Fe^{3+}的络和能力远远低于 $H_2PO_4^-$,它对反应的抑制作用可能还有氧化还原和清除自由基反应等原因。

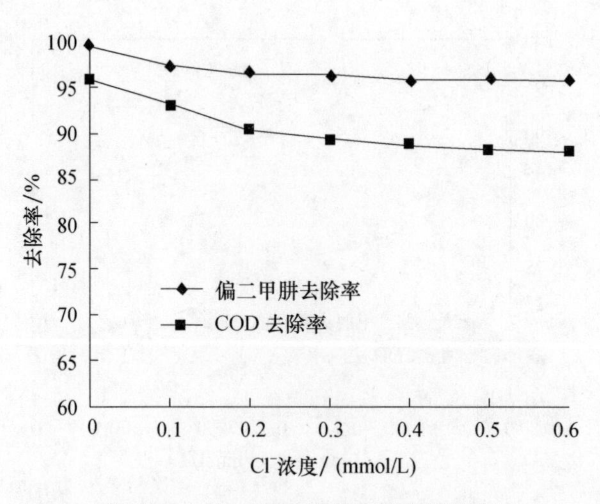

图 4.19　Cl^-对偏二甲肼去除率的影响

3）SO_4^{2-} 和 NO_3^-的影响

标准条件下，SO_4^{2-}、NO_3^-的投加量都为 0.1mmol/L、0.2mmol/L、0.3mmol/L、0.4mmol/L、0.5mmol/L、0.6mmol/L，反应时间为 45min，讨论 SO_4^{2-}、NO_3^-对反应的影响。SO_4^{2-}、NO_3^-各自对废水中 COD 的去除率如图 4.20 所示。从图中可看出，SO_4^{2-}、NO_3^-对反应基本不产生影响。这是 SO_4^{2-}、NO_3^-因为既不能与 Fe^{2+} 和 Fe^{3+}形成稳定的络合物，也不会与 H_2O_2 发生反应。

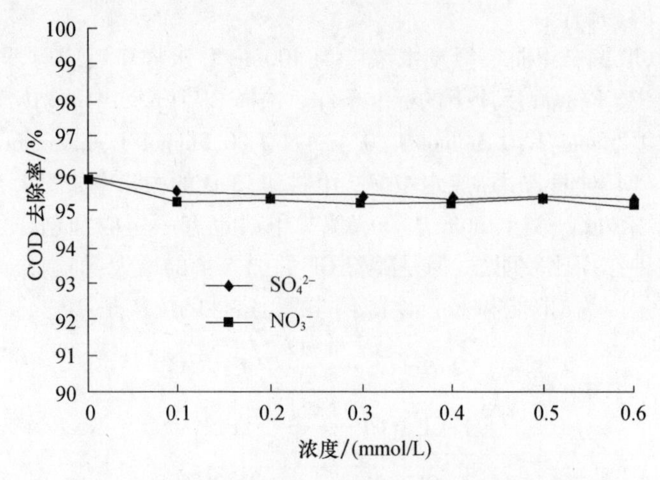

图 4.20　SO_4^{2-} 和NO_3^-对偏二甲肼废水中 COD 去除率的影响

4）Cu^{2+}的影响

实验讨论了 Cu^{2+}对偏二甲肼降解反应的影响，标准条件下，Cu^{2+} 的投加量为 0.1mmol/L、0.2mmol/L、0.3mmol/L、0.4mmol/L、0.5mmol/L、0.6mmol/L，反应时间为 45min。Cu^{2+} 对偏二甲肼和 COD 的去除率的影响如图 4.21 所示。

如图 4.21 所示，Cu^{2+} 的加入会降低偏二甲肼和 COD 的去除率，与文献报道的偏二甲肼分解促进作用相反。原因可能是在类 Fenton 试剂中，已经存在了足量的 Fe^{2+} 的情况下，Cu^{2+} 的加入会和 Fe^{2+} 争夺 H_2O_2，发生如下反应：

$$Cu^{2+}+H_2O_2 = CuO_2+H^+ \tag{4.15}$$

$$CuO_2+2H_2O_2 = CuO_2 \cdot 2H_2O \tag{4.16}$$

$$CuO_2 \cdot 2H_2O = 2Cu(OH)_2+O_2 \tag{4.17}$$

$$Cu(OH)_2+H^+ = Cu^{2+}+2H_2O \tag{4.18}$$

造成羟基自由基·OH 的产生量大为减少，从而降低偏二甲肼的去除率。

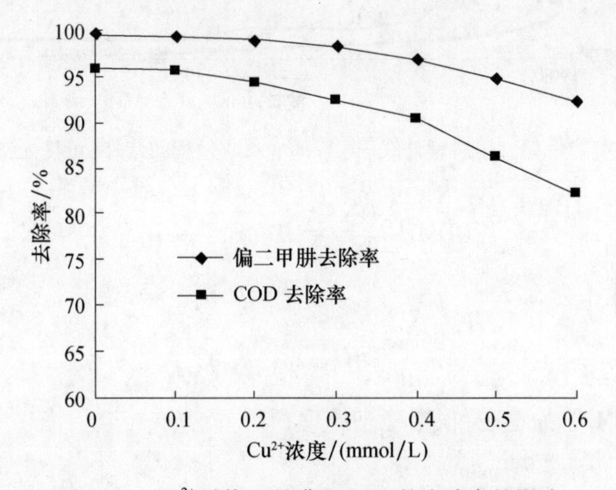

图 4.21　Cu^{2+} 对偏二甲肼和 COD 的去除率的影响

6. 偏二甲肼废水紫外线-类 Fenton 降解的反应动力学

1）单纯紫外线解偏二甲肼的动力学方程

图 4.22 为偏二甲肼废水在紫外线-类 Fenton 反应过程中，溶液在反应前、5min 和 45min 时的紫外线-可见光谱图，从图可以看出，在紫外线-类 Fenton 反应过程中，经裂解、重排、聚合、缩合等作用，偏二甲肼产生了一系列官能团的中间产物。

从紫外线-类 Fenton 反应机理可知，该法在处理有机废水时，羟基自由基和紫外线同时发挥作用，为了更好地研究偏二甲肼的紫外线-类 Fenton 法降解动力学，先研究偏二甲肼的单纯紫外线（即 H_2O_2 浓度为 0）降解的动力学。

单纯紫外线降解偏二甲肼时，首先紫外线照射偏二甲肼生成激活态的 $UDMH^*$，然后再光解为最终产物 P。其降解途径可用下式表示：

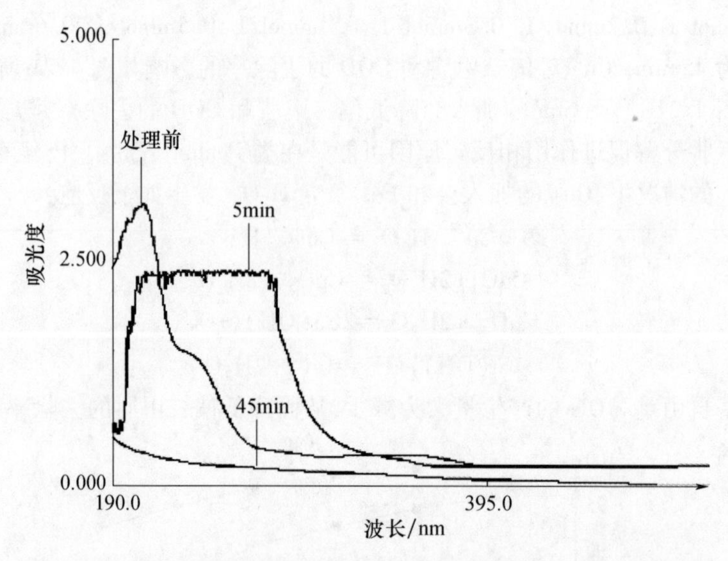

图 4.22 偏二甲肼紫外线-类 Fenton 反应过程的紫外-可见光谱图

$$\mathrm{UDMH} \underset{k_{-1}}{\overset{h\nu \quad k_1}{\rightleftharpoons}} \mathrm{UDMH}^* \xrightarrow{k_2} \mathrm{P} \tag{4.19}$$

则降解速率为

$$-\frac{\mathrm{d}c_{\mathrm{UDMH}}}{\mathrm{d}t}=k_1 c_{\mathrm{UDMH}}-k_{-1} c_{\mathrm{UDMH}^*} \tag{4.20}$$

假设 UDMH^* 为稳态,根据稳态原理,有

$$-\frac{\mathrm{d}c_{\mathrm{UDMH}^*}}{\mathrm{d}t}=-k_1 c_{\mathrm{UDMH}}+k_{-1} c_{\mathrm{UDMH}^*}+k_2 c_{\mathrm{UDMH}^*}=0 \tag{4.21}$$

即

$$c_{\mathrm{UDMH}^*}=\frac{k_1}{k_{-1}+k_2} c_{\mathrm{UDMH}} \tag{4.22}$$

代入到偏二甲肼降解速率方程式中,得到

$$-\frac{\mathrm{d}c_{\mathrm{UDMH}}}{\mathrm{d}t}=\frac{k_1 k_2}{k_{-1}+k_2} c_{\mathrm{UDMH}} \tag{4.23}$$

令 $K_{\mathrm{uv}}=\frac{k_1 k_2}{k_{-1}+k_2}$,为偏二甲肼在单纯紫外线作用下降解的反应动力学常数,则式(4.23)可表示为

$$-\frac{\mathrm{d}c_{\mathrm{UDMH}}}{\mathrm{d}t}=K_{\mathrm{uv}} c_{\mathrm{UDMH}} \tag{4.24}$$

通过实验可获得单纯紫外线作用下偏二甲肼浓度与时间 t 的关系,如表

4.4 所列。

表 4.4 单纯紫外线作用下偏二甲肼浓度与时间 t 的关系

时间/min	0	5	15	25	45	65
c_{UDMH}/(mg/L)	400	382	344	327.6	308.8	285.6
r/(mg/(L·min))	0	3.6	3.73	2.89	2.03	1.76

对偏二甲肼浓度和偏二甲肼降解速率作曲线,曲线斜率即为 K_{uv} 值,可得 $K_{uv}=0.022$。反应的动力学常数很小,可见单纯的紫外线对偏二甲肼的降解作用是不显著的。

2）紫外线-类 Fenton 反应降解偏二甲肼的动力学

用氧化法处理偏二甲肼废水,机理较为复杂,迄今为止,确切的反应历程并不十分清楚,反应过程中的基元反应难以得到,因而采用幂指数方程法建立紫外线-类 Fenton 处理偏二甲肼的动力学方程。

幂指数宏观动力学方程式中不涉及中间产物,只与反应温度和各反应物浓度有关,其速率方程表达形式:

$$r=\frac{\mathrm{d}c}{\mathrm{d}t}=A\exp(-E_a/RT)[a]^m[b]^n \tag{4.25}$$

式中:a、b 分别为反应物浓度;T 为反应温度;E_a、A 均为常数,分别是反应的活化能和指前因子;m、n 为反应级数。由于光催化的活化能较小,实验中又证明反应速率受温度的影响很小,考虑到水处理的特殊要求,故只在常温下进行了动力学实验,方程中可令 $A\exp(-E_a/RT)=K$(常数),因此,在 pH 值固定的条件下,偏二甲肼的降解动力学方程可表示为

$$r_{UDMH}=\frac{\mathrm{d}c_{UDMH}}{\mathrm{d}t}=K\cdot c_{H_2O_2}^m\cdot c_{UDMH}^n \tag{4.26}$$

式中:r_{UDMH} 为偏二甲肼的反应速率(mg/L·min);c_{UDMH} 为废水中偏二甲肼的浓度(mg/L);$c_{H_2O_2}$ 为废水中 H_2O_2 的浓度(mg/L);K、m、n 为常数。

通过实验确定 K、m、n。首先固定 H_2O_2 的浓度为 4758.3mg/L,改变不同的偏二甲肼浓度,其他条件都为紫外线-类 Fenton 降解偏二甲肼反应的标准条件,测定实验过程中偏二甲肼的去除率变化规律。然后固定偏二甲肼浓度为 400mg/L,改变不同的 H_2O_2 浓度,其他条件也为基准条件,测定偏二甲肼的去除率变化规律。

计算时选取前 5min 内偏二甲肼的去除率作为初始反应速率(r_{UDMH0}),即当 $t=0$ 时:$c_{H_2O_2}=c_{H_2O_20}$,$c_{UDMH}=c_{UDMH0}$,$r_{UDMH}=r_{UDMH0}$,有

$$r_{UDMH0}=K\cdot c_{H_2O_20}^m\cdot c_{UDMH0}^n \tag{4.27}$$

式中：r_{UDMH0}、c_{UDMH0}、$c_{H_2O_20}$ 分别为偏二甲肼的初始反应速率，初始浓度和 H_2O_2 的初始浓度。

对上式两边取对数得

$$\ln(r_{UDMH}) = \ln(K \cdot c_{H_2O_2}^{m}) + n \cdot \ln(c_{UDMH}) \tag{4.28}$$

当 $t=0$ 时，代入根据实验结果计算得到的 r_{UDMH0}、c_{UDMH0}、$c_{H_2O_20}$，然后再以 ln(c_{UDMH0})对 ln(r_{UDMH0})作图，即可以求出常数 n。4758.3mg/L H_2O_2 浓度下不同初始浓度偏二甲肼降解的初始速率见表 4.5。

表 4.5 不同初始浓度偏二甲肼降解的初始速率

偏二甲肼初始浓度/(mg/L)	100	400	500	800	1000	1500	2000
5min 后浓度/(mg/L)	10.7	112.1	141.9	361.6	491.6	855.3	1266.6
5min 的降解率/%	89.3	72.0	69.6	54.8	50.8	43.0	36.7
r_{UDMH0}/(mg/(L·min))	17.9	57.6	71.6	87.7	98.7	128.9	146.7

计算得到 ln(c_{UDMH0})对 ln(r_{UDMH0})的关系，得到图 4.23。

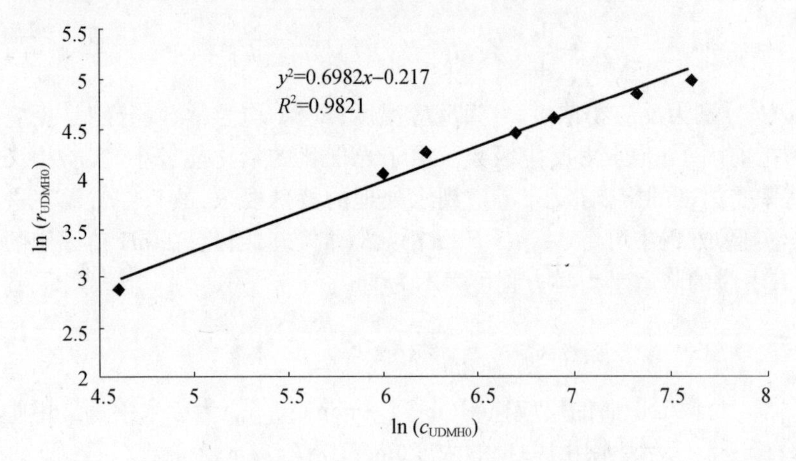

图 4.23 ln(c_{UDMH0})对ln(r_{UDMH0})的关系图

由图可得 $n=0.6982$，$\ln(K \cdot c_{H_2O_20}^{m}) = -0.217$。

同理，对速率方程取对数，又可以得到

$$\ln(r_{UDMH}) = m \cdot \ln(c_{H_2O_2}) + \ln(K \cdot c_{UDMH}^{n}) \tag{4.29}$$

当 $t=0$ 时，代入根据实验结果计算得到的 r_{UDMH0}、c_{UDMH0}、$c_{H_2O_20}$，然后再以 ln(c_{UDMH0})对 ln(r_{UDMH0})作图，可以求出常数 m。

选取偏二甲肼初始浓度为 400mg/L，不同初始 H_2O_2 浓度下偏二甲肼降解的初始速率见表4.6。

表4.6 不同初始 H_2O_2 浓度下偏二甲肼降解的初始速率

H_2O_2 初始浓度/(mg/L)	0	793.1	1586.1	3172.2	4758.3
5min 后浓度/(mg/L)	382.3	218.8	176.1	140.2	112.1
5min 的降解率/%	4.5	45.3	56.6	65.0	72.0
$r_{UDMH,0}$/(mg/(L·min))	3.6	36.2	45.3	52.0	57.6

$\ln(C_{H_2O_20})$ 对 $\ln(r_{UDMH0})$ 的关系如图4.24所示。

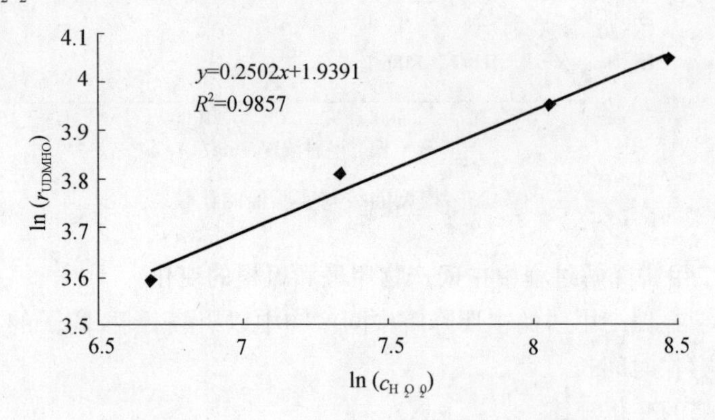

图4.24 $\ln(C_{H_2O_20})$ 对 $\ln(r_{UDMH0})$ 的关系图

由图可得 $m=0.2502$，$\ln(K\cdot c^n_{UDMH0})=1.9391$。

把 n 值代入方程 $\ln(K\cdot c^n_{UDMH0})=1.9391$ 得 $K_1=0.105$。

把 m 值代入方程 $\ln(K\cdot c^m_{H_2O_20})=-0.217$，得 $K_2=0.097$。

对 K_1、K_2 取平均值得到 $K=0.101$，从而求得动力学模型的解为

$$r_{UDMH}=0.101\times c^{0.2502}_{H_2O_2}\cdot c^{0.6982}_{UDMH}$$

从模型可以看出，在偏二甲肼初始浓度为2000mg/L范围以内，偏二甲肼的降解速率与 H_2O_2 和偏二甲肼的浓度存在相关性，并且偏二甲肼浓度的影响大。

根据求得的速率方程，可得到模型曲线。图4.25中的三条曲线分别为 H_2O_2 的浓度等于4758.3mg/L、1586.1mg/L、793.1mg/L时偏二甲肼浓度与降解速率之间的关系曲线。图中各点为当偏二甲肼浓度分别为100mg/L、400mg/L、500mg/L、800mg/L、1000mg/L时三种不同 H_2O_2 初始浓度下实验测得的偏二甲肼降解初始速率值。从图中可以看出，模型曲线和实验数据吻合较好，表明该模型可以在紫外线-类Fenton法处理偏二甲肼废水中应用。

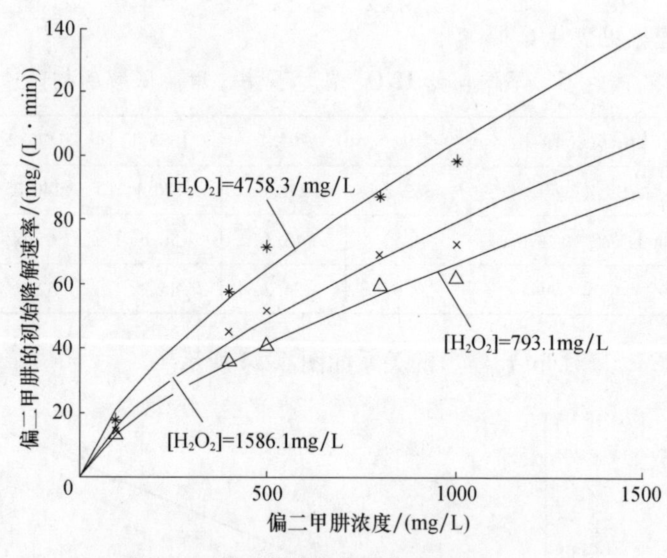

图 4.25　模型曲线与实验值的比较

7. 偏二甲肼降解过程中中间产物甲醛和氰根的变化

据研究,在偏二甲肼的主要降解中间产物中以甲醛、氰根离子的毒性大、含量高,而且存在时间长。

1) 甲醛的变化规律

室温下,取偏二甲肼模拟废水浓度为 400mg/L 水样于反应容器中,H_2O_2(30%)加入量为 1.5Qth,pH 值为 3.5,催化剂量与 H_2O_2 加入量的摩尔比为 1∶20,每间隔一定时间取样,分采用乙酰丙酮法析废水中的甲醛含量,实验结果如图 4.26 所示。

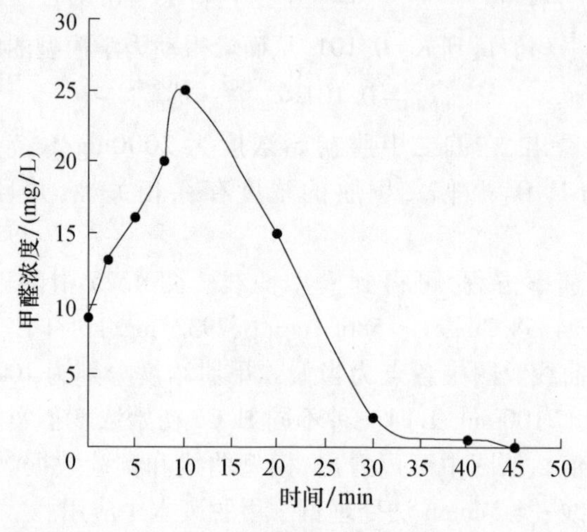

图 4.26　偏二甲肼降解过程中甲醛的浓度-时间曲线

从图4.26可以看出,未处理的偏二甲肼模拟废水中已经含有浓度大约为8mg/L的甲醛,这可能是由于偏二甲肼储备液放置时间太久的缘故,已经有少量的甲醛生成。随着反应的进行,偏二甲肼逐步光解,甲醛的浓度也随之发生着变化。反应一开始,甲醛含量就迅速升高,直到反应进行到10min左右到达峰值,此后,甲醛浓度呈直线状下降,到30min左右时已经难以检测到甲醛的存在。这一方面说明,甲醛是紫外线-类Fenton反应降解偏二甲肼的中间产物;另一方面,10min之后甲醛含量的迅速降低也证明了紫外线-类Fenton所具有的超强的氧化能力。

2) 氰根离子CN^-的变化规律

室温下,取偏二甲肼模拟废水浓度为400mg/L水样于反应容器中,H_2O_2(30%)加入量为1.5Qth,pH为3.5,催化剂量与H_2O_2加入量的摩尔比为1∶20,每间隔一定时间取样,选用吡啶-巴比妥酸光度法分析废水中的氰根含量,结果如图4.27所示。

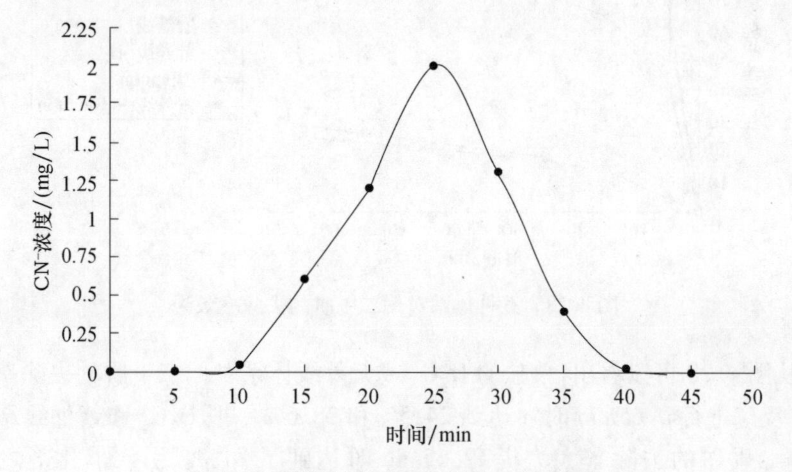

图4.27　降解过程中CN^-浓度-时间曲线

从实验结果看出,在紫外线-类Fenton氧化偏二甲肼的过程中,CN^-离子经历了一个从产生到峰值,随后又下降的过程,在反应的初始阶段,随着偏二甲肼的降解,CN^-离子逐渐产生,10min以后有一个浓度急速上升的过程,在25min左右浓度达到最大值2.1mg/L,然后又随着反应的推进,CN^-离子又迅速地被氧化,反应进行到40min以后,CN^-离子已经很难被检测到。CN^-是比较难降解的一种中间产物,但在紫外线-类Fenton过程中可基本降解完全,这说明紫外线-类Fenton不但对偏二甲肼,而且对于偏二甲肼的中间产物同样有着有效的去除作用。

4.1.4 与其他紫外线-Fenton 法的对比

1. 紫外线-类 Fenton、类 Fenton、紫外线-H_2O_2、H_2O_2、紫外线体系对偏二甲肼的降解效果

室温下，取偏二甲肼废水的初始浓度为400mg/L，初始 pH 值为 3.5，反应中如有 H_2O_2 加入，其投加量为 1.5Qth，如有催化剂加入，则催化量的量与 H_2O_2 摩尔比为 1∶20，反应水样的体积每次均取 1L，在 0、5min、15min、25min、45min、65min 时对各系统进行取液，调节试样 pH 值至 12 终止 Fenton 反应，取清液调节 pH 进行测定。试验选择了偏二甲肼和 COD 的去除率作为两个检测指标。

五种体系对偏二甲肼的去除率效果如图 4.28 所示。

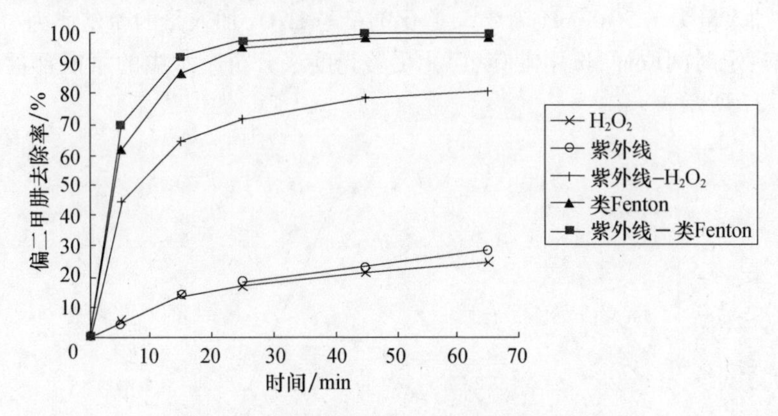

图 4.28　五种体系对偏二甲肼的去除率效果

从图 4.28 可以看出，单独的 H_2O_2 或紫外线体系对偏二甲肼的去除率非常低，在反应进行到 65min 时才达到 24.5% 和 28.6%。把 H_2O_2 和紫外线结合之后，偏二甲肼的去除率大大提高，65min 时达到了 81%。引入催化剂之后的 Fenton 体系比紫外线 - H_2O_2 对偏二甲肼的去除率要更高，65min 内达到了 98.1%。偏二甲肼去除效率最高的是紫外线-类 Fenton 体系，在 45min 内偏二甲肼的去除率即达到了 99.6%，在 65min 时废水中已经无偏二甲肼检测出。这说明，在五种体系中，类 Fenton 体系和紫外线-类 Fenton 体系对偏二甲肼的去除效率较好。

五种体系对 COD 的去除率效果对比如图 4.29 所示。

如图 4.29 所示，类 Fenton 体系和紫外线-类 Fenton 体系对 COD 去除效果要远远好于单独的 H_2O_2 或紫外线体系。但是，与对偏二甲肼的去除效果相比，紫外线-类 Fenton 体系对 COD 最终去除率为 95.8%，而不加紫外线的 Fenton 体系只有 82%，紫外线-类 Fenton 体系对 COD 最终去除率要明显好于 Fenton 体

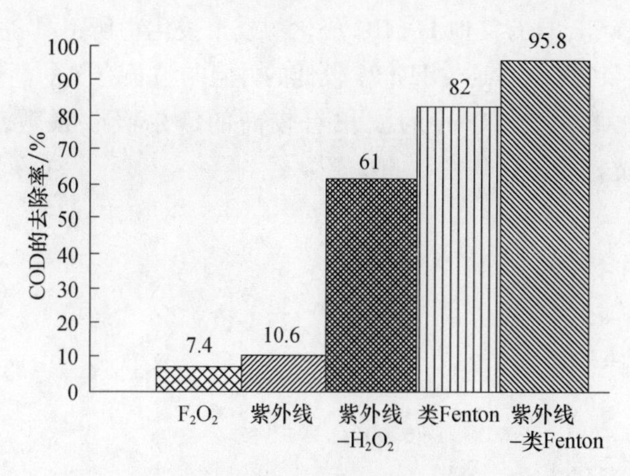

图 4.29 五种体系对 COD 的去除率效果对比

系。这是因为类 Fenton 试剂能将偏二甲肼降解,但降解不是很完全,中间产物生成了部分类 Fenton 试剂降解不了的物质。所以,虽然最终偏二甲肼的去除率很高,但是 COD 的去除率却相对较低。而引入紫外线照后,紫外线-类 Fenton 体系不仅存在铁离子催化剂和 H_2O_2 的协同作用,而且存在紫外光和 H_2O_2 的协同作用,这就大大提高了体系对偏二甲肼的降解效果,无论是偏二甲肼还是 COD 都得到很好地去除。

综合实验结果可见,H_2O_2 和铁离子催化剂以及紫外线的结合大大提高了体系的氧化能力,类 Fenton 试剂对废水中偏二甲肼有着很高的降解率,而紫外线和 Fenton 试剂的结合对废水中偏二甲肼和 COD 都有着良好的降解效果。

2. UV-vis/H_2O_2/草酸铁络合物法对偏二甲肼的降解效果

近年来,很多研究资料表明铁-草酸盐络合物具有光催化降解有机物的性能[59]。但单一的铁-草酸盐络合物体系的氧化能力不强,只能降解部分有机物。UV-vis/H_2O_2/草酸铁络合物法是把铁-草酸盐络合物体系与 UV-Fenton 体系结合起来构成的一个复合体系[60]。

在目前国内外已经开展的应用 UV-vis/H_2O_2/草酸铁络合物法处理有机废水的研究中,所采用的试剂可分为 3 种:①$Fe(C_2O_4)_3^{3-}$、H_2O_2;②Fe^{3+}、H_2O_2、${C_2O_4}^{2-}$;③Fe^{2+}、H_2O_2、${C_2O_4}^{2-}$,从研究的结果来看,第三种试剂的效果要更好一些[61-63]。

1)原理

由均相紫外线-Fenton 的机理可知,Fe^{2+} 与 H_2O_2 反应可生成 Fe^{3+},而 Fe^{3+} 和 $C_2O_4^{2-}$ 可形成 3 种稳定的络合物 $Fe(C_2O_4)^+$、$Fe(C_2O_4)_2^-$ 和 $Fe(C_2O_4)_3^{3-}$。它们都具有光化学活性,其中以 $Fe(C_2O_4)_3^{3-}$ 活性最强,在水处理中发挥主要作

用[64]。$Fe(C_2O_4)_3^{3-}$ 具有其他 Fe(Ⅲ)羧化物或聚羧化物所不具备的光谱特性，同 $Fe(C_2O_4)_3^{3-}$ 相比，后者通常只产生较低的并且与波长有关的活性物质[64-65]。而 $Fe(C_2O_4)_3^{3-}$ 对高于 200nm 的波长有较高的摩尔吸收系数，甚至能吸收 500nm 的可见光产生 · OH（图 4.30）[66]。

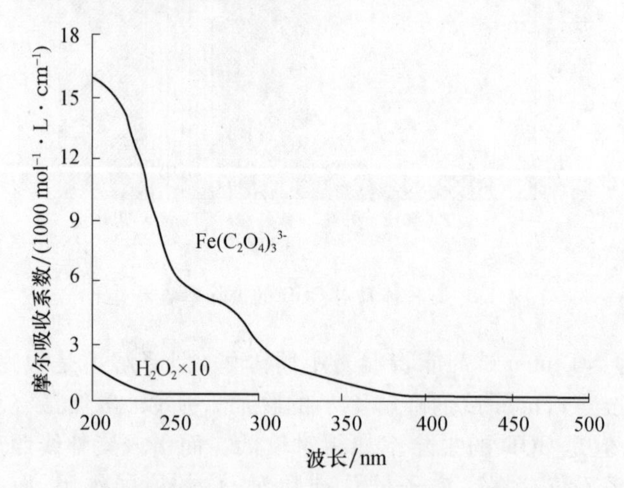

图 4.30　H_2O_2 和 $Fe(C_2O_4)_3^{3-}$ 的紫外-可见光谱

$Fe(C_2O_4)_3^{3-}$ 的生成和光解机理如下[66-67]：

$$Fe^{3+}+H_2O_2+3C_2O_4^{2-} \longrightarrow Fe(C_2O_4)_3^{3-}+OH^-+\cdot OH \quad (4.30)$$

$$Fe(C_2O_4)_3^{3-} \xrightarrow{h\nu} Fe^{2+}+2C_2O_4^{2-}+C_2O_4^- \cdot \quad (4.31)$$

$$C_2O_4^- \cdot +Fe(C_2O_4)_3^{3-} \longrightarrow Fe^{2+}+3C_2O_4^{2-}+2CO_2 \quad (4.32)$$

$$C_2O_4^- \cdot \longrightarrow CO_2+CO_2^- \cdot \quad (4.33)$$

在空气饱和溶液中，酸性条件下 $C_2O_4^- \cdot$ 和 $CO_2^- \cdot$ 会进一步与水中溶解氧（O_2）反应，最终会形成 H_2O_2。因而，紫外线条件下 $Fe(C_2O_4)_3^{3-}$ 能为 Fenton 试剂提供 H_2O_2 和 Fe^{2+} 的持续来源：

$$C_2O_4^- \cdot /CO_2^- \cdot +O_2 \longrightarrow O_2+2CO_2/CO_2 \quad (4.34)$$

$$2O_2^- \cdot +2H^+ \longrightarrow H_2O_2+O_2 \quad (4.35)$$

2）三种体系光催化性能的对比

在室温下，取偏二甲肼模拟废水浓度为 400mg/L 水样于反应容器中，H_2O_2（30%）加入量为 1.5Qth，pH 为 3.5，Fe^{2+} 加入量与 H_2O_2 加入量的摩尔比为 1∶20，在反应开始时加入 5mmol 草酸钠，反应 25min 后废水中 COD 的去除效果见表4.7。

表4.7　三种体系对偏二甲肼废水COD的去除效果

体系	初始COD	25min后COD	COD去除率
Fenton	712.3mg/L	521.4mg/L	73.2%
紫外线-Fenton	712.3mg/L	631.8mg/L	88.7%
UV-vis/H_2O_2/草酸铁	712.3mg/L	636.1mg/L	89.3%

各反应时间内三种体系对废水中偏二甲肼的去除效果见图4.31。

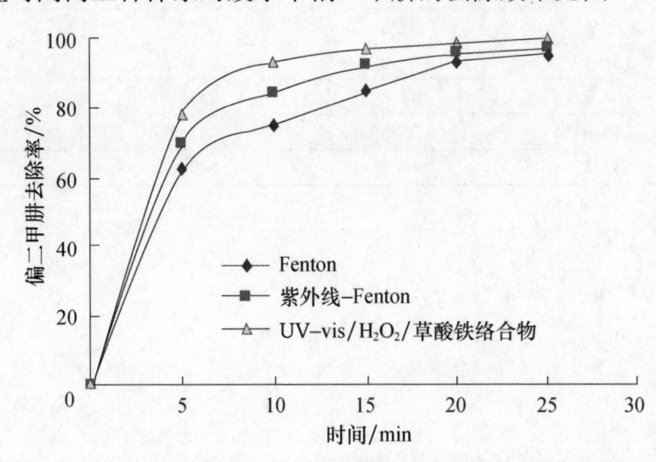

图4.31　各反应时间内三种体系对废水中偏二甲肼的去除效果

尽管25min内Fenton、紫外线-Fenton、UV-vis/H_2O_2/草酸铁络合物三种不同氧化体系对废水中偏二甲肼去除率相差不大，但是，草酸钠的加入能提高偏二甲肼的降解速率，尤其是在反应的初始阶段，UV-vis/H_2O_2/草酸铁络合物体系的氧化速率明显高于其他两种体系。在前5min，UV-vis/H_2O_2/草酸铁络合物体系对偏二甲肼的去除率即已经达到78.1%，大大高于Fenton体系的62.2%，比紫外线-Fenton体系的70.2%也要高。当反应一段时间后，三种体系对偏二甲肼的去除率逐渐接近，在第25min的时候相差已经不是很大，这说明UV-vis/H_2O_2/草酸铁络合物体系能提高偏二甲肼的去除速率，但是最终的偏二甲肼去除率和Fenton以及紫外线-Fenton体系相差不是很大。

从表4.7列出的三种体系25min内COD去除率对比值可以看出，草酸盐的加入对废H_2O的COD去除率也能稍有提高。

3）对溶液pH值的适应性

在紫外线-Fenton其他条件为标准条件不变的情况下，改变废液的pH值分别为2、3.5、5、6.5、8、10，反应时间为45min，研究pH值对UV-vis/H_2O_2/草酸铁络合物法的影响。45min 后紫外线-Fenton 法和 UV-vis/H_2O_2/草酸铁络合物法在各个 pH 值条件下的 COD 值以及 COD 的降解率见表 4.8，偏二甲肼的降解率如图 4.32 所示。

表 4.8　pH 值对紫外线-Fenton 和 UV-vis/H_2O_2/草酸铁络合物法降解废水中 COD 的影响

pH 值	紫外线-Fenton 法		UV-vis/H_2O_2/草酸铁络合物法	
	COD/(mg/L)	COD 去除率/%	COD/(mg/L)	COD 去除率/%
2.0	67.7	90.5	54.1	92.4
3.5	29.9	95.8	28.5	96.0
5.0	131.1	81.6	113.2	84.1
6.5	364.7	48.8	257.1	63.9
8.0	546.3	23.3	487.2	31.6
10.0	637.5	10.5	549.2	22.9

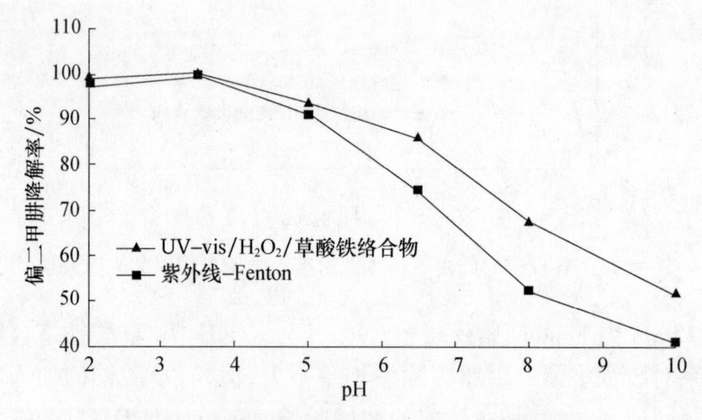

图 4.32　pH 值对紫外线-Fenton 法、UV-vis/H_2O_2/草酸铁络合物法降解废水中偏二甲肼的影响

从实验数据可以看出，随着 pH 值的升高，UV-vis/H_2O_2/草酸铁络合物法与紫外线-Fenton 法对废水中偏二甲肼和 COD 都有一定的去除率，并且去除率都随着 pH 值的增加而下降。但是 UV-vis/H_2O_2/草酸铁络合物法比紫外线-Fenton 法对 pH 值的适应范围要广，尤其是在 pH 值为 6.5 时，UV-vis/H_2O_2/草酸铁络合物法对偏二甲肼的降解率还在 80% 以上，对 COD 的降解率也还有 63.9%。这是由于 UV-vis/H_2O_2/草酸铁络合物法对光的利用率更高，降解过程中·OH 产率更高的缘故。

4）草酸钠浓度的影响

从前述的三种体系的光催化性能的对比实验可以看出，当 pH 值为 3.5 时，如果反应时间定为45min,那么草酸根的浓度对偏二甲肼和COD的影响总体相差不是特别大,所以在探讨草酸钠浓度的影响时,选择反应时间10min。在标准紫外线-Fenton实验其他条件不变的情况下,改变草酸钠浓度分别为0mmol/L、5mmol/L、10mmol/L、15mmol/L,研究草酸根浓度对降解偏二甲肼效果的影响,实验结果如图4.33所示。

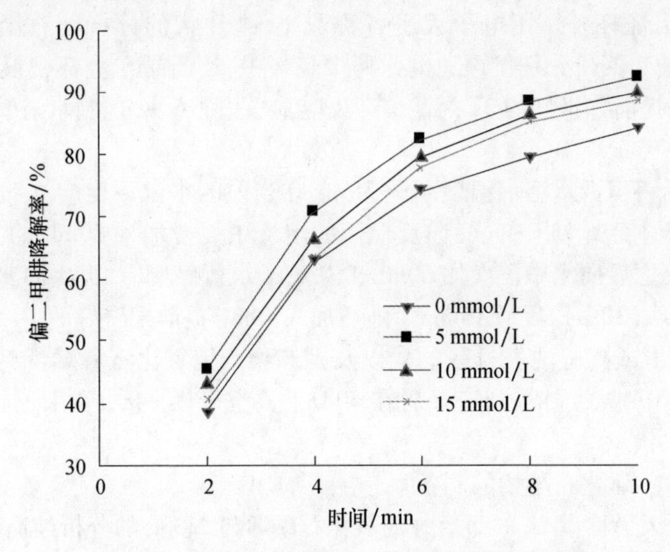

图4.33 草酸钠浓度对偏二甲肼降解效果的影响

尽管草酸盐的加入能提高体系的氧化速率,但是从图可知如果草酸盐加入过量,氧化效果反而会将降低。这是因为 $Na_2C_2O_4$ 浓度过高,可以对 $Fe(C_2O_4)_3^{3-}$ 的光解反应起抑制作用,并且使体系内 HCO_3^- 和 CO_3^{2-} 浓度增加,后者与·OH发生反应,使·OH被消除。反应如下:

$$CO_3^{2-} + \cdot OH \longrightarrow CO_3^- \cdot + OH^- \tag{4.36}$$

$$HCO_3^- + \cdot OH \longrightarrow CO_3^- \cdot + H_2O \tag{4.37}$$

4.2 MnO_x/氧化石墨烯耦合真空紫外线降解气态偏二甲肼

MnO_x 是一种常见的两性过渡金属氧化物,锰氧化物是一种两性过渡金属氧化物,MnO_x 的配比性不理想和缺陷性结构比较大,能强烈吸附和较好富集自然中的重金属、过渡金属、贵重金属以及一些稀土元素[68]。另外对一些无机物和无机离子的催化氧化,使得这些物质能够发生迁移转化作用。利用它与 TiO_2 复合会产生更好的光催化效果[69-70]。

1. 材料的制备

1）氧化石墨烯的制备

在250mL烧杯中放入洁净的磁力搅拌转子，取23mL的浓硫酸倒入烧杯中，在水浴锅中放入打碎的冰块，将水的温度降至4℃以下，再将放有浓硫酸的烧杯放置在水浴锅中，并打开磁力搅拌器的开关，速度调至浓硫酸表面有小漩涡，不能溅出烧杯外。用电子天平各称取1g鳞片状的分析纯石墨两份以及0.5g的$NaNO_3$两份分别慢慢地倒入两个烧杯中，让药品在烧杯中反应1h。之后慢慢加入提前称量好的3g高锰酸钾反应1h，去除冰块，控制水浴锅的温度不超过10℃。

1h过后将恒温水浴锅温度调至38℃，在当前的水温下反应0.5h。将恒温水浴锅上调温度到95℃，同时向反应后的溶液中缓慢加入80mL的去离子水，反应0.5h。之后向水中再次加60mL的去离子水暂停反应，再次向水中缓慢加入15mL H_2O_2(30%)，反应15min。随后加入40mL提前配置好的10%的盐酸溶液。通过抽滤或离心洗去过量的酸以及副产物。把氧化石墨烯洗到中性后放入水中，超声波振荡剥离12h，最后在40℃下真空干燥24h，再用研钵将其研成50目的粉末状。

2）MnO_x/氧化石墨烯的制备

用分析天平称量1g的研磨好的氧化石墨烯与2.33g的分析纯高锰酸钾，再加入90mL的纯水，一起放到烧杯中，搅拌均匀。用铝箔封盖住，使用超声波清洗器剥离4h以上。将超声剥离过的溶液放到高温反应釜中，并用力拧紧。将电热干燥箱的温度调到恒温180℃，再将高温反应釜放入其中进行水热反应12h。反应完全后，使用离心机对溶液先进行离心再使用去离子水进行反复洗涤离心，离心四次之后再将其放入电热恒温干燥箱中调节温度到120℃后烘干12h，将取出来的烘干成块状材料进行研磨即可得到粉末状的负载后的材料[71]。

2. 材料结构表征

1）氧化石墨烯表征

从图4.34 SEM表征图可显示出氧化石墨烯成片层状结构。从图4.35 TEM可以观察到氧化石墨烯显示出薄膜状的形貌，在局部地方还出现了褶皱，这些结构特点是氧化石墨烯的内在属性，其形成原因是氧化石墨烯只有一到几层原子的厚度，所以很容易就褶皱在一起，从宏观动力学来说这些弯曲和褶皱使得其二维结构趋于稳定。

图4.36为氧化石墨烯的AFM表征图，结果表明实验制备氧化石墨烯片层厚度约为1.4nm，与文献报道氧化石墨烯厚度1.2nm相差不大，说明实验制得的氧化石墨烯为单层结构。

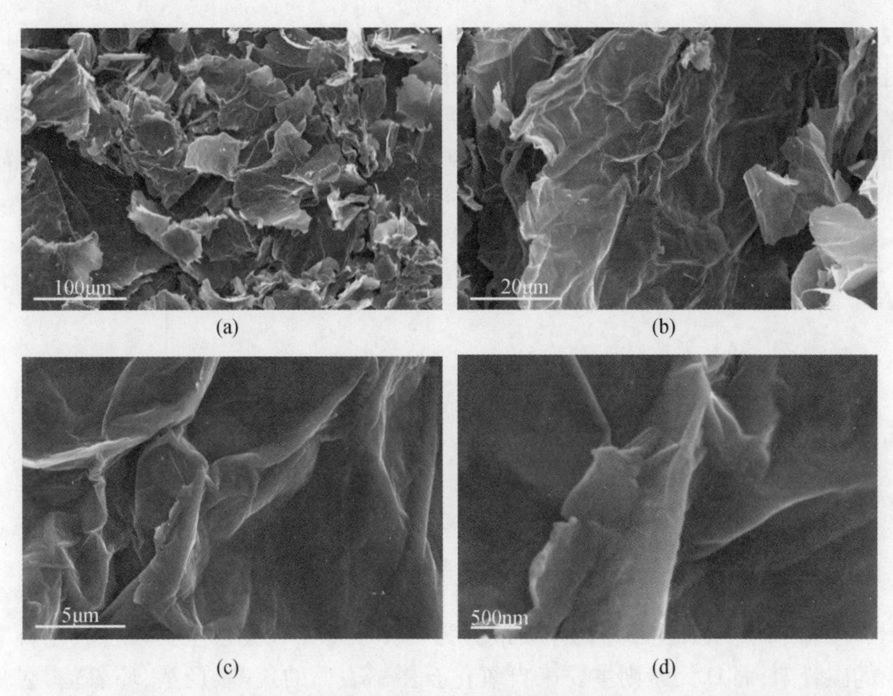

(a)　(b)

(c)　(d)

图 4.34　SEM 表征图

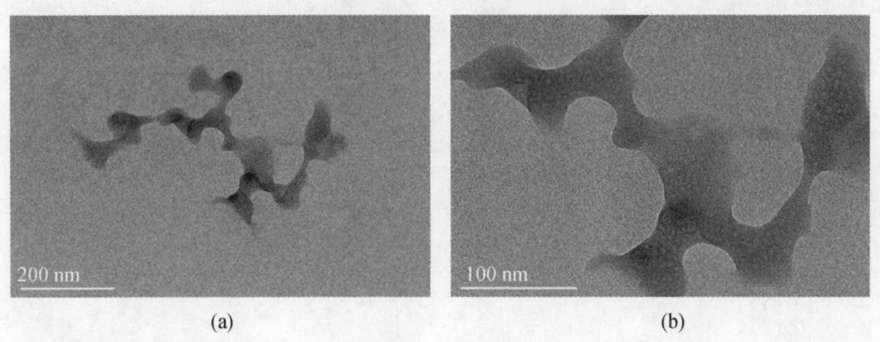

(a)　(b)

图 4.35　TEM 表征图

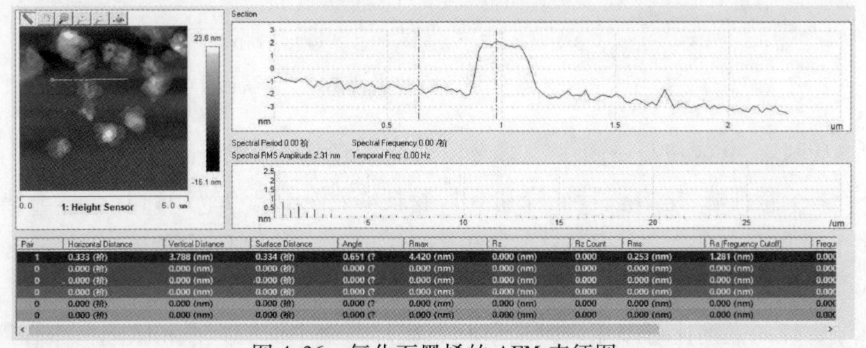

图 4.36　氧化石墨烯的 AFM 表征图

从图 4.37 TG 表征图看出温度在 81.2~150℃时有一个质量的损失，原因是制备的材料水分的蒸发；而在 150~208.1℃存在质量的减小，原因是材料中含氧基团的热分解；208.1℃之后出现了放热，表明在含氧基团热分解同时；伴随着氧化石墨烯的被剥离开，温度在 380℃之后材料结构被高温永久破坏分解。

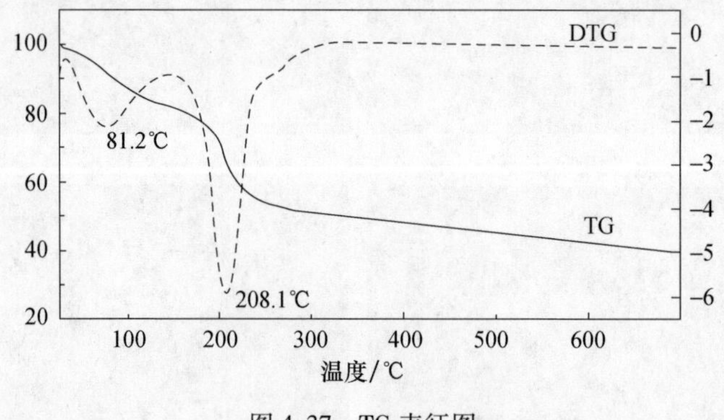

图 4.37　TG 表征图

图 4.38 显示氧化石墨烯主要成分为 C、O 元素。C 元素主要来自氧化石墨烯的碳骨架，而 O 元素则主要来自氧化石墨烯表面的羧基、羟基、环氧基、羰基等含氧官能团。

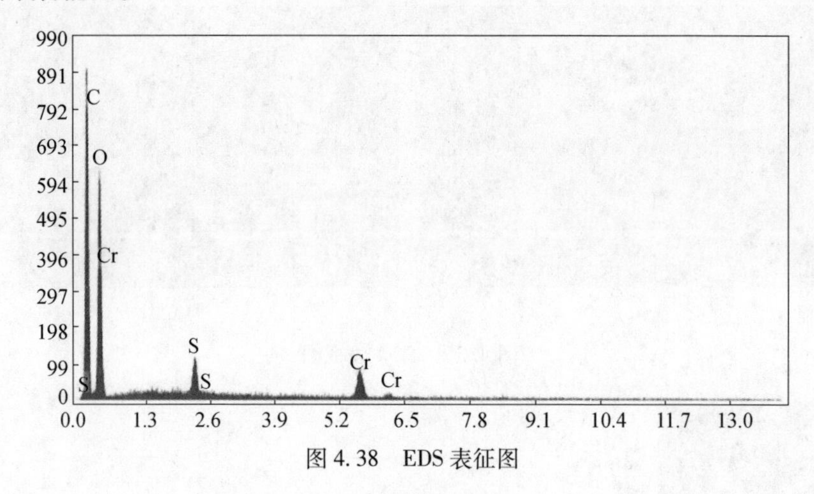

图 4.38　EDS 表征图

从图 4.39 的拉曼谱图中能够看出氧化石墨烯在 $1330cm^{-1}$ 和 $1580cm^{-1}$ 处各有两个特征峰，是 D 段特征峰和 G 段特征峰，位于 $1330cm^{-1}$ 的 D 峰称为缺陷峰，它能够反映出制备的石墨层片的无序性以及它的缺陷程度，而在 $1580cm^{-1}$ 处的 G 峰是表明碳结构 sp^2 的特征峰，反映出了材料的对称性能和结晶程度，D 峰与 G 峰的强度比可以用来判断氧化石墨烯共轭平面的大小和缺陷密集程度。

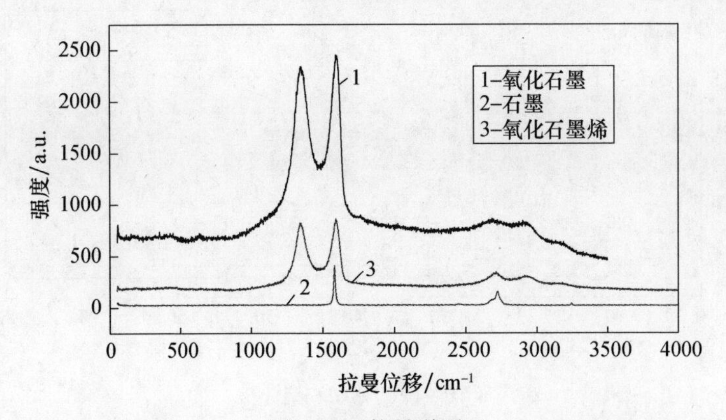

图 4.39 拉曼谱图

图 4.40 的氧化石墨烯 FT-IR 谱图可以看出在 $1733cm^{-1}$ 处的是羰基或羧基中的 C ═O 伸缩振动峰，$1621cm^{-1}$ 可能是羟基弯曲振动峰，$1045cm^{-1}$ 可能是环氧基中的 C—O—C 的伸缩振动峰，说明制备中引进较多含氧基团。

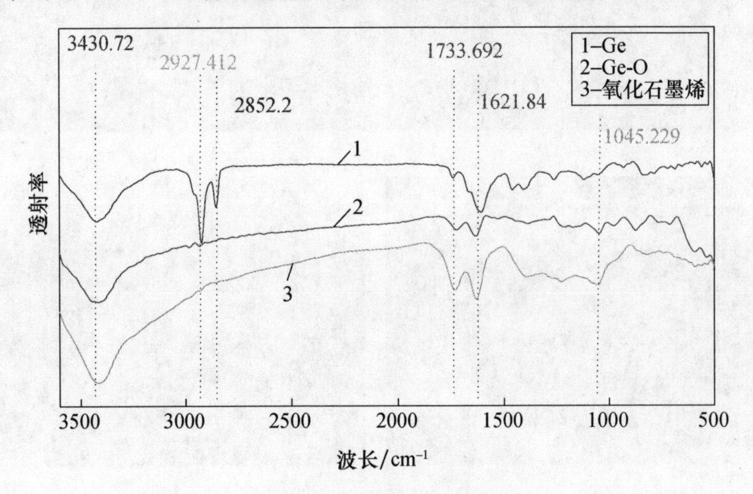

图 4.40 FT-IR 谱图

图 4.41 表示的天然鳞片石墨的特征峰 26.44°是石墨特有的(002)晶面，而氧化石墨烯在 26.44°石墨的特征衍射峰消失，取而代之出现的是 11.46°左右出现的氧化石墨烯的晶面(100)对应的特征峰。由此可知，石墨被氧化成了氧化石墨烯。

2）MnO_x/氧化石墨烯表征

从图 4.42 MnO_x/氧化石墨烯材料的 SEM 可观察到 MnO_x 呈聚集纳米小球，分散附着于小片的氧化石墨烯片层上。

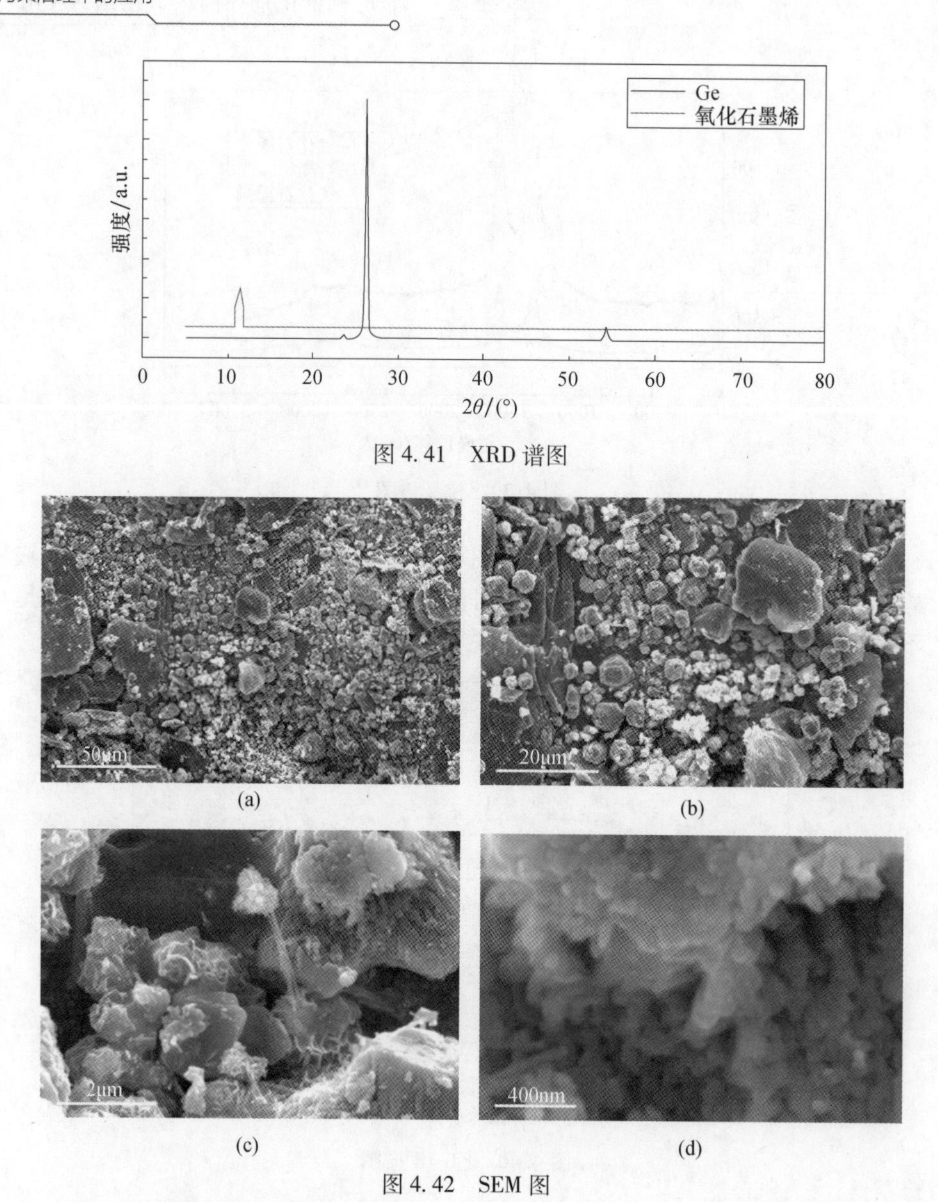

图 4.41　XRD 谱图

图 4.42　SEM 图

图 4.43 的 TEM 图可以观察到 MnO_x 为长短不等的纳米片状结构，0.73nm 的晶格条纹与文献报道的水钠锰矿的层间距是一致的[72]，表明高锰酸钾被原位还原并附着于氧化石墨烯上。

图 4.44 为 MnO_x/氧化石墨烯的 TG 分析，78.5℃与 136.2℃为水钠锰矿表面物理吸附和化学吸附水的分解，而 421.9℃为水钠锰矿层间水的热分解，这也造成了水钠锰矿结构的坍塌，同时可以发现没有明显的氧化石墨烯的失重，推测是水钠锰矿与氧化石墨烯的表面基团结合较为牢固，证实了水钠锰矿在氧化

石墨烯的负载为化学作用。

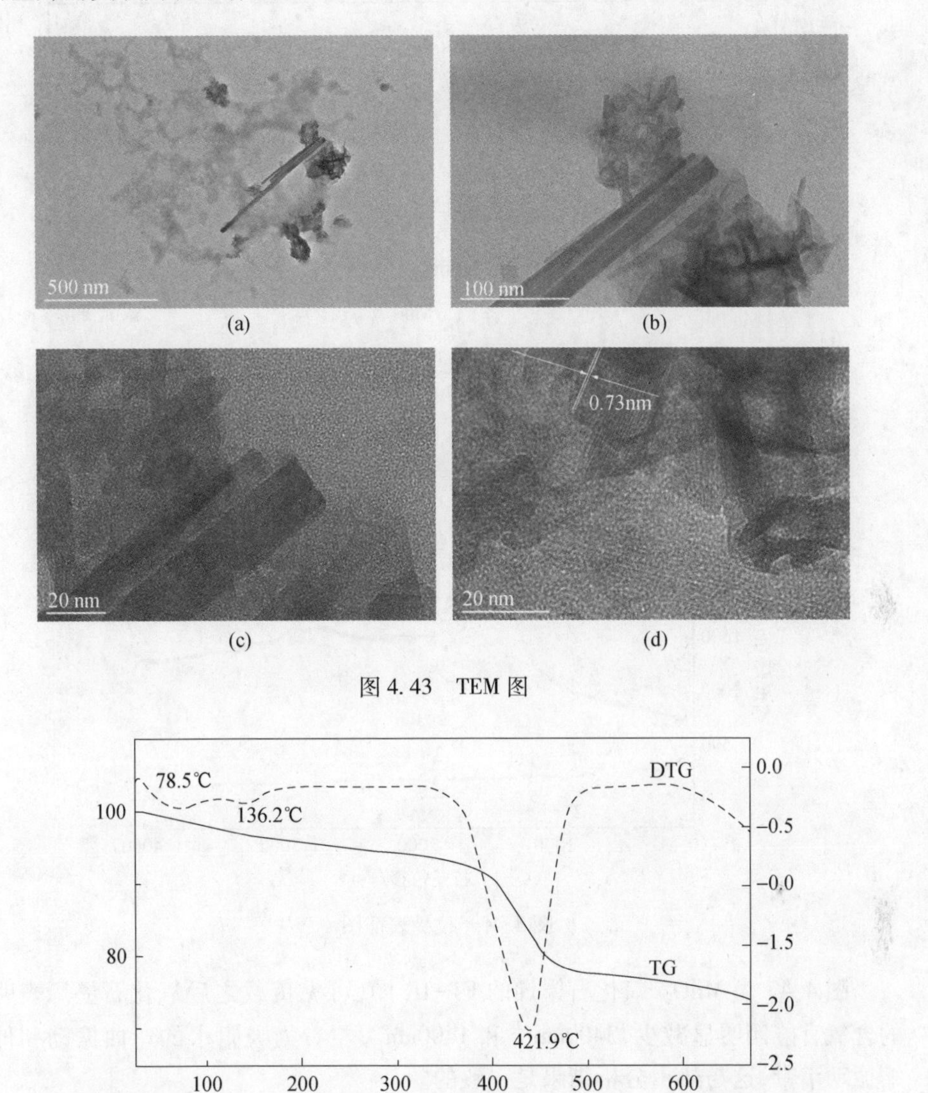

图 4.43　TEM 图

图 4.44　TG 表征图

在图 4.45 EDS 表征图中，可以明显地看出 C、O 及 Mn 的特征峰比较高，进一步说明锰氧化物已经负载到了氧化石墨烯上。

图 4.46 拉曼光谱中对比了氧化石墨烯、锰氧化物以及 MnO_x/GO、MnO_x/氧化石墨烯位于 1330cm^{-1} 的缺陷峰 D 峰消失殆尽，说明在此锰氧化物和氧化石墨烯形成了无序性变小，而负载的 Mn 的峰因为氧化石墨烯的峰比较强将其遮蔽了[73]。

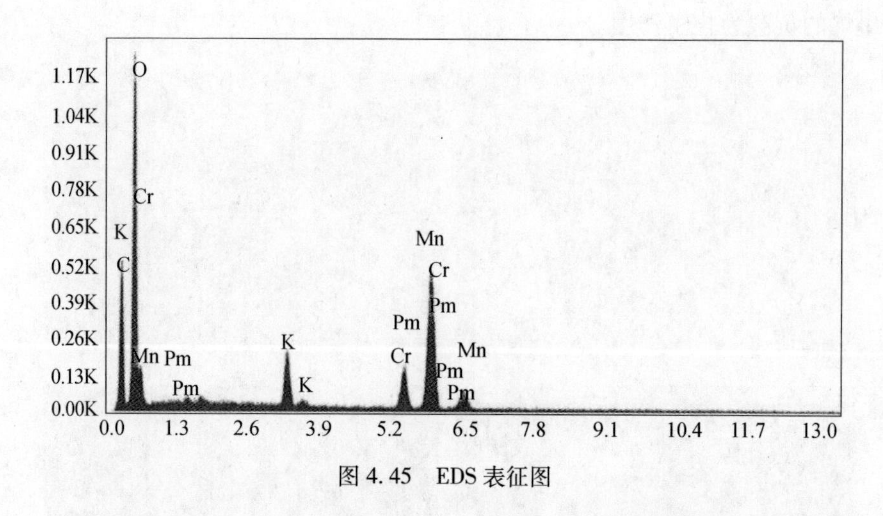

图 4.45　EDS 表征图

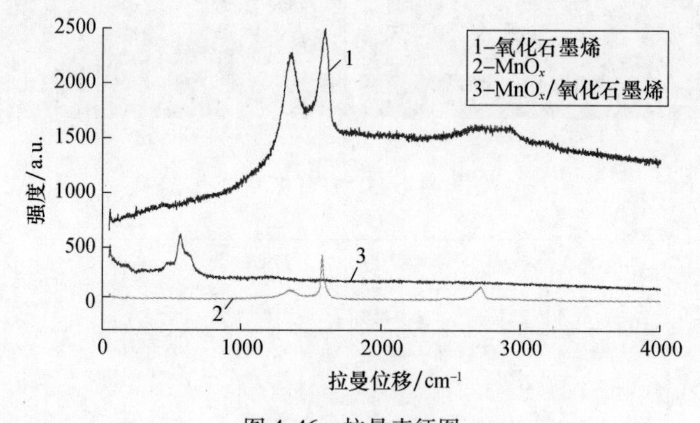

图 4.46　拉曼表征图

图 4.47 为 MnO_x/氧化石墨烯的 FT-IR 图，可见负载之后氧化石墨烯表明的含氧官能团明显减少，3400cm^{-1} 和 1400cm^{-1} 左右为吸附水的弯曲振动和伸缩振动谱带，这与热重分析结果是一致的。

3. 不同材料对偏二甲肼气体的降解性能测试

1）MnO_x/氧化石墨烯室温下对偏二甲肼气体的降解静态测试

室温下石墨烯对偏二甲肼气体的降解实验，结果如图 4.48 所示。

从图上降解的效果图可以看出，单纯的氧化石墨烯对偏二甲肼的降解效果并不是很好，在最终的浓度一般都会稳定在 106mg/m^3 左右，之后就趋于饱和状态，说明作为碳材料的氧化石墨烯对偏二甲肼有吸附作用，但是浓度降解效果不理想。

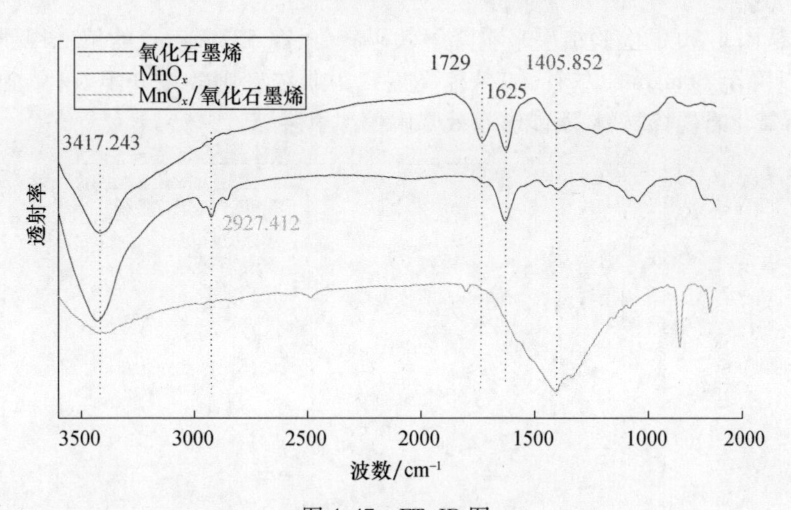

图 4.47 FT-IR 图

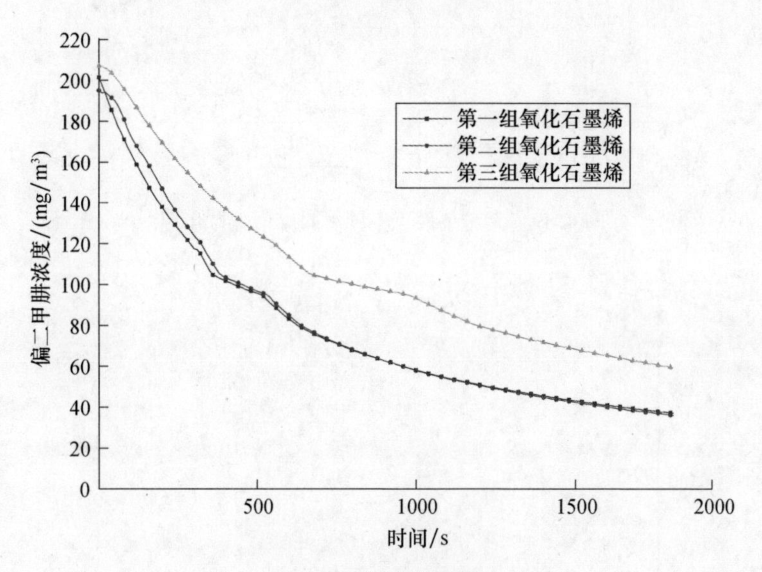

图 4.48 氧化石墨烯降解偏二甲肼

室温下称取 0.1g MnO_x 材料母液和 0.1g 氧化石墨烯以及 0.1g MnO_x/氧化石墨烯材料分别做三组吸附实验以及一组自然降解实验,结果如图 4.49 所示。通过对比试验,我们发现 MnO_x/氧化石墨烯材料在对偏二甲肼的降解中效果也是最好的,浓度可以降至 25ppm 以下。有可能在降解过程中出现了先吸附,后有锰氧化物将其氧化分解,偏二甲肼的浓度才会降下去。

2) MnO_x/氧化石墨烯耦合真空紫外线降解偏二甲肼性能研究

室温下做两组 0.1g MnO_x/氧化石墨烯材料对偏二甲肼进行了降解性能的

实验，从图 4.50 的实验结果来看降解效果较好，在 535mg/m^3 的偏二甲肼降解中可以降至 66mg/m^3 左右；如果提高偏二甲肼浓度则效果并不好；单独使用 MnO_x/氧化石墨烯材料，不能够有效降解偏二甲肼。

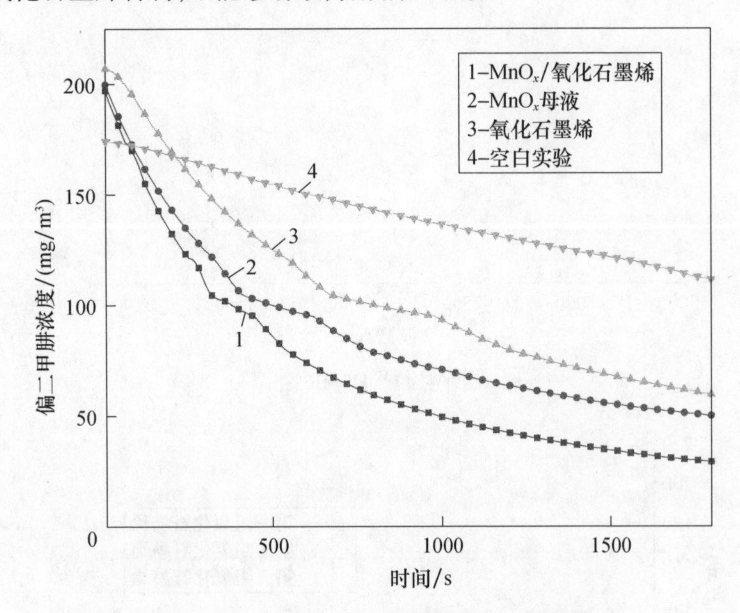

图 4.49　无光条件下不同材料降解偏二甲肼

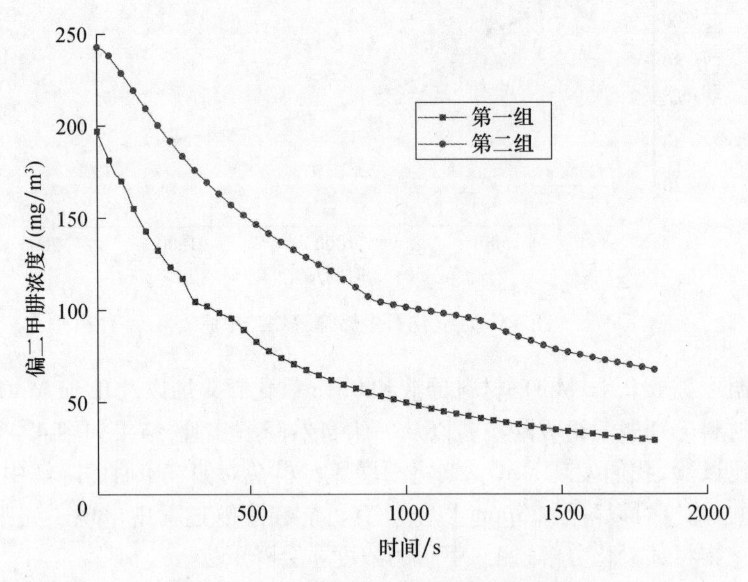

图 4.50　MnO_x/氧化石墨烯降解偏二甲肼

为了进一步降解密闭舱中的偏二甲肼气体,做了空白实验和紫外线下空白实验,效果如图 4.51 所示。在很短时间内加入了真空紫外线的空白实验,偏二甲肼较快地降到了很低的浓度,而不加真空紫外线的实验,偏二甲肼降解速度慢,且降解得很少,对比明显。说明真空紫外线能量高,降解偏二甲肼效果好。

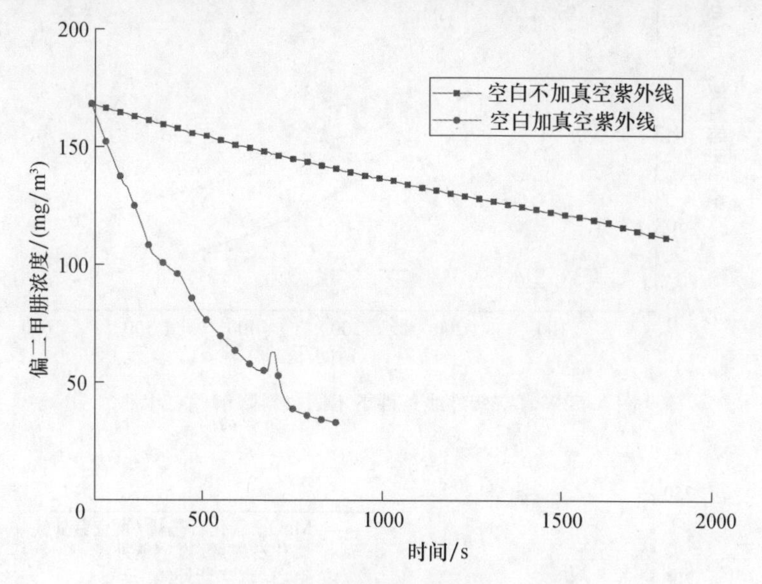

图 4.51　真空紫外线空白降解偏二甲肼

为了验证真空紫外线的效果,又利用制备的 MnO_x/氧化石墨烯材料做了对比实验,一组为室温下真空紫外线耦合 0.1g MnO_x/氧化石墨烯,一组为 0.1g 氧化石墨烯,一组为空白实验。

根据图 4.52 说明 MnO_x/氧化石墨烯材料对偏二甲肼的降解效果最好。过程中氧化石墨烯材料首先进行物理吸附,之后锰氧化物对偏二甲肼进行氧化反应,并通过真空紫外线的高能照射下,最终产生一定的臭氧与羟基自由基同时并对偏二甲肼气体进行了光解处理,效果较好。说明锰氧化物/氧化石墨烯在真空紫外线的条件下快速地完成了偏二甲肼废气的降解,可以实现偏二甲肼操作现场低浓度废气的快速净化。

4. 真空紫外线耦合 MnO_x/氧化石墨烯工艺条件的优化

1) 催化剂投加量的影响

在室温情况下,为了探究更好的工艺条件,研究了催化剂的投加量对偏二甲肼气体降解的影响,实验结果如图 4.53 所示。可以看出随着催化剂投加量的加大,偏二甲肼的降解效果会变得越来越好,但是到了一定的浓度以后,偏二甲肼的被降解浓度会逐渐地平缓下来,很可能是因为催化剂吸附已趋于饱和。

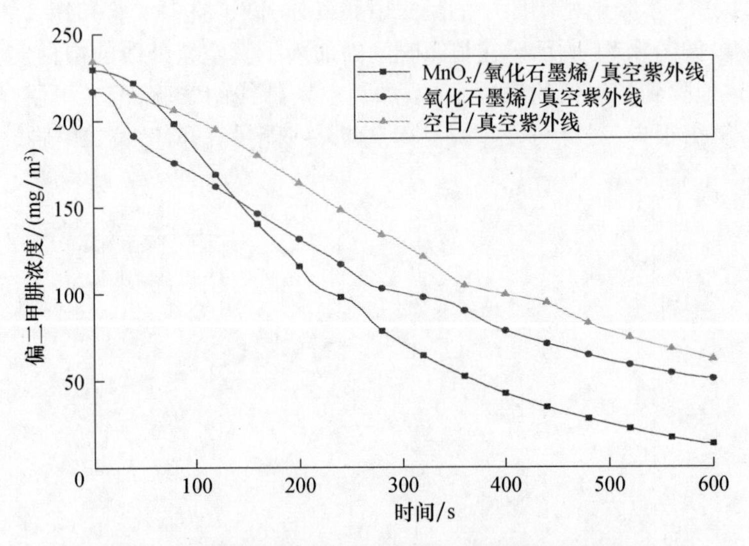

图 4.52　真空紫外线条件下不同材料降解偏二甲肼

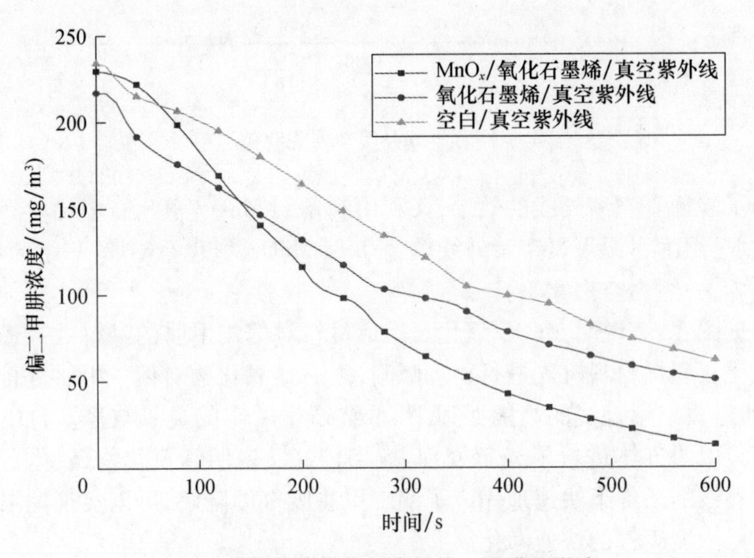

图 4.53　催化剂投加量降解偏二甲肼的影响

2）偏二甲肼初始浓度的影响

改变偏二甲肼的初始浓度，对不同浓度下的偏二甲肼废气进行降解，图 4.54 实验结果表明随着浓度的降低，催化材料对偏二甲肼的去除效果变好。初始浓度在 267mg/m³ 时降解浓度可以达到最低。所以如果在实际中处理偏二甲肼废气要尽量控制它的浓度，可以采用多级处理模式对偏二甲肼进行多级降解,以最终达到排放标准。

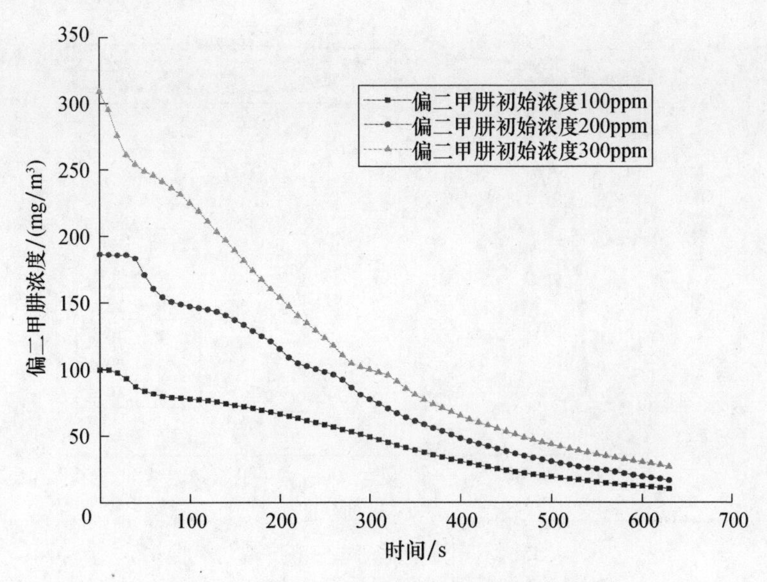

图 4.54　偏二甲肼初始浓度对降解的影响

5. 连续动态实验

为了探究制备的 MnO_x/氧化石墨烯材料对空间中流动的偏二甲肼气体的降解,使用动态实验操作平台,研究相对湿度和温度两个控制因素对系统系统气态偏二甲肼降解率的影响。实验中偏二甲肼模拟废气用鼓泡法产生,气体流量为 1L/min。

1）湿度对偏二甲肼降解性能的影响

调节偏二甲肼的气体进气浓度为 500mg/m^3,温度为 35℃,鼓泡式偏二甲肼气体发生器的流速大概为 1L/min。绘制出不同相对湿度下,偏二甲肼降解率随时间变化的图,如图 4.55 所示。

如图 4.55 所示,反应进行到 20min 时,偏二甲肼的降解率已经开始趋于稳定,随着相对湿度的增大,偏二甲肼的降解率先增大后减小,当相对湿度从 15%增大到 60%时,偏二甲肼的降解率由 74%调到 88%。这是因为随着体系中相对湿度的增大,气相中 H_2O 也越多,整个体系中生成的羟基自由基也就越多,偏二甲肼的降解率也就随着相对湿度的增加而增加[74]。

2）温度对偏二甲肼降解性能的影响

调节偏二甲肼的气体进气浓度为 500mg/m^3,相对湿度为 60%,鼓泡式偏二甲肼气体发生器的流速大概为 1L/min。绘制出不同温度下,偏二甲肼降解率随时间变化的图,如图 4.56 所示。

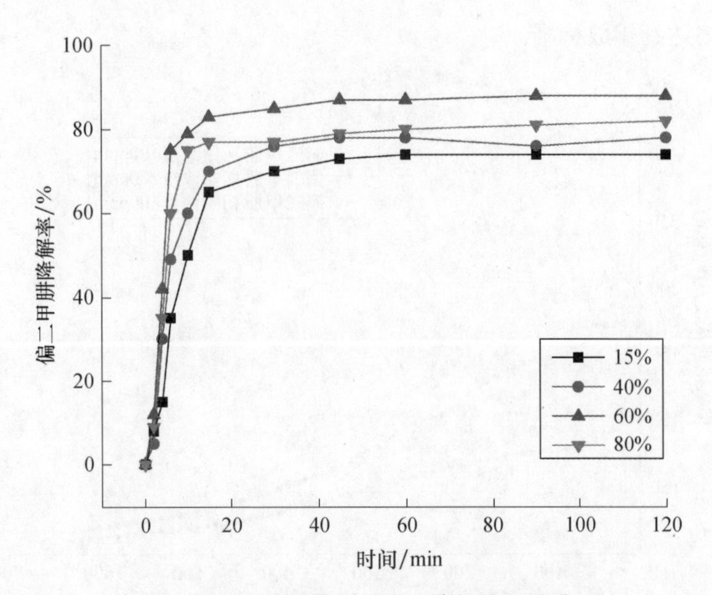

图 4.55　不同湿度对动态下降解偏二甲肼

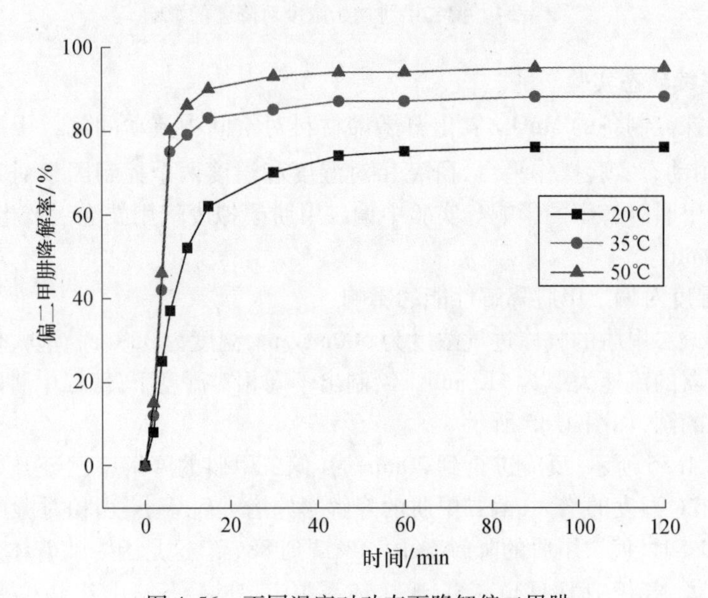

图 4.56　不同温度对动态下降解偏二甲肼

如图 4.56 所示，随着反应温度升高，偏二甲肼的降解率更快地趋于稳定。当反应温度从 20℃提高到 50℃，偏二甲肼的降解率从 76%提高到 95%。这是因为随着反应温度的升高，分子的热运动剧烈，碰撞的概率在增加，所以偏二甲肼的降解率也随之增加。

4.3 Cu-TiO_2-石墨纳米颗粒耦合高级氧化技术

1. 材料制备

Cu-TiO_2-石墨纳米颗粒的制备见第2章相关内容。

2. 多方法联用实验设计

课题组的研究成果表明,在Fenton试剂基础上引入紫外线照之后形成。体系中存在Fe^{2+}和H_2O_2的协同作用,同时存在紫外线和H_2O_2的协同作用,大大提高体系对偏二甲肼的降解效果。因此选择紫外线-Fenton法,并以其最佳降解条件作为联用参考。

1)偏二甲肼分子的理论需氧量

偏二甲肼的分子式为$(CH_3)_2NNH_2$,1L浓度400mg/L的偏二甲肼废水完全氧化为无机小分子的理论需氧量为93.3mmol,1mol的H_2O_2理论上可以提供1mol的氧,H_2O_2的分子量为34g/mol,恰好完全氧化1L的400mg/L的偏二甲肼废水的理论投加量为3.17g,需要30%的H_2O_2为10.58g,针对400mg/L的偏二甲肼废水的30% H_2O_2的理论投加量$Q = 10.58$g/L,30%的H_2O_2密度为1.11g/mL,理论投加量的30%的H_2O_2量可换算为9.53mL/L。不同偏二甲肼含量的废水中H_2O_2理论投加量以此推算。

2)正交实验的条件设定

Cu-TiO_2-石墨纳米颗粒降解400mg/L偏二甲肼废水的最佳光催化条件为pH=8,投加量m=0.5g/L,反应时间为2h;而在超重力单因素实验中,在转速1000r/min时光催化降解效果产生突跃;根据相关文献紫外线-Fenton法的最佳降解条件:H_2O_2投加量2.5Q,pH值为3.5,Fe^{2+}∶H_2O_2(投加量的摩尔比)=1∶20,反应时间为45min。设定Qth为硫酸亚铁与30%H_2O_2的共同投加量单位,其中Fe^{2+}∶H_2O_2摩尔比为1∶20,1Qth中30%的H_2O_2为10.58g/L,硫酸亚铁以H_2O_2与Fe^{2+}的摩尔比添加。

研究选择了对处理固定浓度偏二甲肼废水影响最大的四个因素进行正交实验:废水的pH值、Fe^{2+}与H_2O_2以摩尔比1∶20的投加量、光催化剂的投加量及磁力搅拌器的转速。将实验中的最佳Fe^{2+}∶H_2O_2投加量减小,提高光催化剂的投加量,并选取两种方法最佳pH值的中间pH值,实验中暂不考虑各个因素之间的交互作用,也不考虑混合水平,故选用$L_9(3^4)$正交表。偏二甲肼废水初始浓度取400mg/L,在室温下进行实验,反应时间为1h,检测偏二甲肼含量与COD的含量,考察实验的偏二甲肼去除率与COD的去除率。正交实验的因素水平表见表4.9。

表 4.9　正交实验因素水平表

水样（200mL）	A 转速/（r/min）	B Fe^{2+}：H_2O_2 投加量（Qth）	C 光催化剂投加量 m/（g/L）	D pH 值
水平一	1Qth	1：10	2	13
水平二	1.5Qth	1：20	3.5	30
水平三	2.5Qth	1：40	5	45

3. 实验结果

1）最佳实验条件

（1）正交实验结果。按正交实验因素水平表进行试验，实验结果见表4.10。

表 4.10　正交试验结果表

实验序号	A 转速/（r/min）	B 紫外线-Fenton 试剂（Qth）	C 催化剂/（g/L）	D pH	偏二甲肼降解率/%	COD 降解率/（%，mg/L）
1	0	0	0	3.5	3.128	0.000(0)
2	0	0.5	0.5	6	99.772	44.444(400.00)
3	0	1	1.0	8	100.000	22.222(560.00)
4	500	0	0.5	8	35.858	33.333(480.00)
5	500	0.5	1.0	3.5	99.884	74.074(186.67)
6	500	1	0	6	97.791	14.815(613.33)
7	1000	0	1.0	6	33.953	25.107(539.23)
8	1000	0.5	0	8	63.674	47.395(378.76)
9	1000	1	0.5	3.5	99.411	87.301(91.43)

注：经多次测量，400mg/L 偏二甲肼废水的初始 COD 值为 720.00mg/L。

从表 4.10 结果中可以看出，效果最好的降解实验为 9 号实验，偏二甲肼降解率达到 99.411%，COD 降解率达到 87.301%，为 91.43mg/L。

表4.11为正交实验各因素对偏二甲肼降解影响的位极表,图4.57为正交实验各因素对偏二甲肼降解影响的位极趋势图。从表4.11可知,转速、Fe^{2+}与H_2O_2投加量、光催化剂的投加量、pH值的极差分别为12.091%,74.754%,23.483%,10.661%。根据结果可知,在偏二甲肼初始浓度固定的情况下(400mg/L),多方法联用降解偏二甲肼废水的显著水平为(紫外线-Fenton试剂投加量)>(光催化剂的投加量)>转速>pH值,可以看出Fe^{2+}与H_2O_2的投加量,对偏二甲肼的降解具有显著作用。仅考虑偏二甲肼的降解,从各因素位极趋势图可以看出多方法联用降解偏二甲肼四个影响因素的最佳组合为$A_2B_3C_2D_2$,即转速为500r/min,Fe^{2+}与H_2O_2投加量为1Qth,光催化剂投放量为0.5g/L,pH值为6。

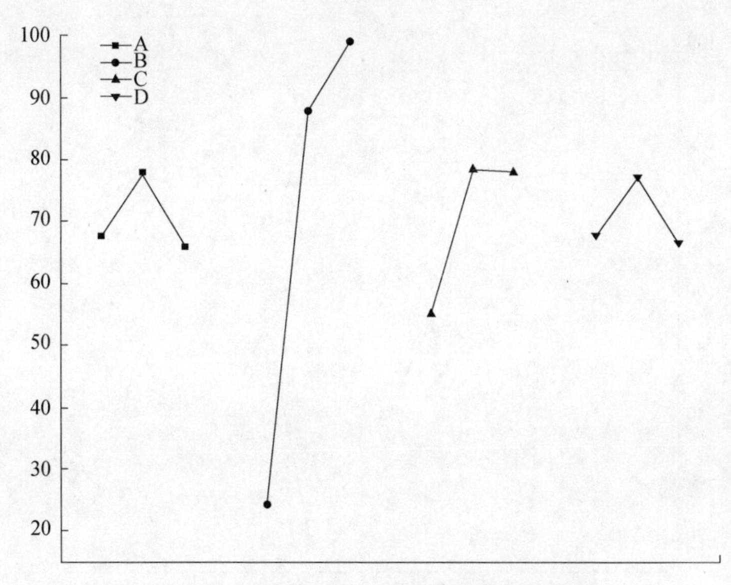

图4.57 正交实验偏二甲肼降解位极趋势图

表4.11 偏二甲肼降解率位极表

项目	A 转速	B Fe与H_2O_2投加量	C 光催化剂投加量	D pH值
K_{1j}/%	67.633	24.313	54.864	67.674
K_{2j}/%	77.884	87.777	78.347	77.172
K_{3j}/%	65.793	99.067	77.946	66.511
R_j/%	12.091	74.754	23.483	10.661

表4.12为正交实验各因素对COD降解影响的位极表,图4.58为正交实验各因素对COD降解影响的位极趋势图。

表4.12　正交实验各因素对COD降解影响的位极表

项目	A 转速	B Fe与H_2O_2投加量	C 光催化剂投加量	D pH值
K_{1j}/%	22.222	19.480	20.707	53.792
K_{2j}/%	40.741	55.304	55.026	28.122
K_{3j}/%	53.404	41.446	40.468	34.317
R_j/%	31.182	35.824	34.319	25.670

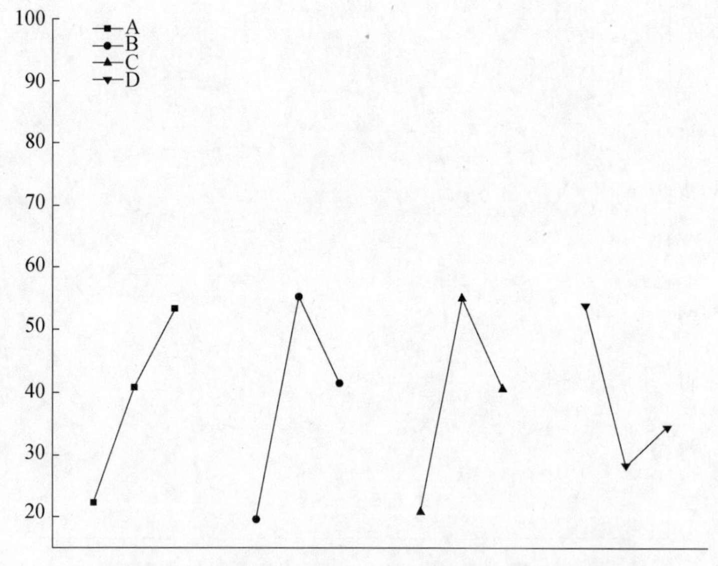

图4.58　正交实验各因素对COD降解影响的位极趋势图

在偏二甲肼初始浓度固定的情况下(400mg/L),多方法耦合联用降解偏二甲肼的显著水平仍为(紫外线-Fenton试剂投加量)>(光催化剂的投加量)>转速>pH值,在考虑COD降解时,四个因素的显著程度差别不太大。从各因素位极趋势图可以看出多方法联用降解COD四个影响因素的最佳组合为$A_3B_2C_2D_1$,即转速为1000r/min,Fe^{2+}与H_2O_2投加量为0.5Qth,光催化剂投加量为0.5g/L,pH值为3.5。

(2)转速。仅考虑偏二甲肼降解的理论最佳因素组合为$A_2B_3C_2D_2$,仅考虑COD降解的理论最佳因素组合为$A_3B_2C_2D_1$。在同时考虑两方面的降解效果时,转速的影响显著水平不高,因为其仅仅作为提升降解效果的辅助手段,并不能直接参与降解，但从之前的实验结果看，在光催化体系中，当光催化剂投加量不变时，转速越快，催化降解效果越好，并且可以看出，转速的提高会使 COD 降解效果增强，而在降解偏二甲肼方面，当同时具有 Fe^{2+} 与 H_2O_2、光催化剂的情况下，转速的快慢对偏二甲肼的降解效果影响不大，均大于 99%。在降解速率方面，处于超重力环境下的降解与未达到超重力环境的降解速率是不同的，因此将转速定为 1000r/min。

（3）Fe^{2+} 与 H_2O_2 的投加和光催化剂的投加。Cu-TiO_2-石墨纳米颗粒在光催化体系中，从正交实验的结果来看，特别是实验 4 与实验 7 的对比，从高效、快速降解的目的出发考虑，设定光催化剂投加量的一个水平为 1.0g/L，但在方法联用体系中仍出现了浓度过大，紫外线散射导致光催化效果下降，对于同一催化剂在同一降解条件下来说，光催化剂的投加量应取决于偏二甲肼废水量，而非偏二甲肼废水浓度。

在设计正交实验时，暂不考虑各个因素之间的交互作用，但实验中存在光催化剂和 Fe^{2+} 与 H_2O_2 的相互影响。

图 4.59 为 Cu-TiO_2-石墨纳米颗粒的 TEM 图。在紫外线-Fenton 法中，Fe^{2+} 以离子的形式存在，当与 Cu-TiO_2-石墨纳米颗粒联用时，Cu-TiO_2-石墨纳米颗粒中的氧化石墨烯会将 Fe^{2+} 吸附于氧化石墨烯表面，当 Cu-TiO_2-石墨纳米颗粒投加量过多或 $FeSO_4$ 投加量过多时，会产生吸附，形成絮状沉淀。氧化石墨烯仅吸附 Fe^{2+}，对 H_2O_2 无影响，所以偏二甲肼降解率较高，但 COD 降解率大大降低。因此，Fe^{2+} 与 H_2O_2 的添加和光催化剂的投加比例应适当。

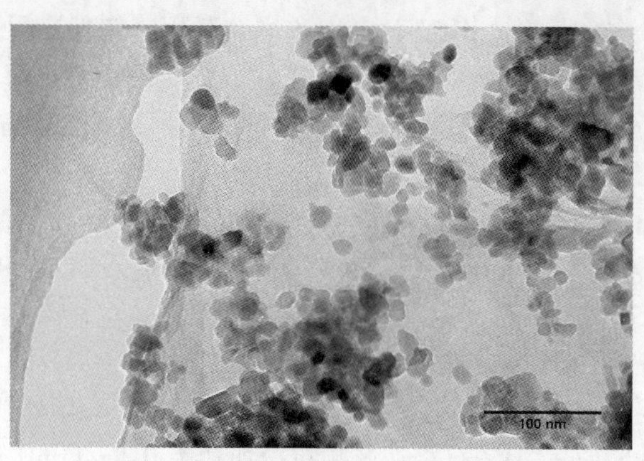

图 4.59　Cu-TiO_2-石墨纳米颗粒的 TEM 图

图 4.60 为 3 号实验降解过程中出现的絮状沉降物。当溶液中有 Fe^{2+} 时，应为黄色，但如图中所示，上层清液基本无色透明，但瓶底部有大量疏松的棕黄色絮状沉淀，说明 Cu-TiO_2-石墨纳米颗粒将 Fe^{2+} 沉降，实验 5 和实验 9 均有不同

图 4.60　光催化剂与 Fe^{2+} 吸附沉降图

程度的该现象产生。从实验 3 的降解结果来看,偏二甲肼完全被降解,COD 降解率仅为 22.222%,在降解过程中,$Cu-TiO_2$-石墨纳米颗粒将 Fe^{2+} 完全沉降,H_2O_2 不受影响,并且没有搅拌作用存在,上层液澄清,反应体系变成了紫外线和 H_2O_2 协同降解偏二甲肼,导致多方法联用体系被破坏,COD 降解率低[75]。

(4) pH 值。在正交实验中,从偏二甲肼降解效果和 COD 降解效果来看,pH 值的影响都是最小的。pH 值对多方法耦合联用降解偏二甲肼效果影响不显著,但从 COD 降解效果来看,当取 pH 值为 6 时,取得最佳的降解效果。当溶液呈碱性时,会使 Fe^{2+} 离子产生沉淀,导致降解效果下降;当溶液酸性较强时,导致光催化效果下降[76]。

综上所述,兼顾偏二甲肼降解与 COD 降解的理论最佳反应条件应为 $A_3B_2C_2D_2$,即:转速为 1000r/min、紫外线-Fenton 试剂投加量为 0.5Qth、光催化剂投加量为 0.5g/L、pH 值为 6。

2) 降解偏二甲肼结果

降解条件定为理论最佳反应条件:转速为 1000r/min、紫外线-Fenton 试剂投加量为 0.5Qth、$Cu-TiO_2$-石墨纳米颗粒投加量为 0.5g/L、pH 值为 6,偏二甲肼降解曲线记为偏二甲肼-1,COD 降解曲线记为 COD-1;以 $Cu-TiO_2$-石墨纳米颗粒与超重力技术结合降解进行对比,偏二甲肼降解曲线记为偏二甲肼-2,COD 降解曲线记为 COD-2,降解时间为 1h,每次取样为 20min。偏二甲肼与 COD 降解效果如图 4.61 所示。

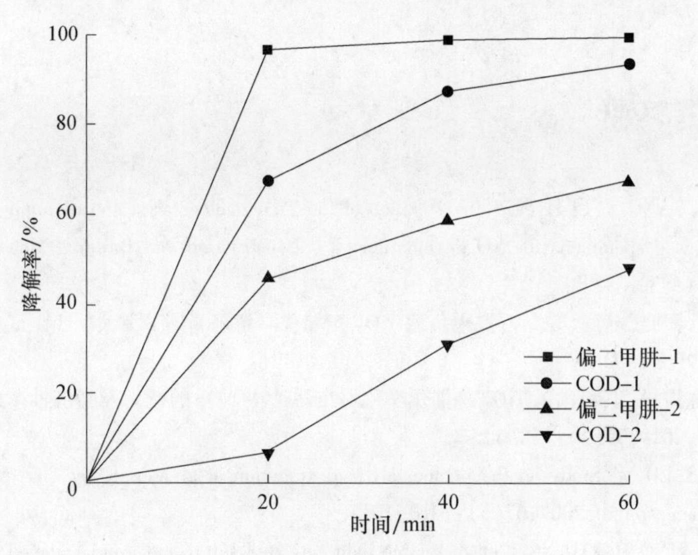

图 4.61　偏二甲肼与 COD 降解效果图

从图 4.61 中可以看出,多方法耦合联用降解偏二甲肼效果迅速,当 20min 时,偏二甲肼的降解率就达到了 96.67%,这可能是因为紫外线-Fenton 与 Cu-TiO_2-石墨纳米颗粒,在紫外线作用下,使得体系内的 H_2O_2 大量地转化为羟基自由基,偏二甲肼被快速分解,20min 后,降解率提升不高,最终 1h 偏二甲肼降解率为 99.79%;对于 COD 降解,0~20min,COD 降解率较高,达到了 65.43%,这也是因为体系中存在大量羟基自由基,尽管有偏二甲肼分子转化为中间产物,但大量自由基的存在使得中间产物被迅速降解,20min 以后,COD 降解速率下降,最终 1h COD 降解率达到 91.67%,为 59.98mg/L。

从图 4.61 中可以看出,光催化法与超重力联用降解效果没有多方法联用降解高效、快速,从 0~20min 时,偏二甲肼被迅速降解,20min 后,偏二甲肼降解速率下降,最终 1h 偏二甲肼降解率为 67.34%;对于 COD 降解,0~20min,COD 降解率较低,是因为偏二甲肼降解中间产物形成;20min 后,COD 降解速率升高,最终 1h 的 COD 降解率为 47.96%,为 374.79mg/L。

对比两种方法发现,多方法联用可以高效、快速地降解偏二甲肼与 COD,并极大地提高降解率,并且理论最佳降解条件确实能够提高 COD 降解率。

参考文献

[1] CAO X, YANG X, LI H, et al. Investigation of Ce-TiO_2 photocatalyst and its application in asphalt-based specimens for NO degradation [J]. Construction and Building Materials, 2017, 148:824-832.

[2] 郝彤遥,罗晓,赵彦,等. 石墨烯负载 TiO_2 光催化降解阿奇霉素废水 [J]. 工业水处理, 2019, 39(03):92-95.

[3] 潘华,陈雪松,王莉,等. TiO_2 光催化净化城市隧道中 NO_x 的行为及经济性 [J]. 中国环境科学, 2019, 39(1):118-125.

[4] CHEN S, LIU Y. Study on the photocatalytic degradation of glyphosate by TiO_2 photocatalyst [J]. Chemosphere, 2007, 67(5):1010-1017.

[5] NIU Y, XING M, ZHANG J, et al. Visible light activated sulfur and iron co-doped TiO_2 photocatalyst for the photocatalytic degradation of phenol [J]. Catal Today, 2013, 201:59-66.

[6] OHKO Y, ANDO I, NIWA C, et al. Degradation of bisphenol A in water by TiO_2 photocatalyst [J]. Environ Sci Technol, 2001, 35(11):2365-2368.

[7] SHAYEGAN Z, LEE C-S, HAGHIGHAT F. TiO_2 photocatalyst for removal of volatile organic compounds in gas phase-A review [J]. Chem Eng J, 2018, 334:2408-2439.

[8] 石凯,韩丽花,李孟宇,等. 具有可见光响应混晶 TiO_2 光催化剂的制备及光催化性能研究 [J]. 应用化工, 2019, 048(003):578-581.

[9] 徐家通,陈小泉,朱红玲,等. 纳米 α-Fe_2O_3/TiO_2 光催化剂的制备及其光催化性能研究 [J]. 化工新型材料, 2020, 3:197-202.

[10] SøRENSEN L, GROVEN A S, HOVSBAKKEN I A, et al. UV degradation of natural and synthetic microfibers causes fragmentation and release of polymer degradation products and chemical additives [J]. Sci Total Environ, 2021, 755:43170.

[11] TAN C, GAO N, DENG Y, et al. Degradation of antipyrine by UV, UV/H_2O_2 and UV/PS [J]. J Hazard Mater, 2013, 260:1008-1016.

[12] XU X R, LI X Y, LI X Z, et al. Degradation of melatonin by UV, UV/H_2O_2, Fe^{2+}/H_2O_2 and UV/Fe^{2+}/H_2O_2 processes [J]. Separation and Purification Technology, 2009, 68(2):261-266.

[13] ZHANG R, SUN P, BOYER T H, et al. Degradation of pharmaceuticals and metabolite in synthetic human urine by UV, UV/H_2O_2, and UV/PDS [J]. Environ Sci Technol, 2015, 49(5):3056-3066.

[14] WOLS B, HOFMAN-CARIS C, HARMSEN D, et al. Degradation of 40selected pharmaceuticals by UV/H_2O_2[J]. Water Res, 2013, 47(15):5876-5888.

[15] ELMOLLA E S, CHAUDHURI M. Photocatalytic degradation of amoxicillin, ampicillin and cloxacillin antibiotics in aqueous solution using UV/TiO_2 and UV/H_2O_2/TiO_2 photocatalysis

[J]. Desalination,2010,252(1-3):46-52.
[16] BOSE P,GLAZE W H,MADDOX D S. Degradation of RDX by various advanced oxidation processes:I. Reaction rates [J]. Water Res,1998,32(4):997-1004.
[17] JOSEPH C G,PUMA G L,BONO A,et al. Sonophotocatalysis in advanced oxidation process: a short review [J]. Ultrasonics Sonochemistry,2009,16(5):583-589.
[18] KANAKARAJU D,GLASS B D,OELGEMöLLER M. Advanced oxidation process-mediated removal of pharmaceuticals from water:a review [J]. J Environ Manage,2018,219:89-207.
[19] 何灿,陈卓苗,李懿南,等. 不同高级氧化工艺处理焦化废水二级生化工艺出水研究 [J]. Clean Coal Technology,2019,25(2)/:122-128.
[20] 沈国宸,耿金菊,吴刚,等. 高级氧化联合生物活性炭工艺深度净化污水中 PPCPs 研究进展 [J]. 环境科学学报,2019,39(10):3195-3206.
[21] 纵宇浩,王虎,常峥峰,等. UV/H_2O_2 级氧化工艺脱汞试验研究 [J]. 工业催化,28(2):70-75.
[22] TANG X,ZHANG R,LI Y,et al. Enantioselectivity of haloalkane dehalogenase LinB on the degradation of 1,2-dichloropropane:A QM/MM study [J]. Bioorganic chemistry,2017,73:6-23.
[23] LIAO X,ZHANG C,WANG Y,et al. The abiotic degradation of methyl parathion in anoxic sulfur-containing system mediated by natural organic matter [J]. Chemosphere,2017,176:88-95.
[24] LIANG S,ZHU L,HUA J,et al. Fe^{2+}/HClO reaction produces $FeIVO^{2+}$:An enhanced advanced oxidation process [J]. Environ Sci Technol,2020,54(10):6406-6614.
[25] ZAZOU H,AFANGA H,AKHOUAIRI S,et al. Treatment of textile industry wastewater by electrocoagulation coupled with electrochemical advanced oxidation process [J]. Journal of Water Process Engineering,2019,28:14-21.
[26] LIU G,JI J,HUANG H,et al. UV/H_2O_2:An efficient aqueous advanced oxidation process for VOCs removal [J]. Chem Eng J,2017,324:4-50.
[27] EISENHAUER H R. Oxidation of phenolic wastes [J]. Journal(Water Pollution Control Federation),1964,36(9):1116-1128.
[28] DENISOV E T,METELITSA D I. Oxidation of benzene [J]. Russian Chemical Reviews,1968,37(9):656.
[29] BISHOP D,STERN G,FLEISCHMAN M,et al. Hydrogen peroxide catalytic oxidation of refractory organics in municipal waste waters [J]. Industrial & Engineering Chemistry Process Design and Development,1968,7(1):110-117.
[30] RUPPERT G,BAUER R,HEISLER G. The photo-Fenton reaction—an effective photochemical wastewater treatment process [J]. J Photochem Photobiol A,1993,73(1):75-78.
[31] PéREZ M,TORRADES F,DOMèNECH X,et al. Fenton and photo-Fenton oxidation of textile effluents [J]. Water Res,2002,36(11):2703-2710.
[32] HERMOSILLA D,CORTIJO M,HUANG C P. Optimizing the treatment of landfill leachate by

conventional Fenton and photo-Fenton processes [J]. Sci Total Environ, 2009, 407(11): 3473-3481.

[33] 赵录庆,姜聚慧,郭强,等. UV/Fenton 试剂法处理含偶氮蓝染料模拟废水的研究 [J]. 河南师范大学学报:自然科学版,2002,30(2):57-59.

[34] 万金保,闫伟伟. UV/Fenton 法处理水中间甲酚的研究 [J],南昌大学学报 · 工科版,2006,28(3):216-219.

[35] 林坤德,袁东星. UV-Fenton 法降解三唑磷的动力学及其产物鉴定研究 [R]. 第二届全国环境化学学术报告会,2007,276-279.

[36] 胡勤海,王志荣,陈艳,等. UV/Fenton 氧化降解水溶液中甲基叔丁基醚的试验研究 [J]. 环境污染防治,2005,27(8):564-567.

[37] 郑展望. 非均相 UV/Fenton 处理难降解有机废水研究 [D]. 杭州:浙江大学,2004.

[38] KAVITHA V, PALANIVELU K. Degradation of nitrophenols by Fenton and photo-Fenton processes [J]. J Photochem Photobiol A, 2005, 170(1): 83-95.

[39] KASIRI M B, ALEBOYEH H, ALEBOYEH A. Mineralization of CI Acid Red 14 azo dye by UV/Fe-ZSM5/H_2O_2 process [J]. Environmental technology, 2010, 31(2): 165-173.

[40] MA J, SONG W, CHEN C, et al. Fenton degradation of organic compounds promoted by dyes under visible irradiation [J]. Environ Sci Technol, 2005, 39(15): 5810-5815.

[41] ZHANG M H, DONG H, ZHAO L, et al. A review on Fenton process for organic wastewater treatment based on optimization perspective [J]. Sci Total Environ, 2019, 670: 10-21.

[42] NIDHEESH P V, GANDHIMATHI R, RAMESH S T. Degradation of dyes from aqueous solution by Fenton processes: a review [J]. Environmental Science and Pollution Research, 2013, 20(4): 2099-2132.

[43] BABUPONNUSAMI A, MUTHUKUMAR K. A review on Fenton and improvements to the Fenton process for wastewater treatment [J]. Journal of Environmental Chemical Engineering, 2014, 2(1): 557-572.

[44] HUA Z, MA W, BAI X, et al. Heterogeneous Fenton degradation of bisphenol A catalyzed by efficient adsorptive Fe_3O_4/GO nanocomposites [J]. Environmental Science and Pollution Research, 2014, 21(12): 7737-7745.

[45] XU J, LI Y, YUAN B, et al. Large scale preparation of Cu-doped α-FeOOH nanoflowers and their photo-Fenton-like catalytic degradation of diclofenac sodium [J]. Chem Eng J, 2016, 291: 74-83.

[46] GUO L, CHEN F, FAN X, et al. S-doped α-Fe_2O_3 as a highly active heterogeneous Fenton-like catalyst towards the degradation of acid orange 7 and phenol [J]. Appl Catal B Environ, 2010, 96(1-2): 162-168.

[47] CHEN J, HU Z, ZHU M. Review on catalytic oxidation degradation of oil-contaminated soil by Fenton-like reagent[C]//proceedings of the IOP Conference Series: Earth and Environmental Science, F, 2019. IOP Publishing.

[48] LIAO Q, SUN J, GAO L. Degradation of phenol by heterogeneous Fenton reaction using multi-

walled carbon nanotube supported Fe_2O_3 catalysts [J]. Colloids and Surfaces A: Physicochemical and Engineering Aspects, 2009, 345(1-3): 95-100.

[49] CLEVELAND V, BINGHAM J P, KAN E. Heterogeneous Fenton degradation of bisphenol A by carbon nanotube-supported Fe_3O_4 [J]. Separation and Purification Technology, 2014, 133: 88-95.

[50] HU X, LIU B, DENG Y, et al. Adsorption and heterogeneous Fenton degradation of 17α-methyltestosterone on nano Fe_3O_4/MWCNTs in aqueous solution [J]. Appl Catal B Environ, 2011, 107(3-4): 274-283.

[51] CONG Y, LI Z, ZHANG Y, et al. Synthesis of α-Fe_2O_3/TiO_2 nanotube arrays for photoelectro-Fenton degradation of phenol [J]. Chem Eng J, 2012, 191: 56-63.

[52] MARTíN M B, PéREZ J S, LóPEZ J C, et al. Degradation of a four-pesticide mixture by combined photo-Fenton and biological oxidation [J]. Water Res, 2009, 43(3): 653-660.

[53] GARCíA-MONTAñO J, PéREZ-ESTRADA L, OLLER I, et al. Pilot plant scale reactive dyes degradation by solar photo-Fenton and biological processes [J]. J Photochem Photobiol A, 2008, 195(2-3): 205-214.

[54] CHEN F, MA W, HE J, et al. Fenton degradation of malachite green catalyzed by aromatic additives [J]. The Journal of Physical Chemistry A, 2002, 106(41): 9485-9490.

[55] 李军,刘祥萱,柴云. 锻烧温度对 Fe_2O_3 光催化降解偏二甲肼废水的影响 [J]. 工业水处理, 2017, 37(001): 41-44.

[56] 贾瑛,李毅,张秋禹. UV-Fenton 方法处理偏二甲肼废水 [J]. 含能材料, 2009, 17(3): 365-368.

[57] KULIK N, PANOVA Y, TRAPIDO M. The Fenton chemistry and its combination with coagulation for treatment of dye solutions [J]. Separation Science and Technology, 2007, 42(7): 1521-1534.

[58] CHEN S, SUN D, CHUNG J-S. Simultaneous removal of COD and ammonium from landfill leachate using an anaerobic-aerobic moving-bed biofilm reactor system [J]. Waste Management, 2008, 28(2): 339-346.

[59] 张乃东,郑威,黄君礼. UV-Vis/H_2O_2/草酸铁络合物法在水处理中的应用 [J]. 感光科学与光化学, 2003, 21(1): 72-78.

[60] 李春辉,姜晓璐. UV-vis/H_2O_2/草酸铁络合物非均相光催化氧化降解分散染料 [J]. 染料与染色, 2012, 049(001): 51-55.

[61] DONG Y, CHEN J, LI C, et al. Decoloration of three azo dyes in water by photocatalysis of Fe(III)-oxalate complexes/H_2O_2 in the presence of inorganic salts [J]. Dyes Pigment, 2007, 73(2): 261-26.

[62] KWAN C, CHU W. Photodegradation of 2,4-dichlorophenoxyacetic acid in various iron-mediated oxidation systems [J]. Water Res, 2003, 37(18): 4405-4444.

[63] DONG Y, HE L, YANG M. Solar degradation of two azo dyes by photocatalysis using Fe(III)-oxalate complexes/H_2O_2 under different weather conditions [J]. Dyes Pigment, 2008, 77

(2):343-350.

[64] HUANG M,XIANG W,ZHOU T,et al. The critical role of the surface iron-oxalate complexing species in determining photochemical degradation of norfloxacin using different iron oxides [J]. Sci Total Environ,2019,697:34220.

[65] MAZELLIER P,SULZBERGER B. Diuron degradation in irradiated,heterogeneous iron/oxalate systems: the rate-determining step [J]. Environ Sci Technol,2001,35(16):3314-3333.

[66] DANESHVAR N,KHATAEE A. Removal of azo dye CI acid red 14 from contaminated water using Fenton,UV/H_2O_2,UV/H_2O_2/Fe(Ⅱ),UV/H_2O_2/Fe(Ⅲ) and UV/H_2O_2/Fe(Ⅲ)/oxalate processes: a comparative study [J]. Journal of Environmental Science and Health Part A,2006,41(3):315-328.

[67] MOUHOUB I,BOUANIMBA N,LAID N,et al. Photodegradation of Cyproheptadine using heterogeneous iron oxide-oxalate complex system under UV illumination [J]. J Photochem Photobiol A,2020,398:12487.

[68] DONG Y,LI K,JIANG P,et al. Simple hydrothermal preparation of α-,β-,and γ-MnO_2 and phase sensitivity in catalytic ozonation [J]. RSC Adv,2014,4(74):39167-39173

[69] CHEN H,YANG Y,LIU Q,et al. A citric acid-assisted deposition strategy to synthesize mesoporous SiO_2-confined highly dispersed $LaMnO_3$ perovskite nanoparticles for n-butylamine catalytic oxidation [J]. RSC Adv,2019,9(15):8454-8484.

[70] WU M,LEUNG D Y,ZHANG Y,et al. Toluene degradation over Mn-TiO_2/CeO_2 composite catalyst under vacuum ultraviolet(VUV) irradiation [J]. Chem Eng Sci,2019,195:85-94.

[71] 冯锐,贾瑛,宋静涛,等.3种工艺降解偏二甲肼废水研究 [J]. 化学推进剂与高分子材料,2017,15(5):55-57.

[72] LIANG S,TENG F,BULGAN G,et al. Effect of phase structure of MnO_2 nanorod catalyst on the activity for CO oxidation [J]. J Phys Chem C,2008,112(14):5307-5315.

[73] HUANG Y,JIA Y,SHEN K,et al. Degradation of gaseous unsymmetrical dimethylhydrazine by vacuum ultraviolet coupled with MnO_2[J]. New J Chem,2021,45(3):1194-1202.

[74] HUANG H,LU H,ZHAN Y,et al. VUV photo-oxidation of gaseous benzene combined with ozone-assisted catalytic oxidation: Effect on transition metal catalyst [J]. Appl Surf Sci,2017,391:662-667.

[75] 贾瑛,许国根.TiO_2-Cu^{2+}体系降解偏二甲肼的研究 [J]. 云南环境科学,2000,019(A08):162-164.

[76] 郑伟双,张光友,卢士香,等.掺铜纳米二氧化钛光催化降解偏二甲肼废水 [J]. 科技导报,2006,24(0607):21-23.

第5章

液体推进剂泄漏应急处置功能材料

偏二甲肼等液体推进剂在生产、储存、转移和使用过程中容易泄漏或挥发，造成人员中毒，环境污染，甚至火灾、爆炸等严重后果[1-3]。因此，对泄漏的液体推进剂进行快速的洗消处理，使其失去流动性、挥发性或毒性对于现场工作人员生命健康及环境安全十分重要[4-5]。

目前，液体推进剂泄漏的洗消方法主要包括水冲洗消法、吸附洗消法、化学洗消法和复合洗消法[6-9]。水冲洗消法主要是使用大量的水冲洗，起到稀释的作用。水冲或喷雾的方式可以将液体推进剂从空气中吸收洗涤下来，并且可以抑制液体推进剂的挥发，但是这种方法需要大量的水，形成的污水横流会造成环境污染并且会产生大量的液体推进剂废水，增加后续处理的难度。吸附洗消法主要是利用活性炭、膨润土等粉末洗消剂来吸附液体推进剂。吸附洗消法操作比较简单但易发生饱和，导致洗消剂用量大、耗费高，同时，粉末洗消剂阻止液体推进剂挥发的效果较差。化学洗消法主要是用一些碱或氧化剂与液体推进剂反应，使其丧失毒性[10-12]。化学洗消法具有速度快、效果好等优点，但是同样需要大量用水并且可能会损坏仪器设备。复合洗消法是指利用复合洗消剂处置泄漏的液体推进剂。复合洗消剂由次氯酸钠等氧化性洗消剂与泡沫覆盖剂组成。依靠氧化性的洗消剂分解肼类等还原性液体推进剂，消除或减缓其对等环境的影响；泡沫覆盖剂则将泄漏的液体推进剂及其造成的废水覆盖起来，使之与空气隔绝，防止液体推进剂向大气扩散。复合洗消法是目前处理肼类推进剂的最佳洗消剂。

因此，设计一种新型的洗消方法，能够将水冲洗消法和吸附洗消法的优点相结合，即花费较低的成本，使用较少的洗消剂和水即可使泄漏的液体推进剂快速凝胶固化阻止其横流，同时抑制液体推进剂向空气中挥发，具有重要的意义[13]。

5.1 偏二甲肼液体泄漏的洗消方法

1. 水冲洗消法

偏二甲肼易溶于水，通过水冲或喷雾可以稀释偏二甲肼液体，降低其蒸气压，抑制偏二甲肼的挥发。美国联合化学公司研究证明，对于偏二甲肼洗消，水是一种最好的洗消剂，但是，水冲洗消法需要消耗大量的水，水与偏二甲肼的比例大概为 273：1~2 106：1 才能使得偏二甲肼挥发量降低到 500mg/m^3。该方法会造成大量的浪费，并且产生了大量的废水，废水渗漏到地表以下还会造成环境污染。

2. 吸附洗消法

吸附洗消法主要是喷洒比表面积较大的粉体来吸附偏二甲肼。侯瑞琴[14]等比较了 20 余种非金属矿粉对偏二甲肼的洗消效果，并筛选出了 5 种效果最好的粉体。卜晓宇[15]利用草酸改性膨润土作为偏二甲肼的洗消剂，洗消剂与偏二甲肼的比例为 50：1 时，偏二甲肼的吸附率可达 95%以上。吸附洗消法操作简单，无腐蚀性，便于收集处理，但是洗消剂吸附容量低、用量大、费用高，对于偏二甲肼的挥发抑制作用较小，对偏二甲肼气体的吸附效果较差[16]。

3. 化学洗消法

化学洗消法主要是利用酸碱中和或氧化还原反应来洗消偏二甲肼液体。主要的洗消物质有 $NaHCO_3$、$KMnO_4$、H_2O_2、H_3BO_3、NaClO 等。美国联合化学公司研究表明，在水中加入少量的 H_3BO_3 或 $NaHCO_3$ 有利于提高洗消效果，可将空气中的偏二甲肼含量降低到 0.2%以下。化学洗消法具有反应速度快、洗消效果好的优点；但是化学洗消法同样需要使用大量的水，其中的碱或氧化剂易对仪器或人员造成伤害，并且可能产生亚硝基二甲胺等剧毒的中间产物，产生的大量废水需要二次处理。

4. 复合洗消法

复合洗消法主要是利用化学法使偏二甲肼失去活性，同时表面覆盖上一层泡沫进而抑制偏二甲肼向空气中挥发。美国联合化学公司将膨胀泡沫剂与 H_3BO_3 同时使用，偏二甲肼的挥发量降低了 4 倍。我国由次氯酸盐和泡沫覆盖剂组合而成的“89-43F”型复合洗消剂在处理偏二甲肼泄漏的实际应用中表现良好。但这种方法不能阻止偏二甲肼液体横流，并且需使用大量水冲洗，会造成大面积污染。

5.2 海藻酸钠凝胶应急处理泄漏偏二甲肼液体

5.2.1 海藻酸钠结构与性能

海藻酸钠(sodium alginate,SA)是一种聚阴离子多糖的钠盐,由 β-D-甘露糖醛酸和 α-L-古洛糖醛酸两部分组成,其化学结构式如图 5.1[17] 所示。海藻酸钠粉末溶于水但不溶于乙醇、氯仿等有机溶剂。海藻酸钠具有可生物降解、安全性高、无毒、便宜等优点,是一种最常用的包埋材料[18];其包埋机理主要是海藻酸钠与金属离子 M^{n+}($n\geqslant 2$)键合,进而取代原有的 Na^+ 和 H^+,转化为 $M(Alg)^{n+}$,形成三维网状凝胶,凝胶结构中有较大的空隙,通常被称作“蛋盒(egg-box)”结构[19-20]。研究表明:作为固定化的包埋剂,海藻酸钠的机械强度、传质性能等均优于琼脂、聚丙烯酰胺、明胶等凝胶材料[21]。海藻酸钠形成的凝胶球可长时间放置三年以上,加热亦可保持一定的稳定性,不易融化。

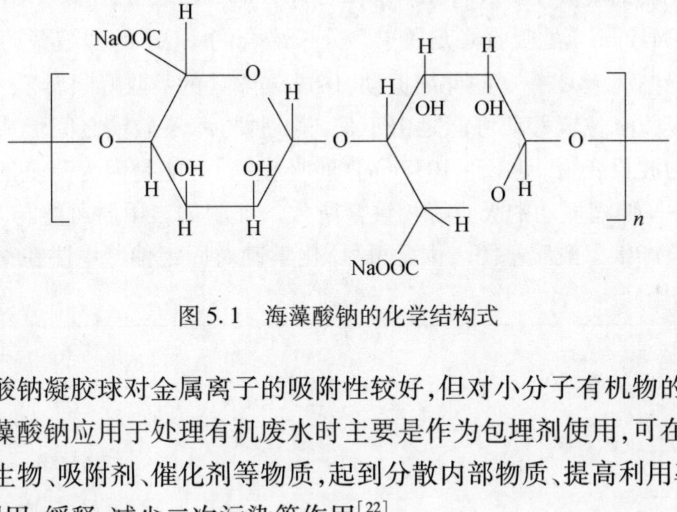

图 5.1 海藻酸钠的化学结构式

海藻酸钠凝胶球对金属离子的吸附性较好,但对小分子有机物的吸附效果较差。海藻酸钠应用于处理有机废水时主要是作为包埋剂使用,可在凝胶球内部包埋微生物、吸附剂、催化剂等物质,起到分散内部物质、提高利用率,便于回收、重复利用,缓释、减少二次污染等作用[22]。

利用海藻酸钠与钙离子之间的离子反应形成的凝胶可以快速处理泄漏偏二甲肼,有效地固定偏二甲肼,降低偏二甲肼蒸气压,抑制偏二甲肼向空气中挥发[23]。

5.2.2 实验方法

在一定温度下,将 5mL 的偏二甲肼液体倒入烧杯中,然后均匀喷洒一定量的洗消剂粉末,再加入一定量的水适度搅拌,3s 即可使液体变黏稠,不易流动。

10s 左右即可形成凝胶,随后放入装置中,用便携式偏二甲肼检测仪每隔 8s 自动检测反应箱内偏二甲肼气体的浓度,持续 1h。实验装置示意图如图 5.2 所示。

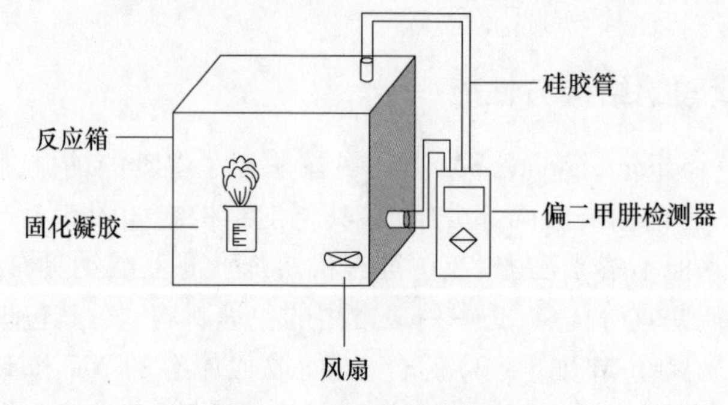

图 5.2 实验装置示意图

5.2.3 结构表征

将固化后的凝胶于 40℃下真空烘干,用于 FT-IR 表征,结果如图 5.3 所示。由图可见,3412cm^{-1} 处吸收峰归属于多分子缔合的—OH 的伸缩振动,1618cm^{-1} 处的吸收峰归属于 C ═ O 的伸缩振动,1419cm^{-1} 处的吸收峰归属于—CH_3 的伸缩振动。吸收峰位置移动可能是由于偏二甲肼与海藻酸钠之间形成氢键导致其吸收峰的波长变短。1125~1037cm^{-1} 处吸收峰,可能是因为酯基的吸收峰与胺基的 C—N 伸缩振动的吸收峰相重合所致。证明偏二甲肼可能与 SA 之间发生缩合反应产生了酰胺基团。由此可见,化学键对固定偏二甲肼在凝胶内部起到了一定作用。

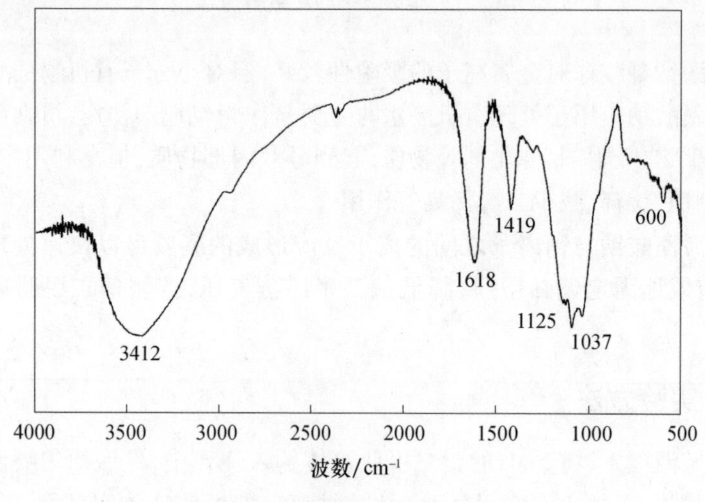

图 5.3 凝胶的 FT-IR 谱图

将固化后的凝胶冻干,喷金处理,用于 SEM 表征。SEM 图像如图 5.4 所示。由图可以看出,凝胶的内部为三维网层状结构,这是由于海藻酸钠中的钠离子被钙离子取代,导致海藻酸钠结构中的 α-L-古洛糖醛酸单元堆积形成交联网状结构。网状结构较为破碎可能是由于冻干机中进入了空气,导致凝胶冻干的效果较差。

通过 TGA 表征,研究了固化凝胶的热稳定性,结果如图 5.5 所示。由图可见,凝胶在 78℃处质量急剧下降,这是由于凝胶内分子间结合水逸出的结果。而一般应急处理的环境温度不超过 45℃,因此形成的凝胶可以较为稳定地收集、储存、转运。

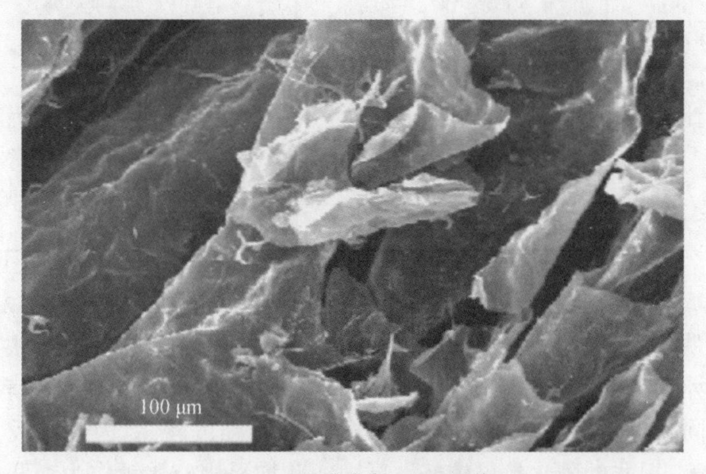

图 5.4 凝胶内部 SEM 图像

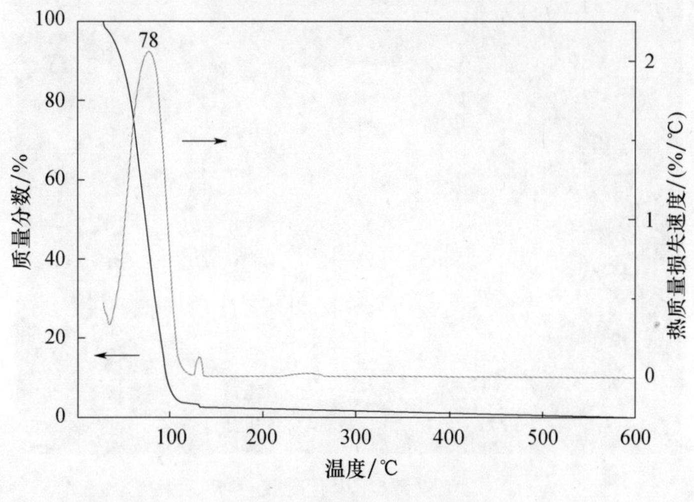

图 5.5 凝胶的 TGA 谱图

5.2.4　实验结果与讨论

1. 金属离子种类对偏二甲肼挥发量的影响

在偏二甲肼体积为5mL（质量为4.0g）、温度为25℃、海藻酸钠质量为0.5g、水的体积为30mL的条件下，分别比较0.2g的三氯化铁、硫酸镁、硫酸锰、硫酸铝、硫酸钙这5种试剂对偏二甲肼固化效果的影响，选出凝胶化速度最快，固化效果最好的金属离子，结果见表5.1。

表5.1　不同金属离子固化效果比较

金属离子	偏二甲肼浓度/(mg/m^3)	固化时间/s
Ca^{2+}	338.63	10
Fe^{3+}	408.13	300
Mn^{2+}	703.55	600
Al^{3+}	936.21	黏度增加，不能凝胶固化
Mg^{2+}	938.81	黏度增加，不能凝胶固化

由表5.1中数据可得，Al^{3+}与Mg^{2+}扩散速率较慢，凝胶的含水能力较弱，因此偏二甲肼挥发量较大。Ca^{2+}的扩散速率快，形成凝胶较均匀稳定，很好地将偏二甲肼和水包埋在凝胶内部。这可能是由于海藻酸钙凝胶内交联点较少，空腔较大[54]，同时与α-L-古洛糖醛酸单元相互作用强度较高，因此有较大的含水能力，对偏二甲肼的固化效果较好。后面实验均采用硫酸钙作为交联剂。采用硫酸钙做交联剂产生的固化凝胶如图5.6所示。

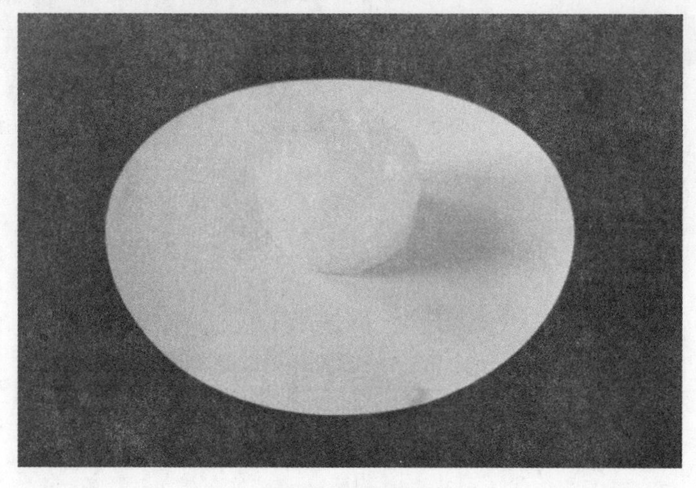

图5.6　固化凝胶

2. 最佳固化条件

在偏二甲肼体积为5mL、温度为25℃、偏二甲肼静态挥发时间为60min的条件下,采取正交实验法,以偏二甲肼挥发量为评价指标,考察硫酸钙、海藻酸钠、水的质量对偏二甲肼固化效果的影响,并确定洗消剂的最佳配比。偏二甲肼挥发量随时间的变化曲线如图5.7所示,正交实验因素水平表和正交实验结果分别见表5.2、表5.3。

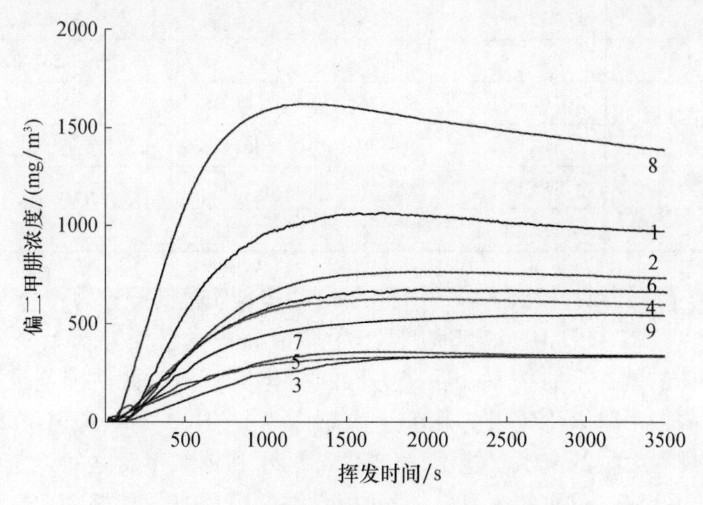

图5.7 不同固化条件下偏二甲肼挥发量

表5.2 正交实验因素水平表

水平	因素A 海藻酸钠质量/g	因素B 硫酸钙质量/g	因素C 水体积/mL
1	0.50	0.10	20.00
2	0.75	0.20	25.00
3	1.00	0.30	30.00

表5.3 正交实验结果

实验号	因素水平			偏二甲肼挥发量/(mg/m^3)
	A	B	C	
1	1	1	1	1 053.96
2	1	2	2	764.15
3	1	3	3	340.08
4	2	1	2	628.03

续表

实验号	因素水平			偏二甲肼挥发量/(mg/m^3)
	A	B	C	
5	2	2	3	331.88
6	2	3	1	674.90
7	3	1	3	356.86
8	3	2	1	1 622.29
9	3	3	2	547.07
k_1	719.40	679.16	1 117.05	
k_2	544.94	484.30	646.42	
k_3	842.07	520.68	342.94	
R	297.13	157.06	774.11	

表5.3数据表明,相比于偏二甲肼的质量,最佳洗消剂配比为:$w(SA) = 19\%$,$w(CaSO_4) = 5\%$,$w(H_2O) = 750\%$,偏二甲肼最高挥发量仅为331.88mg/m^3,即只有0.04%的偏二甲肼挥发。后文进行的固化实验均为此洗消剂配比。洗消剂含量对偏二甲肼固化效果的影响主次顺序为$w(H_2O) > w(CaSO_4) > w(SA)$。海藻酸钠具有大量的亲水官能团,凝胶内部的水和偏二甲肼之间以氢键连接可以进一步降低偏二甲肼的挥发量,因此用水洗消可以有效地抑制偏二甲肼的挥发。而海藻酸钠与硫酸钙质量过多会导致产生的凝胶过于致密[57],使得凝胶的含水量降低,影响偏二甲肼的固定效果。

3. 温度对偏二甲肼挥发量的影响

在偏二甲肼体积为5mL、海藻酸钠质量为0.75g、硫酸钙质量为0.2g、水的体积为30mL的条件下,考察温度对偏二甲肼固化效果的影响,实验结果如图5.8所示。由图可见,反应温度为25℃时,反应箱内偏二甲肼的浓度为331.88mg/m^3。随着反应体系温度升高,偏二甲肼的挥发量也逐渐增大,40℃时可达1092.48mg/m^3,此外固化时间也有所上升,由10s上升至20s。可见:温度升高使得偏二甲肼的饱和蒸气压增大,因此偏二甲肼的挥发量增大。但即使在40℃条件下,海藻酸钠对于偏二甲肼的固化效果仍较好,证明通常条件下$SA-CaSO_4-H_2O$洗消剂处理泄漏的偏二甲肼液体效果较好。

4. 不同水的组分对偏二甲肼挥发量的影响

常规化学洗消法在偏二甲肼泄漏之后,使用酸性或含氧化剂的水溶液进行喷雾处理,利用酸碱中和或氧化还原反应使偏二甲肼失去毒性。这样处理的方法较单一用自来水处理时间短、效果好,在形成凝胶之前也可以通过向水中加入少量酸或氧化剂的方式来处理泄漏的偏二甲肼。在室温条件下,使用0.75g

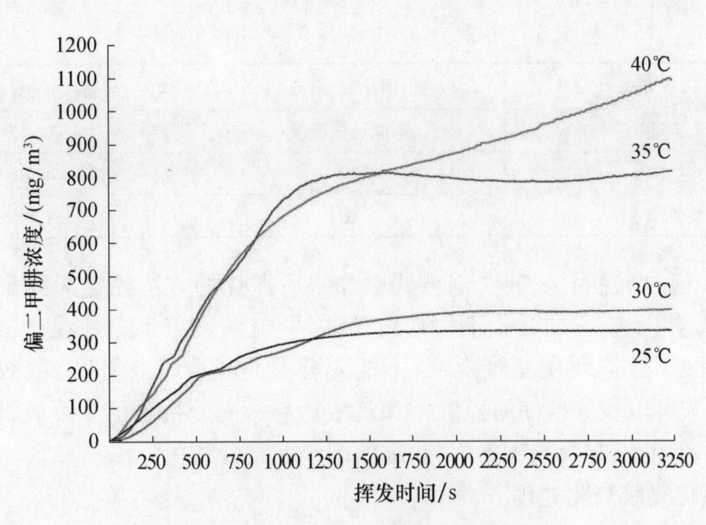

图 5.8 温度对偏二甲肼挥发量的影响

的海藻酸钠和 0.2g 的硫酸钙,加入 30mL 经预处理后的水对 5mL 的偏二甲肼进行固化实验,实验结果如表 5.4 所列。

表 5.4 不同水的组分偏二甲肼挥发量比较

水的组分	能否形成凝胶	偏二甲肼挥发量/(mg/m^3)
自来水	√	331.88
5%硫酸	√	581.49
10%硫酸	×	1174.07
5%过硫酸钠	√	950.87
10%过硫酸钠	×	1272.38

表 5.4 中数据说明,单纯使用自来水在这种洗消方法中效果最好。这是因为使用酸或氧化剂处理偏二甲肼的过程中会产生一定量的热量或气体,这些气体会破坏凝胶的三维结构;溶液中所含的离子会降低凝胶内部和水溶液之间的渗透压差,导致偏二甲肼和水溶液进入凝胶内部的速率减慢。实验证明,形成凝胶的固定效果要好于使用化学处理的方法,同时便于回收与后续处理,不具有腐蚀性。

5. 不同加水方式对偏二甲肼挥发量的影响

在应急处理过程中由于条件、设备等因素限制,应急处理过程中加水的方式需进一步探讨。在室温条件下,使用 0.75g 的海藻酸钠和 0.2g 的硫酸钙,加入 30mL 水对 5mL 的偏二甲肼进行固化实验。加水的方式依次为采用喷雾的方式、水冲的方式、加水后搅拌的方式。实验结果如表 5.5 所列。

表 5.5 不同加水方式偏二甲肼挥发量比较

加水方式	固化时间/s	偏二甲肼挥发量/(mg/m^3)
喷雾	不能形成凝胶	1034.45
水冲	20	474.70
加水后搅拌	10	331.88

表 5.5 数据说明,三种洗消方式中加水后搅拌的方法固化时间最短,固化效果最好。由于喷雾的方式不能使海藻酸钠、硫酸钙与水充分混合,易使未反应的海藻酸钠被包埋在凝胶内部,不能充分参与反应,因此洗消的效果最差。水冲的方式可以较好地使海藻酸钠和硫酸钙与水充分接触形成凝胶,固定水和偏二甲肼,但形成的凝胶较不均匀,洗消剂未能充分利用。

6. 固化凝胶炭化处理

由于此方法只是快速地将偏二甲肼包埋在凝胶内部,阻止其横流及挥发,但是没有真正地去除偏二甲肼,因此需要对形成的凝胶进行后续处理。凝胶可通过焚烧或高温加热的方式炭化处理,由于偏二甲肼极易燃烧,因此用这种方式进行后处理,挥发到空气中的偏二甲肼量很少。将形成的凝胶放入 400℃马弗炉中,加热 30min,凝胶已经被炭化,如图 5.9(a)所示。将凝胶利用 50mL 酒精焚烧,凝胶同样被炭化,结果如图 5.9(b)所示。炭化后的固体质量约为 0.64g,为所放海藻酸钠和硫酸钙质量的 67.4%,损失的质量可能是由于部分海藻酸钠分解产生 H_2O 和 CO_2 逸出所致。

(a)

(b)

图 5.9 炭化的凝胶
(a)高温炭化;(b)焚烧炭化。

7. 固化凝胶溶解处理

凝胶不仅可以通过高温焚烧的方式处理,还可以通过将凝胶溶解的方式将固体凝胶转化为液体,再用处理废水的方式处理达标后排放。实验分别用 1mol/L HNO_3 溶液、1mol/L NaOH 溶液、1mol/L Na_2CO_3 溶液对形成的凝胶做浸泡处理，观察凝胶的形态变化，如图 5.10 所示，从左到右依次为 HNO_3 溶液、NaOH 溶液和 Na_2CO_3 溶液。由图可见，经 1mol/L Na_2CO_3 溶液浸泡的凝胶 1h 左右即可溶解，而 1mol/L HNO_3 溶液和 1mol/L NaOH 溶液则还有大量未溶解的凝胶。Na_2CO_3 溶液溶解凝胶的机理可能是由于 CO_3^{2-} 与 Ca^{2+} 形成 $CaCO_3$ 沉淀从而破坏了凝胶内部的三维网状结构，导致凝胶溶解。

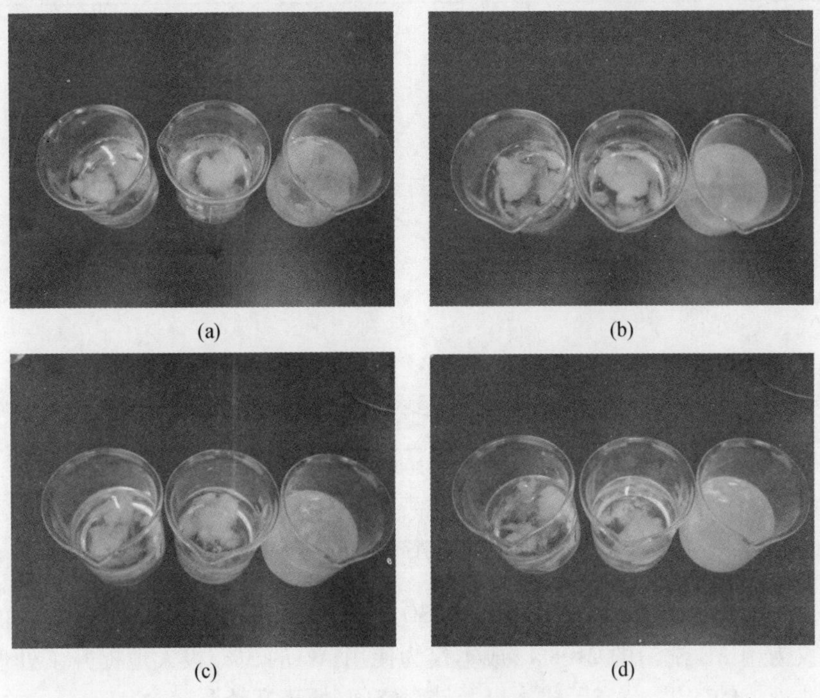

(a)　(b)　(c)　(d)

图 5.10　浸泡处理的凝胶

(a)0min;(b)30min;(c)60min;(d)120min。

8. 与传统粉末洗消剂性能比较

在偏二甲肼体积为 5mL、粉末洗消剂用量为 30g、温度为 25℃ 的条件下，将 SA-$CaSO_4$-H_2O 洗消剂与活性炭(activated carbon,AC)、膨润土、草酸改性膨润土等粉末洗消剂对偏二甲肼的固化效果进行比较，结果如图 5.11 所示。膨润土及草酸改性膨润土由于颗粒空隙较大，无法有效地阻止偏二甲肼挥发，5min 左右即达到了检测器的上限 2413.86mg/m^3。AC 由于比表面积较大因此能够吸附一定量的偏二甲肼气体，使其挥发速率减慢，但是偏二甲肼的挥发量在 60min 内仍持续增加。根据一般实验用剂的价格计算所需费用，洗消剂费用如表 5.6 所列。

表 5.6 不同洗消剂费用

洗消剂种类	质量/g	偏二甲肼挥发量/(mg/m^3)	价格/元
$SA-CaSO_4-H_2O$	0.75-0.20-30.00	331.88	0.033
AC	30.00	1531.23	1.500
膨润土	30.00	超出量程	1.140
酸改性膨润土	30.00	超出量程	1.160

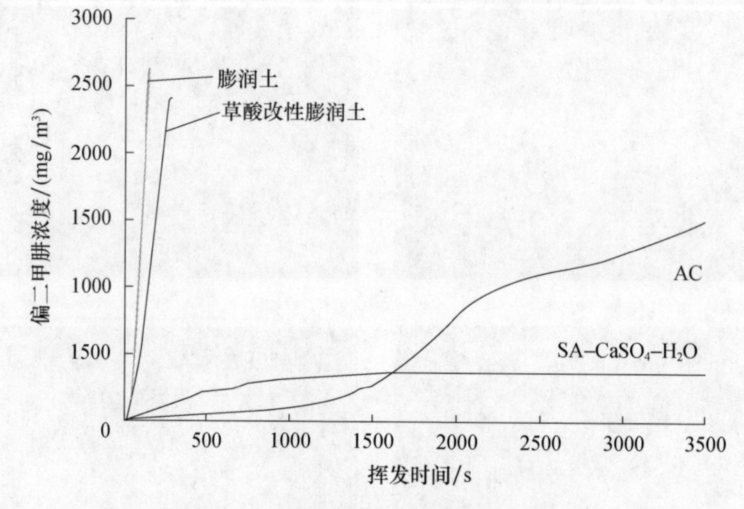

图 5.11 不同洗消剂偏二甲肼挥发量

由表 5.6 中数据可以看出，$SA-CaSO_4-H_2O$ 洗消偏二甲肼后 60min 内的挥发量仅为用 AC 洗消的 21.8%，成本仅为使用 AC 的 3%，极大地提升了处理偏二甲肼液体的效果，节省了成本以及储存空间，便于携带及运输。

5.2.5 降低偏二甲肼挥发量的方法

高锰酸钾由于具有强氧化性，用于改性活性炭纤维可以有效地吸附并降解空气中的偏二甲肼气体[24-25]，但是其与偏二甲肼反应十分剧烈，极易燃烧，故不能直接应用于处理泄漏偏二甲肼液体。利用洗消剂将偏二甲肼液体包埋在凝胶内部，可阻止其与锰氧化物的反应，将锰氧化物改性活性炭纤维覆盖在凝胶上，可以进一步降低偏二甲肼的挥发量。

1. 锰氧化物改性活性炭纤维的制备

活性炭纤维的预处理：将活性炭纤维用 1.0mol/L 的氢氧化钠浸泡 8h，取出活性炭纤维并用蒸馏水洗净，然后放入 1.0mol/L 的硝酸溶液中，在 60℃ 条件下水浴加热 2h，取出并用蒸馏水洗至中性，最后将活性炭纤维在 105℃下烘干，待用。

复合材料的制备：在 0.005mol/L 的十六烷基三甲基溴化铵溶液中加入 3g/L 的高锰酸钾，超声溶解 10min，而后加入 20g/L 活性炭纤维浸泡 20min，再加入一定量的甲醇，在室温下振荡 16h，取出活性炭纤维在 105℃下烘干，即制得锰氧化物改性活性炭纤维。

制备的锰氧化物改性活性炭纤维照片及 SEM 图像如图 5.12 所示。活性炭纤维经改性后变为深紫红色，锰氧化物成功附着在活性炭纤维上，负载得较为均匀。

图 5.12　锰氧化物改性活性炭纤维图像

2. 联用锰氧化物改性活性炭纤维对偏二甲肼挥发量的影响

在 25℃的条件下，使用最佳配比的洗消剂处理 5mL 的偏二甲肼液体，形成凝胶后覆盖数层锰氧化物改性活性炭纤维，测量反应箱内的偏二甲肼气体浓度，结果如表 5.7 所列。

表 5.7　覆盖锰氧化物改性活性炭纤维层数对偏二甲肼挥发量的影响

锰氧化物改性活性炭纤维层数	偏二甲肼挥发量/(mg/m^3)
0	331.88
1	105.43
2	25.42
3	0.43

如表 5.7 所列，随着锰氧化物改性活性炭纤维层数的增加，偏二甲肼的挥

发量逐渐降低,加入3层锰氧化物改性活性炭纤维即可使偏二甲肼挥发量降至0.43mg/m^3,低于我国规定的工作区最高允许浓度1mg/m^3。

5.2.6 大量偏二甲肼液体泄漏应急处理

在实际应用中,有时偏二甲肼泄漏量较大,使得操作人员需远距离处理泄漏液体,难以翻动或搅动洗消剂使其充分反应。因此可以利用喷洒洗消剂和水冲的方式远距离处理泄漏液体[26]。

利用托盘模拟地面,将100mL的乙醇倒入托盘内,模拟泄漏的偏二甲肼液体。在托盘中喷洒一定量的SA-$CaSO_4$洗消剂,然后用自来水冲洗废液,冲洗的过程中即可形成凝胶,将乙醇包埋在凝胶内部,结果如图5.13所示。SA-$CaSO_4$形成的凝胶分散在水中,部分洗消剂未能充分溶解参与反应就被包埋在凝胶内,这是由于水流较小未能充分搅动洗消剂,使其与水接触就被表面的凝胶包埋的原因。

图5.13 洗消剂处理乙醇液体的照片

由于实际处理大量偏二甲肼液体泄漏难以用机械搅拌的方式使洗消剂充分反应,因此可以用较多的自来水冲洗起到搅拌的作用。在冲洗完毕后可加入少量的高分子吸水树脂吸除剩余的水分(前期实验证明高分子吸水树脂对乙醇或偏二甲肼的水溶液不起作用,与文献相一致),结果如图5.14所示,加入高分子吸水树脂后,多余的水被凝胶化,使得所有废液均形成凝胶被固定,失去流动性,便于清理去除。

用该方法处理模拟偏二甲肼液体泄漏的速度较快,在水冲的过程中即可形成凝胶,洗消剂用量较少,能够将全部泄漏液包埋在凝胶内部,形成的凝胶便于清理和运输。形成凝胶后乙醇的气味明显减少，说明能够有效抑制凝胶内液体挥发，即使用力挤压废液也不会流出。

图 5.14 洗消剂联用高分子吸水树脂处理乙醇液体的照片

5.2.7 海藻酸钠-聚乙二醇-氧化石墨烯凝胶材料及性能

氧化石墨烯(GO)是一种新型的碳纳米材料，具有很高的比表面积以及大量的含氧官能团，因此具有很好的亲水性和吸附能力，但是其在水中难以与水分离，使用成本较高[27-28]。氧化石墨烯的化学结构式如图 5.15 所示。将氧化石墨烯、海藻酸钠(SA)、羧甲基纤维素(carboxymethyl cellulose,CMC)共混制得 GO-SA-CMC 凝胶球，发现加入氧化石墨烯对凝胶球的力学性能有很大的提升。聚乙二醇(polyethylene glycol,PEG)是一种无毒的高分子聚合物，PEG 与水有极好的互溶性，滴入 $CaCl_2$ 溶液中，固化形成不溶的海藻酸钙凝胶球时，PEG 可以从中溶出，在其溶出的过程中会不可避免地在凝胶球表面形成大量的孔洞。因此，控制 PEG 的大小及用量就可以调节凝胶球的孔的大小及数量，进而调节海藻酸钠凝胶球的吸附速率及吸附容量。

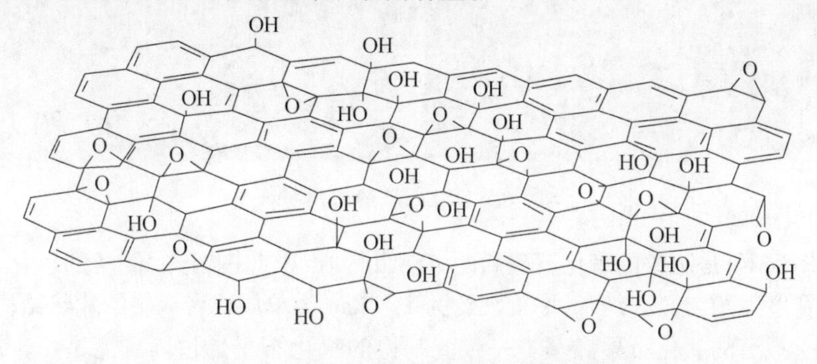

图 5.15 氧化石墨烯的化学结构式

1. SA-PEG-GO 凝胶球的制备

利用 Hummers 法制备氧化石墨烯，将一定量的氧化石墨烯溶于 50mL 蒸馏水中，超声处理 2h，在 60℃搅拌的情况下加入一定量的 SA 和 PEG，使其充分溶解，静置 2h 脱除气泡，使用 6 号针头的针管将溶液逐滴加入到质量分数为 5% 的 $CaCl_2$ 溶液中固化 12h，取出凝胶球，并用蒸馏水洗三次，即可得到 SA-PEG-GO 凝胶球，将其保存在蒸馏水中待用。

2. 结构表征

除常规的结构表征方式外，还用原子力显微镜对制得的氧化石墨烯进行表征，以及对凝胶球进行机械性能的测试和 X 射线衍射分析。

1）变形率

30 粒 SA-PEG 凝胶球的平均直径为 2.13mm，经过 200g 砝码配重 5min 后，凝胶球的平均直径变为 2.42mm，计算可得凝胶球变形率为 13.6%。30 粒 SA-PEG-GO 凝胶球的平均直径为 2.05mm，经过 200g 砝码配重 5min 后，凝胶球的平均直径变为 2.13mm，凝胶球的变形率为 3.9%。可见，加入氧化石墨烯后凝胶球的力学性能有较大的提升，在水中不易破碎，凝胶球的重复利用性能得到提升。

2）结构分析

图 5.16 是氧化石墨烯的 SEM 图。由图中可以看出，制备的氧化石墨烯是片层状结构，表面光滑并且有大量的褶皱，这可能是由于氧化石墨烯尺寸很小并且表面具有大量含氧官能团所致。

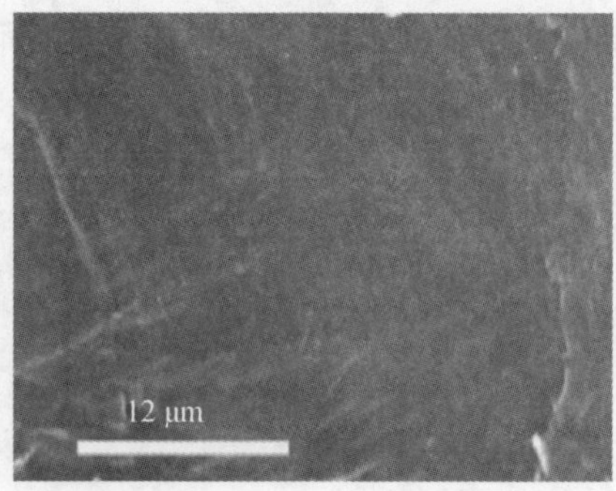

图 5.16　氧化石墨烯的 SEM 图

图 5.17 是制备的氧化石墨烯的 AFM 谱图。由此图可知，制备的氧化石墨烯的宽度大约为几百纳米，厚度大约为 1~2nm，为单层或者双层的片状结构，与文献上报道的氧化石墨烯基本一致。制得的氧化石墨烯过碎可能是由于测量之前超声时间过久的原因。

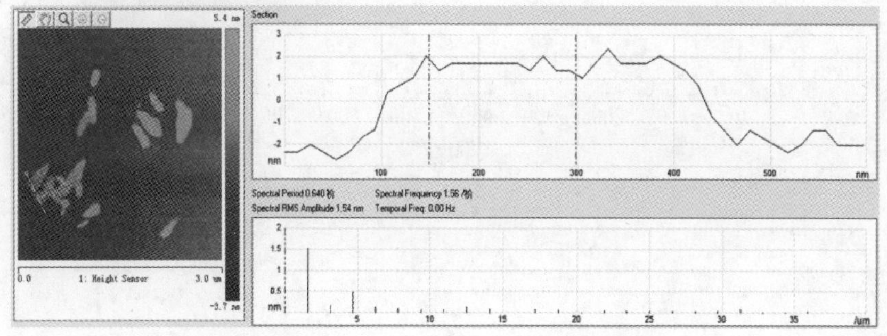

图 5.17 氧化石墨烯的 AFM 谱图

通过 TGA 研究了氧化石墨烯的热稳定性以及质量与温度的关系，结果如图 5.18 所示。25～100℃之间的失重主要是由于氧化石墨烯吸附的分子间水分子逸出，214℃左右的失重主要是由于氧化石墨烯含氧官能团的分解，表明氧化石墨烯表面具有大量含氧官能团，与红外表征相一致，546℃左右的失重可能是由于部分碳原子被氧化为 CO_2 逸出。

图 5.19(a)是鳞片石墨和 Hummers 法制备的氧化石墨烯的 XRD 谱图。结果显示，氧化石墨烯在 2θ 为 11.6°处出现了一个较强的衍射峰，此峰即为氧化石墨烯的特征衍射峰。鳞片石墨的特征衍射峰于 2θ 为 26.7° 处。根据 Bragg 方程 $2d\sin\theta=n\lambda$ 计算可得，氧化石墨烯的衍射峰对应的晶面间距为 0.76nm，鳞片石墨的晶面间距为 0.33nm。由于氧化石墨烯中含氧官能团的插入加大了晶面间距，因此 d 值大于天然鳞片石墨的晶面间距，由此证明成功合成了氧化石墨烯。图 5.19(b)是 SA，PEG，氧化石墨烯和 SA-PEG-GO 凝胶球的 XRD 谱图。结果显示，凝胶球整体没有明显的特征峰，凝胶球为非晶体。氧化石墨烯的含量很低因此没有在 2θ 为 11.6° 处显示出氧化石墨烯的特征峰。PEG 在形成凝胶球的过程中溶出凝胶球，因此没有 PEG 的特征峰。

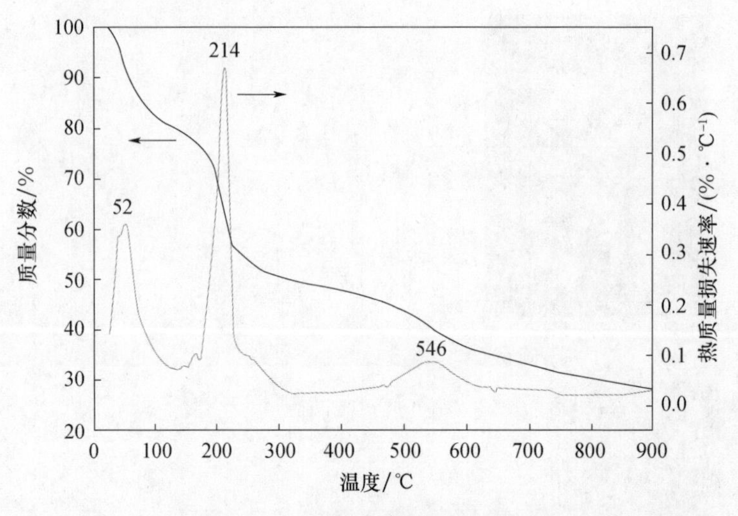

图 5.18 氧化石墨烯的 TGA 谱图

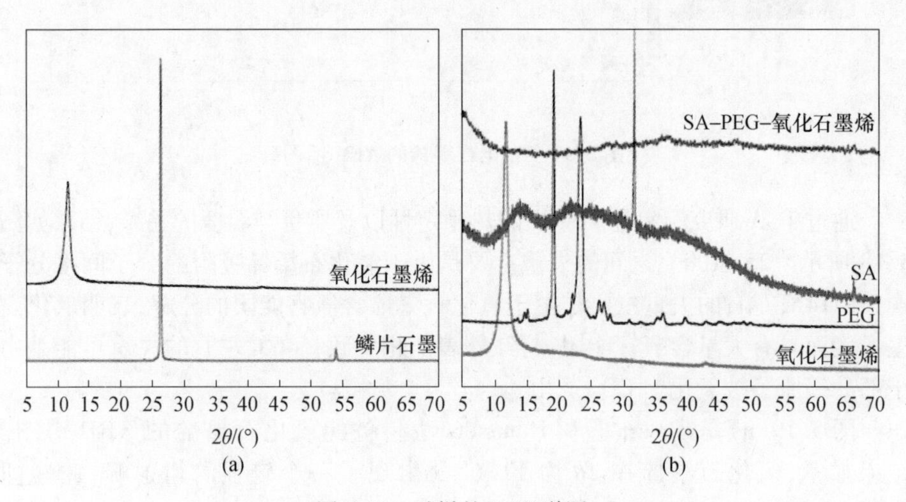

图 5.19 试样的 XRD 谱图

(a)鳞片石墨和氧化石墨烯;(b)SA-PEG-氧化石墨烯凝胶球。

图 5.20 是 PEG、氧化石墨烯、鳞片石墨、SA-PEG-氧化石墨烯凝胶球的 FT-IR 谱图。由图可见,原本无特征吸收峰的鳞片石墨通过 Hummers 法结合了大量的含氧官能团生成氧化石墨烯,使其化学活性以及亲水性得到了大幅度的提高。3403cm^{-1} 处的吸收峰归属于—OH 的伸缩振动,1725cm^{-1} 处的吸收峰归属于 C ═ O 的伸缩振动,1625cm^{-1} 的吸收峰归属于 C ═ C 的伸缩振动,1407cm^{-1} 处吸收峰归属于 C—OH 的伸缩振动。由 SA-PEG-氧化石墨烯凝胶球的红外光谱图可以得出—OH 的伸缩振动吸收峰移动可能是由于羟基中的氧原子与钙

离子发生缔合，产生螯合作用使其吸收峰的波长变短。而在 1088～1030cm^{-1} 处存在一个较宽的吸收峰为酯基的特征峰，因此表明凝胶球内的物质发生了化学反应。

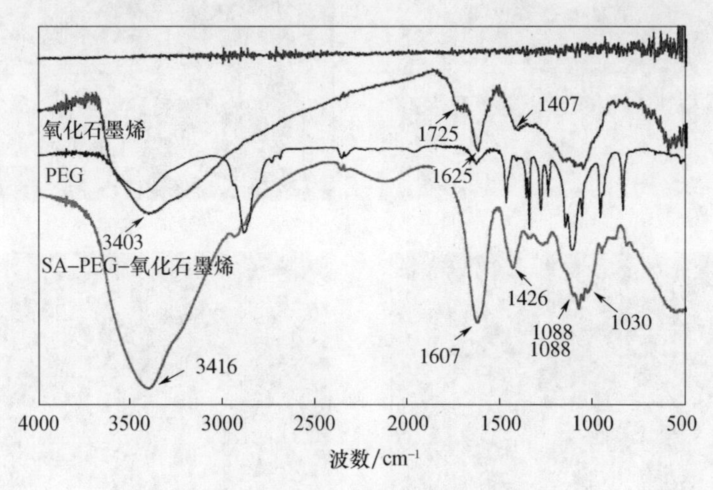

图 5.20　凝胶球的 FT-IR 谱图

图 5.21(a)是凝胶球的表观图。图 5.21(b)是冻干后的 SA 凝胶球的表面电镜扫描图，可以看出 SA 凝胶球表面具有大量的褶皱。图 5.21(c)为 SA-PEG-GO 凝胶球表面的电镜扫描图，从图中可以看出，凝胶球表面的褶皱增多变深，凝胶球表面出现一些孔道，说明 PEG 在形成凝胶球的过程中溶出起到了致孔的作用，这些孔道有利于偏二甲肼进入其中被氧化石墨烯吸附。图 5.21(d)为 SA-PEG-GO 凝胶球的内部电镜扫描图，由图中可以看出凝胶球内部具有大量网孔状结构，氧化石墨烯附着在网状结构上，具有良好的分散性。

3. 吸附实验

取 1mg/L 的偏二甲肼标准储备液 5mL 于 50mL 容量瓶中，用蒸馏水定容至刻度线，此溶液即为质量浓度为 100mg/L 的偏二甲肼溶液，取一定量溶液转移至 100mL 锥形瓶中。取出凝胶球用滤纸小心将其表面的水分吸干，称取一定量的凝胶球置于锥形瓶中。将锥形瓶放入恒温振荡箱中，每隔 30min 取 100μL 上清液于 50mL 具塞刻度试管中加入蒸馏水至刻度，摇匀待测。计算去除率和吸附容量 q_t。

$$\begin{cases} R=\dfrac{c_0-c_t}{c_0}\times100\% \\ q_t=\dfrac{(c_0-c_t)\cdot V}{m}\times100\% \end{cases} \tag{5.1}$$

式中：R 为 t 时刻的偏二甲肼去除率(%)；c_0 为偏二甲肼初始浓度(mg/L)；c_t 为 t

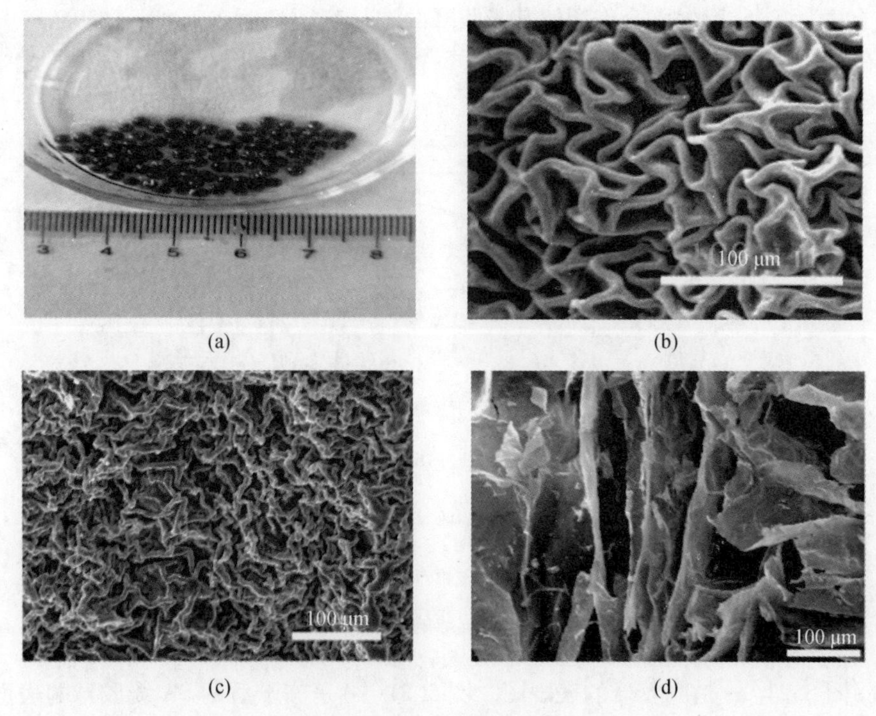

(a) (b) (c) (d)

图 5.21 试样的 SEM 图
(a)SA-PEG-氧化石墨烯凝胶球;(b)SA 凝胶球表面;
(c)SA-PEG-氧化石墨烯凝胶球表面;(d)SA-PEG-氧化石墨烯凝胶球内部。

时刻下的偏二甲肼浓度(mg/L);q_t 表示 t 时刻下凝胶球的吸附容量(mg · g);m 为凝胶球冻干后的质量(g);V 为偏二甲肼溶液的体积(L);t 为反应时间(min)。

1) 不同组分凝胶球对偏二甲肼去除率的比较

图 5.22 中四种凝胶球分别为:SA 质量分数为 3%的凝胶球; SA、PEG 质量分数分别为 3%、2%的凝胶球;AC、SA、PEG 质量分数分别为 0.2%、3%、2%的凝胶球;氧化石墨烯、SA、PEG 质量分数分别为 0.2%、3%、2%的凝胶球。分别用 60g/L 的这四种凝胶球对质量浓度为 100mg/L,未调节 pH 的偏二甲肼废水在 15℃下进行吸附实验。为了分析氧化石墨烯对凝胶球吸附偏二甲肼所起作用,根据凝胶球内氧化石墨烯的相对含量,在同样条件下,用 0.02g/L 的氧化石墨烯单独对偏二甲肼进行吸附试验。通过吸附曲线可以看出,单纯的 SA 凝胶球对偏二甲肼的吸附能力很低,加入 PEG 后吸附平衡时间得到缩短,这是由于 PEG 溶出过程中在凝胶球表面形成了大量的孔隙。凝胶球内加入质量分数为 0.2%的活性炭对吸附效果有一定的提升,但依然很低,去除率在 10%左右,而加入质量分数为 0.2% 的氧化石墨烯后,凝胶球对偏二甲肼的吸附能力有较大

的提升,去除率可达33%。单独加入凝胶球内相同质量的氧化石墨烯,对偏二甲肼的去除率可达24%。实验证明SA-PEG-GO凝胶球主要是通过其内部的氧化石墨烯吸附去除偏二甲肼。

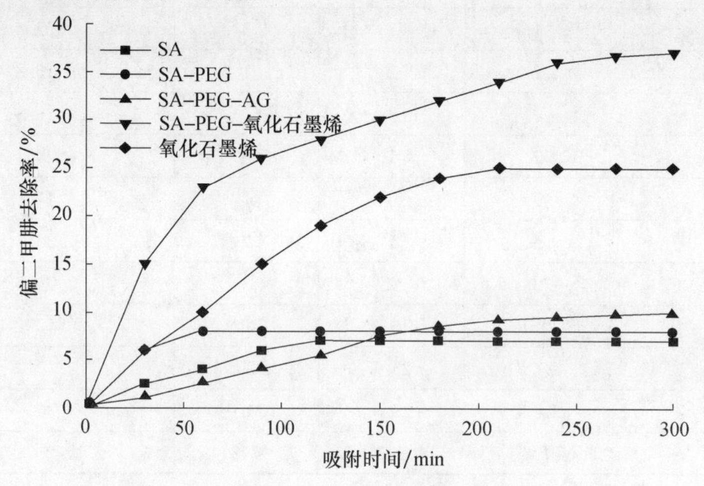

图5.22 不同凝胶球对偏二甲肼去除率的比较

2）凝胶球最佳制备条件

在偏二甲肼质量浓度为100mg/L、体积为50mL、温度为15℃、未调节pH值、投入3g凝胶球的条件下,采取正交实验法,以偏二甲肼去除率为评价指标,考察SA、PEG、氧化石墨烯的质量分数对SA-PEG-氧化石墨烯凝胶球吸附偏二甲肼性能的影响,确定凝胶球最佳制备工艺。正交实验因素水平表和正交实验结果分别如表5.8、表5.9所列。

表5.8 正交实验因素水平表

水平	因素A	因素B	因素C
	w(SA)/%	w(PEG)/%	w(GO)/%
1	2.0	2.0	0.1
2	2.5	3.0	0.2
3	3.0	4.0	0.3

表5.9 正交实验结果

实验号	因素水平			偏二甲肼去除率/%
	A	B	C	
1	1	1	1	16.2
2	1	2	2	30.0

续表

实验号	因素水平			偏二甲肼去除率/%
	A	B	C	
3	1	3	3	22.5
4	2	2	1	16.8
5	2	3	2	28.3
6	2	1	3	29.1
7	3	3	1	17.8
8	3	1	2	33.3
9	3	2	3	22.5
k_1	22.9	26.2	16.9	
k_2	24.7	23.1	30.5	
k_3	24.5	22.9	24.7	
R	1.8	3.3	7.8	

根据表5.9结果，按极差R大小列出因素的影响主次顺序，SA-PEG-GO凝胶球制备过程中各因素主次顺序为：$w(\mathrm{GO})>w(\mathrm{PEG})>w(\mathrm{SA})$。最佳制备工艺为：$w(\mathrm{SA})=3\%$，$w(\mathrm{PEG})=2\%$，$w(\mathrm{GO})=0.2\%$。随着氧化石墨烯含量的增加，凝胶球的吸附能力随之增加，当氧化石墨烯质量分数为0.2%时，偏二甲肼的去除率达到最高为33.3%，而当氧化石墨烯质量分数达到0.3%时，对偏二甲肼的去除率反而降低。这可能是由于氧化石墨烯含量过高使其在凝胶球内团聚导致比表面积下降，氧化石墨烯表面活性吸附位点减少，以致吸附性减弱。PEG所需浓度较低可能是由于它在溶出的过程中会被氧化石墨烯吸附一部分，占据一定数量的吸附位点，影响对偏二甲肼的吸附。

3）温度对偏二甲肼去除率的影响

在偏二甲肼浓度为100mg/L、体积为50mL、未调节pH值、放入3g凝胶球、反应时间为300min的条件下，改变体系温度，探究温度对偏二甲肼去除率的影响，结果如图5.23所示。由此曲线可以看出偏二甲肼的去除率随着温度的升高先降低后升高，这可能是由于在温度较低时，凝胶球对偏二甲肼主要以化学吸附为主并放出热量，因此随温度的升高，偏二甲肼的去除率逐渐下降。而在25℃以后，凝胶球对偏二甲肼的吸附主要是以物理吸附为主并吸收热量，随着温度的升高去除率逐渐增大。

4）pH对偏二甲肼去除率的影响

在偏二甲肼质量浓度为100mg/L、体积为50mL、温度为20℃的条件下，用浓度为0.1mol/L的HNO_3和0.1mol/L的NaOH溶液来调节偏二甲肼废水pH

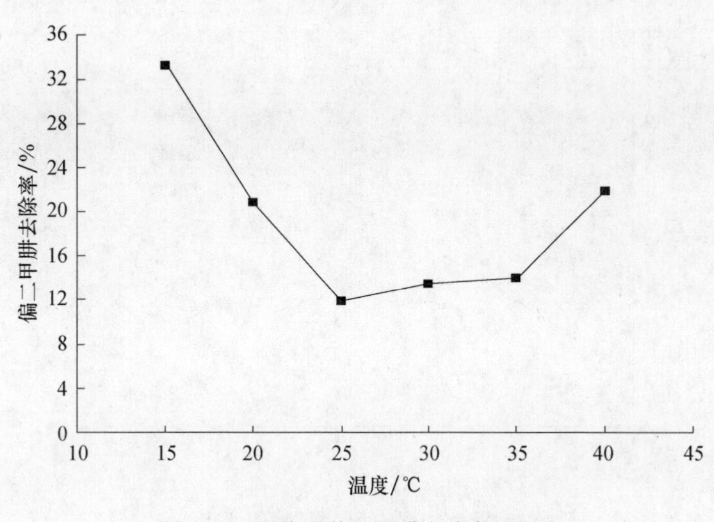

图 5.23 温度对偏二甲肼去除率的影响

值分别为 3.13、5.35、7.26、8.99、10.88，投入 3g 凝胶球进行吸附实验，并且测定吸附前后 pH 值的变化。实验结果如图 5.24、图 5.25 所示。

从图 5.24 中可以看出，去除率随着 pH 值的增加先增大后减小，在中性条件下为最大值，去除率为 28.5%。由图 5.25 可知，在 pH 值较小时吸附剂吸附较多的 H^+，而偏二甲肼在水中水解，放出阳离子，导致吸附剂和偏二甲肼之间存在排斥作用。pH 值较大时，质子化作用减弱，偏二甲肼的阳离子很容易被溶液中的 OH^- 攻击，不易被吸附剂吸附，这两种作用使得废水的 pH 值趋于中性。

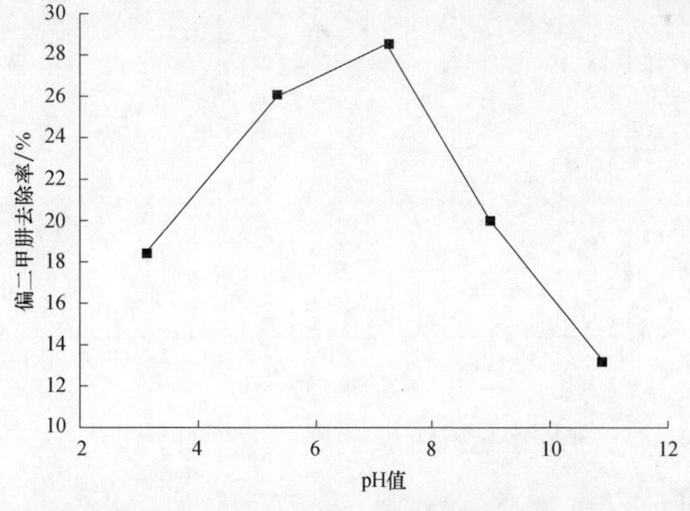

图 5.24 pH 值对偏二甲肼去除率的影响

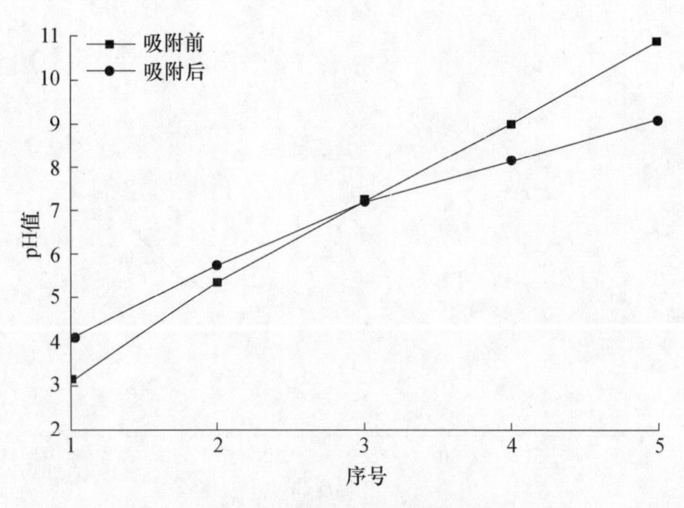

图 5.25　吸附前后 pH 值的变化

5）凝胶球投加量对偏二甲肼去除率的影响

在 20℃、pH 调节为 7、偏二甲肼浓度为 100mg/L、体积为 50mL、吸附时间为 300min 的条件下，改变凝胶球的投加量，探究凝胶球投加量对偏二甲肼去除率的影响，结果如图 5.26 所示。当凝胶球的投加量由 40g/L 增加到 160g/L 时，偏二甲肼去除率由 21%增加到 47%。这是因为随着凝胶球的加入，吸附的活性位点增多，因此偏二甲肼的去除率升高。

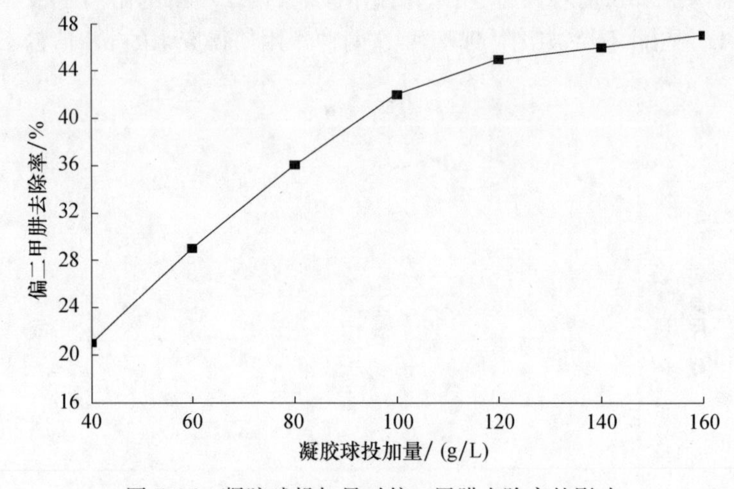

图 5.26　凝胶球投加量对偏二甲肼去除率的影响

6）吸附动力学

吸附动力学用于描述吸附剂吸附溶质的吸附速率，为研究 SA-PEG-氧化石墨烯凝胶球吸附偏二甲肼的动力学过程，对 60g/L 凝胶球在最佳吸附条件，即 15℃、pH 值为 7、偏二甲肼质量浓度为 100mg/L 的条件下进行实验，实验数据如图 5.27 所示。对吸附实验数据用动力学公式拟合，结果如图 5.28 所示。凝胶球质量采取冻干后的质量，平均每 3g 凝胶球冻干后质量为 0.1043g。

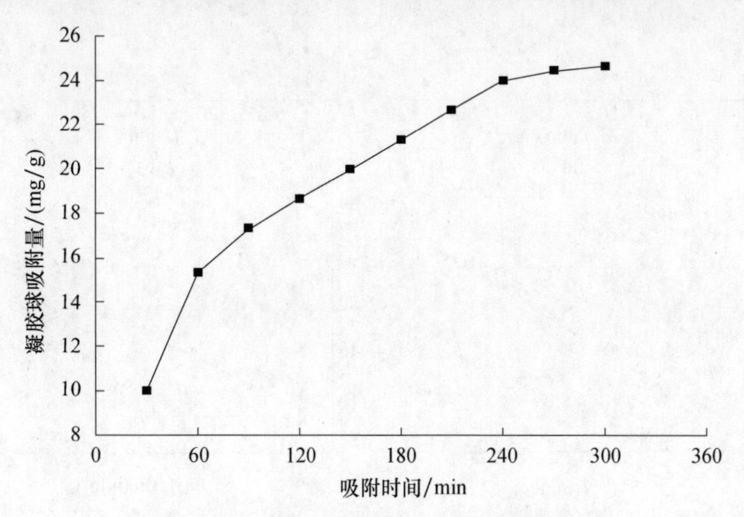

图 5.27 吸附时间对凝胶球吸附量的影响

准一级吸附动力学模型的表达式为

$$\ln(q_e - q_t) = \ln q_e - k_1 t \tag{5.2}$$

式中：k_1 为准一级吸附速率常数（min^{-1}）；q_e 为平衡吸附量（mg/g）；q_t 为 t 时刻单位吸附量（mg/g）；t 为吸附时间（min）。以 $\ln(q_e - q_t)$ 对 t 进行直线拟合。

准二级吸附动力学模型的表达式为

$$\frac{t}{q_t} = \frac{1}{k_2 q_e^2} + \frac{t}{q_e} \tag{5.3}$$

式中：k_2 为准二级吸附速率常数；q_e 为平衡吸附量（mg/g）；q_t 为 t 时刻单位吸附量（mg/g）；t 为吸附时间（min）。以 t/q_t 对 t 进行直线拟合。

颗粒内扩散动力学模型为

$$q_t = k_p t^{\frac{1}{2}} + C \tag{5.4}$$

式中：k_p 为内扩散速率常数[$mg/(g \cdot min^{1/2})$]；q_t 为 t 时刻单位吸附量（$mg \cdot g^{-1}$）；t 为吸附时间（min）；C 为速率常数。以 q_t 对 $t^{\frac{1}{2}}$ 拟合可获得 k_p。

Elovich 动力学模型为

$$q_t = a + b\ln t \tag{5.5}$$

式中：b 为速率常数；q_t 为 t 时刻单位吸附量（mg/g）；t 为吸附时间（min）。以 q_t

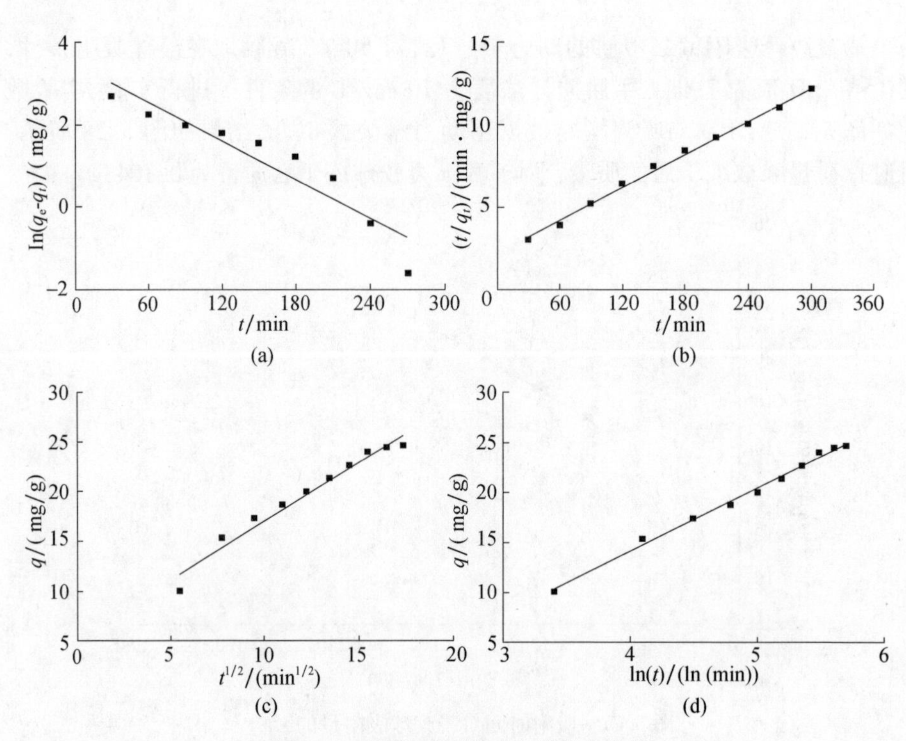

图 5.28　凝胶球吸附动力学拟合曲线

(a)准一级动力学拟合曲线;(b)准二级动力学拟合曲线;(c)内扩散拟合曲线;(d)Elovich 拟合曲线。

对 ln$t$ 拟合可获得 b。

各模型拟合的反应速率常数及相关系数见表 5.10。

表 5.10　吸附法处理偏二甲肼吸附速率参数及相关系数

准一级		
k_1/min^{-1}	$q_e/(\text{mg/g})$	相关系数
0.0157	32.5280	0.9413
准二级		
$k_2/(\text{g}/(\text{mg}\cdot\text{min}))$	$q_e/(\text{mg/g})$	相关系数
0.0005	29.8508	0.9976
内扩散		
$k_p/(\text{mg}/(\text{g}\cdot\text{min}^{1/2}))$	相关系数	
1.1863	0.9838	
Elovich		
$a/(\text{mg/g})$	$b/(\text{mg}/(\text{g}\cdot\ln(\text{min})))$	相关系数
−11.3950	6.3607	0.9964

拟合结果表明，吸附动力学数据很好地符合准二级动力学模型，其相关系数优于其他模型，且准二级动力学模型所得平衡吸附量 29.85mg/g 与实验所得的平衡吸附量 25.02mg/g 较为接近，说明 SA-PEG-GO 凝胶球对偏二甲肼的吸附过程符合准二级动力学模型。内扩散拟合曲线不通过原点，说明颗粒内扩散不是控制吸附过程的唯一步骤。

7）吸附等温线

在温度为 15℃、未调节 pH 值的条件下，凝胶球吸附量与偏二甲肼浓度的关系曲线如图 5.29 所示。在温度为 30℃、未调节 pH 值的条件下，凝胶球吸附量与偏二甲肼浓度的关系曲线如图 5.30 所示。凝胶球的吸附量随着偏二甲肼浓度的升高而逐渐增加，偏二甲肼浓度较低时曲线斜率较大，随着浓度增加曲线趋于平缓，表明吸附逐渐达到饱和。

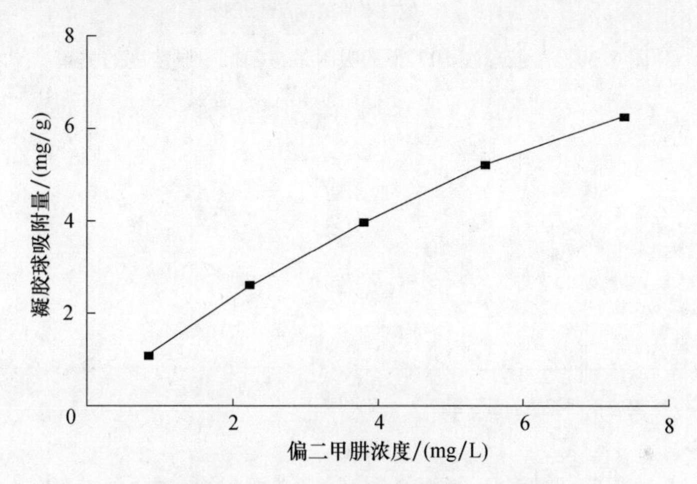

图 5.29　凝胶球在 15℃下的吸附量与偏二甲肼浓度的关系

凝胶球吸附量与偏二甲肼浓度的关系曲线采用 Langmuir 模型和 Freundlich 模型拟合吸附过程。Langmuir 模型拟合的方程表达式为

$$\frac{c_e}{q_e}=\frac{1}{q_0 k_L}+\frac{c_e}{q_0} \tag{5.6}$$

式中：q_0 为吸附剂在一定温度下的饱和吸附量；k_L 为 Langmuir 常数。

Freundlich 模型的方程表达式为

$$\ln q_e=\ln k_F+\frac{1}{n}\ln c_e \tag{5.7}$$

式中：k_F 和 n 为 Freundlich 常数。

凝胶球在 15℃和 30℃的拟合结果分别如图 5.31、图 5.32 所示，吸附等温线模型拟合的相关参数见表 5.11、表 5.12。

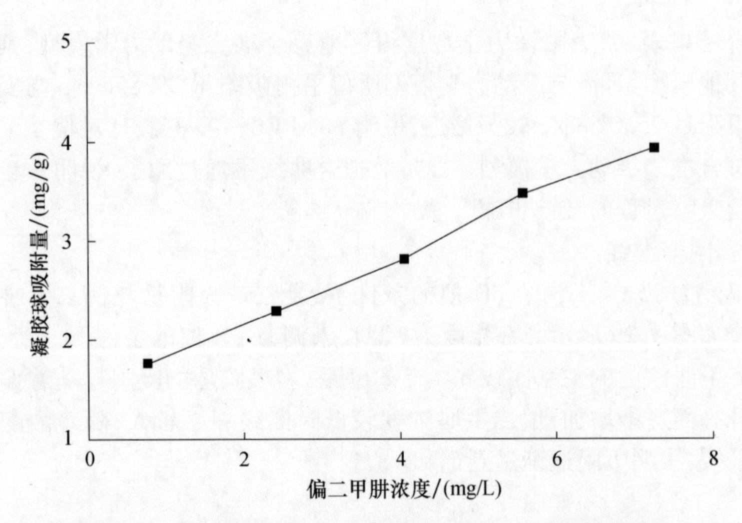

图 5.30 凝胶球在 30℃下的吸附量与偏二甲肼浓度的关系

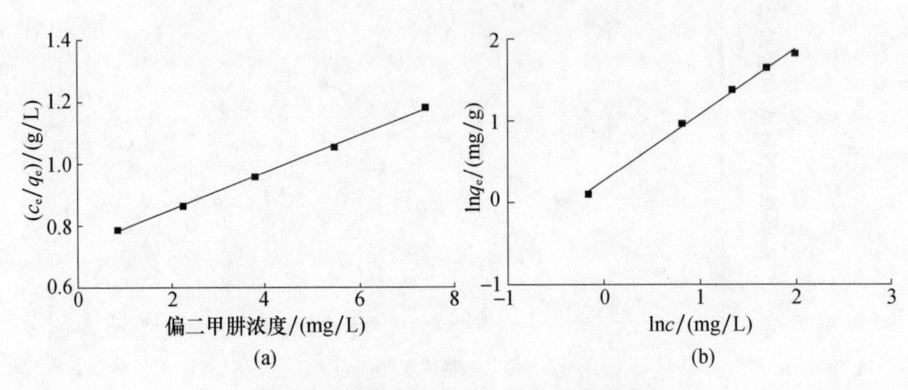

图 5.31 凝胶球在 15℃下的吸附等温线

(a) Langmuir 吸附等温线;(b) Freundlich 吸附等温线。

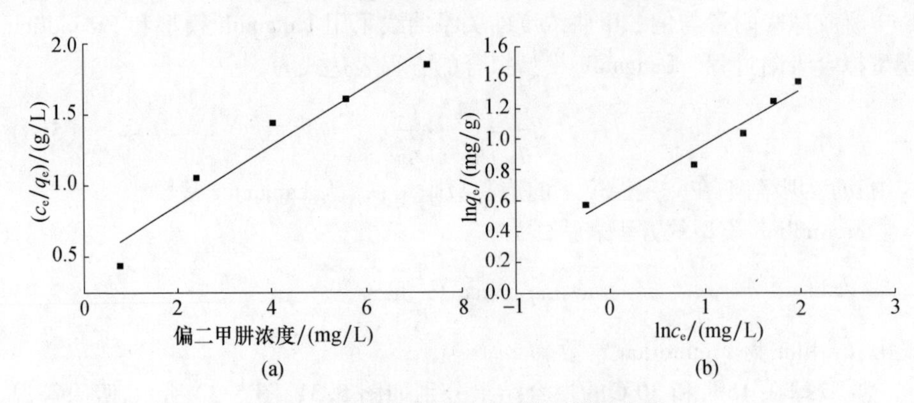

图 5.32 凝胶球在 30℃下的吸附等温线

(a) Langmuir 吸附等温线;(b) Freundlich 吸附等温线。

表 5.11 凝胶球在 15℃时 Langmuir 和 Freundlich 吸附等温线模型拟合参数

Langmuir		
k_L/(L/mg)	q_0/(mg/g)	相关系数
0.083	16.47	0.9987
Freundlich		
k_F/(mg/g)	n	相关系数
1.286	1.22	0.9824

表 5.12 凝胶球在 30℃时 Langmuir 和 Freundlich 等温吸附线模型拟合参数

Langmuir		
k_L/(L/mg)	q_0/(mg/g)	相关系数
0.48	4.78	0.9685
Freundlich		
k_F/(mg/g)	n	相关系数
1.83	2.82	0.9824

由表 5.11、表 5.12 可知，在 15℃，未调节 pH 值的条件下，SA-PEG-GO 凝胶球吸附水中偏二甲肼过程较好地符合 Langmuir 吸附等温模型，Langmuir 模型拟合所得的最大吸附容量 16.47mg/g 与凝胶球的实际吸附量 15.82mg/g 相近。说明该条件下的吸附主要为化学单分子层吸附。另外，根据 Langmuir 常数 k_L，可根据下式计算吸附平衡常数 R_L。

$$R_L = \frac{1}{1+k_L c_0} \tag{5.8}$$

式中：k_L 为 Langmuir 常数；c_0 为偏二甲肼初始浓度(mg/L)；R_L 为无因次参数，当 $R_L>1$ 时，表示吸附不可进行，当 $R_L=1$ 时，表示吸附为线性关系，当 $0<R_L<1$ 时，表示吸附比较容易进行，当 $R_L=0$ 时，表示吸附不可逆。

经计算 R_L 为 0.11，说明凝胶球对偏二甲肼的吸附属于优惠吸附。

在 30℃的条件下，SA-PEG-GO 凝胶球吸附水中偏二甲肼过程较好地符合 Freundlich 吸附等温模型，说明该体系的吸附主要为物理多分子层吸附。在 30℃、未调节 pH 值的条件下，Langmuir 模型拟合所得的最大吸附容量 4.78mg/g 与凝胶球的实际吸附量 6.23mg/g 较为接近。凝胶球的 Freundlich 模型中的参数 $n>1$，说明凝胶球对偏二甲肼的吸附属于优惠吸附。该结果与温度对偏二甲肼去除率影响实验的原因分析相一致。

8）凝胶球再生性能

将吸附实验后的凝胶球取出，用 3.0mmol/L 的过硫酸钠（sodium persulfate，PDS）进行再生处理。由于过硫酸钠具有氧化性可将吸附在凝胶球上的偏二甲肼氧化为小分子物质因此可以起到再生的作用。在 pH 值为 7、温度为 15℃、偏二甲肼质量浓度为 100mg/L、凝胶球投加量为 60g/L 的条件下，进行吸附实验。实验结果如图 5.33 所示。

实验结果表明再生 4 次后的凝胶球对偏二甲肼仍具有较好的吸附效果，偏二甲肼的去除率可达 36.3%，凝胶球的吸附容量可达 17.4mg/g，但力学性能有所下降，因此需要在 $CaCl_2$ 溶液中进行再次固化。经固化后的凝胶球力学性能得到提升，对偏二甲肼的吸附性能也较好。

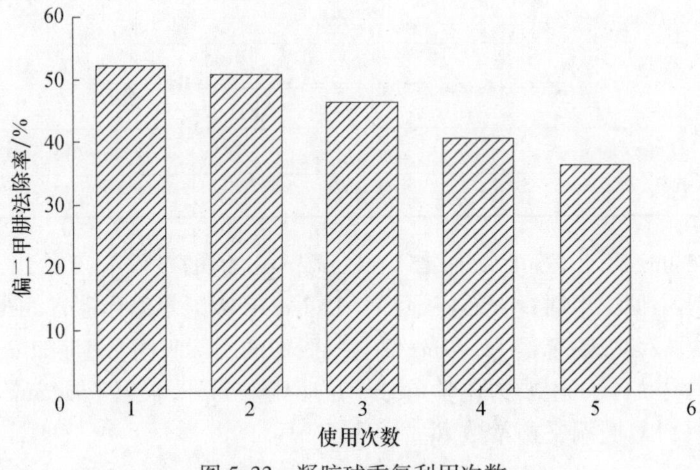

图 5.33　凝胶球重复利用次数

9）与其他吸附剂相比较

根据本次实验结果以及查阅其他吸附剂处理偏二甲肼废水的相关文献，将 SA-PEG-GO 凝胶球吸附剂与其他吸附剂吸附性能相比较，结果见表 5.13。

表 5.13　凝胶球与其他吸附剂的吸附容量的比较

序号	吸附剂	吸附容量/(mg/g)	再生次数
1	草酸改性凹凸棒土	73.14	—
2	碳纳米管	57.97	—
3	NaOH 改性碳纳米管	79.63	—
4	羧化壳聚糖微球	32.85	—
5	氧化石墨烯	233.33	—
6	SA-PEG-GO 凝胶球中氧化石墨烯	216.67	4
7	SA-PEG-GO 凝胶球	25.02	4

经前面研究所得,SA-PEG-GO 凝胶球的吸附性能因加入氧化石墨烯而得到了很大的提高。表 5.13 中可以看出,氧化石墨烯对于偏二甲肼的吸附容量很高,一方面是由于氧化石墨烯具有大的比表面积,另一方面是由于氧化石墨烯表面有大量的含氧官能团,这些含氧官能团如羧基、羰基等可以和偏二甲肼反应,形成稳定的化学键。但是氧化石墨烯本身不易被回收,导致其无法得到再生利用。将氧化石墨烯包埋在 SA-PEG-GO 凝胶球内,会使氧化石墨烯的吸附容量有所下降,但是氧化石墨烯可以十分简地得被重复利用,利于实际应用。

5.2.8　氧化石墨烯-铁-聚乙二醇-海藻酸钠凝胶材料及性能

1. GZPS 的制备

将一定量的氧化石墨烯溶于 50mL 蒸馏水中,超声处理 2h,边搅拌边加入一定量的 SA 和 PEG 使其充分溶解后加入还原铁粉,搅拌均匀后使用 6 号针头的针管将溶液逐滴加入到质量分数为 5%的 $CaCl_2$ 溶液中固化 12h,取出凝胶球并用蒸馏水洗三次,即可得到 GO-ZVI-PEG-SA 凝胶球(GZPS)。将凝胶球保存在蒸馏水中待用。

2. 结构表征

图 5.34 是 SA、PEG、GO 和 GZPS 的 XRD 谱图。结果显示:GZPS 在 $2\theta=44.715°$处出现了一个较强的衍射峰,为 Fe 的特征峰,表明 ZVI 被成功包埋在凝胶球内部;氧化石墨烯的含量很低因此没有显示出氧化石墨烯的特征峰;PEG 在形成凝胶球的过程中溶出,因此没有 PEG 的特征峰。

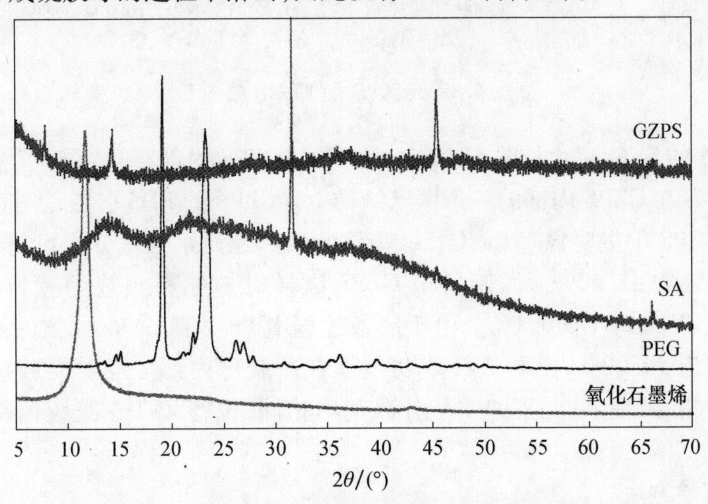

图 5.34　凝胶球的 XRD 谱图

图 5. 35 是鳞片石墨、氧化石墨烯和 GZPS 的红外光谱图。由图可看出原本无特征吸收峰的鳞片石墨通过 Hummers 法结合了大量的含氧官能团生成氧化石墨烯。3403cm^{-1} 处的吸收峰归属于—OH 伸缩振动,1725cm^{-1} 处的吸收峰归属于 C ═ O 的振动,1 625cm^{-1} 处的吸收峰归属于 C ═ C 的振动,1423cm^{-1} 处的吸收峰归属于 C—OH 的振动,1223cm^{-1} 和 1035cm^{-1} 处的吸收峰归属于 C—O—C 和 C—O 的伸缩振动。GZPS 的—OH 的伸缩振动吸收峰移动可能是由于羟基中的氧原子与钙离子发生缔合,产生螯合作用使其吸收峰的波长变短。没有出现氧化石墨烯在 1725cm^{-1} 处对应于 C ═ O 的吸收峰,这可能是由于 C ═ O 与其他官能团相互作用产生蓝移使得 1607cm^{-1} 的吸收峰加强。在 1088~1030cm^{-1} 处存在一个较宽的吸收峰为酯基的特征峰,因此表明凝胶球内的物质发生了化学反应。

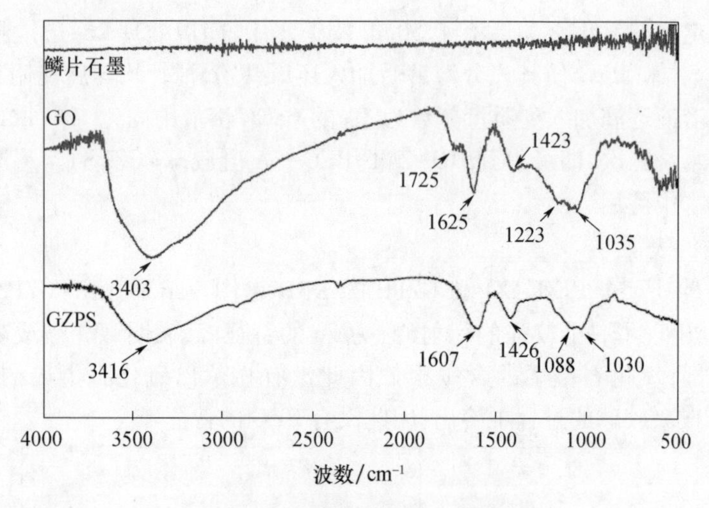

图 5. 35　凝胶球的 FT-IR 谱图

GZPS 的 SEM 照片见图 5. 36。由图可见,GZPS 内部存在“蛋盒”结构, GO 和 ZVI 附着在 GZPS 内部的三维网状结构上。GZPS 的 EDS 谱图见图 5. 37。由图可见,GZPS 中主要含有 Ca、C、Fe、O 等元素。经元素含量分析可得,Fe 元素的质量分数为 48. 40%。而制备该 GZPS 试样时的原料组成(w)为 SA 2%、PEG 2%、ZVI 2%、GO 0. 1%。由于制备过程中 PEG 溶出,Fe 元素的质量分数增加至约为 50. 00%,说明 ZVI 成功包埋在凝胶球内部。经对凝胶球内部进行多点检测,发现 Fe 元素的质量分数基本相同,说明 ZVI 在凝胶内部分布较为均匀。

3. 实验方法

在一定温度下,将 50mL 配制好的,质量浓度为 100mg/L 的偏二甲肼模拟

(a)

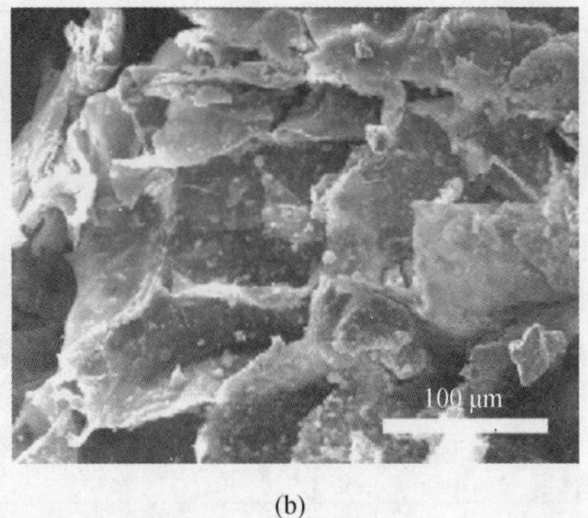

(b)

图 5.36　凝胶球的 SEM 图像

(a) GZPS 凝胶球；(b) GZPS 凝胶球内部。

标准样品：

C　$0Cr_{17}Ni_4Cu_4Nb$

O　SiO_2

Ca　硅石灰

Fe　Fe

元素	质量分数/%	原子分数/%
CK	1.48	3.30
OK	39.71	66.52
CaK	10.41	6.96
FeK	48.40	23.22
总量	100.00	

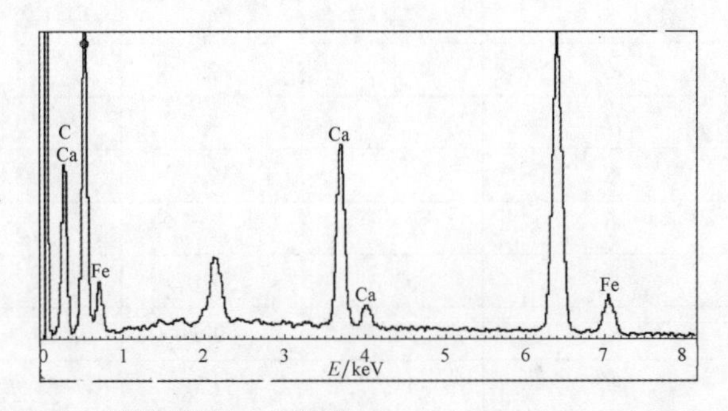

图 5.37　凝胶球的 EDS 谱图

废水注入 250mL 锥形瓶，加入一定量的过硫酸钠，再迅速加入一定量的 GZPS。将锥形瓶置于恒温水浴振荡器中，调节转速为 100r/min。定期取样，测定模拟废水中偏二甲肼质量浓度。

4. 降解实验结果与讨论

1）GZPS 的制备工艺对偏二甲肼去除率的影响

在 GZPS 加入量为 3g、温度为 35℃、降解时间为 80min、过硫酸钠加入量为 3mmol/L 的条件下，采取正交实验法，以偏二甲肼去除率为评价指标，考察 SA、PEG、GO、ZVI 的质量分数对所制备 GZPS 活化过硫酸钠降解偏二甲肼性能的影响，并确定最佳 GZPS 制备工艺参数。正交实验因素水平表和正交实验结果分别如表 5.14、表 5.15 所列。

表 5.14　正交实验因素水平表

水平	因素 A	因素 B	因素 C	因素 D
	w(SA)/%	w(PEG)/%	w(GO)/%	w(ZVI)/%
1	3	2	0.1	2
2	4	3	0.2	3
3	5	4	0.3	4

表 5.15　正交实验结果

实验号	因素水平				偏二甲肼去除率/%
	A	B	C	D	
1	3	2	0.1	2	56
2	4	3	0.1	3	60
3	5	4	0.1	4	57
4	3	3	0.2	4	55
5	4	4	0.2	2	50
6	5	2	0.2	3	55
7	3	4	0.3	3	49
8	4	2	0.3	4	54
9	5	3	0.3	2	64
k_1	53.3	55.0	57.7	56.7	
k_2	54.7	59.7	53.3	54.7	
k_3	58.7	52.0	55.7	55.3	
R	5.4	7.7	4.4	2.0	

由表 5.15 可见,SA、PEG、GO、ZVI 的质量分数分别为 5%、3%、0.3%、2%时制备的 GZPS 活化过硫酸钠降解偏二甲肼的效果最好,去除率可达 64%。各因素对偏二甲肼去除率影响的主次顺序为 w(PEG)>w(SA)>w(GO)>w(ZVI)。ZVI 对于活化过硫酸钠影响最小可能是由于质量分数为 2% 的 ZVI 足够对 3mmol/L 的过硫酸钠起到活化作用,加入过多的 ZVI 会消耗大量的 $SO_4^{2-}\cdot$,从而抑制了对偏二甲肼的降解。而氧化石墨烯起到了同样活化过硫酸钠的作用,前期红外光谱表明氧化石墨烯含有大量的含氧官能团,故反应机理见下式。

$$\begin{cases} \text{GO-OH}+S_2O_8^{2-} \longrightarrow SO_4^{2-}\cdot HSO_4^-+\text{GO-O}^- \\ \text{GO-OOH}+S_2O_8^{2-} \longrightarrow SO_4^{2-}\cdot HSO_4^-+\text{GO-O}^- \end{cases} \tag{5.9}$$

同时,氧化石墨烯由于具有很大的比表面积还可以对偏二甲肼起到一定的吸附作用。ZVI-GO 体系,由于铁碳微电解,ZVI 成为阳极,氧化石墨烯为阴极,发生电极反应,对偏二甲肼也具有较强的降解能力,未加过硫酸钠时 80min 对偏二甲肼的去除率即可达 34.62%。因此提高氧化石墨烯的质量分数可以提高偏二甲肼的去除率。过硫酸钠的质量分数决定凝胶球的力学性能,过少的过硫酸钠会导致凝胶球的解体,影响催化剂的重复利用,而过多的过硫酸钠会导致凝胶球过于致密,影响包埋其中的 ZVI 和氧化石墨烯活化过硫酸钠。经第 4 章对 SA-PEG-GO 凝胶球对偏二甲肼的吸附研究中发现,在凝胶球的形成过程中 PEG 溶出产生大量的孔道有利于偏二甲肼进入,可以提高去除偏二甲肼的速率。

2）过硫酸钠投加量对偏二甲肼去除率的影响

在温度为 35℃、偏二甲肼体积为 50mL、质量浓度为 100mg/L、GZPS 投加量为 3g 的条件下,考察初始过硫酸钠浓度对偏二甲肼去除率的影响。过硫酸钠加入量对偏二甲肼去除率的影响。如图 5.38 所示,随着过硫酸钠加入量的增加,偏二甲肼的去除率不断增加。当过硫酸钠的浓度从 1.0mmol/L 上升到 4.0mmol/L 时,偏二甲肼的去除率从 49.68% 上升到 84.81%,但是过硫酸钠的浓度从 4.0~5.0mmol/L 时,偏二甲肼的去除率上升得很低。这是因为当过硫酸钠浓度超过一定限度时,被催化剂活化瞬间产生大量的硫酸根自由基,使得硫酸根自由基之间相互湮灭,致使硫酸根自由基利用率下降,反应机理见下式:

$$SO_4^- \cdot + SO_4^- \cdot \longrightarrow S_2O_8^{2-} \tag{5.10}$$

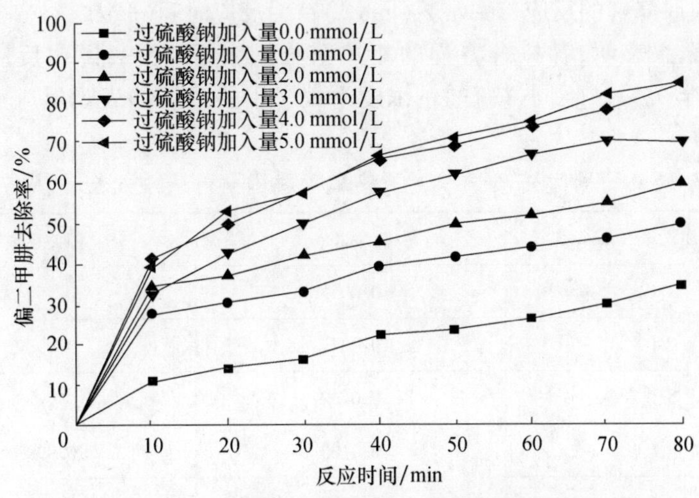

图 5.38 过硫酸钠浓度对偏二甲肼降解的影响

针对过硫酸钠不同投加量,考察 GZPS 活化过硫酸钠降解偏二甲肼的反应动力学,图 5.39 为不同过硫酸钠浓度偏二甲肼降解的 $\ln(c_t/c_0)-t$ 关系。由图可见，过硫酸钠的浓度从 1.0mmol/L 增加到 5.0mmol/L，$\ln(c_t/c_0)-t$ 关系基本呈线性。

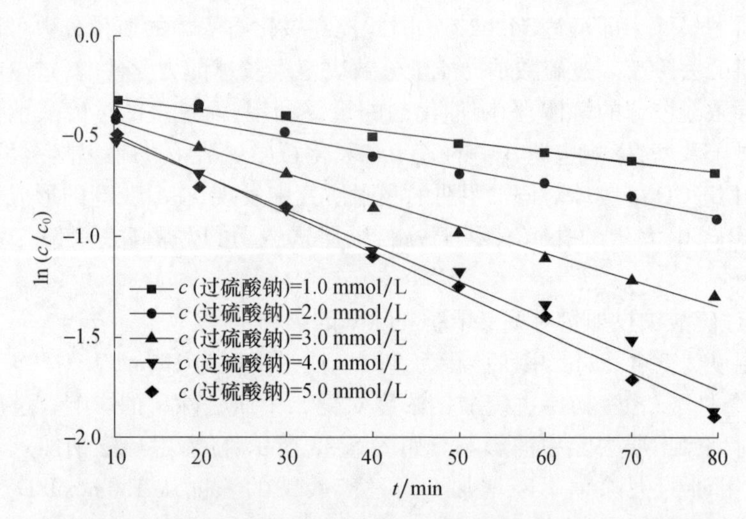

图 5.39　不同过硫酸钠浓度时偏二甲肼降解的 $\ln(c_t/c_0)\sim t$ 关系

对上述实验数据用下式进行拟合：

$$c_t=c_0\cdot e^{-kt} \tag{5.11}$$

式中：c_0 为偏二甲肼初始浓度(mg/L)；c_t 为反应时间 t 后的偏二甲肼浓度(mg/L)；k 为偏二甲肼降解的反应速率常数(min^{-1})；t 为反应时间(min)。

拟合结果表明，各拟合方程的相关系数均大于 0.99，说明反应符合准一级动力学关系。不同过硫酸钠浓度下偏二甲肼降解的表观反应速率常数见表 5.16。

表 5.16　不同过硫酸钠浓度下偏二甲肼降解的表观反应速率常数

过硫酸钠加入量/(mmol/L)	k/min^{-1}	相关系数
1.0	0.0053	0.9934
2.0	0.0071	0.9909
3.0	0.0132	0.9953
4.0	0.0180	0.9903
5.0	0.0197	0.9951

3）GZPS 投加量对偏二甲肼去除率的影响

在偏二甲肼体积为 50mL、质量浓度为 100mg/L、过硫酸钠浓度为 4.0mmol/L、温度为35℃条件下,考察 GZPS 投加量对偏二甲肼去除率的影响。如图 5.40 所示,过硫酸钠在常温下比较稳定,无催化剂时降解偏二甲肼的效果很差。当催化剂的用量从 0g/L 增加到 60g/L 时,偏二甲肼在 80min 时的去除率从 16.07%上升到 84.81%。但是当催化剂的用量继续增加时,偏二甲肼的去除率几乎不变。这结果与正交试验时的得到的结果相吻合,即 60g/L 含 2%质量分数的 ZVI 的 GZPS 足以活化 4.0mmol/L 的过硫酸钠。催化剂过量会释放过量的 Fe^{3+} 消耗 SO- 4·,产生 Fe^{2+}。

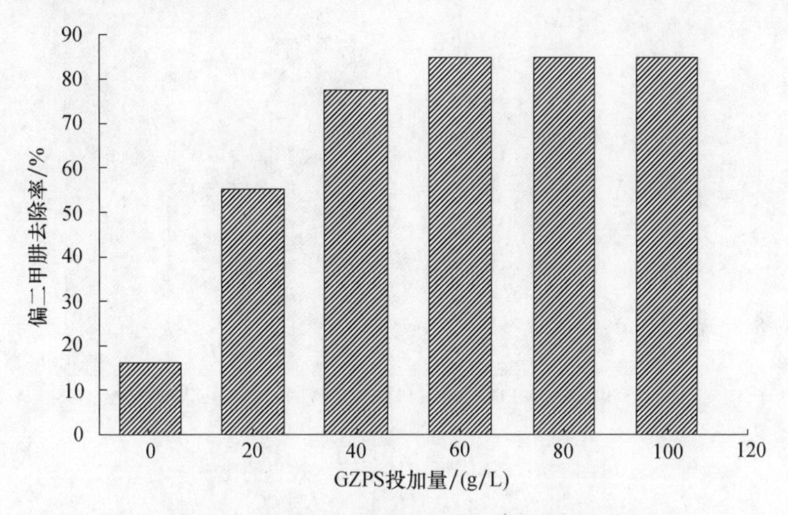

图 5.40 GZPS 投加量对偏二甲肼降解的影响

4) 不同反应体系降解效果的比较

为探究凝胶球不同组分对活化过硫酸钠降解偏二甲肼所起的作用,分别使用凝胶球中各组分相对量进行实验研究。在过硫酸钠加入量为 4.0mmol/L、ZVI 加入量为 1.2g/L、氧化石墨烯加入量为 0.18g/L、GZPS 加入量为 60g/L、反应时间为 80min 的条件下,考察不同反应体系对偏二甲肼的降解效果。不同反应体系降解效果的比较如图 5.41 所示。由图可见,GO-过硫酸钠体系对偏二甲肼的去除率可达 65.1%;ZVI-过硫酸钠体系对偏二甲肼的去除率为 34.8%;GZPS-过硫酸钠体系对偏二甲肼的去除率最大,达 84.8%。由于氧化石墨烯表面有大量的含氧官能团并且比表面积大,活性位点较多,而过量的 Fe^{3+} 会消耗产生的 SO_4^{2-}·,因此氧化石墨烯活化过硫酸钠的效果比 ZVI 活化要好。GZPS 将氧化石墨烯和 ZVI 包埋在三维网状结构的凝胶内部,氧化石墨烯及 ZVI 的分散性较好,利于提供活性位点,同时还具有一定的吸附作用,因此对偏二甲肼的去除率高于 GO-ZVI-过硫酸钠体系。反应 80min 后 ZVI-过硫酸钠和 GO-ZVI-过硫酸钠体系 Fe 的溶出量分别为 154mg/L 和 196mg/L。而 GZPS-过硫酸钠体系

Fe 的溶出量仅有 25mg/L，是 GO-ZVI-过硫酸钠体系的 12.7%，这可能是由于海藻酸钠凝胶球起到了缓释 Fe 的作用[102]，控制了 ZVI 产生 Fe^{2+} 的速率，进而解决了硫酸根自由基利用率低的问题。溶出的铁量可以说明 ZVI 结构稳定，溶液中均相体系不是活化过硫酸钠的主要反应，主要的活化反应发生在 ZVI 的表面，反应的本质为非均相活化反应。从偏二甲肼的去除率和 Fe 溶出量可以看出，GZPS 相比于传统的 ZVI 活化过硫酸钠有明显的优势。

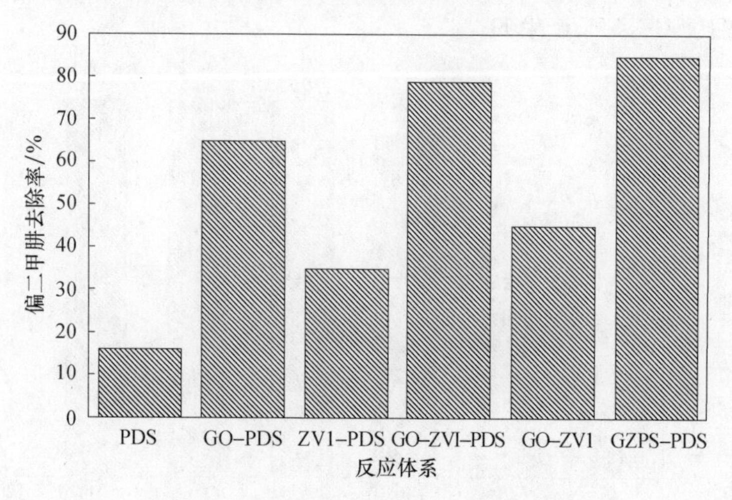

图 5.41　不同反应体系降解效果的比较

5）温度对偏二甲肼去除率的影响

在偏二甲肼体积为 50mL、质量浓度为 100mg/L、过硫酸钠投加量为 4mmol/L、GZPS 投加量为 3g、反应时间为 80min 的条件下，考察温度对偏二甲肼去除率的影响，实验结果如图 5.42 所示。由图可见，反应温度为 20℃ 时，偏二甲肼的去除率为 72.6%，随着反应体系温度升高，偏二甲肼的去除率也逐渐增大，40℃ 时可达 83.7%。可见，温度升高有助于过硫酸钠分解产生 $SO_4^{2-}\cdot$，进而提高偏二甲肼的去除率。这可能是由于升高温度可以加快分子的运动，进而提高 Fe^{2+} 活化过硫酸钠的速率，加快反应的进行。此外，随着温度的升高过硫酸钠吸收的能量逐渐增多，O—O 键越容易断裂，产生更多的 $SO_4^{2-}\cdot$，因此可以增大对偏二甲肼的去除率。

6）反应的表观活化能

由于 GZPS 活化过硫酸钠降解偏二甲肼符合准一级动力学方程，根据拟合曲线可得出表观反应速率常数 k，对所得数据利用 Arrhenius 方程进行拟合，可以得出反应的表观活化能 E_a，结果如图 5.43 所示。

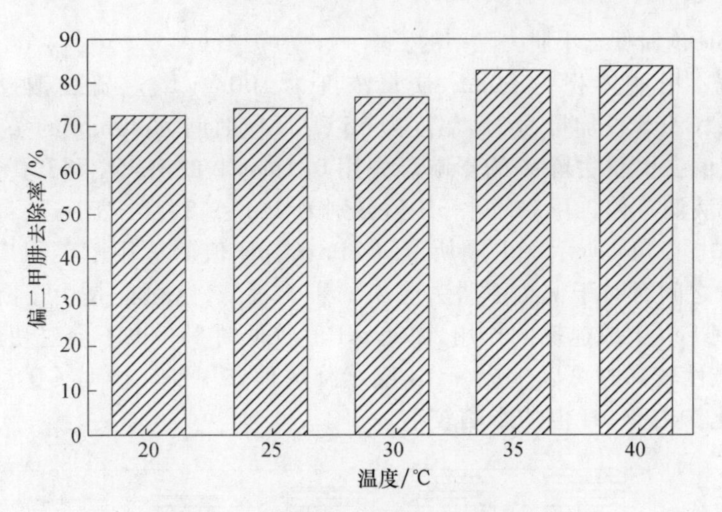

图 5.42 温度对偏二甲肼去除率的影响

$$\ln k = -\frac{E_a}{RT} + A \tag{5.12}$$

式中:k 为偏二甲肼降解的表观反应速率常数(min^{-1});E_a 为表观活化能(kJ/mol);T 为绝对温度(K);R 为摩尔气体常数(8.314J/mol·K);A 为指前因子(min^{-1})。

拟合结果得到表观活化能 E_a 为 13.8kJ/mol,低于 Fenton 试剂氧化偏二甲肼的表观活化能 18.5kJ/mol,表明反应所需能量更低。由于所需能量较低,故受温度影响较小。

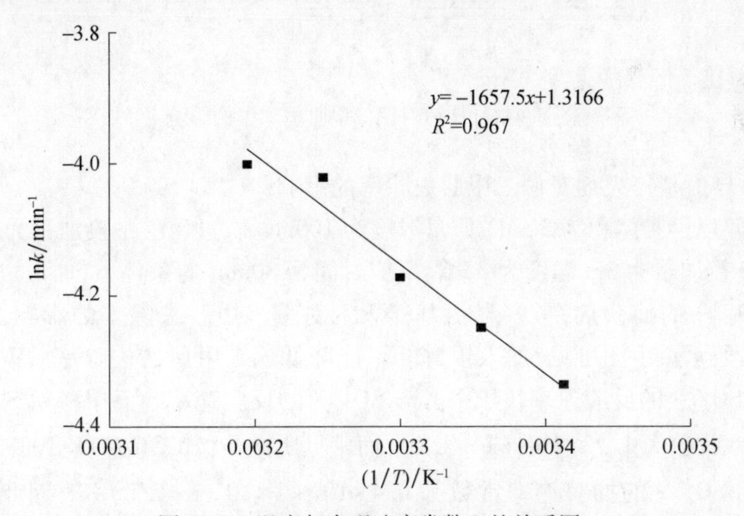

图 5.43 温度与表观速率常数 k 的关系图

7）pH 值对偏二甲肼去除率的影响

在偏二甲肼体积为 50mL、质量浓度为 100mg/L、过硫酸钠投加量为 4mmol/L、GZPS 投加量为 3g，温度为 35℃、反应时间为 80min 的条件下，考察 pH 对偏二甲肼去除率的影响。先用 0.1mol/L 的 HNO_3 和 0.1mol/L 的 NaOH 溶液调节偏二甲肼废水 pH 值分别为 2、4、6、8、10，然后进行实验，实验结果如图 5.44 所示。由图所示，GZPS 对 pH 值的适用范围很广，pH 值为 2~10 之间时对于偏二甲肼去除率的影响很低，这可能是由于凝胶球起到了抑制 Fe^{2+} 生成速率的作用，因此 pH 值较低时 Fe^{2+} 也不会过快地产生，并且在碱性较高时可以生成·OH 继续降解偏二甲肼。同时 GO 对过硫酸钠的活化作用受 pH 值的影响较小。

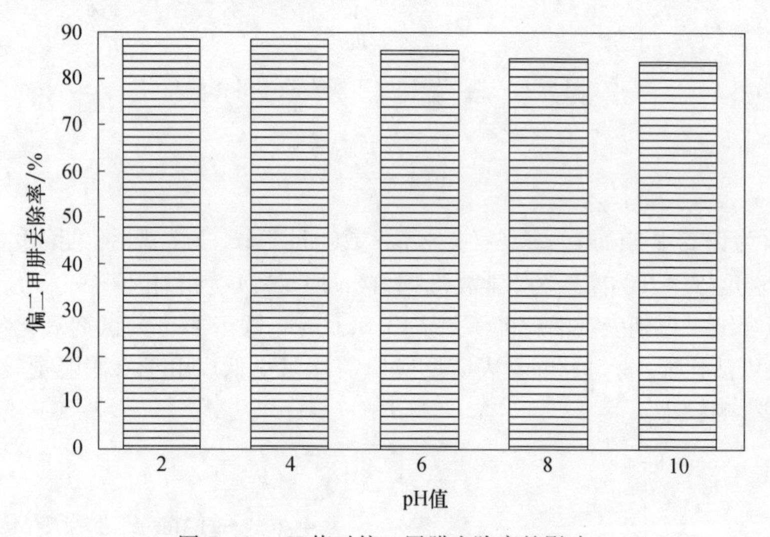

图 5.44　pH 值对偏二甲肼去除率的影响

8）自由基猝灭剂对偏二甲肼去除率的影响

在偏二甲肼体积为 50mL、质量浓度为 100mg/L、过硫酸钠投加量为 4mmol/L、GZPS 投加量为 3g、温度为 35℃、反应时间为 80min 的条件下，加入过量甲醇作为 SO_4^{2-}·的捕获剂，考察自由基猝灭剂对偏二甲肼去除率的影响，结果如图 5.45 所示。由图可见，加入甲醇并不能降低偏二甲肼的去除率。说明偏二甲肼与 SO_4^{2-}·的反应速率快于甲醇与 SO_4^{2-}·的反应速率。而甲醇对 SO_4^{2-}·的捕获速率常数为 1.23×10^7(moL/L)/s，而常见阴离子（HCO_3^-、CO_3^{2-}、NO_3^-、生活污水等）对 SO_4^{2-}·的捕获速率常数为 0.4×10^6 ~ 1×10^7(moL/L)/s。因此偏二甲肼、甲醇、阴离子与 SO_4^{2-}·的反应速率快慢顺序为偏二甲肼>甲醇>阴离子。实验表明，使用 GZPS 凝胶球活化过硫酸钠降解偏二甲肼的方法在实际废水处理中降解速率较快、受废水中阴离子浓度影响较小,有较高的应用价值。

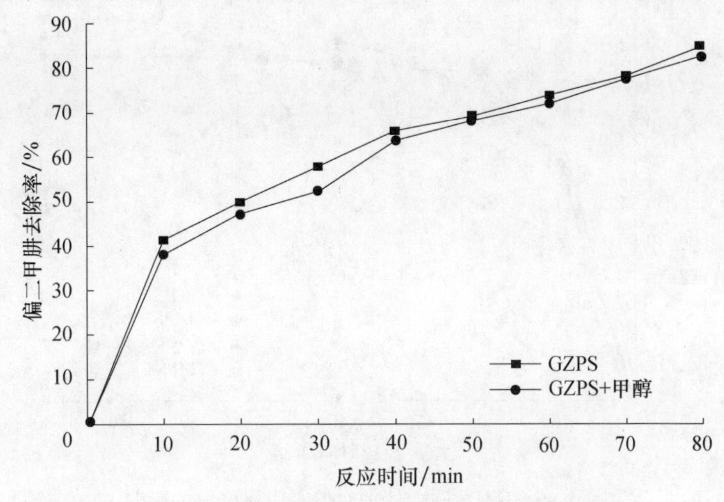

图 5.45 自由基猝灭剂对偏二甲肼去除率的影响

9) GZPS 联合热活化及紫外光活化过硫酸钠降解水中偏二甲肼

热活化及紫外线均可对过硫酸钠起到活化作用,探究 GZPS 联合热活化及紫外线对活化过硫酸钠降解偏二甲肼的影响。在偏二甲肼体积为 50mL、质量浓度为 100mg/L、GZPS 投加量为 3g、过硫酸钠投加量为 4.0mmol/L、温度为 35℃条件下,分别将溶液置于 70℃恒温振荡箱,254nm 紫外线照射,185nm 真空紫外线照射三种环境下。比较 GZPS 联合这三种不同方法活化过硫酸钠降解偏二甲肼的效果,结果。由图 5.46 所示,联合热活化或紫外线均对偏二甲肼的去除率有一定的提高。由于真空紫外线的波长较短,能量更大,并且能产生一定量臭氧加速对偏二甲肼的降解,因此联合真空紫外线对偏二甲肼的去除率最高。联合热活化不适于此方法,因为在 70℃条件下,凝胶球的力学性能下降较大、易破碎,可重复利用率降低。

10) GZPS 凝胶球的重复利用性能

采用多次循环实验对 GZPS 的重复使用性能进行评价,结果如图 5.47 所示。由图可见,随着使用次数的增加,GZPS-过硫酸钠体系对偏二甲肼的降解效果有所降低,但重复使用 4 次后对偏二甲肼的去除率仍在 65%以上。这主要与 GZPS 凝胶球内铁的溶出以及偏二甲肼及其中间产物在凝胶球内的积累有关。凝胶球多次利用后凝胶机械强度会降低,重复利用 4 次后需将凝胶球浸入 $CaCl_2$ 溶液中再次固化。

11) 出水残余硫酸根离子的去除

使用过硫酸钠处理有机废水会产生一定量的 SO_4^{2-},水中 SO_4^{2-} 含量过高会

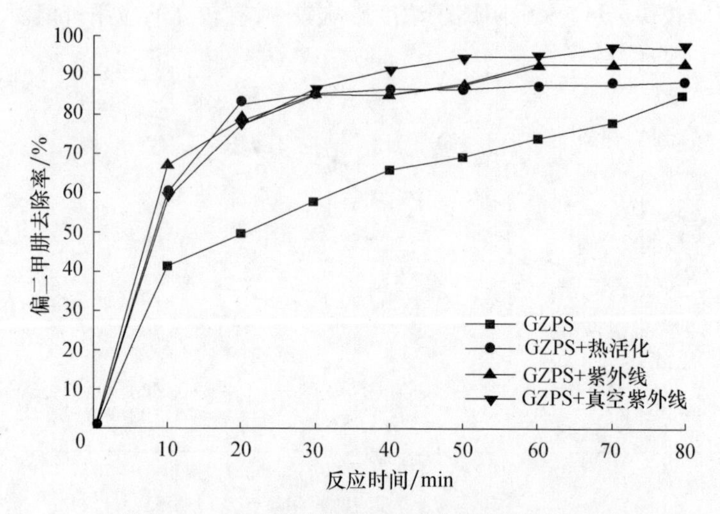

图 5.46　GZPS 联合处理对偏二甲肼降解的影响

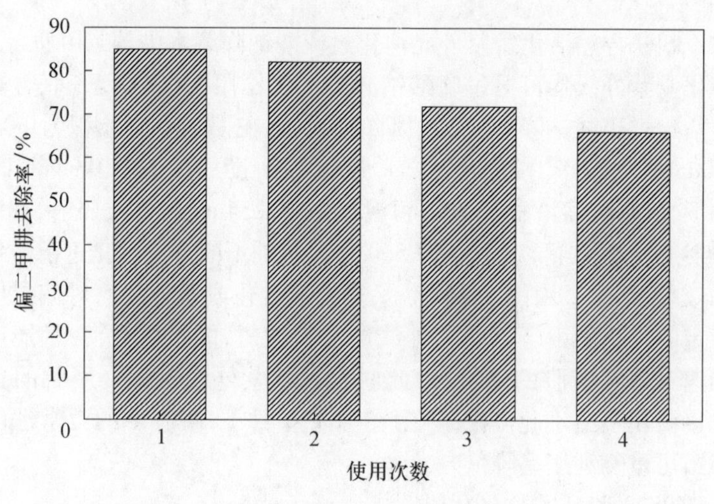

图 5.47　GZPS 重复利用次数

导致水体变臭、土壤盐渍化等不良后果。4mmol/L 过硫酸钠全部被活化会产生 768mg/L 的 SO_4^{2-}，高于国家自来水标准的 250mg/L。在室温条件下，加入一定量冻干保存的 SA-PEG-GO 凝胶球用于吸附出水的 SO_4^{2-}，结果如图 5.48 所示。如图所示，因为 GZPS 具有一定的吸附能力，故出水的 SO_4^{2-} 浓度略低，随着凝胶球投加量增加，出水的 SO_4^{2-} 浓度逐渐降低，加入 80g/L 冻干的凝胶球可以将 SO_4^{2-} 浓度降到 207mg/L，低于国家标准。

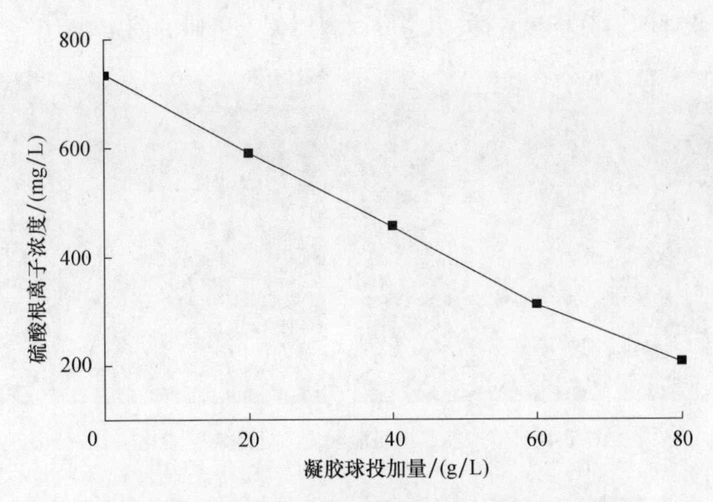

图 5.48 凝胶球投加量对硫酸根离子去除率的影响

5.3 改性凹土材料应急处理偏二甲肼废水

5.3.1 材料制备

（1）酸改性凹土及高锰酸钾改性凹土的制备：

① 配制 1mol/L 的乙酸溶液凹土进行浸泡，浸泡时长为 6h，浸泡时溶液和凹土的质量比为 10∶1。浸泡完毕后，将上清液倒出，将固体物放入鼓风干燥箱中，在 80℃条件下烘至全干，研磨后过 50 目筛，装袋备用。

② 利用制备酸改性凹土的方法制备一定量的凹土，装袋备用。

（2）制备超声波处理凹土及热活化的凹土。

（3）制备壳聚糖-凹土复合材料。

（4）制备 TiO_2-凹土复合材料。

（5）制备 TiO_2/壳聚糖-凹土复合材料。

5.3.2 偏二甲肼泄漏应急处理

取 20mL 浓度为 1000mg/L 的偏二甲肼废水，置于 100mL 烧杯中，将烧杯放在万分之一天平上，将数值归零，加入各样品凹土若干至液体完全被吸收，得到固体物，记录此时加入的样品质量。处理前后对比如图 5.49 所示。在处理过程中，偏二甲肼气体的刺激性气味明显减少。

用 80mL 去离子水浸泡上一步骤中得到的固体物 5min，而后离心获得上清液。使用紫外图谱分析该液体，以考察材料对偏二甲肼的固定能力。

图 5.49　模拟偏二甲肼泄漏应急处理实验对比图

结果表明，废液与样品质量比为 5∶3 时，液体能全部被样品吸收。图 5.50 中的紫外图谱检测的是在模拟偏二甲肼泄漏紧急处理实验中形成的固体物用清水淋洗后得到的液体，190～200nm 的吸收峰代表偏二甲肼。由图 5.50 可以看出，在模拟实验中，样品按照对偏二甲肼处理效果从好到差顺序排列依次是超声波处理的凹土、负载 TiO_2 改性凹土、350℃热处理凹土、未处理凹土、酸活化凹土、TiO_2/壳聚糖-凹土、负载壳聚糖改性凹土、乙酸处理凹土，超声波处理凹土对偏二甲肼的固定量达到约 80%。除乙酸改性处理的凹土之外，在 220～240nm 间产生了吸收峰，这说明其余材料均对偏二甲肼的分解有加速作用，产生了偏腙等中间产物。

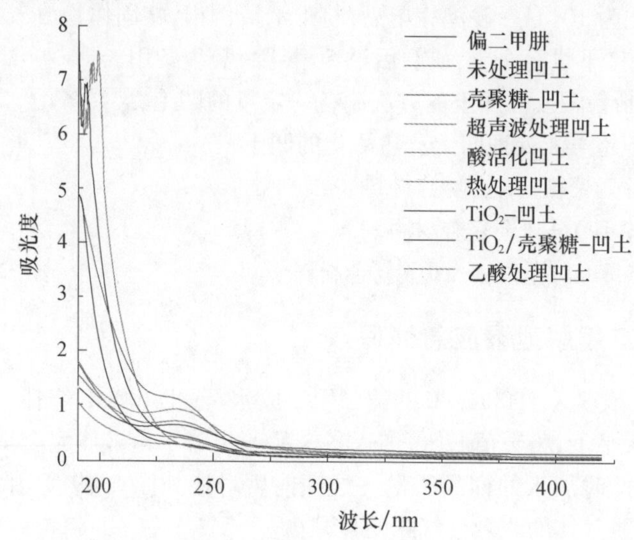

图 5.50　模拟偏二甲肼泄漏应急处理实验紫外图谱(见书末彩图)

5.4 石墨烯多孔液体推进剂泄漏处理材料

5.4.1 四氧化二氮泄漏处理剂

1. 配方设计

针对四氧化二氮(N_2O_4)呈现酸性这一特点,制备一种碱性纳米级氢氧化物颗粒,与四氧化二氮进行酸碱中和反应以达到处理泄漏目的,其工作原理为:处理剂通过内部孔道和界面化学反应吸收和吸附泄漏的四氧化二氮,再通过酸碱中和反应处理。四氧化二氮和碱性物质反应生成硝酸盐和亚硝酸盐,其反应式如下:

$$N_2O_4+AOH \longrightarrow ANO_3+ANO_2+H_2O \tag{5.13}$$

通过石墨烯材料较强的范德瓦耳斯力(如氢键)和疏水相互作用把修饰物(无机纳米氢氧化物颗粒)粘附到石墨烯表面,该方法不会破坏石墨烯材料独特的二维平面片状结构和超高的比表面积,却能赋予其新功能,形成新型无机纳米氢氧化钙-石墨烯杂化物颗粒。高处理量的关键技术是处理剂具有大的比表面积,利用石墨烯材料超高比表面积这一特性,从而达到技术要求[29-30]。如果四氧化二氮分子直径大于孔径,分子无法进入到孔道内,起不到吸附作用;分子直径小于孔径时,在孔内会发生毛细凝聚作用,吸附量大;分子直径远小于孔径时,分子虽然易发生吸附,但也较容易发生脱附,脱附速率很快,低浓度下吸附量很小,四氧化二氮分子直径约为0.3nm,这就要求设计泄漏处理剂微孔直径在1~10nm,不同孔径吸附四氧化二氮分子效果如图5.51所示[31-33]。通过对原料选择、石墨烯含量、活化介质、反应温度、反应时间等工艺参数正交试验确定了最优配方,制备的泄漏处理剂孔径控制在10nm以下,吸附比为1∶1.2。

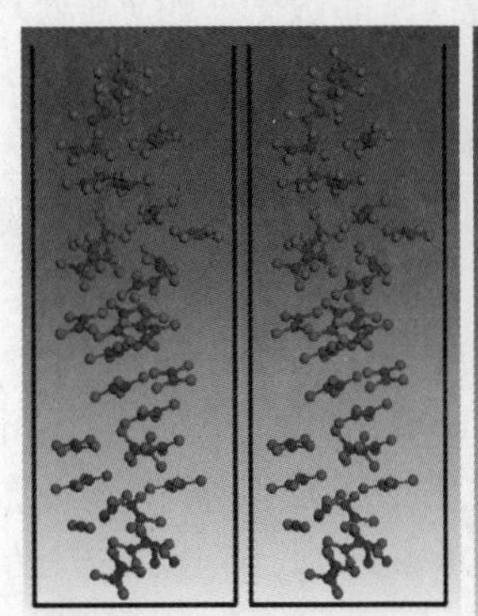
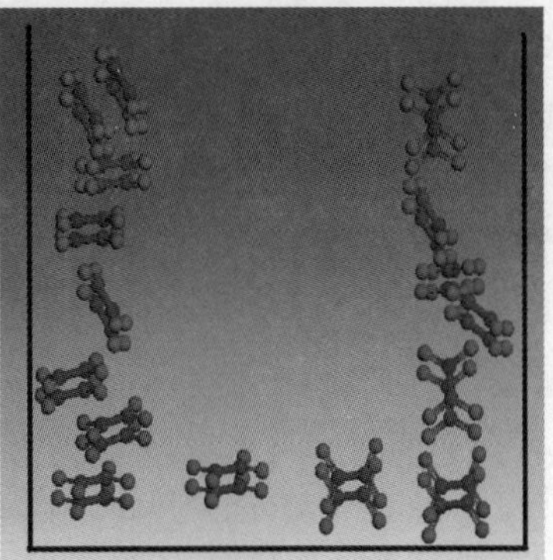

图5.51 不同孔径吸附四氧化二氮示意图(见书末彩图)

2. 材料性质及性能

四氧化二氮泄漏处理剂为灰黑色纳米颗粒，处理四氧化二氮后变为浅灰色，处理过程无明显发光、爆燃现象，如图 5.52 所示。

图 5.52　四氧化二氮泄漏处理剂

采用发射电子显微镜观察石墨烯-四氧化二氮泄漏处理剂纳米颗粒的表面形貌。由图 5.53(a)中可以看出，无机纳米氢氧化钙-石墨烯复合处理材料的颗粒分散比较均匀，体态成型较好，可稳定存在。由图 5.53(b)中可以看出，泄漏处理复合材料具有石墨烯的二维片层状结构，但是厚度明显增加，并没有出现大量绢丝状褶皱结构，这是因为石墨烯表面充满了无机氢氧化钙后厚度大大增加，可保持较高的稳定状态；且氢氧化钙骨架具有一定的刚性，也可降低石墨烯发生褶皱的概率。由图 5.53(c)、(d)可以看出氢氧化钙均匀分布在石墨烯材料片层上，形成稳定的晶格有利于四氧化二氮的吸附、反应等处理过程进行，同时具备更多的孔道结构、更长的分子构型和更大的空间立体结构，这些都是泄漏处理剂具备大处理量和处理速度的基础条件。

使用 BET 比表面积测试仪测定泄漏处理剂的吸附-解析等温线和孔径测试结果如图 5.54 所示，可以看出，含有石墨烯材质的四氧化二氮泄漏处理剂的氮气吸附-解析等温线呈典型的Ⅳ型，由孔径分布曲线可知，其孔隙体积和平均孔径分别为 0.189cm^3/g、6.01nm，表明四氧化二氮泄漏处理剂为多孔介孔材料。此外，测试结果表明，四氧化二氮泄漏处理剂比表面积达 67.32m^2/g，孔径在 10nm 以下分布占 90%以上，因此，较大的表面积、丰富的孔隙结构和合适的孔径分布使得四氧化二氮泄漏处理剂可快速、有效地处理四氧化二氮。

(a)　(b)

(c)　(d)

图 5.53　四氧化二氮泄漏处理剂的 SEM 图

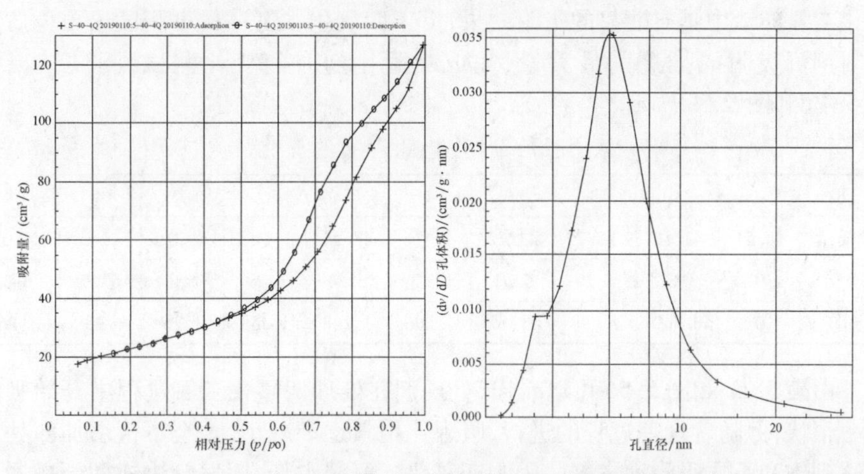

图 5.54　四氧化二氮泄漏处理剂吸附-解吸等温线和孔径分布

进行四氧化二氮泄漏处理剂在空气氛围中的热失重测试,测试条件为在空气流量为10mL/min下,以10℃/min的升温速率使温度上升至100℃,测定样品的热失重(TG)曲线。实验结果表明,样品在室温至100℃升温过程中,无明显质量变化,说明产品具有良好的热稳定性。

通过对研制出的四氧化二氮泄漏处理剂的组分分析,可知该吸收剂具有良好的化学稳定性,不自燃,不助燃,无毒无害。

采用“干燥器测吸附比法”测试四氧化二氮泄漏处理剂对推进剂的吸附处理能力。称取10mL四氧化二氮置于干燥器下部,将称有5g泄漏处理剂的表面皿放在干燥器中部的筛板上,加盖密封置于阴凉处放置。放入处理剂时开始计时,定期称重。四氧化二氮泄漏处理剂干燥器测吸附处理对比实验如图5.55所示。

图5.55　四氧化二氮泄漏处理剂干燥器处吸附处理对比实验

由图5.55干燥器中四氧化二氮气氛颜色变化可以看出,处理剂在过量四氧化二氮环境中具有明显的吸附效果,由于四氧化二氮过量可测试出单位质量吸附剂可吸附的推进剂最大量,完成吸附比随时间变化测试,测试结果如表5.17和图5.56所示。

表5.17　吸附比随时间的变化

时间/h	0	1	2	3	4	5	6	7	8	24
总质量	38.51	41.52	43.2	43.62	43.74	43.95	44	44.01	44	44.01
增重	0	3.81	5.19	5.91	6.03	6.24	6.29	6.3	6.29	6.3
吸附比	0	0.762	1.098	1.182	1.206	1.248	1.258	1.26	1.258	1.26

由表5.17和图5.56可以看出,处理剂在处理四氧化二氮过程中开始吸附速率很快,但随着处理过程的进行,吸附比增量逐渐减小,直至不再增加即处理剂达到饱和不再吸附推进剂。因为四氧化二氮沸点低,挥发较快初期干燥器中

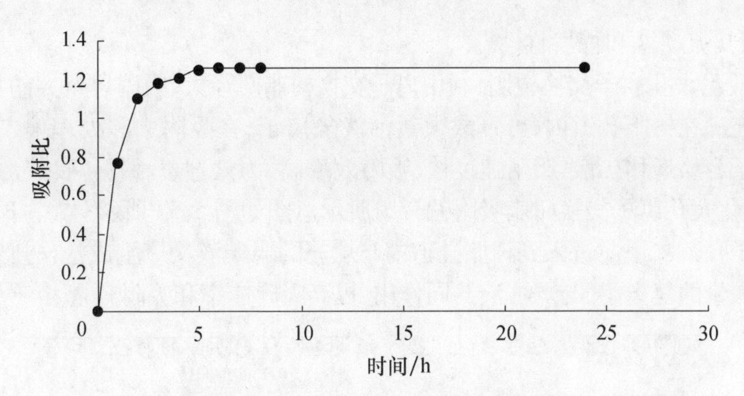

图 5.56 吸收剂吸收过量四氧化二氮时吸附比随时间的变化

浓度很快达到的较大值,吸附速率快,随着吸附的进行吸收剂中碱性活泼因子会越来越少,直至活泼因子完全丧失,处理剂吸收四氧化二氮达到饱和后失效,由此可推出 5g 处理剂最大可处理四氧化二氮 6.3g,处理比为 1∶1.26。

5.4.2 偏二甲肼泄漏处理剂

1. 配方设计

针对偏二甲肼呈现弱碱性、强挥发性、易燃易爆等特点,研制出 AB 双组分处理剂,与偏二甲肼凝胶、酸碱中和达到处理的目的[34]。其工作机理为:A 组分为三元微孔大分子吸附材料(石墨烯/二氧化硅杂化材料负载在大分子纤维骨架上),B 组分为弱酸化大孔离子交换树脂,A 组分将泄漏的偏二甲肼凝胶化,降低其流动性和挥发性,防止气体挥发处理时可能出现的爆燃现象,B 组分通过大孔道吸附泄漏的偏二甲肼,通过孔道内部的弱酸液体中和偏二甲肼。偏二甲肼和酸性物质反应生成硝酸盐,其反应式如下:

$$\begin{cases}(CH_3)_2NNH_2+H_2O \longrightarrow (CH_3)_2NNH_3^+ + OH^- \\ (CH_3)_2NNH_2+BH \longrightarrow BH\cdot H_2NN(CH_3)_2\end{cases} \tag{5.14}$$

二氧化硅作为介孔材料(孔径介于 2~50nm 之间)在气体吸附、液体吸附的特点,已应用于挥发性有机污染物的吸收和回收。石墨烯材料为平面二维材料,具有超高的比表面积,但其平面会自身发生褶皱和折叠现象,片层之间也会相互堆叠,使得其比表面积大幅降低。采用静电吸附法在石墨烯片层两面生长出一层介孔二氧化硅,形成微球,得到石墨烯/二氧化硅复合材料微球,在二氧化硅的作用下,复合材料片层团聚和叠层有效减少,且复合材料上存在大量介孔二氧化硅,使复合材料具有了较大的比表面积和孔容,在气体吸附等方面显示出良好的应用价值。将石墨烯/二氧化硅复合材料颗粒负载到大分子纤维素上,形成三元微孔大分子材料,在具备高吸附气体性能时,可将泄漏的液体凝胶化,降低其流动性和挥发性[35]。

弱酸化大孔离子交换树脂,利用离子交换树脂孔径大、吸附容量大的特点,将弱酸液充满在树脂孔道内,可释放大量活泼氢离子,在吸附中和处理偏二甲肼过程中离子容易迁移扩散,吸附速度快,吸附效率高,为处理过程提供良好的接触条件,弱酸化大孔离子交换树脂吸附偏二甲肼示意图如图 5.57 所示(图中 B 为偏二甲肼分子),偏二甲肼进入到树脂孔道内与填充的弱酸液反应生成盐,树脂孔道中也存在大量的氢离子,与弱酸液共同作用,提高吸附速率和吸附容量。

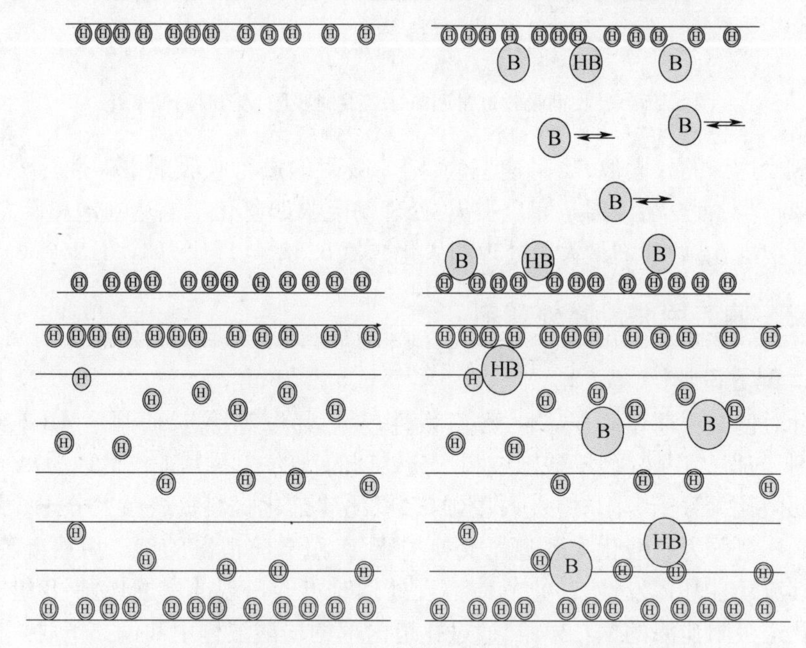

图 5.57　弱酸化大孔离子交换树脂处理偏二甲肼示意图

2. 材料性质及性能

偏二甲肼泄漏处理剂为 AB 两组分,A 组分为灰黑色纤维状颗粒,B 组分为浅黄色颗粒,如图 5.58 所示。

采用发射电子显微镜观察石墨烯-偏二甲肼泄漏处理剂复合材料的表面形貌。由图 5.59(a)中可以看出,纤维状分子长链周围布满二氧化硅-石墨烯微球颗粒,增加了纤维素分子间孔道内的间隙,降低了纤维成胶过程中粘连性和结块性。由图 5.59(b)、(c)可以看出石墨烯-二氧化硅复合材料微球颗粒负载到大分子纤维上,形成三元微孔大分子材料,在具备高吸附性能和吸附速率,具备处理液相、气相的基础条件;由图 5.59(d)可以看出,在纤维刚性骨架中接入聚合物支链形成刚柔相济的网状大分子结构,使得处理剂具备快速固化成胶和更高吸附偏二甲肼的能力。

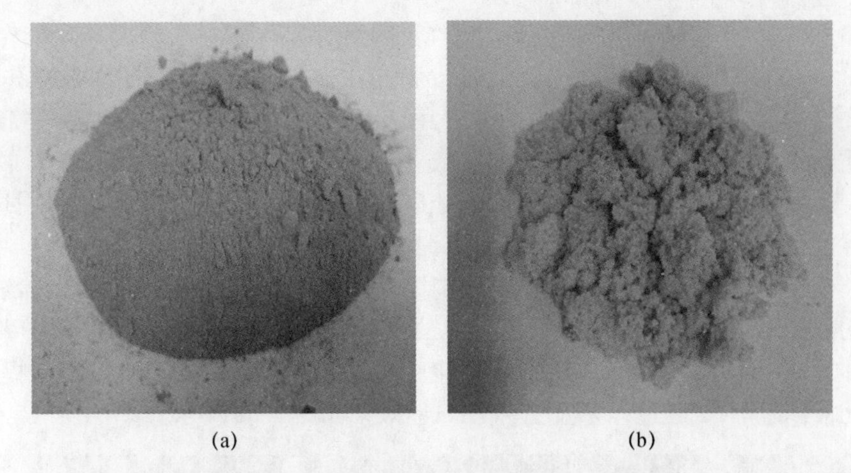

(a) (b)

图 5.58 基于石墨烯材料的偏二甲肼吸收剂

(a)A 组分;(b)B 组分。

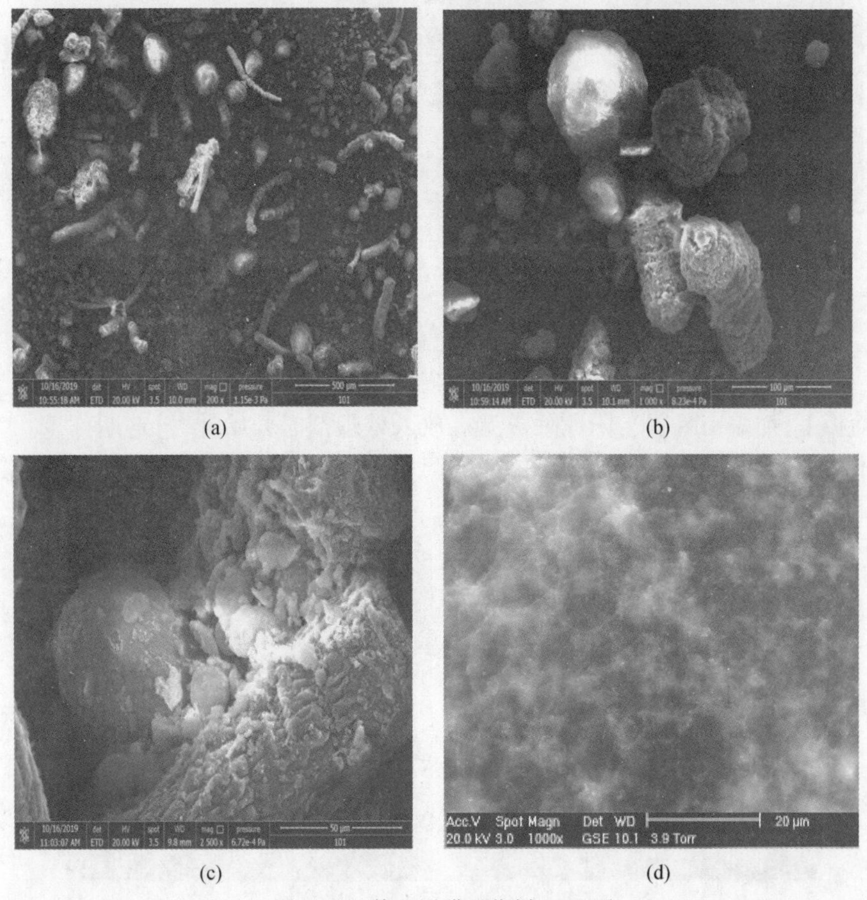

(a) (b)

(c) (d)

图 5.59 偏二甲肼吸收剂 TEM 图

进行偏二甲肼吸收剂组分 A 在空气氛围中的热失重测试,测试条件在空气流量为 10mL/min 条件下,以 10℃/min 的升温速率使温度上升至 100℃,测定样品的热失重(T_G)曲线。试验结果表明,样品在室温至 100℃ 升温过程中,无明显质量变化,说明产品具有良好的热稳定性。

通过对研制出的四氧化二氮泄漏处理剂的组分分析,可知该处理收剂具有良好的化学稳定性,不自燃,不助燃,无毒无害。

分别称取定量偏二甲肼泄漏处理剂组分 A,轻轻洒在 20 倍、10 倍和 5 倍质量的偏二甲肼液体上,可看出其有明显的快速成胶过程,组分 A 吸收偏二甲肼液体形成胶体,搅拌成胶速率更快,固化后的胶体易堆积无液体流动,成团提起时无液体脱落,成胶过程无温度变化,试验效果如图 5.60 所示。

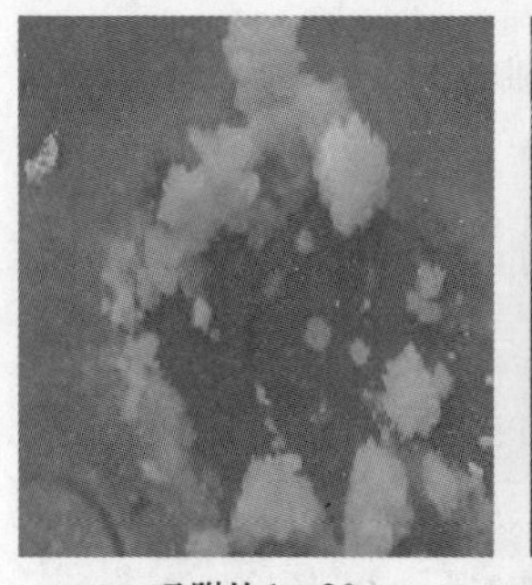

吸附比1∶20

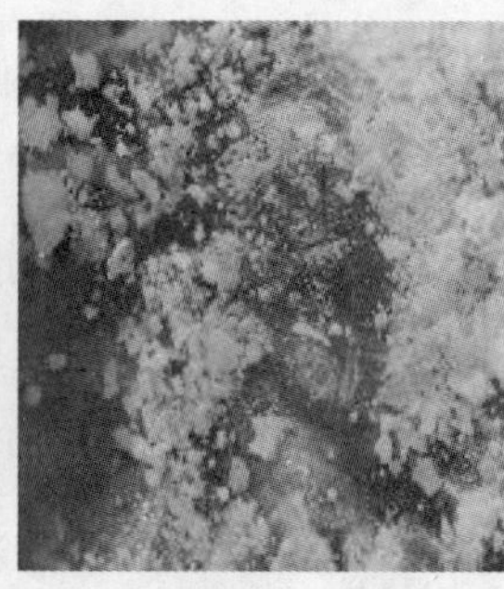

吸附比1∶10

吸附比1∶5

图 5.60 偏二甲肼吸收剂组分 A 成胶效果对比图

采用“干燥器测吸附比法”测试偏二甲肼泄漏处理剂的吸附能力。称取 10g 偏二甲肼液体置于干燥器底部,将称有 5g 处理剂的表面皿放在干燥器中部的筛板上,加盖密封置于阴凉处放置。放入处理剂时开始计时,定期称重。偏二甲肼泄漏处理剂干燥器实验如图 5.61 所示。

图 5.61 偏二甲肼吸收剂 B 组分干燥器侧吸附比实验

由图 5.61 可以看出偏二甲肼泄漏处理剂具有明显的吸附能力,偏二甲肼过量可测出单位质量吸收剂可吸附处理偏二甲肼的最大量,完成吸附比随时间变化测试,测试结果如表 5.18、图 5.62 所示。

表 5.18 吸附比随时间变化

时间/h	0	1	2	3	4	5	6	7	8	9	24
总质量	37.72	38.16	38.51	38.82	39.13	39.41	39.67	39.88	39.97	39.98	39.97
增重	0	0.44	0.79	1.10	1.41	1.69	1.95	2.16	2.25	2.26	2.25
吸附比	0	0.088	0.158	0.22	0.282	0.338	0.39	0.432	0.45	0.452	0.45

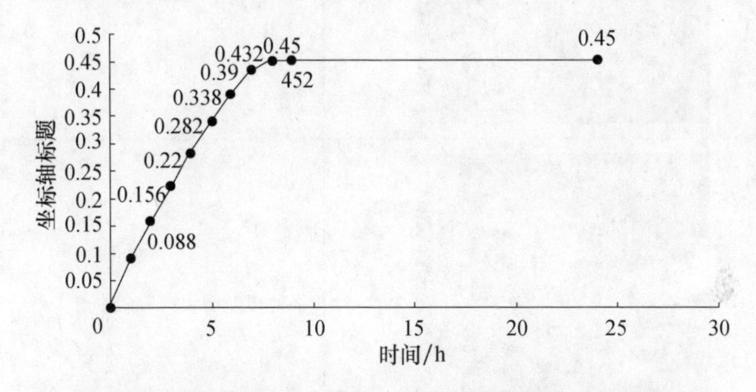

图 5.62 处理剂吸附过量偏二甲肼时吸附比随时间的变化

由表 5.18 和图 5.62 可以看出,偏二甲肼泄漏处理剂吸收偏二甲肼过程中开始吸附速率很快,且吸附比增加比较均匀,这是因为酸性物质附着在交换树脂上且交换树脂的孔径相对较大,比较容易吸附挥发的偏二甲肼,酸性物质和偏二甲肼接触比较充分且可以快速进行酸碱中和反应。随着处理过程的进行,处理剂中酸性活泼因子越来越少,直至活泼因子完全丧失,处理剂吸附偏二甲肼达到饱和后失效,由此可推出 5g 泄漏处理剂最大可吸收处理偏二甲肼 2.25g,吸附比为 1∶0.45。

5.4.3 不同泄漏场景的应急处理处置技术

采用研制出的推进剂泄漏处理剂,研究不同泄漏场景的应急处理处置技术,通过覆盖、擦拭及喷射等方法,快速安全处理泄漏物,应急处理时间小于 10min,推进剂污染物去除率大于 90%。满足实际技术要求。

1. 四氧化二氮泄漏处理剂对实际泄漏推进剂的处理性能

采用四氧化二氮泄漏处理剂,对其处理实际泄漏推进剂的能力进行了研究。实验过程:在广口瓶内加入 20mL 液体四氧化二氮,使用大量程四氧化二氮浓度监测仪进行环境浓度监测,称取 30g 四氧化二氮处理收剂,缓慢加入到液体四氧化二氮中,开始计时,缓慢搅拌,使四氧化二氮和处理剂充分接触,待浓度监测仪数值显示为10ppm时,停止计时,记录时间,实验过程见表5.19,实验数据见表5.20。

表5.19 泄漏处理剂处理四氧化二氮实验过程

序号	现象	描述
1	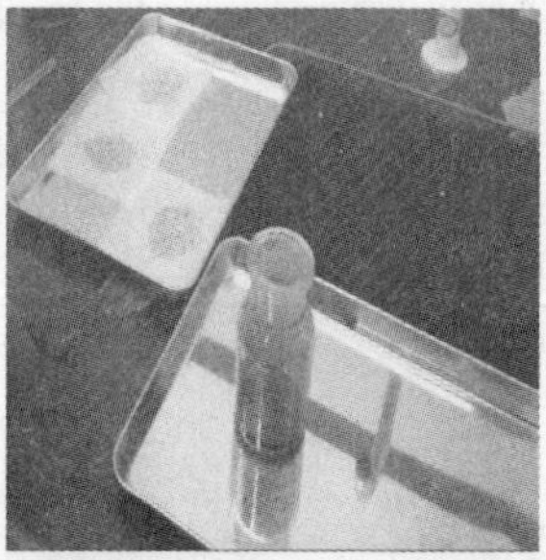	广口瓶中加入20mL四氧化二氮液体,准备30g四氧化二氮泄漏处理剂
2	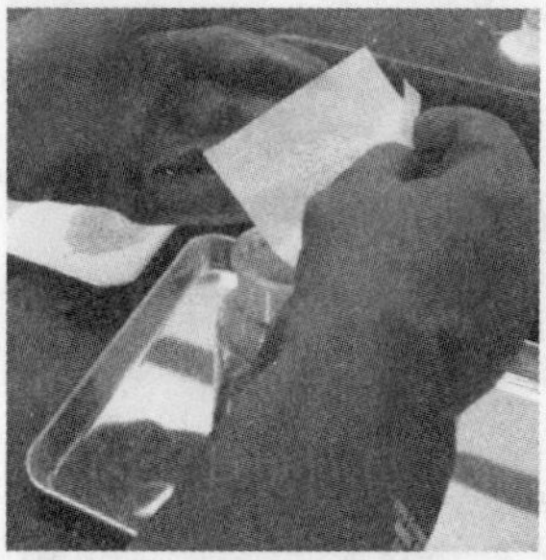	将处理剂倒入广口瓶中
3	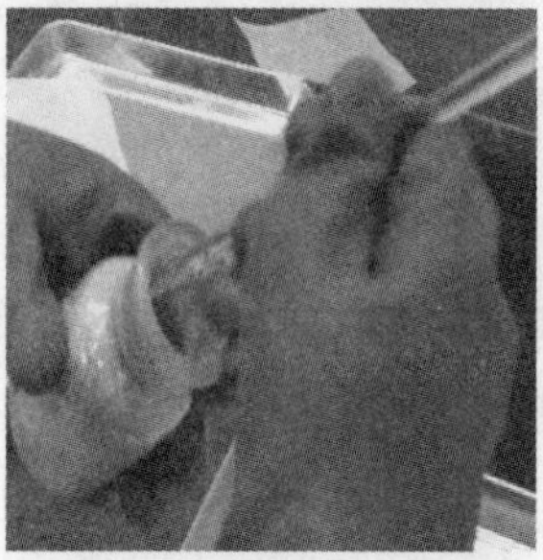	缓慢搅拌
4	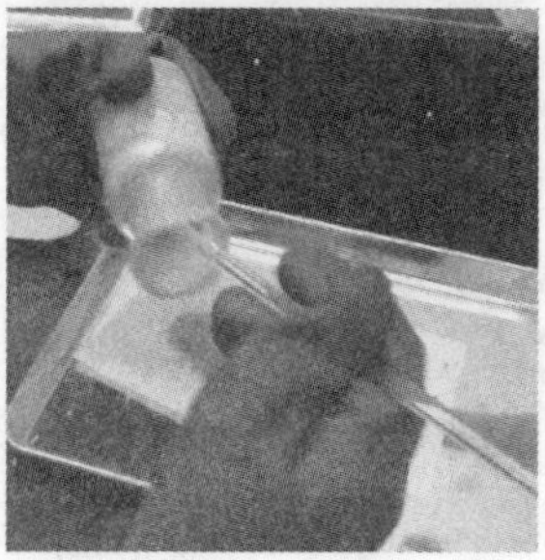	处理结束后,无四氧化二氮红棕色气体

续表

序号	现象	描述
5		处理结束后,处理剂颜色变浅,主要成分变为钙盐

表 5.20　处理剂处理四氧化二氮实验结果

序号	四氧化二氮加入量/mL	初始浓度/ppm	处理后浓度/ppm	处理时间
1	20	≥1000	3	3min56s
2	30	≥1000	0	4min02s
3	40	≥1000	1	4min12s

结果表明,四氧化二氮泄漏处理剂可有效处理四氧化二氮液体,去除效率达99%以上,处理时间小于5min,满足实际技术要求。

2. 偏二甲肼泄漏处理剂对实际泄漏推进剂的处理性能

采用偏二甲肼泄漏处理剂对其处理实际泄漏推进剂的能力进行了研究。实验过程:在广口瓶内加入20mL偏二甲肼液体,使用大量程偏二甲肼浓度监测仪进行环境浓度监测,称取10g偏二甲肼泄漏处理剂组分A,缓慢倒入到广口瓶中,开始计时,缓慢搅拌,反应体系成胶状,再加入40g偏二甲肼泄漏处理剂组分B,搅拌,使偏二甲肼胶体和组分B充分混合均匀,浓度监测仪数值为0时,停止计时,记录时间,实验过程见表5.21。

表 5.21　处理剂处理偏二甲肼实验过程

序号	现象	描述
1		广口瓶中加入20mL偏二甲肼液体,准备10g偏二甲肼泄漏处理剂组分A

续表

序号	现象	描述
2	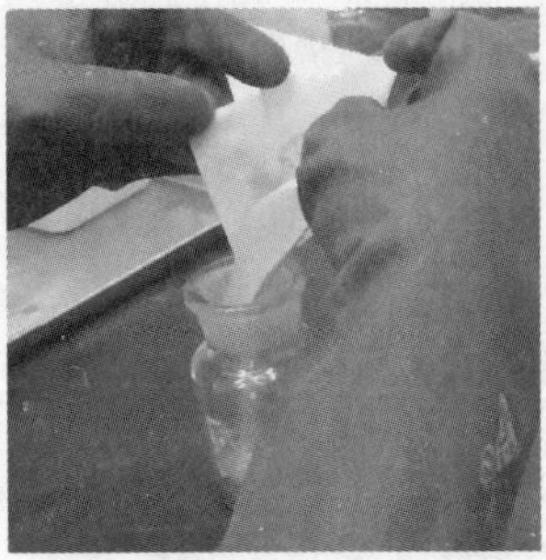	将处理剂组分 A 倒入广口瓶中
3	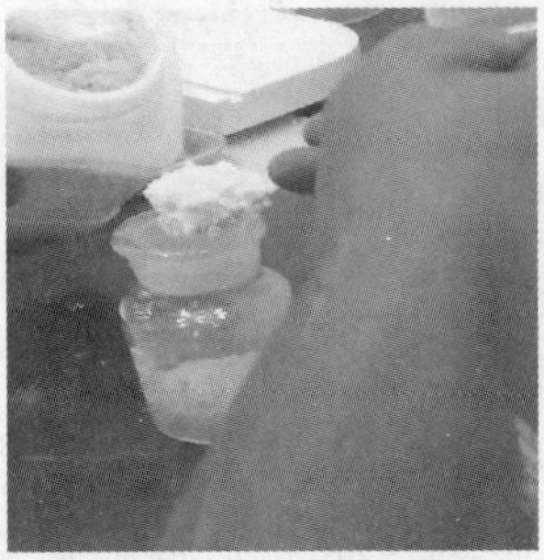	将处理剂组分 B 倒入广口瓶中
4	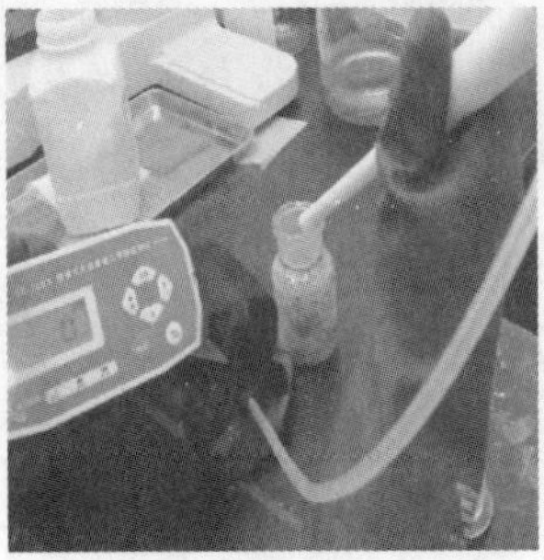	使用偏二甲肼浓度监测仪测试处理后的产物,浓度为 0

并对实际推进剂泄漏处理进行放大实验。实验过程:在托盘内倒入 100mL 偏二甲肼液体,称取 30g 偏二甲肼泄漏处理剂组分 A,缓慢倒入,搅拌使得偏二甲肼成胶无液体流动,在胶体上覆盖偏二甲肼泄漏处理剂组分 B,缓慢搅拌待组分 B 与胶体充分混合。实验过程见表 5.22,结果如表 5.23 所列。

表 5.22 处理剂处理大量偏二甲肼实验过程

序号	现象	描述
1		称取 100mL 偏二甲肼液体倒入托盘内
2	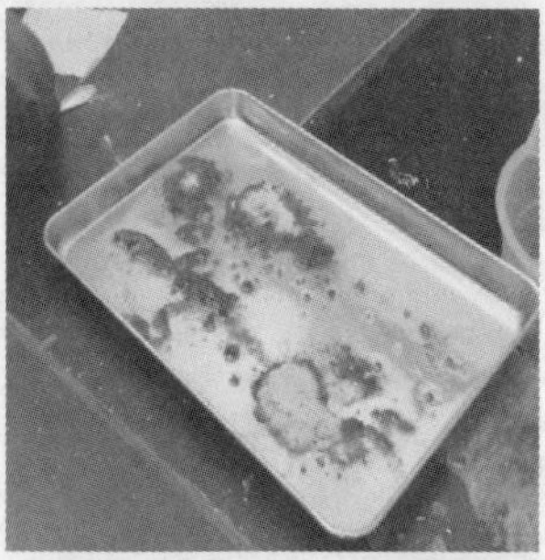	将 30g 偏二甲肼泄漏处理剂组分 A 缓慢均匀铺洒在液体上
3		缓慢搅拌,成胶堆积,托盘内无多余液体存在
4		将 200g 偏二甲肼泄漏处理剂组分 B 覆盖在胶体上,搅拌均匀,测得环境中偏二甲肼浓度

表 5.23 处理剂处理偏二甲肼实验结果

序号	偏二甲肼加入量/mL	成胶时间/s	处理后浓度/ppm	处理时间
1	100	2min56	2	5min56
2	100	3min05	0	6min05
3	100	3min01	1	6min10

结果表明,偏二甲肼泄漏处理剂可有效处理偏二甲肼液体,去除效率达99%以上,处理时间小于7min,满足实际技术要求。

3. 便携式液体推进剂泄漏应急处理包研究

在液体推进剂泄漏处理剂研究的基础上,针对液体推进剂泄漏不同位置和泄漏状态研制出便携式液体推进剂泄漏应急处理包实物,包括处理剂、吸附毯和吸附索等,见图 5.63。吸附毯和吸附索的结构均为外部的无纺布,内部填充相应处理剂,其中无纺布材料耐腐蚀、透液性好。

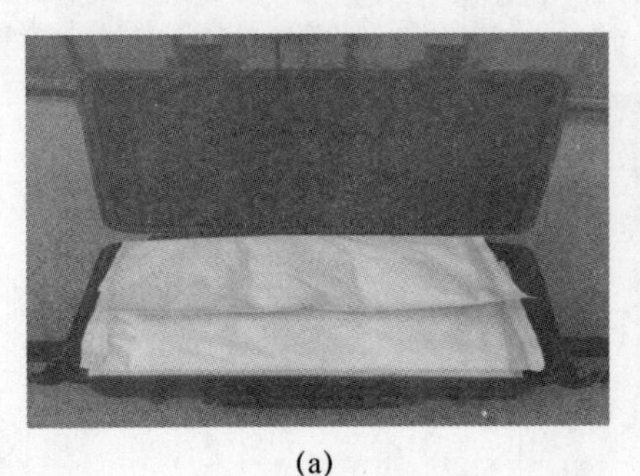
(a)

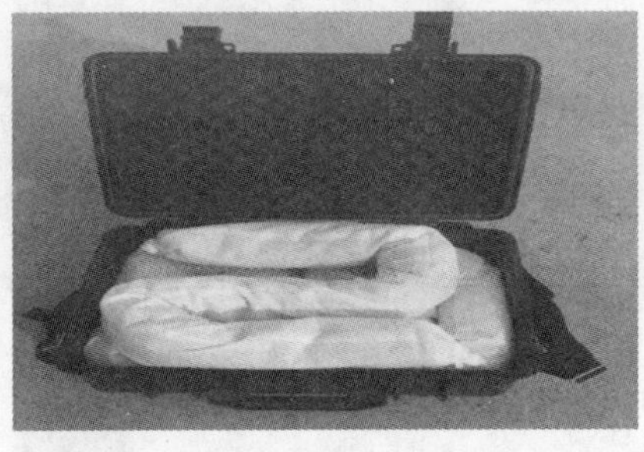
(b)

图 5.63 便携式液体推进剂泄漏应急处理实物包
(a)吸附毯;(b)吸附索。

针对微量、狭小空间内的液体推进剂泄漏处理,采用吸附索直接擦拭方法、如设备表面的液体推进剂沾染等;针对少量、地面泄漏的液体推进剂可采用吸附毯直接覆盖或擦拭方法,如泄漏到地面的液体推进剂和设备管路上的滴漏等;针对大范围液体推进剂泄漏可直接采用喷洒、覆盖等方法,见表 5.24。

表 5.24 液体推进剂泄漏应急处理技术

序号	泄漏状态	泄漏部位	吸附处理装备	处理方式
1	微量	设备管路沾染	吸附毯	擦拭
2	微量	地面积存	吸附毯	覆盖、擦拭
3	少量	设备管路沾染	吸附毯	包覆、擦拭
4	少量	地面积存	吸附毯	覆盖

续表

序号	泄漏状态	泄漏部位	吸附处理装备	处理方式
5	大量	设备管路滴漏	吸附毯	包覆
6	大量	地面积存	吸附索	围挡
7	大量	地面积存	吸收剂	喷洒覆盖

参考文献

[1] KNAUER C D, ANDERSON F W, EDMAN R. DESIGN AND FABRICATION TECHNIQUES FOR A LARGE TITANIUM 15-3-3-3 PROPELLANT TANK [J]. J Propul Power, 1993, 9(2): 161-162.

[2] LIU N, MA B, LIU F, et al. Progress in research on composite cryogenic propellant tank for large aerospace vehicles [J]. Compos Pt A-Appl Sci Manuf, 2021, 143: 18.

[3] LIU Z, LI Y Z, JIN Y H, et al. Thermodynamic performance of pre-pressurization in a cryogenic tank [J]. Appl Therm Eng, 2017, 112: 801-810.

[4] CHEN L, LIANG G Z. Simulation Research of Vaporization and Pressure Variation in a Cryogenic Propellant Tank at the Launch Site [J]. Microgravity Sci Technol, 2013, 25(4): 203-211.

[5] SCHWERTZ H, ROTH L A, WOODARD D. Propellant Off-Gassing and Implications for Triage and Rescue [J]. Aerosp MedHum Perform, 2020, 91(12): 956-961.

[6] 李亚裕. 液体推进剂 [M]. 北京:中国宇航出版社, 2011.

[7] LIAO Y, XIA Y L, ZOU S J, et al. In Situ Emergency Disposal of Liquid Mercury Leakage by Fe-Containing Sphalerite: Performance and Reaction Mechanism [J]. Ind Eng Chem Res, 2017, 56(1): 153-160.

[8] WANG P H, ZOU C P, ZHONG H. The Study of Highly Oil Absorption Polyurethane Foam Material and Its Application in the Emergency Disposal of Hazardous Chemicals [C]//IRANPOUR R, ZHAO J, WANG A, et al. Advances in Environmental Science and Engineering, Pts 1-6. Durnten-Zurich; Trans Tech Publications Ltd, 2012: 847-+.

[9] WANG S C, YANG J P, YANG Z Q, et al. Nanosized Copper Selenide for Mercury Removal from Indoor Air and Emergency Disposal of Liquid Mercury Leakage [J]. Ind Eng Chem Res, 2019, 58(47): 21881-21889.

[10] BO A, SARINA S, ZHENG Z F, et al. Removal of radioactive iodine from water using Ag_2O grafted titanate nanolamina as efficient adsorbent [J]. J Hazard Mater, 2013, 246: 199-205.

[11] MOHAMMADI L, RAHDAR A, BAZRAFSHAN E, et al. Petroleum Hydrocarbon Removal from Wastewaters: A Review [J]. Processes, 2020, 8(4): 34.

[12] MU W J, YU Q H, LI X L, et al. Adsorption of radioactive iodine on surfactant-modified sodi-

um niobate [J]. RSC Adv,2016,6(85):81719-81725.

[13] ZHANG P,LIU L W,WANG J Y,et al. Emergency Disposal Strategy of Fire Fighting Forces Dealing with Dangerous Chemicals Disaster Accident under the Background of Terrorism [C]//HUANG C,XU X,ZHAO S,et al. Proceedings of the 7th Annual Meeting of Risk Analysis Council of China Association for Disaster Prevention. Paris,Atlantis Press,2016:679-85.

[14] 侯瑞琴. 高浓度偏二甲肼废液近临界水氧化处理试验研究 [J]. 给水排水,2019(04):82-87.

[15] 卜晓宇,刘祥萱. 草酸改性凹凸棒土吸附偏二甲肼实验研究 [J]. 化学推进剂与高分子材料,2013(01):55-58.

[16] 黄智勇. 贮存条件下肼类燃料蒸发特性[J]. 导弹与航天运载技术,2011,1:58-61.

[17] 聂发辉,吴道. 海藻酸钠复合材料吸附污染物研究进展 [J]. 化工新型材料,2021(05):52-8.

[18] KUZMINOVA A I,DMITRENKO M E,POLONEEVA D Y,et al. Sustainable composite pervaporation membranes based on sodium alginate modified by metal organic frameworks for dehydration of isopropanol [J]. J Membr Sci,2021,626:19.

[19] HUANG W,ZHAO L H,ZHANG J Y,et al. Template-etched sodium alginate hydrogel as the sublayer to improve the FO performance with double barriers for high metal ion rejection [J]. Chem Eng J,2021,413:11.

[20] WU S S,GUO J,WANG Y,et al. Facile preparation of magnetic sodium alginate/carboxymethyl cellulose composite hydrogel for removal of heavy metal ions from aqueous solution [J]. J Mater Sci,2021,56:13096-13107.

[21] YADAV S, ASTHANA A, SINGH A K, et al. Adsorption of cationic dyes, drugs and metal from aqueous solutions using a polymer composite of magnetic/beta-cyclodextrin/activated charcoal/Na alginate:Isotherm,kinetics and regeneration studies [J]. J Hazard Mater,2021,409:22.

[22] CORDOVA B M,VENANCIO T,OLIVERA M,et al. Xanthation of alginate for heavy metal ions removal. Characterization of xanthate-modified alginates and its metal derivatives [J]. Int J Biol Macromol,2021,169:130-142.

[23] DING J J,ZHANG H,WANG W B,et al. Synergistic effect of palygorskite nanorods and ion crosslinking to enhance sodium alginate-based hydrogels [J]. Eur Polym J,2021,147:13.

[24] YAO M Y,JI D X,CHEN Y Y,et al. Boosting storage properties of reduced graphene oxide fiber modified with MOFs-derived porous carbon through a wet-spinning fiber strategy [J]. Nanotechnology,2020,31(39):10.

[25] ZHANG C M,WANG Y Q,SONG W,et al. Synthesis of MnO_2 modified porous carbon spheres by preoxidation-assisted impregnation for catalytic oxidation of indoor formaldehyde [J]. J Porous Mat,2020,27(3):801-815.

[26] 国防科工委后勤部. 火箭推进剂监测防护与污染治理 [M]. 长沙:国防科技大学出版社,1993.

[27] LIU S B, JIANG X H, WATERHOUSE G I N, et al. Protonated graphitic carbon nitride/polypyrrole/reduced graphene oxide composites as efficient visible light driven photocatalysts for dye degradation and E. coli disinfection [J]. J Alloy Compd, 2021, 873: 14.

[28] ZHANG L F, ZHANG L H, SUN Y L, et al. Porous ZrO_2 encapsulated perovskite composite oxide for organic pollutants removal: Enhanced catalytic efficiency and suppressed metal leaching [J]. J Colloid Interface Sci, 2021, 596: 455-467.

[29] HAN X, GODFREY H G W, BRIGGS L, et al. Reversible adsorption of nitrogen dioxide within a robust porous metal-organic framework [J]. Nat Mater, 2018, 17(8): 691.

[30] MATITO-MARTOS I, RAHBARI A, MARTIN-CALVO A, et al. Adsorption equilibrium of nitrogen dioxide in porous materials [J]. Phys Chem Chem Phys, 2018, 20(6): 4189-4199.

[31] HUYEN T L, RAGHUNATH P, LIN M C. Ab initio chemical kinetics for hypergolic reactions of nitrogen tetroxide with hydrazine and methyl hydrazine [J]. Comput Theor Chem, 2019, 1163: 7.

[32] LE HUYEN T, RAGHUNATH P, LIN M C. Ab Initio Chemical Kinetics for Nitrogen Tetroxide Reactions with 1,1-and 1,2-Dimethylhydrazines [J]. Propellants Explos Pyrotech, 2020, 45(9): 1478-1486.

[33] TRAC H P, HUYEN T L, LIN M C. A Computational Study on the Redox Reactions of Ammonia and Methylamine with Nitrogen Tetroxide [J]. J Phys Chem A, 2020, 124(48): 9923-9932.

[34] 杨蓉. 肼类燃料作业中的中毒风险分析及防治对策 [J]. 环境与职业医学, 2005, 5: 446-448.

[35] LASKIN B M, ELAGINA I P. Adsorption-catalytic procedure for neutralization of unsymmetrical dimethylhydrazine vapor [J]. Russ J Appl Chem, 1999, 72(12): 2167-2170.

内 容 简 介

本书根据作者近年来的研究成果并结合国内外最新发展动态，介绍了用于表面吸附（吸收）、光催化等物理、化学过程的微/纳米功能材料的结构、制备及复合改性、性能等内容，着重介绍了这些功能材料在液体推进剂污染治理及泄漏应急处置中的应用。

本书内容新颖，兼顾科学性和实用性，可作为化学、环境保护、材料等相关专业的大学教师、研究生的教学资料，也可供相关科研人员参考。

This book introduces the structure, preparation and composite modification, and properties of micro/nano functional materials for surface adsorption (absorption), photocatalysis and other physical and chemical processes, based on the author's research findings in recent years in the light of the latest developments at home and abroad. The applications of these functional materials in liquid propellant pollution control and emergency response to spills are highlighted.

Thoughtfully written and practice-oriented, this book can be used as a teaching material for university teachers and postgraduate students majoring in chemistry, environmental protection, materials and other related disciplines, as well as a reference for relevant researchers.

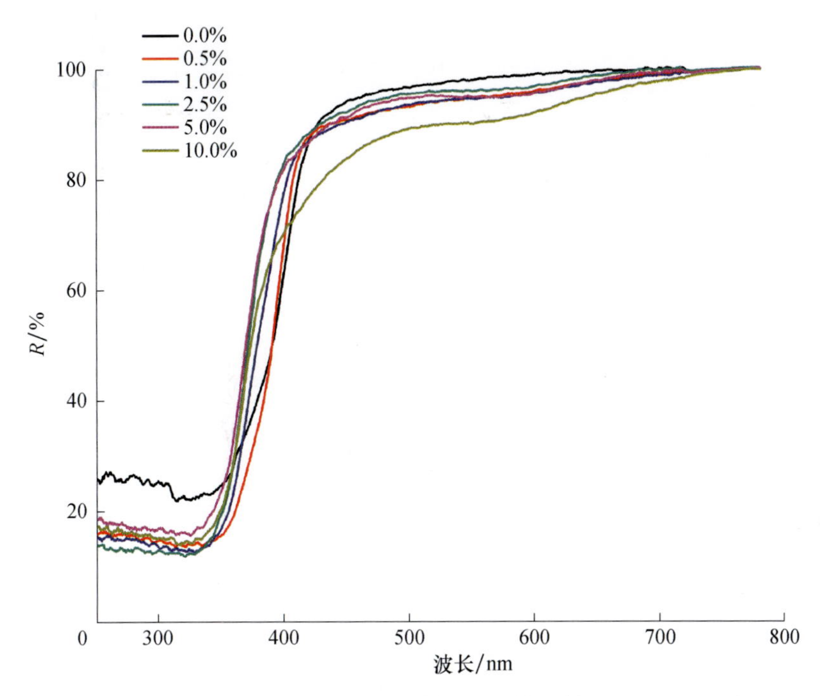

图 2.13 不同氧化石墨烯添加量样品的原始反射 UV-vis DRS 图

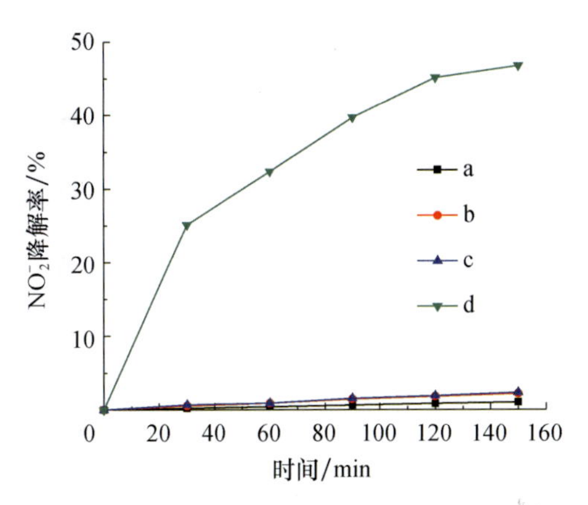

图 2.55 光催化还原 NO_2^- 效果

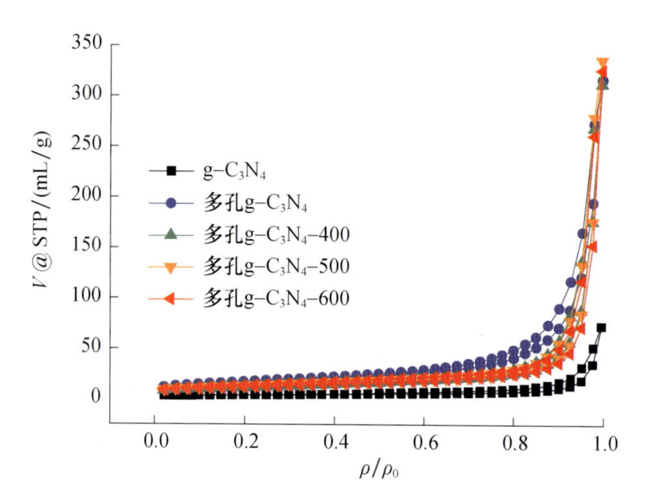

图 2.66 $g-C_3N_4$ 和多孔 $g-C_3N_4$ 的氮气"吸附-脱附"曲线

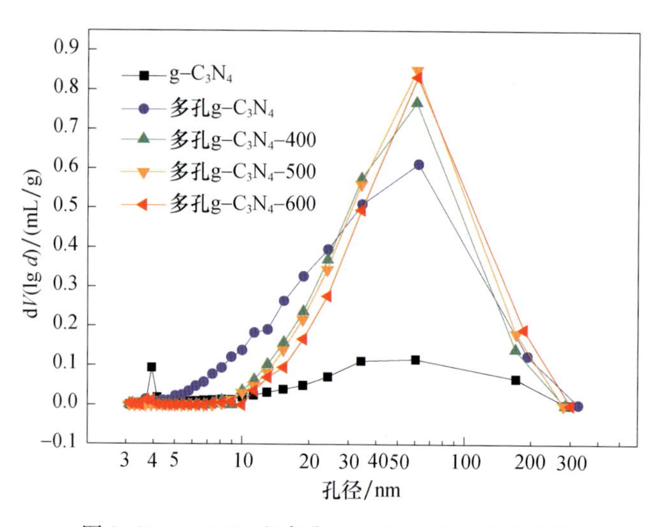

图 2.67 $g-C_3N_4$ 和多孔 $g-C_3N_4$ 的孔径分布曲线

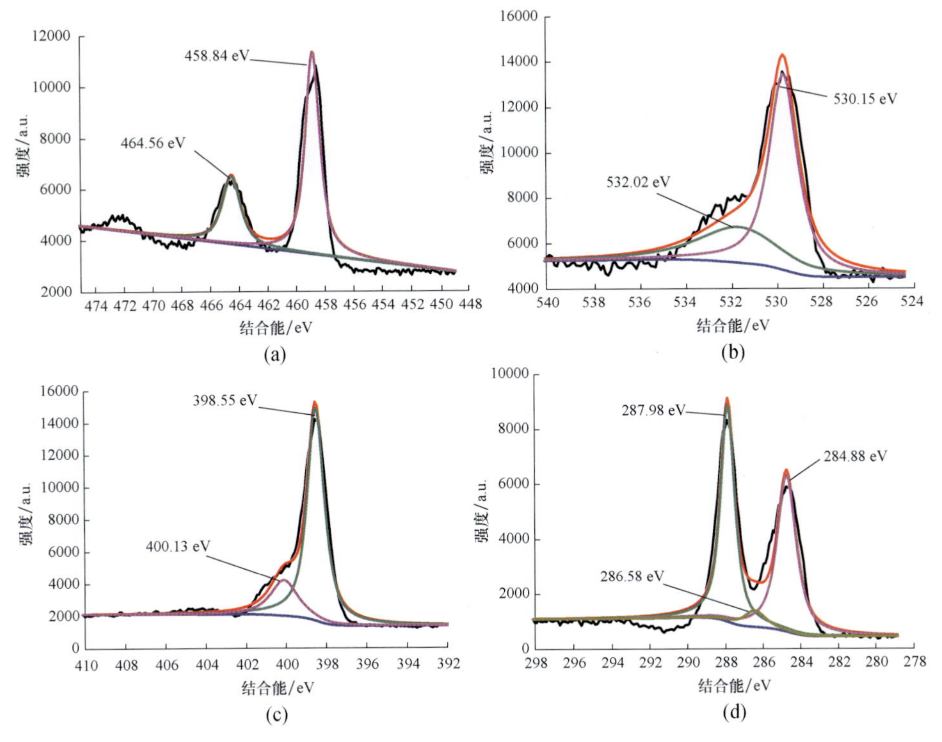

图 2.87　10%T/C 各元素的 XPS 高分辨率谱图

(a)Ti2p;(b)O1S;(c)N1s;(d)C1s

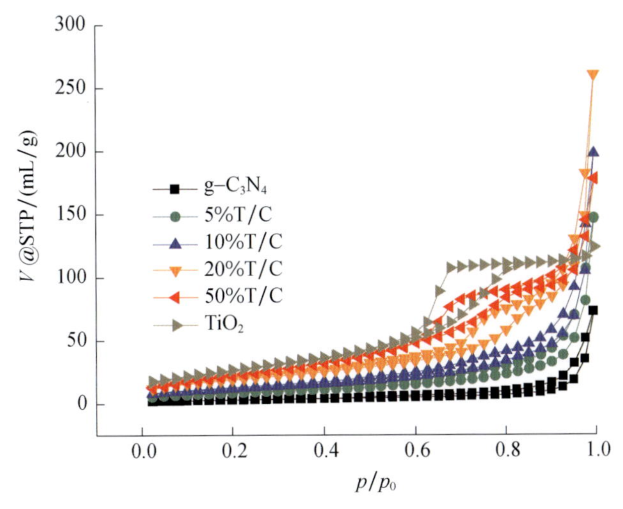

图 2.88　g-C_3N_4、5%T/C、10%T/C、20%T/C、50%T/C、TiO_2 的氮气吸附-脱附曲线

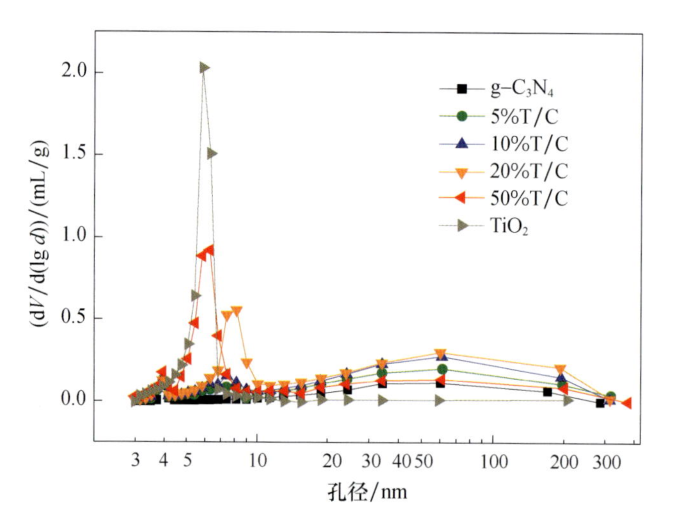

图 2.89　BJH 方法下得到的 g-C_3N_4、5%T/C、10%T/C、20%T/C、50%T/C、TiO_2 的孔径分布曲线

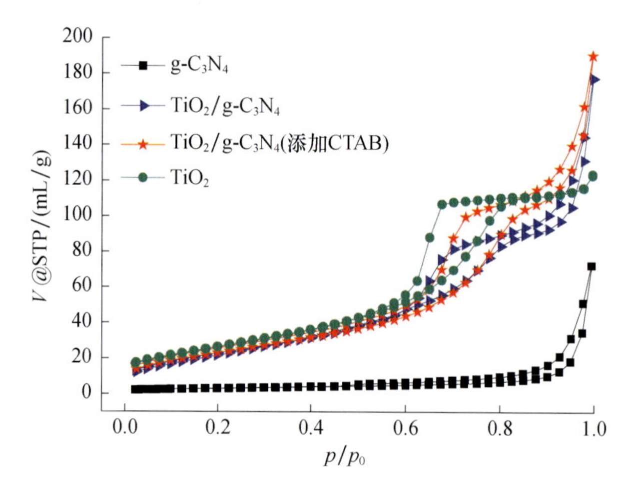

图 2.116　g-C_3N_4、TiO_2/g-C_3N_4、TiO_2/g-C_3N_4(添加 CTAB)、TiO_2 的氮气吸附-脱附曲线

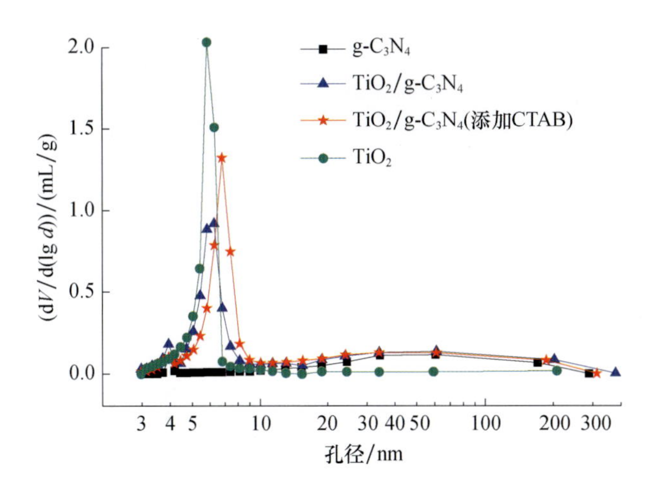

图 2.117 g-C_3N_4、TiO_2/g-C_3N_4、TiO_2/g-C_3N_4(添加 CTAB)、TiO_2 样品的孔径分布曲线

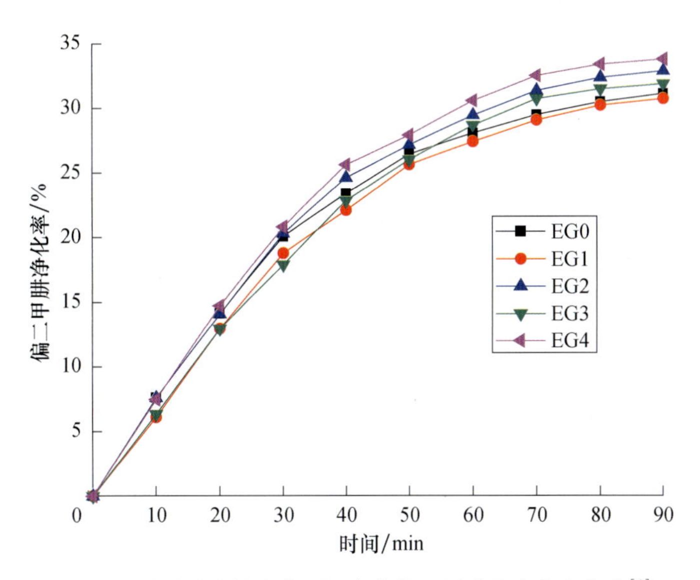

图 3.9 系列酸改性膨胀石墨净化偏二甲肼废水的净化率[8]

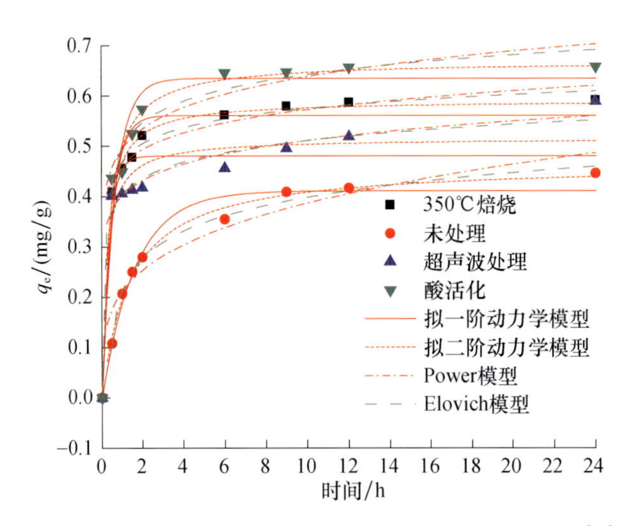

图 3.77　不同处理凹土吸附偏二甲肼废水吸附动力学图[42]

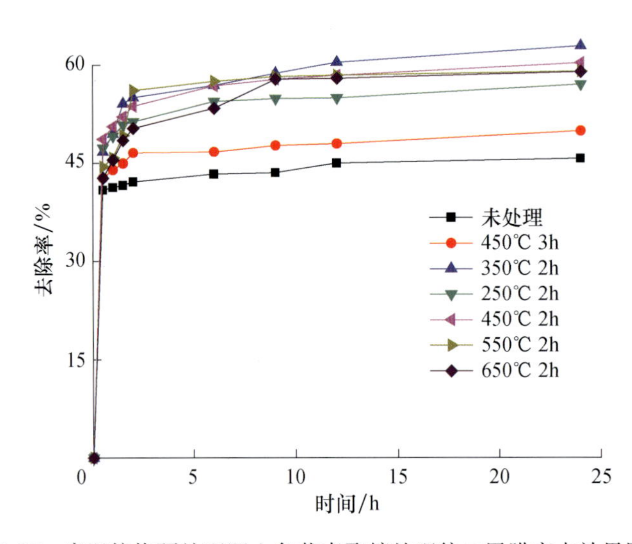

图 3.87　高温焙烧预处理凹土负载壳聚糖处理偏二甲肼废水效果图[46]

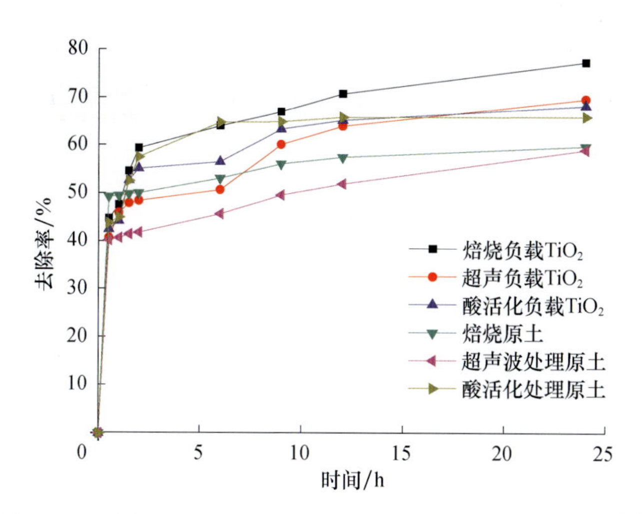

图 3.99　不同预处理凹土负载 TiO_2 处理偏二甲肼废水效果图[46]

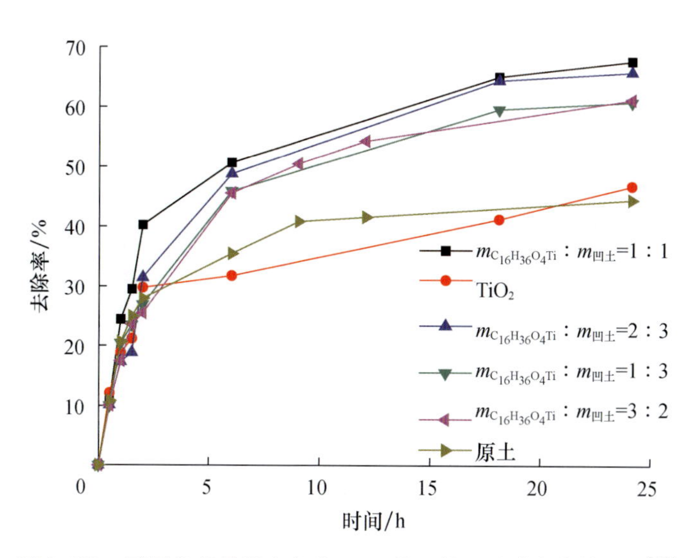

图 3.100　不同负载量凹土负载 TiO_2 处理偏二甲肼废水效果图[46]

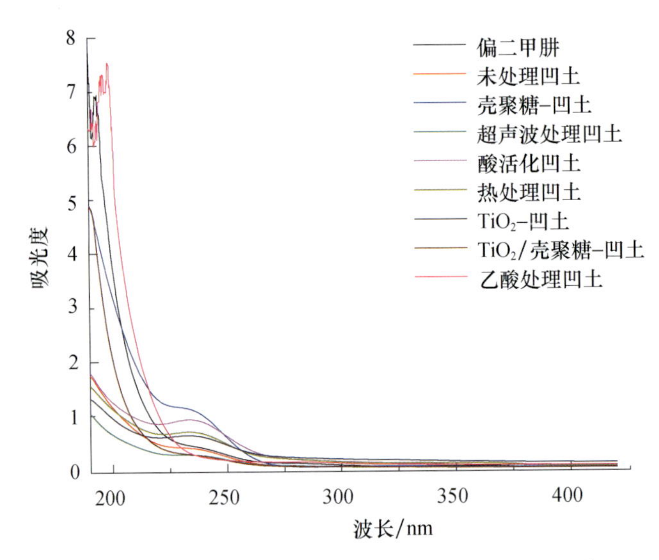

图 5.50　模拟偏二甲肼泄漏应急处理实验紫外图谱

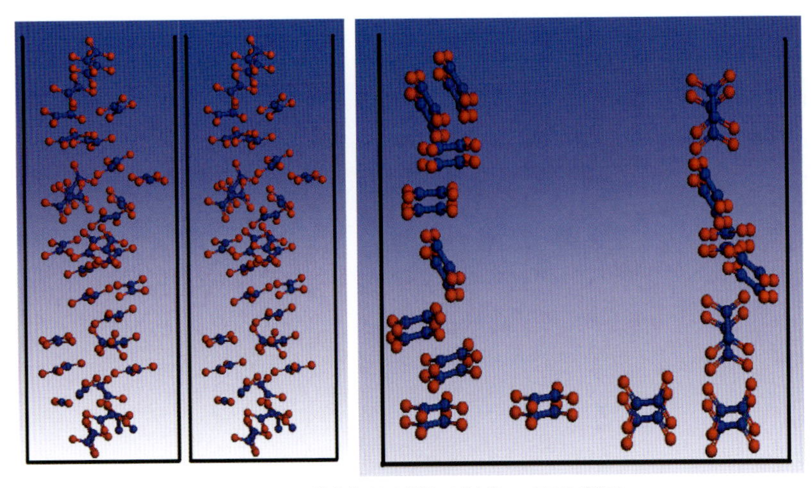

图 5.51　不同孔径吸附四氧化二氮示意图